高职高专工科类精品教材

模拟电子技术

MONI DIANZI JISHU

主　　编　陶玉贵

编写人员　（以姓氏笔画为序）

马玉清　王　冠　白志青

周华龙　陶玉贵　徐红霞

中国科学技术大学出版社

内 容 简 介

本书是根据教育部制定的高职高专教育模拟电子技术基础课程教学基本要求，本着理论够用、应用为主、注重实践的教学理念，并结合编者长期讲授模拟电子技术课程的丰富教学实践经验编写而成的。

全书由半导体二极管及其应用电路、半导体三极管及其放大电路、场效应管及其放大电路、负反馈放大电路、集成运算放大器、信号产生电路、功率放大电路、直流稳压电源、晶闸管及其应用电路、模拟电路仿真技术等10章和附录组成。

本书从工程应用出发，删繁就简，突出重点。内容上循序渐进、由浅入深、结构严谨，且概念准确、语言简洁。书中每章都有思考题、小结和习题，以便因材施教，提高教学效果。

本书可作为高职高专院校、成人高校、民办高校及本科院校二级职业技术学院电子、电气、通信、计算机、自动化等专业模拟电子技术课程的教材，也可供相关专业的教师和从事电子技术工作的工程技术人员参考。

图书在版编目(CIP)数据

模拟电子技术/陶玉贵主编. —合肥：中国科学技术大学出版社，2010.11
ISBN 978-7-312-02610-2

Ⅰ. 模… Ⅱ. 陶… Ⅲ. 模拟电路—电子技术—高等学校：技术学校—教材
Ⅳ. TN710

中国版本图书馆 CIP 数据核字 (2010) 第 152550 号

出版 中国科学技术大学出版社
安徽省合肥市金寨路 96 号，230026
网址：http://press.ustc.edu.cn
印刷 安徽省瑞隆印务有限公司
经销 全国新华书店
开本 710 mm×960 mm 1/16
印张 23.25
字数 469 千
版次 2010 年 11 月第 1 版
印次 2010 年 11 月第 1 次印刷
定价 35.00 元

前　言

本书是根据教育部制定的高职高专教育模拟电子技术基础课程教学基本要求，本着理论够用、应用为主、注重实践的教学理念，结合编者多年讲授模拟电子技术课程的丰富教学经验和教学反馈编写而成的，可作为高职高专院校电子、计算机、通信、自动化等专业模拟电子技术课程教材。

模拟电子技术是电子、电气、通信及自动控制等专业的一门重要专业基础课。为适应高职高专教育培养应用型高技能人才的需要，本教材在编写过程中突出了以下特点：

(1) 在保证基础理论知识够用的前提下，注重理论与实践相结合，以应用为目的，删除繁琐的公式推导和集成电路的内部结构，以掌握定性分析方法为主要目标，力求授人以渔。

(2) 根据高职、高专培养目标的要求，从工程应用出发，注意循序渐进、由浅入深、结构严谨，力求概念准确、语言简洁。

(3) 为适应现代电子技术迅速发展的需要，在保持电子技术理论完整性的基础上，做到教材内容与时俱进，尽可能引入电子技术领域中的新技术、新器件及新成果。

(4) 顺应现代电子技术的发展潮流，充分利用计算机的辅助设计能力，将理论分析与虚拟仿真有机结合，增强感性认识，提高教学效果。

(5) 书中每节有思考题，每章有小结和习题，力求从结构和内容上突出本课程的特点，做到有层次，便于因材施教。

全书由半导体二极管及其应用电路、半导体三极管及其放大电路、场效应管及其放大电路、负反馈放大电路、集成运算放大器、信号产生电路、功率放大电路、直流稳压电源、晶闸管及其应用电路、模拟电路仿真技术等 10 章和附录组成。本教材理论教学参考学时为 70 学时，部分章节内容可根据各专业要求及学时情况酌情取舍。

本书由芜湖信息技术职业学院陶玉贵担任主编。第 6、9、10 章和附录部分由陶玉贵编写，第 1、8 章由滁州职业技术学院周华龙编写，第 2、3 章由安徽工商职业学院马玉清编写，第 4、5 章由阜阳职业技术学院徐红霞编写，芜湖信息技术职业学院王冠和安徽工贸职业技术学院白志青共同编写了第 7 章，全书由陶玉贵统稿。

本书在编写出版过程中得到中国科学技术大学出版社和芜湖信息技术职业学院领导和老师的大力支持与帮助，在此一并致以衷心的感谢。

由于编者水平有限，时间仓促，书中难免有疏漏和不妥之处，恳请读者给予批评指正，不胜感激。

编　者

2010 年 6 月

目　　录

第 1 章　半导体二极管及其应用电路

学习目标

- 熟悉 P 型和 N 型半导体的构成；
- 掌握 PN 结的单向导电性、二极管的伏安特性及主要技术参数；
- 掌握二极管的分析方法；
- 领会二极管的检测技巧，熟悉二极管的初步应用。

1.1　半导体基础知识

物体按其导电性能可分为三类：导体、绝缘体和半导体。导电能力介于导体和绝缘体之间的物体叫半导体，常用的半导体材料有硅、锗、硫化镉等。物体的导电性是由物体内可自由移动的带电粒子的多少来决定的，这种能在物体内自由移动的带电粒子称为载流子。物体内部载流子的浓度越大，物体的导电能力越强。像金、银、铜、铝等金属导体，其内部含有大量带负电荷的载流子——自由电子，所以它们具有良好的导电能力；而橡胶、塑料、云母、陶瓷等物体，其内部几乎没有载流子，所以它们没有导电性能。

半导体的电阻率约为导体的 1000 亿倍。半导体得到广泛应用并不在于它的电阻率的大小，而在于其电阻率的特性。经研究，半导体的电阻率具有如下特性：

(1) 热敏特性：半导体的电阻率随温度上升迅速下降，呈负温度系数的特性。利用其特性可以制成热敏电阻。

(2) 光敏特性：半导体的电阻率随光照的不同而改变，光照越强，电阻率下降越多。利用这个特性，可把它制成光敏元件。

(3) 掺杂特性：半导体电阻率与所含微量杂质元素的浓度有很大关系。利用此特性,通过不同的工艺手段可制成各种类型的半导体器件。

半导体一般分为本征半导体和杂质半导体。

1.1.1 本征半导体

纯度很高、晶格结构完整的半导体称为本征半导体。如:半导体材料硅和锗,它们每个原子的最外层均有四个价电子,而原子最外层电子数目为八个时为稳定结构。但在它们制成单晶后,最外层的四个价电子不仅受到自身原子核束缚,而且与它们相邻的四个原子核相吸引,两个相邻原子之间共有一对价电子,构成稳定结构,这种结构称为共价键结构,如图 1.1 所示。

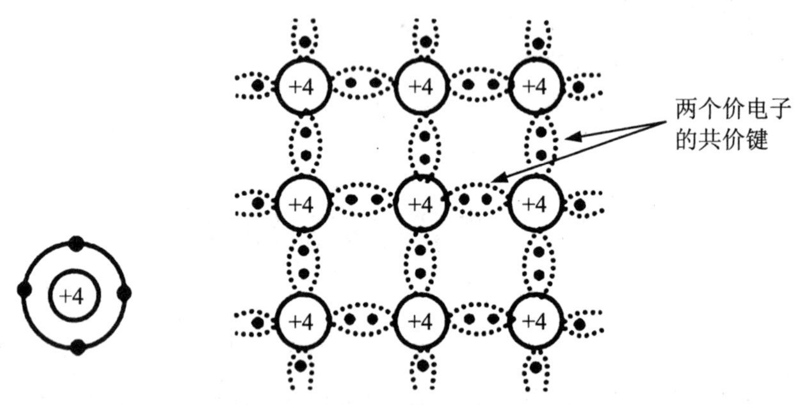

图 1.1 硅、锗的原子结构模型及共价键结构示意图

本征半导体在温度为绝对零度(−273 ℃)时,共价键上的价电子不能挣脱原子核的束缚,内部没有载流子,此时本征半导体就相当于绝缘体。但是,在常温下由于热能的作用,使一些价电子可以获得足够能量挣脱原子核的束缚成为自由电子。这样,在原来的共价键位置上就留下一空位,这个空位我们称为空穴。由此可见,在本征半导体中自由电子和空穴是成对产生的,我们称为电子-空穴对。产生电子-空穴对的过程称为热激发,如图 1.2 所示。自由电子在不断地作无规则热运动时也会填充某些空穴,使电子-空穴对消失,这种过程称为复合。在一定温度下,电子-空穴对的产生与复合达到动态平衡,半导体中的载流子数目维持稳定。显然,环境温度越高,热激发越强烈,内部载流子数目越多。因此,温度对半导体的导电性能有影响,这是半导体器件工作不稳定的一个重要因素。

在半导体中有两种载流子——自由电子和空穴。然而,电子-空穴对的热运动是杂乱无章的,整块半导体对外呈电中性。只有在外电场的作用下,电子和空穴的运动才有方向性。

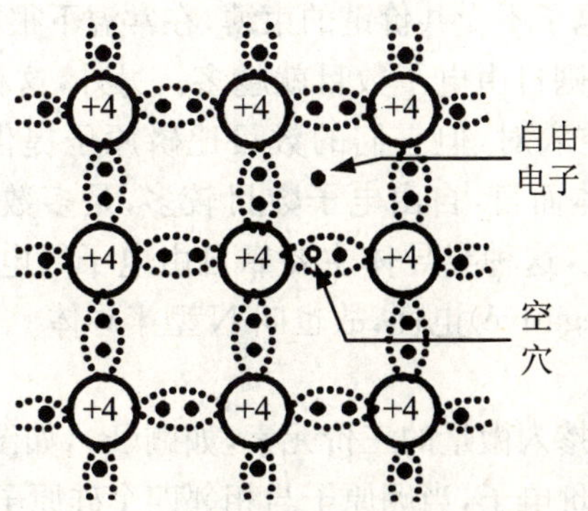

图 1.2 本征激发产生电子-空穴对

1.1.2 杂质半导体

在常温下,本征半导体中的载流子数目与金属导体相比仍然很少,所以本征半导体的导电能力很弱,实际使用价值不大,但如果在本征半导体中掺入微量的某种杂质元素,就会使其导电能力大大提高。根据掺入杂质的不同,可产生 N 型半导体和 P 型半导体。

1. N 型半导体

在本征半导体(以硅为例)中掺入微量的五价元素,如磷(P)、砷(As)等,如图 1.3 所示。这时磷原子自然就要取代某些硅原子与相邻的硅原子的最外层价电子

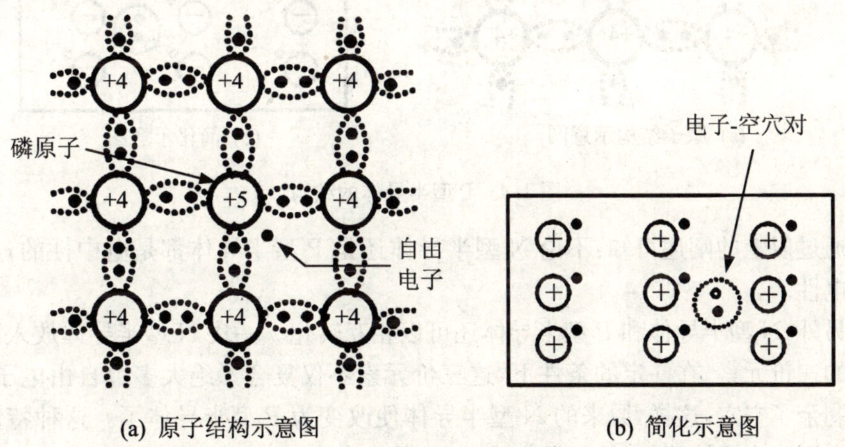

图 1.3 N 型半导体的结构

组成共价键结构，由于磷原子最外层有五个价电子，所以有一个磷原子就多余一个价电子，这些多余的价电子不受共价键的束缚，在常温下很容易受激发成为自由电子。掺入的磷元素越多则自由电子数目就越多。另外，这种掺杂半导体在常温下还会热激发产生电子-空穴对，但它们的数目比磷原子提供的自由电子数目少得多。那么，就整块半导体而言，自由电子数目较多，是多数载流子；空穴的数目较少，是少数载流子，因此，这种半导体主要靠自由电子导电，所以称为电子型半导体，由于电子呈负的(Negative)电性，故也叫N型半导体。

2. P型半导体

在本征半导体硅中掺入微量的三价元素，如硼(B)，如图1.4所示。那么，由于硼原子最外层只有三个价电子，当硼原子与相邻四个硅原子组成共价键时，在一个共价键上就少一个电子，形成一个空穴。这样，每多掺入一硼原子就会多出现一个空穴，使这种掺杂半导体内产生大量空穴。另外，在常温下还有热激发会产生电子-空穴对，但它们的数量比硼原子提供的数目少得多。因此，就整块半导体而言，空穴是多数载流子，自由电子是少数载流子，因此，这种半导体主要靠空穴导电，所以称为空穴型半导体，因为空穴呈正的(Positive)电性，故叫P型半导体。

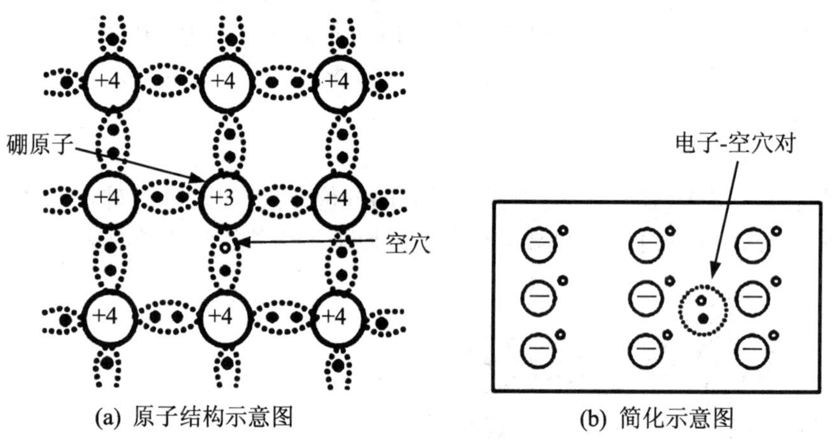

(a) 原子结构示意图　　(b) 简化示意图

图1.4　P型半导体的结构

通过以上的阐述可知：不论N型半导体还是P型半导体都是电中性的，对外不显电性。

另外，N型半导体和P型半导体还可以相互转化。一块N型半导体放入浓度很大的三价元素，在一定的条件下，这三价元素不仅复合了绝大多数自由电子，而且还剩余了空穴，这样，原来的N型半导体便改变为P型半导体了。这种特性被广泛应用于半导体器件(特别是集成电路)的生产中。

1.1.3 PN结的形成与特性

1. PN结的形成

当P型半导体和N型半导体接触后，由于交界面两侧半导体类型不同，存在电子和空穴的浓度差。这样，P区的空穴向N区扩散，N区的电子向P区扩散。由于扩散运动，在P区和N区的接触面就产生正、负离子层。通常称这个正、负离子层为PN结，如图1.5(a)所示。

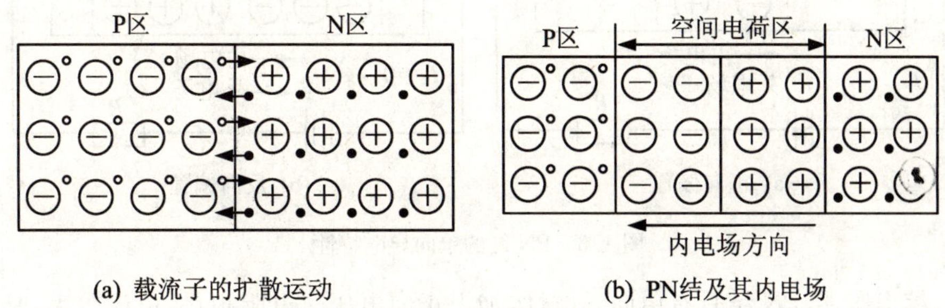

(a) 载流子的扩散运动　　(b) PN结及其内电场

图1.5　PN结的形成

N区失去电子产生正离子，P区得到电子产生负离子。正负离子层之间产生了内电场，内电场的方向从N区指向P区。随着扩散运动的进行，内电场不断加强，它既阻碍了N区的自由电子向P区扩散，同样也阻碍了P区的空穴向N区扩散。另外，除了上述的扩散运动外，N区的少数载流子借助于内电场的作用顺利地向P区漂移；P区的自由电子也向N区漂移，形成少数载流子的漂移运动。漂移运动的方向与扩散运动的方向相反，当扩散运动的载流子数等于漂移运动的载流子数时，达到了动态平衡，交界面两侧就维持了一定厚度的空间电荷区，如图1.5(b)所示。

2. PN结的单向导电特性

(1) PN结的正向导通特性

如果给PN结加正向电压，即P区接正电源，N区接负电源，此时称PN结为正向偏置，如图1.6(a)所示。这时PN结外加电场与内电场方向相反，外加电场抵消内电场使空间电荷区变薄，有利于多数载流子运动，形成正向电流I_F，外加电场越强，正向电流越大，这意味着PN结的正向电阻变小。

(2) PN结的反向截止特性

若给PN结加反向电压，即正电源接N区，负电源接P区，此时称PN结为反向偏置，如图1.6(b)所示。这时PN结外加电场与内电场方向相同，使内电场的作用增强，PN 结变厚，多数载流子的扩散运动几乎不可能，但少数载流子的漂移运动却得以加强，形成漏电流 I_R，由于少数载流子的数目很少，所以只有很小的电流通过，接近于零，即 PN 结的反向电阻很大。

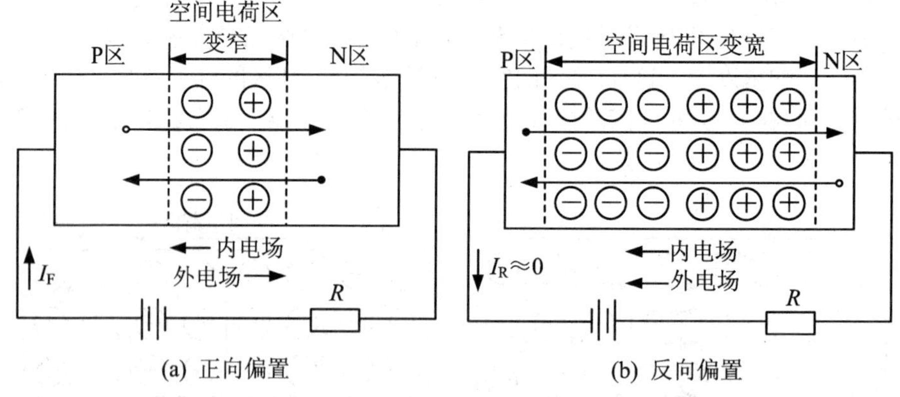

图 1.6 PN 结的单向导电特性

综上所述，PN 结具有单向导电性，加上正向电压时电阻很小，电流较大，是多数载流子的扩散运动形成的；加上反向电压时 PN 结电阻很大，电流很小，是少数载流子的漂移运动形成的。

思考题

1. 本征半导体有何特点？什么是 N 型半导体和 P 型半导体？
2. 半导体的电阻率有何特点？
3. PN 结是如何形成的？何谓 PN 结的单向导电性？
4. 扩散电流与漂移电流的区别是什么？

1.2 半导体二极管

1.2.1 二极管的结构与分类

1. 二极管的结构

半导体二极管是由一个 PN 结作管芯，再加上接触电极、相应的外引线，然后用塑料、玻璃或铁皮等材料做外壳封装而成的。

常用的几种半导体二极管的结构示意图和图形符号如图 1.7 所示。由二极管 P 区引出的电极叫阳极,由 N 区引出的电极叫阴极。图形符号中的箭头表示正向电流的方向。正向电流从二极管的阳极流入,阴极流出。

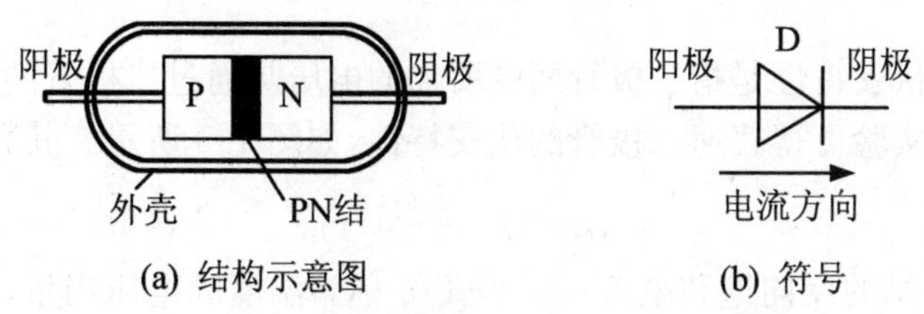

(a) 结构示意图 (b) 符号

图 1.7 二极管的结构示意图与符号

2. 二极管的类型

二极管有许多类型:根据所用半导体材料的不同,有硅二极管、锗二极管;按用途分有普通型(如:整流二极管、检波二极管)和特殊型(如:稳压二极管、光电二极管、发光二极管和开关二极管)等;从制作工艺上分,有点接触型和面接触型。具体型号可查阅相关的半导体器件手册。下面从二极管的制作工艺来分析二极管的结构。

(1) 点接触型二极管

如图 1.8(a)所示,它是用一根含杂质元素的金属丝压在半导体晶片上,经特殊工艺和方法,使金属丝上的杂质掺入到晶片中,从而形成导电类型与原晶片不同的区域,即 PN 结。因为 PN 结面积小,所以允许通过的电流小,但结电容小,工作频率高,适用于高频和小电流的检波电路。

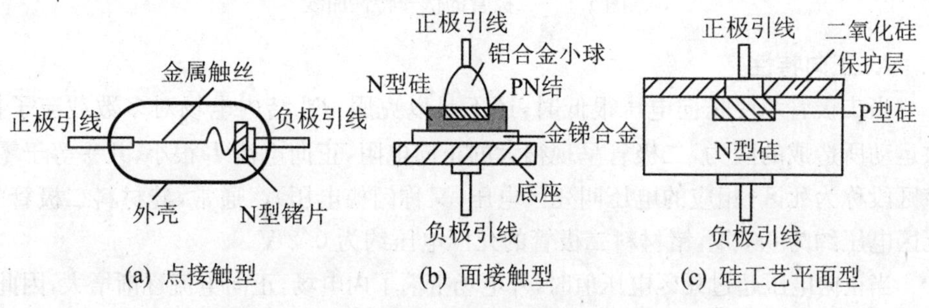

(a) 点接触型 (b) 面接触型 (c) 硅工艺平面型

图 1.8 二极管的分类

(2) 面接触型二极管

如图 1.8(b)所示,在 N 型硅片衬底中掺入 P 型硅,那么,在两者的交界面形成扩散层(即 PN 结),由于 PN 结接触面积较大,故允许通过较大电流,但 PN 结电容较大，一般适用于低频和大功率的场合，常用作整流器件。

图 1.8(c)所示是硅工艺平面型二极管结构图，是集成电路中常见的一种形式。

1.2.2 二极管的伏安特性

二极管的伏安特性是指二极管两端所加的电压与通过二极管的电流之间的关系特性。根据实验可得普通二极管的伏安特性，如图 1.9 所示。其数学表达式为

$$i_D = I_S(e^{\frac{U_D}{U_T}} - 1) \tag{1.2.1}$$

式中，I_S为 PN 结的反向饱和电流；$U_T = kT/q$ 称为温度的电压当量，其中 k 为玻耳兹曼常数（$k = 1.38 \times 10^{-23}$ J/K）；T 为热力学温度；q 为电子电量（$q = 1.602 \times 10^{-19}$ C），在常温下（$T = 300$ K）时，$U_T \approx 26$ mV。

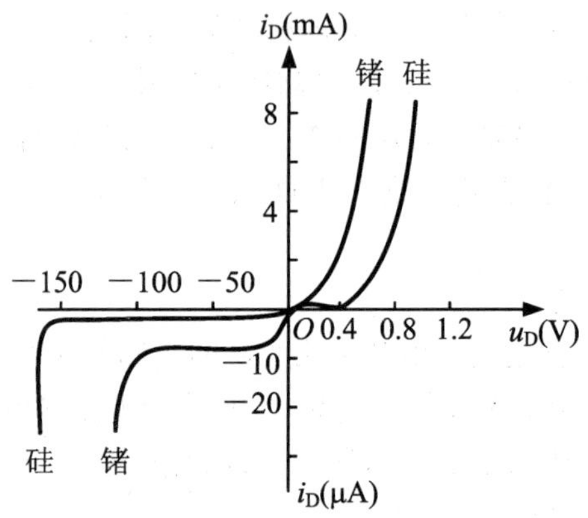

图 1.9 二极管的伏安特性曲线

1. 正向特性

当二极管承受正向电压很低时，还不足以克服 PN 结内电场对多数载流子扩散运动所造成的阻力，二极管呈现很大的正向电阻，正向电流 I_F很小，几乎等于零，该区段称为死区，相应的电压叫死区电压（又称门槛电压）。通常，硅材料二极管的死区电压约为 0.5 V，锗材料二极管的死区电压约为 0.2 V。

当正向电压超过死区电压值时，外电场抵消了内电场，正向电流逐渐增大，因此，死区电压也称为开启电压。在小电流时，正向电流随着电压的增加按指数规律变化；当二极管完全导通后，电流按直线规律变化，而正向压降基本维持不变，此压降称为二极管正向导通压降（U_F），普通硅管的 U_F约为 0.7 V，普通锗管的 U_F约为 0.3 V。

2. 反向截止特性

当二极管承受反向电压时，外电场与内电场方向一致，只有少数载流子的漂移

运动，形成很小的反向电流，称为漏电流（I_R），此时，二极管呈现很大的反向电阻而处于截止状态，故这种特性称为反向截止特性。从图 1.9 可看出：反向电压在很大范围内变化，而反向电流基本不变。

3. 反向击穿特性

当二极管反向电压增大到某一数值时，反向电流将急剧增大，这种现象称为二极管反向击穿，此时的反向电压称为反向击穿电压。由图 1.9 可见：该区域电压基本保持不变，而电流变化很大。在反向击穿状态下，会造成大多数二极管永久性损坏。因此，一般二极管不允许反向击穿，但稳压管正是利用此特性来实现稳压功能的。

1.2.3 二极管的主要参数

二极管的参数是反映二极管性能质量的定量指标，是正确使用和合理选择二极管的依据。二极管的主要参数有：

1. 最大整流电流 I_{FM}

最大整流电流也叫最大正向电流，它是指二极管长期工作时允许通过的正向平均电流值，用 I_{FM}表示。工作时，管子通过的电流不应超过这个数值，否则将导致二极管过热而烧毁。为了确保二极管正常工作，对于大功率二极管还要按手册上要求加装合格的散热片，有些二极管甚至采用风冷、水冷或油冷，以满足散热要求。

2. 最高反向工作电压 U_{RM}

它是指二极管不击穿时所允许加的最高反向电压的峰值。最高反向工作电压 U_{RM}通常为反向击穿电压的 1/2～2/3。

3. 最大反向电流 I_{RM}

它是指二极管在常温下承受最高反向工作电压 U_{RM}时的反向电流。一般很小，但其受温度影响较大，当温度升高时，I_{RM}显著增加。其数值越小，反映该二极管的单向导电性能越好。

4. 最高工作频率 f_M

它是指保持二极管单向导通性能时外加电压的最高频率。二极管工作频率 f_M与 PN 结的极间电容大小有关，容量越小，工作频率越高。

二极管的参数很多，除了上述主要参数外还有结电容、正向压降等，在实际应用时，可查阅半导体器件手册。下面列出几种类型二极管的主要技术参数，如表 1.1 所示。

表 1.1 几种类型二极管的主要参数

型 号	最大整流电流(mA)	最高反向工作电压(V)	最大反向电流(μA)	最高工作频率(Hz)	说 明
2AP2 2AP6	16 12	30 100	≤250	150×10^6	极间电容≤1 pF,正向电压为 1 V 时的正向电流≤1 mA
2CP1 2CP4	400	100 400	≤250	3×10^3	最大整流电流时的正向电压降≤1.2 V
2CZ11A 2CZ11B	1000	100 200	1000	3×10^3	应加装 60 mm×60 mm ×1.5 mm 的铝散热片

1.2.4 其他特殊用途的二极管

除了前面介绍的普通二极管以外,还有许多特殊用途的二极管。例如:稳压二极管、发光二极管和光电二极管等。

1. 硅稳压二极管

硅稳压二极管是半导体二极管中的一种,其正常工作在反向击穿区。在电路中它与适当的电阻配合,具有稳定电压的作用,故又称为稳压管。稳压管的伏安特性曲线及符号如图 1.10 所示。

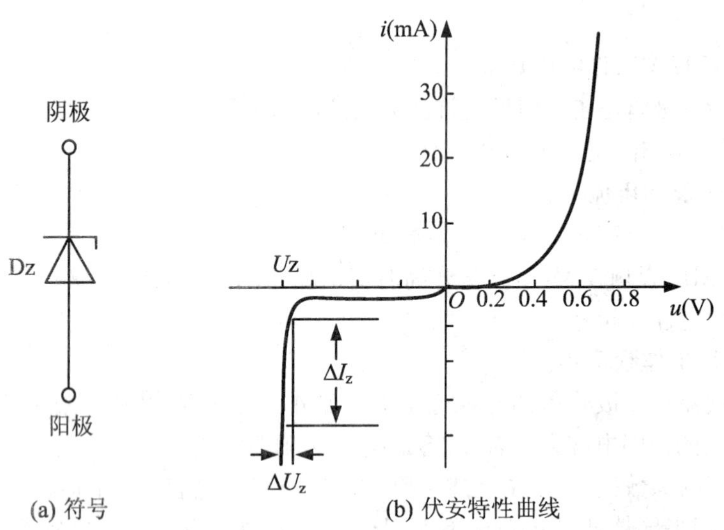

图 1.10 稳压二极管的符号和伏安特性曲线

从图 1.10(b)可看到:当电压增加到反向击穿电压时,反向电流突然增加,稳压管击穿后，电流在相当大的范围内变化，而稳压管两端电压的变化却很小，只要反向电流被限制在一定范围内，稳压管就不会损坏，当外加反向电压消失以后，管子仍能恢复单向导电性。稳压管就是利用以上特点来稳定电压的。

稳压管的主要技术参数有：

(1) 稳定电压 U_Z

稳定电压是稳压管在正常的反向击穿工作状态下管子两端的电压。由于制造工艺的分散性，同一型号的稳压管其稳压值大小也有所不同，手册上给出的 U_Z 是一个范围值。使用时要进行测试，按需要挑选。

(2) 稳定电流 I_Z

稳定电流是指稳压管工作在稳定电压时的工作电流值。一般来说，稳定电流略大于最小工作电流，但在选用稳压管时，可以把稳定电流看作最小工作电流。

(3) 最大稳定电流 I_{ZM}

最大稳定电流是指稳压管正常工作时允许通过的最大反向电流。稳压管使用时，其工作电流不能超过最大稳定电流。

(4) 动态电阻 r_Z

动态电阻是衡量稳压管稳压性能好坏的指标。它是指稳压管正常工作时，电压变化量与电流变化量之比，即 $r_Z=\frac{\Delta U}{\Delta I}$。动态电阻越小，稳压效果越好。

(5) 最大允许耗散功率 P_{ZM}

最大允许耗散功率是指稳压管不产生热击穿时所消耗的最大功率，其值等于稳压管的最大工作电流 I_{ZM} 与相应的工作电压 U_Z 的乘积。

部分稳压二极管主要技术参数见表1.2。

表1.2 部分稳压管的主要参数

型　号	稳定电压 (V)	最大稳定电流 (mA)	动态电阻 (Ω)	正向压降 (V)	耗散功率 (W)
2CW1/5	7～14	23～20	21～35	1	0.28
2CW7 系列	2.5～30	71～8	15～100	1	0.25
2CW21 系列	3～40	660～25	4～60	1	1～3
2DW1 系列	4.5～7.5	240～170	3～3.5		
2DW2/19	8.5～25.5	150～40	3.5～12		
1N46 系列	1.7～6.3	120～45	1200～1700		0.25
1N41 系列	701～105	29～2.3	200～1500		0.25

2. 发光二极管

发光二极管的外形和符号如图 1.11 所示。它是一种将电能直接转换成光能的固体器件,简称 LED(Light Emitting Diode)。发光二极管和普通二极管相似,也由一个 PN 结组成,发光二极管在正向导通时,由于空穴和自由电子的复合而放出能量,发出一定波长的可见光,光的波长不同,颜色也不同,常用的有红、黄、绿等。还有发出不可见光的发光二极管。

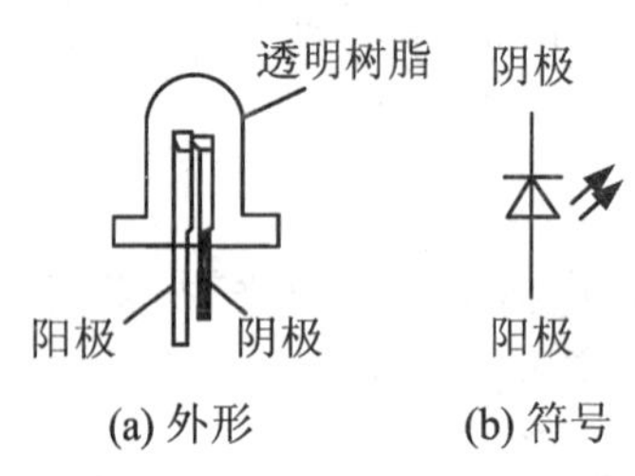

图 1.11 发光二极管的外形和符号

发光二极管和普通二极管的伏安特性相似。只是开启电压和正向特性的上升速率略有差异。当所施加正向电压未达到开启电压时,正向电流几乎为零,但一旦超过开启电压时,电流急剧上升。发光二极管的开启电压通常称为正向电压,它取决于制作材料的禁带宽度。例如 GaAsP 红色的 LED 约为 1.7 V,而 GaP 绿色的 LED 则约为 2.3 V。

几种常用的发光二极管的主要参数见表 1.3。

表 1.3 常见发光二极管的主要参数

颜色	波长(nm)	基本材料	正向电压(V)	发光强度(mcd)	光功率(μW)
红外	900	GaAs	1.3~1.5		100~500
红	655	GaAsP	1.6~1.8	0.4~1	1~2
鲜红	635	GaAsP	2.0~2.2	2~4	5~10
黄	583	GaAsP	2.0~2.2	1~3	3~8
绿	565	GaP	2.2~2.4	0.5~3	1.5~8

3. 光电二极管

光电二极管又称为光敏管或光电管,它是将光信号转换成电信号的器件。从结构上,光电二极管与普通二极管的主要区别在于 PN 结面积较大、距离表面较浅,上电极较小,利于接受光的照射以提高光电转换效率。外形和符号如图 1.12 所示。

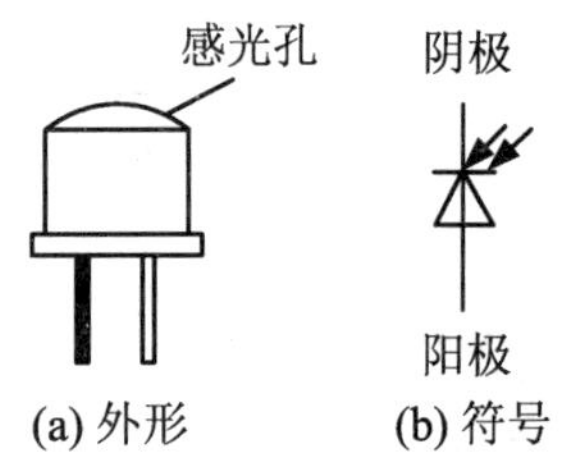

图 1.12 光电二极管的外形和符号

当光线照射在 PN 结上时,如果光子的能量足够大,在 PN 结附近激发出电子-空穴对,原载流子的动态平衡被打破,电子和空穴在内电场作用下做定向漂移运动,即 P 区的自由电子向 N 区移动，N 区的空穴向 P 区移动，若将两端短路，便形成短路光电流，短路光电流强度与光的照度成正比。如果光的照度发生改变，电子-空穴对的浓度也相应改变，光电流强度也随之改变。

光电二极管的正向伏安特性与普通二极管相似，反向特性受光照控制。因此，光电二极管一般加反向偏置电压，利用反向饱和电流随光照强弱变化而变化的特性进行工作。但使用时不应超过其允许的最高反向工作电压。

光电二极管的种类很多。按制作材料来分，有硅光敏二极管(2CU、2DU 类)，锗光敏二极管(2AU 类)等；按对光波波长响应分，有红外、紫外、蓝光等；按结构类型分，有 PN 结、PIN 结、肖特基势垒型和雪崩型(APD)等。

光电二极管的主要技术参数有：

(1) 暗电流 I_D

暗电流是在无光照的条件下，光电二极管两端加上规定的反向工作电压时，管子的反向漏电流。

(2) 灵敏度 S_n

灵敏度是指在给定波长的入射光下，输入单位光功率时光电二极管输出的强度。

(3) 最高工作电压 U_{RM}

最高工作电压是指在无光照时，光电二极管所允许加的最高反向电压。

(4) 光电流 I_L

是指在规定的光照条件下，光电二极管加上一定数值的反向工作电压时，光子形成的电流。光电流主要受光照的影响，受环境温度的影响不大，几乎不受外加电压的影响。

(5) 光谱响应波长范围

在相等的光功率和规定反向偏压下，光谱响应曲线上不小于峰值波长的 10% 所对应的波长范围称光谱响应波长范围。

几种常见类型光电二极管的主要技术参数见表 1.4。

表 1.4 常见光电二极管的主要技术参数

型号	响应时间 (ns)	暗电流 I_D (μA)	光电流 I_L (μA)	灵敏度 S_n (μA/μW)	光谱范围 (nm)	峰值波长 (nm)
2AU(锗类)	100	<10	30～60	>1.5	400～2140	1465
2CU1/2/3(硅类)	100	<0.1	>80/30/5	>0.5	400～1100	880
2DUA/B(硅类)	50～100	<0.1	>6/20	≥0.4	400～1100	880
GT106(PIN)	0.1	0.5				800
GT231(雪崩)	<1	0.003～0.01		>30	350～1050	800～860

思考题

1. 点接触与面接触二极管的结构有何不同？各适用于何种场合？
2. 二极管的伏安特性有哪些？
3. 稳压二极管工作在伏安特性的哪个范围内？该范围有何特点？
4. 发光二极管和光电二极管有何特性？使用时应注意哪些问题？

1.3　二极管电路的分析方法

从二极管的伏安特性中我们知道：二极管是一个非线性器件。因此，含有二极管的电子电路属于非线性电路，不能直接采用线性电路解析方法求解。对于二极管电路，要想找到一个精确求解的解析方法是很困难的。但是，我们可以根据具体情况，选择不同的近似求解方法。

1.3.1　图解分析法

图解分析法适用于已知二极管伏安特性曲线的电路。它是利用非线性方程组作图求解的方法。下面以图 1.13 为例说明其求解步骤。

(1) 从电路中单独抽出二极管，将电路分成线性和非线性（即二极管）两部分，并假设非线性部分的伏安特性曲线是已知的。

(2) 建立线性部分（或戴维南等效电源）的线性方程 $U_D=E-I_DR$。可见，它为直线方程，故称为直流负载线方程。

(3) 在非线性特性曲线坐标中作出直流负载线，如图 1.14 所示。

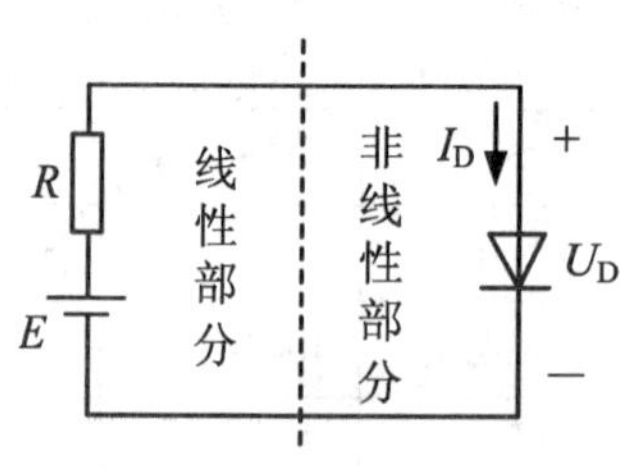

图 1.13　含一个二极管的电路

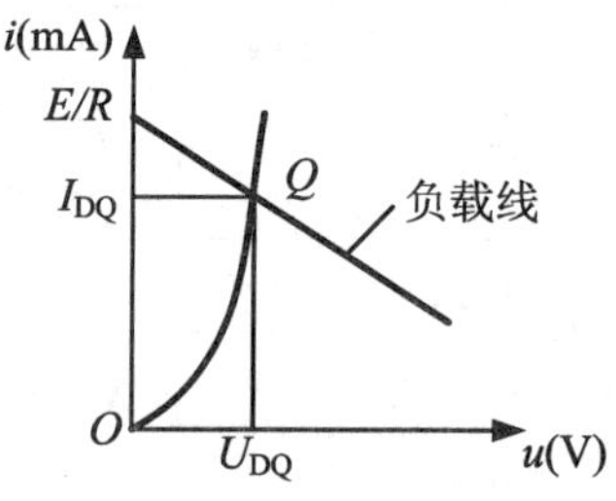

图 1.14　二极管电路的图解法

(4) 确定直流负载线与二极管特性曲线交点 Q 的坐标值。

只要作图准确，求解就可以满足工程近似估算的要求。非线性电路的图解分析法具有明显的局限性：首先，必须已知器件的伏安特性曲线，需要先行测绘；其次，当非线性器件不止一个时，图解分析法就比较困难了。

1.3.2 简化模型分析法

二极管指数规律的伏安特性也是一种指数电路模型，但这种非线性数学模型只能利用计算机分析求解。因此，必须建立简化的电路模型以适合手工计算的需要，即将非线性特性近似为线性特性。

1. 理想二极管模型

理想二极管的伏安特性曲线如图 1.15 所示。即正向导通时正向压降为零，反向截止时反向电流为零。

当等效电源电压 E 远大于实际二极管上的正向压降 U_D 时，采用此模型可以满足工程估算(误差小于 10%)的要求。

2. 恒压降二极管模型

该模型的特点是将二极管正向导通电压($U_{D(on)}$)视为已知常数(如硅管为 0.7 V，锗管为 0.3 V)，反向电流为零。其伏安特性曲线如图 1.16 所示。不过，这只有当二极管的电流 i_D 近似等于或大于 1 mA 时才是正确的。该模型提供了合理的近似，因此应用也较广。

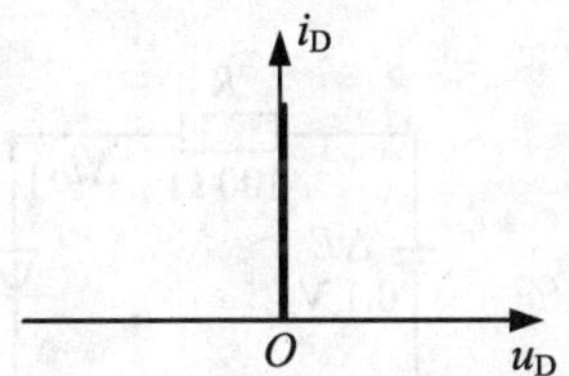

图 1.15 理想二极管模型

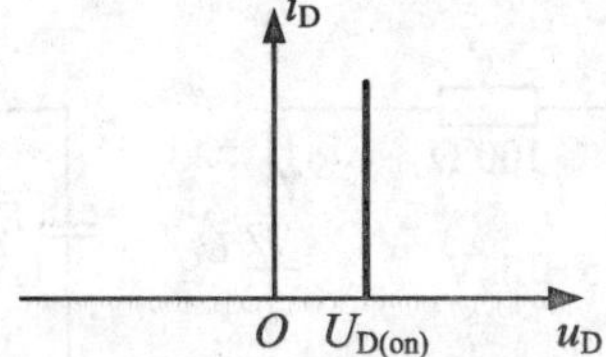

图 1.16 二极管恒压降模型

当二极管的正向电流较大时，选用此模型较好。

3. 折线模型

当二极管的电流变化范围较大时，采用折线模型可以满足较高的精度要求。二极管折线模型的伏安特性曲线如图 1.17 所示。

然而，当二极管的电流变化范围较小时，折线模型又将会带来较大的误差。

4. 小信号交流微变模型

当二极管上的电压变化很小，引起二极管电流变化不大时，采用微变模型可以近似计算电压、电流的变化量。二极管微变模型就是在直流工作点 Q 处的交流电阻 r_d，如图 1.18 所示。

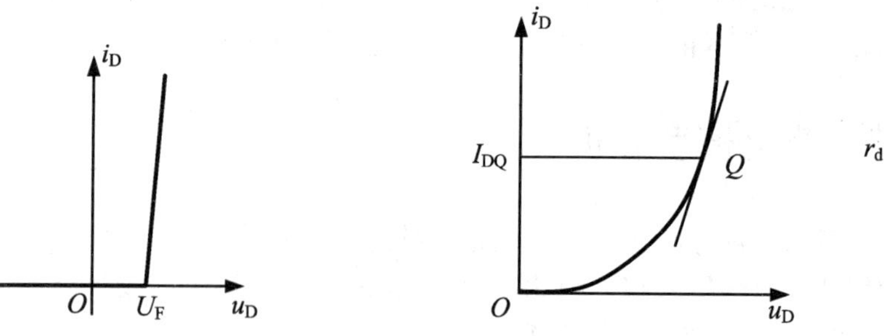

图1.17　二极管折线模型伏安特性曲线　　　图 1.18　二极管的微变模型

二极管的交流电阻 r_d定义为：二极管在其工作点 Q 处的电压变化量与电流变化量之比，即

$$r_d = \left.\frac{\Delta u_D}{\Delta i_D}\right|_Q \quad 或 \quad r_d = \left.\frac{du_D}{di_D}\right|_Q \tag{1.3.1}$$

根据式(1.3.1)可得

$$r_d \approx \frac{U_T}{I_{DQ}} \approx \frac{26(\text{mV})}{I_{DQ}(\text{mA})} \tag{1.3.2}$$

其中，U_T为温度电压当量，当热力学温度 $T=300$ K(即 27 ℃)时，$U_T \approx 26$ mV。

例 1.1　如图 1.19(a)所示的电路。设 $R=100\ \Omega$，当 E 增大 0.1 V 时，求：二极管上的电压降 u_O和流过二极管上的电流 i_O各增大多少？

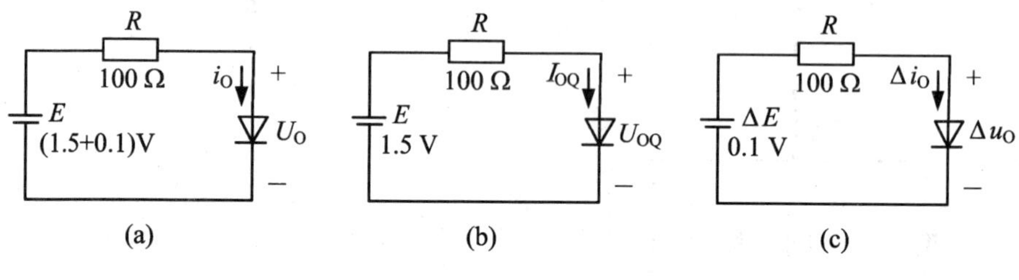

图 1.19　二极管电路

解：首先，分析该电路的静态电路，如图 1.19(b)所示。

$$I_{OQ} = (E-0.7)/R = (1.5-0.7)/100 = 0.8(\text{A}) = 8(\text{mA})$$

再分析微变电路，如图 1.19(c)所示。

$$r_d = U_T/I_{OQ} = 26/8 = 3.25(\Omega)$$

$$\Delta u_O = \Delta E \cdot r_d/(R+r_d) = 0.1 \times 3.25/(100+3.25) \approx 3.15(\text{mV})$$

$$\Delta i_O = \Delta E/(R+r_d) = \Delta u_O/r_d \approx 3.15/3.25 \approx 0.97(\text{mA})$$

必须指出:直流与交流分开处理的前提条件是在 Q 点附近做微小变化。变化量是在工作点直流量基础上的变化,但与直流量不是线性叠加关系。线性叠加原理对各个激励没有先后之分,而在微小变化分析中,必须在先做直流分析后再做交流分析。

综上所述,二极管线性化模型分析方法是非线性电子电路常用的分析法。根据器件工作情况和近似程度的要求,合理地选择器件的电路模型是分析电子电路的首要环节。采取这种"具体情况具体分析"的近似模型分析方法,完全是为了简化"手工"计算。随着计算机技术的发展,根据电子器件的非线性模型研制的电子电路各种仿真软件,已得到广泛应用。它们不仅克服了"手工"计算的局限性,还实现了电子电路分析与设计的自动化。

思考题

1. 简述二极管图解法的步骤。
2. 模型分析法有哪些?各适用于何种场合?

1.4 二极管的检测与应用

1.4.1 二极管的检测

目前,市场上有许多类型的专供测量半导体二极管的电子仪器,如:XH20038型二极管正向特性测试仪、XH20039型二极管反向特性测试仪、JE-26型晶体二极管参数测试仪、BJ2912(QE7)型晶体稳压二极管测试仪、JT-1H型晶体管特性图示仪等。我们这里仅介绍半导体二极管的简易检测方法。

1. 二极管的极性判别与好坏判断

一般情况下,二极管的外壳上都有相应的标注,有的二极管用二极管符号标示,箭头指向的一端为负极;有的二极管用色环或色点来标示,靠近色环的一端为负极,国产二极管带色点的一端为正极;还有的二极管从外壳的形状上可以区分电极,端部较平的为正极。

无标志或标志脱落的二极管,可以用万用表来判别其极性。

(1) 用数字万用表判断二极管的极性和好坏

数字式万用表有一挡是专门测量二极管的。具体方法如下：

将黑表笔插入“COM”插孔，红表笔插入“V、Ω、Hz”插孔，再将量程开关置二极管挡，显示超量程状态，即为“1”。然后，将两表笔跨接在被测二极管的两个引脚上，若显示数值为0.2～0.7，这表示二极管的正向压降值。红表笔所接引脚为二极管正极，另一脚为负极。若示值为0.2左右时，表示此管是锗管；若示值在0.5～0.7时，表示此管是硅管；交换两表笔的位置测量，应显示超量程状态。

在二极管挡不便的情况下，也可以用数字万用表的电阻挡进行测量。具体步骤如下：将黑表笔插入“COM”插孔，红表笔插入“V、Ω、Hz”插孔；将量程开关置电阻挡，显示超量程状态；将两表笔跨接在被测二极管的两个引脚上，若显示值较小，则红表笔所接的引脚为二极管的正极，另一脚为负极；交换两表笔的位置测量，应显示较大值或超量程状态。

在以上两种测量方法中，若两次测量显示值均为超量程状态，说明二极管内部已开路；若两次测量均显示为“0”，则被测二极管内部短路。这两种情况都说明二极管已损坏。

(2) 用模拟万用表测量二极管

将黑表笔插入“COM-”插孔，红表笔插入“+”插孔；再将量程开关置 $R\times100$ 或 $R\times1$ k挡(注意：不能用 $R\times1$ 或 $R\times10$ k挡，前者电流太大，可能引起二极管的PN结温度过高而烧坏；后者电压太高，可能超过二极管的最高反向允许电压而击穿二极管)。然后，将两表笔跨接在被测二极管的两个引脚上测量一次，再将两表笔交换位置测量一次，两次测量中阻值较小的是二极管的正向电阻，锗管约为1 kΩ，硅管约为5 kΩ，黑表笔所接的引脚为二极管的正极，另一脚为负极(这与数字万用表判别结果正好相反，这是因为模拟万用表的黑表笔接的是电源的正极，而数字万用表红表笔接的是电源正极)。两次测量中较大的阻值是二极管的反向电阻，锗管约为300 kΩ，硅管为无穷大。

如果两次测量的阻值均很大，说明二极管内部已开路；若两次测量的阻值均很小，则被测二极管内部短路。

2. 特殊二极管的检测

由于特殊二极管在特性上与普通二极管有很大的差异，用以上介绍的方法有时不能正确判断它们的性能和好坏。下面介绍稳压二极管和发光二极管的简易测试方法。

(1) 发光二极管的检测

对于发光二极管，在用万用表检测时正反向电阻差值较小，不易区分，可以用图1.20所示的方法检测。

对换二极管的接线，合上开关S，检测二极管D是否发光，从而直接判别二极管的极性和好坏。

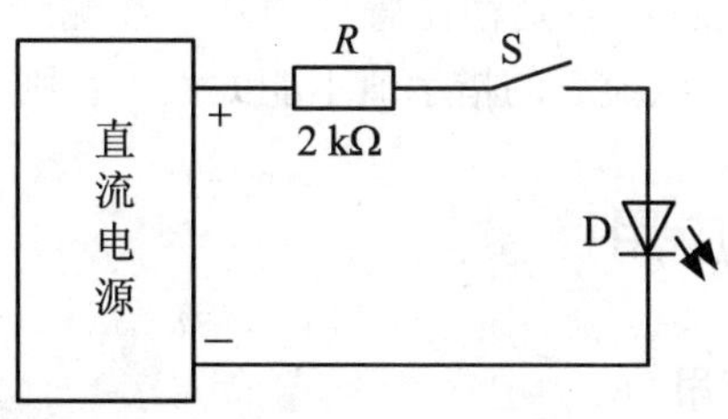

图 1.20　发光二极管的检测电路

(2) 稳压二极管的检测

将万用表置 $R\times10$ k 挡，通过测量稳压管的反向电阻来计算其稳压值。由于该挡表内电池仅有 9 V 或 15 V 两种，所以用此方法对稳压管的稳压值测量就有局限性，不能测量所有稳压管的稳压值。

例 1.2　用 MF47 型万用表测量某稳压管的稳压值。将万用表置 $R\times10$ k 挡，测反向电阻，若测得反向电阻值 $R_X=75\ \text{k}\Omega$，MF47 型万用表 $R\times10$ k 挡的内电池为 9 V，刻度尺的欧姆中心值 $R_0=22\ \Omega$，则被测稳压管的稳压值 U_Z 为

$$U_Z=E\frac{R_X}{R_X+nR_0}$$

式中，n 为万用表所置挡位的倍率，因为置于 $R\times10$ k 挡，所以 $n=10\ \text{k}=10^4$，E 为万用表所置挡位的实际电压，因为置于 $R\times10$ k 挡，所以实际电压为 $9+1.5=10.5$ V。则

$$U_Z=E\frac{R_X}{R_X+nR_0}=10.5\times\frac{75\times10^3}{75\times10^3+22\times10^4}\approx2.67(\text{V})$$

稳压二极管还可以用测量电路进行检测，电路如图 1.21 所示。图中，PA 可以用万用表的直流电流挡，也可用直流电流表；PV 可以用万用表的直流电压挡，也可以用直流电压表。可调直流电源的输出电压由小到大调节，一边调节一边观察电流表和电压表的变化，当电流表的示值开始迅速上升时，电压表的示值即为被测稳

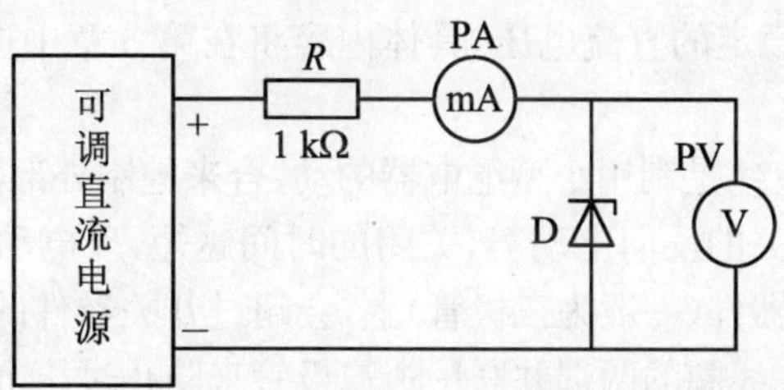

图 1.21　稳压二极管检测电路

压管的稳压值。若电源电压继续升高,则电流表指示值增加,电压表指示值不变,则表示该稳压管的性能良好,否则稳压管已损坏。在测量时应注意:① 调节直流电源时速度不能太快;② 电流表的指示值不能太大。否则,会人为损坏稳压管。

1.4.2 二极管的应用

1. 普通二极管的应用

二极管是电子电路中常用的半导体器件。利用其单向导电的特性,可以组成整流、续流及检波等电路;利用其导通时正向压降很小、反向截止的特性,可以组成钳位、限幅、开关等电路。

(1) 整流

把交流电变为直流电,称为整流。构造一个简单的二极管半波整流电路如图1.22所示。若二极管为理想二极管,当输入一正弦波时,由图可知:正半周时,二极管导通(相当于开关闭合),$u_o = u_i$;负半周时,二极管截止(相当于开关打开),$u_o = 0$。

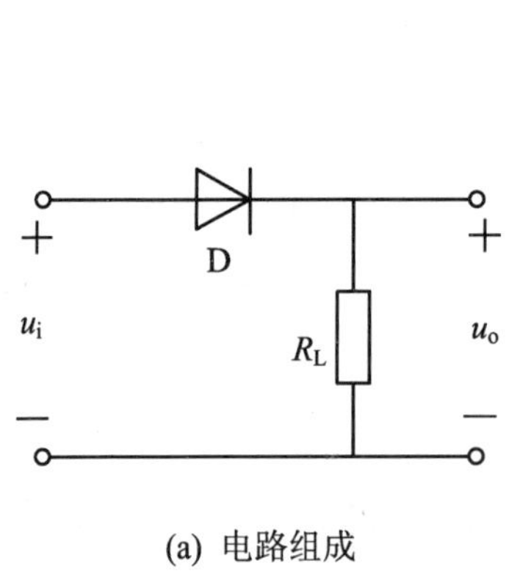

(a) 电路组成

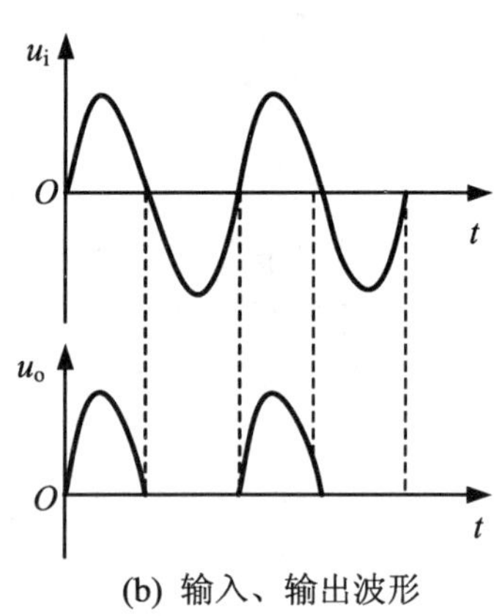

(b) 输入、输出波形

图 1.22 二极管半波整流电路

利用二极管的单向导电性可构成单相、三相等各种形式的整流电路,然后再经过滤波、稳压可获得稳定的直流电压,具体内容将在第 8 章中进行详细介绍。

(2) 续流

在电子电路中,有些是利用小型继电器的动、合来控制外部器件的。继电器线圈突然断电时会产生较高的反向电动势,关闭的时间越短,反电动势越大,此电动势将叠加在电路中的开关器件(一般为三极管)上,会超过开关器件的允许电压,造成器件损坏。因此,一般都在线圈的两端并联一个二极管来防止过压击穿,如图 1.23 所示。

在这种电路中,当开关断开时产生的反电动势经过二极管构成泄放回路,让线圈中继续有电流流过,故称为续流二极管。该二极管改变了线圈的电流变化率,有降低反电动势的作用。

(3) 钳位

利用二极管正向导通时压降很小的特性,可组成钳位电路,如图 1.24 所示。图中,若 A 点的电位 $U_A=2$ V,B 点的电位 $U_B=0$ V:因为 $U_A>U_B$,二极管 D_1 优先导通,其压降很小,可忽略不计,故 F 点的电位 $U_F=U_A=2$ V,当 D_1 导通后,D_2 处于反向电压,D_2 截止;同样,若 B 点的电位高于 A 点的电位,那么,D_2 导通,而 D_1 截止。

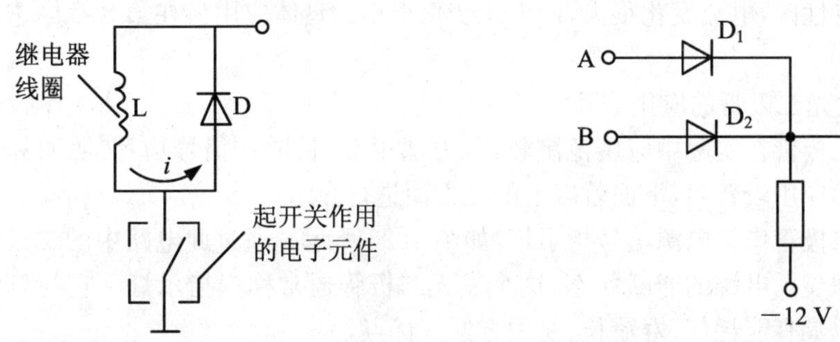

图 1.23　二极管续流电路

图 1.24　二极管钳位电路

从以上的分析可知:在 $U_A>U_B$ 时,二极管 D_1 起钳位作用,把 F 端的电位钳制在 2 V;D_2 起隔离作用,把 B 端和 F 端隔离开来。

(4) 限幅

利用二极管正向导通后其两端电压很小且基本不变的特性,将输入电压限定在要求的范围之内,叫限幅。限幅电路如图 1.25(a)所示。

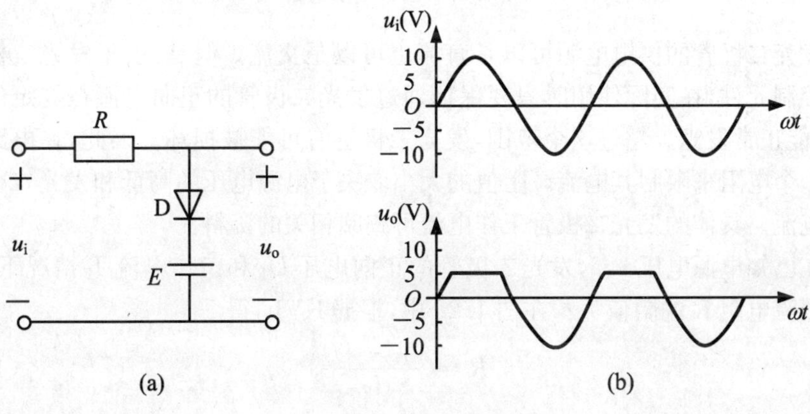

图 1.25　二极管限幅电路

图中输入电压 $u_i=10\sin\omega t$ V,电源电动势 $E=5$ V,二极管为理想元件,即忽略二极管的压降。那么,当 $u_i\leqslant E$ 时,二极管截止,因此,$u_o=u_i$,即输出波形与输入波形相同。当 $u_i > E$ 时，二极管导通，相当于短路，故 $u_o = E = 5$ V。所以，在输出电压 u_o 的波形中，5 V 以上的波形均被削去了（故此种电路也称为削波电路），输出电压被限制在 5 V 以内。波形如图 1.25(b)所示。

2. 特殊二极管的应用

(1) 稳压二极管的应用

从前面所介绍的知识我们知道：稳压二极管是利用反向击穿特性来实现稳压的。在此特性区，电流变化很大，而电压变化很小。具体应用将在第 8 章中进行详细介绍。

(2) 发光二极管的应用

发光二极管在实际中应用范围较广，方法很多，目前在信号指示、照明和数码显示等方面应用较普遍，下面就以上的几方面进行介绍。

发光二极管作为电源信号指示灯，如图 1.26 所示。通过此电路中的二极管的发光与否来显示电源的通断状态，这个发光二极管通常称为指示灯。它与灯泡式指示灯相比具有能耗低、寿命长、使用方便等优点。

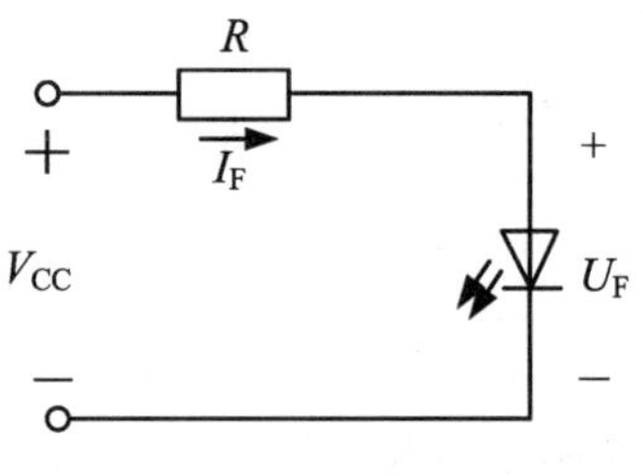

图 1.26　信号指示电路

发光二极管的供电电源可以是直流也可以是交流。但是，由于发光二极管是电流控制元件，在实际使用时只要保证通过发光二极管的正向电流在规定的范围内，就能正常发光。超过这个范围，发光二极管有可能被损坏。因此，在电路中要串联一个电阻来限制其电流。阻值的大小取决于电源电压的高低和发光二极管的工作电流。具体的发光二极管工作电流可查阅相关的资料。

在已知电源电压 V_{CC}，发光二极管的正向电压 U_F 和工作电流 I_F 情况下，如何计算限流电阻 R 的阻值呢？在图 1.26 中，根据 KVL，得

$$R = \frac{V_{CC} - U_F}{I_F} \tag{1.4.1}$$

发光二极管也可作为照明的光源，它被誉为 21 世纪的绿色照明产品。发光二极管能在较低的直流电压下工作，且光的转换效率高，发光面积很小，其发光色彩效果远超过彩色白炽灯。LED 彩虹管的使用使城市的夜景变得更加绚丽多彩。而且，它的寿命较长，理论上可达 10 万小时，如果以每天工作 8 个小时计算，可以

使用35年。

目前，发光二极管作为光源主要应用于建筑物航空障碍灯、航标灯、仪表背光照明。不久的将来发光二极管灯将是家庭照明的主体。

另外，随着二极管技术的发展，发光二极管也被应用于彩色电视机行业，市场上已开发了LED彩电，它的显示器就是发光二极管制作的，这类彩电以能耗低、使用寿命长等特点而逐渐受到用户的青睐。

(3) 光电二极管的应用

利用光电二极管的反向短路电流与光的照度成正比的特性可制成各种光电传感器，它可以把非电量信号直接转换成电量信号，以便控制其他电子元件。常用的有日照强度传感器和光电耦合器等。

日照强度传感器主要用于汽车的空调自动控制系统如图1.27所示。当太阳光照射到这个由光电二极管组成的传感器上后，太阳光的强度变化就变成二极管电流的变化，汽车内的空调计算机通过对该电流的检测，来控制排风量和排风口的温度，从而达到自动调节的作用。

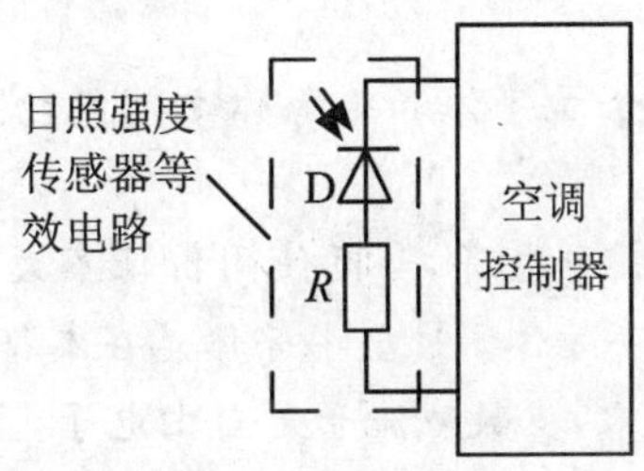

图1.27　日照强度传感器示意图

光电耦合器是把发光二极管与光电二极管组装在同一个蔽光壳体(金属或不透明的塑料)内，结构和符号如图1.28所示。

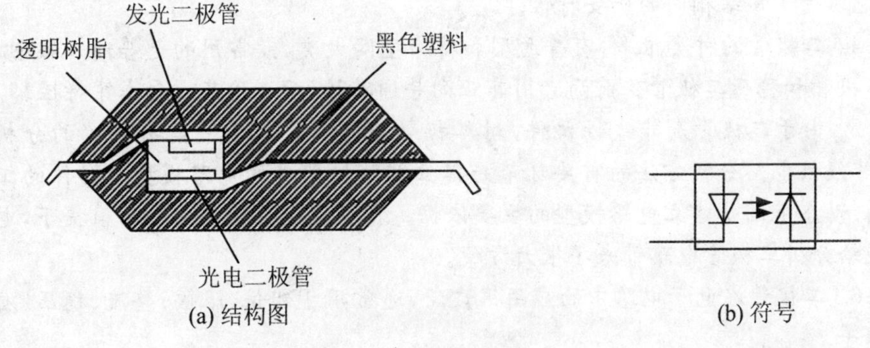

(a) 结构图　　(b) 符号

图1.28　光电耦合器

当输入端加入电信号时，发光二极管发出红外光线，光电二极管接受此红外线后输出电流信号。这样，两个线路之间只有光的联系，而无电的联系，实现了输入与输出的电气隔离，提高了线路的抗干扰能力。

思考题

1. 怎样用模拟万用表测量二极管的好坏与正、负极性？
2. 普通二极管有哪些方面的应用？
3. 发光二极管有哪些方面的应用？
4. 光电二极管在哪些方面得到应用？

本章小结

1. 半导体是导电能力介于导体和绝缘体之间的物质。常用的半导体材料有硅和锗。

2. 本征半导体的原子排列整齐，实际使用价值不大，掺入微量的某种元素，就能形成P型半导体和N型半导体。P型半导体是在本征半导体中掺入微量的三价元素，它的多数载流子是空穴，少数载流子是自由电子，主要靠空穴导电；N型半导体是在本征半导体中掺入微量的五价元素，其多数载流子是自由电子，少数载流子是空穴，主要靠电子导电。

3. P型半导体和N型半导体相结合形成PN结。PN结具有单向导电性、反向截止性和反向击穿特性。半导体二极管就是由PN结经过特殊掺杂工艺而制成的，它具有PN结相同的伏安特性。

4. 二极管的种类很多，有普通型和特殊型两大类，最常用的是普通二极管、发光二极管和稳压二极管。前两者用其正向导通特性，后者用其反向击穿特性。

5. 由于二极管是非线性元件，对二极管电路的分析不可能有精确的分析方法，非线性电路分析方法的首要环节是建立非线性器件的电路模型。器件的工作状态、动态范围是建立电路模型的主要依据。在满足工程误差要求的前提下，电路模型给分析二极管电路带来了很大方便。

6. 二极管在电子电路中的应用很广泛，通常用于钳位、限幅、整流、稳压、发光指示等。

习 题 1

1.1 填空题

(1) 杂质半导体有________型和________型两种。

(2) 二极管的类型按材料可分为________和________两类。

(3) 二极管最主要的特性是________________。

(4) 稳压二极管稳压时,其工作在________,发光二极管发光时,其工作在________。

(5) 在常温下,硅二极管的死区电压约为______V,导通后在较大电流下的正向压降约为______V;锗二极管的死区电压约为______V,导通后在较大电流下的正向压降约为______V。

(6) 电路如图题1.1(a)所示,二极管是理想的,电阻 R 为 6 Ω。当普通指针式万用表置于 $R\times1\ \Omega$ 挡时,用黑表笔(通常带正电)接A点,红表笔(通常带负电)接B点,则万用表的指示值为________。

(7) 图题1.1(b)所示电路中二极管为理想器件,D_1 工作在______状态;D_2 工作在______状态;U_A 为______V。

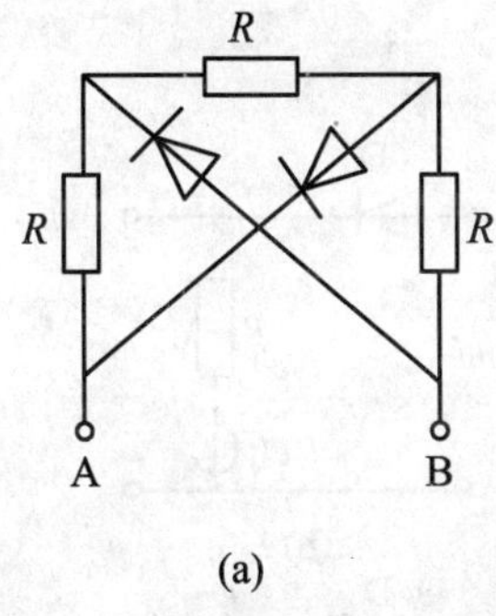

(a)

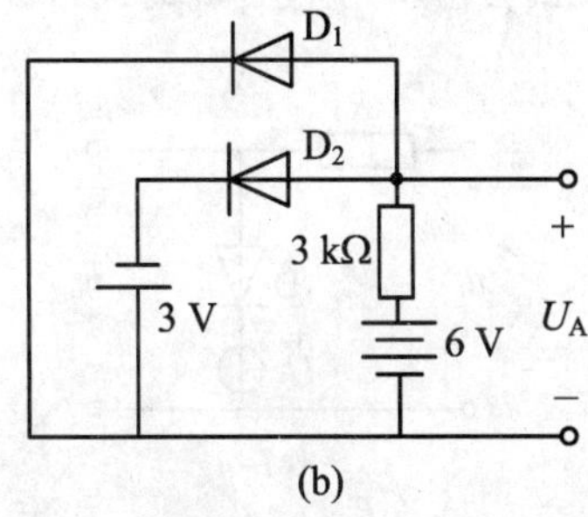

(b)

图题1.1

1.2 试判断图题1.2所示电路中二极管的工作状态,并求输出电压 U_o。(设二极管为理想二极管)

1.3 如图题1.3所示,已知输入信号 u_i 是正弦波,其幅值 $U_m=3$ V。二极管的正向导通压降为0.7 V,试画出输出的波形。

1.4 如图题1.4所示,已知 $u_i=5$ V,设二极管在直流工作点的电压为0.3 V。

(1) 试估算 I 的大小；

(2) 若输入电压 u_i 降低 0.1 V，则输出电压 u_o 减少多少？

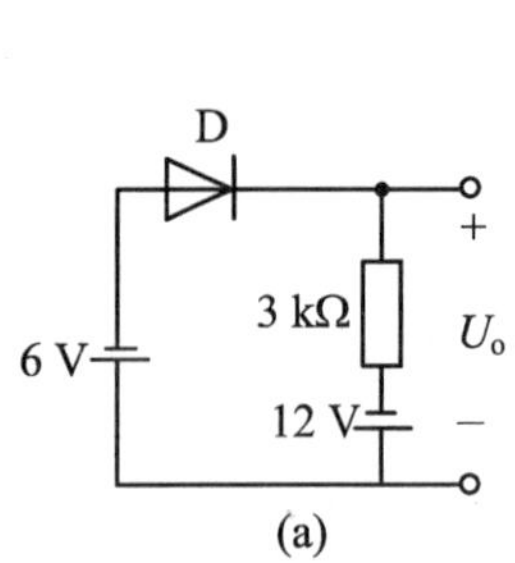

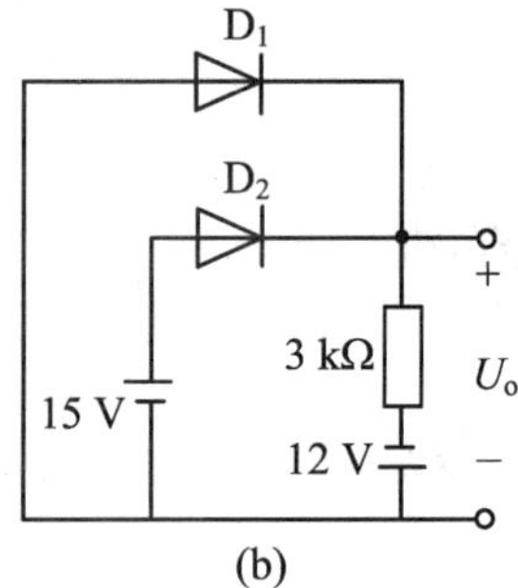

图题 1.2

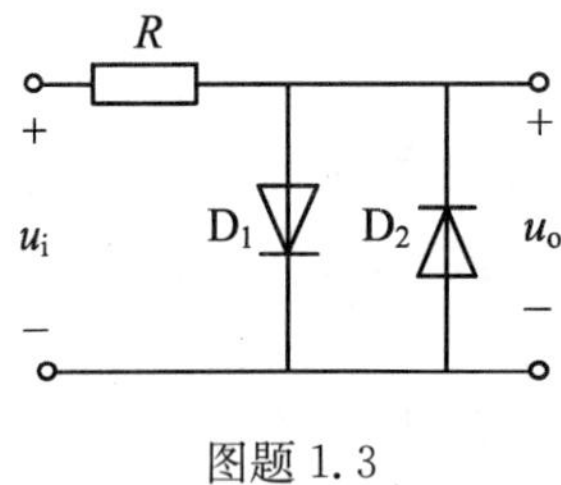

图题 1.3

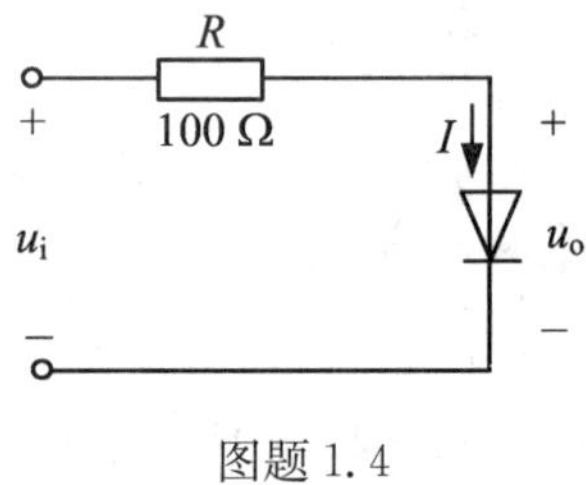

图题 1.4

1.5 在图题 1.5 所示电路中，$U=5$ V，$u_i=10\sin\omega t$ V，二极管的正向导通压降忽略不计。试画出输出电压 u_o 的波形。

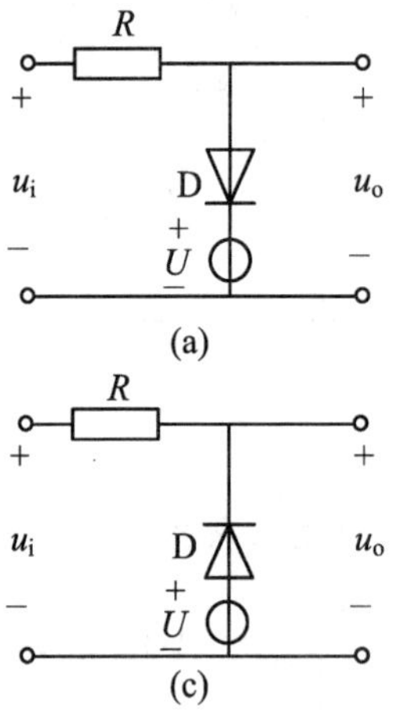

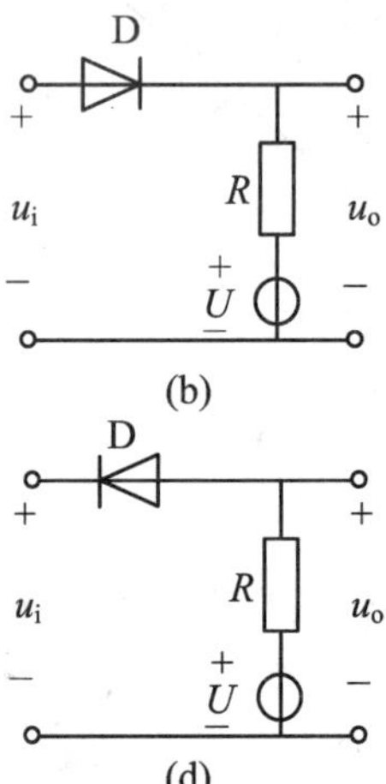

图题 1.5

1.6 电路如图题 1.6 所示,忽略二极管的正向压降。试求下列三种情况下输出端 F 的电位和各元件通过的电流。

(1) $U_A=U_B=0$ V;

(2) $U_A=U_B=3$ V;

(3) $U_A=3$ V,$U_B=0$ V。

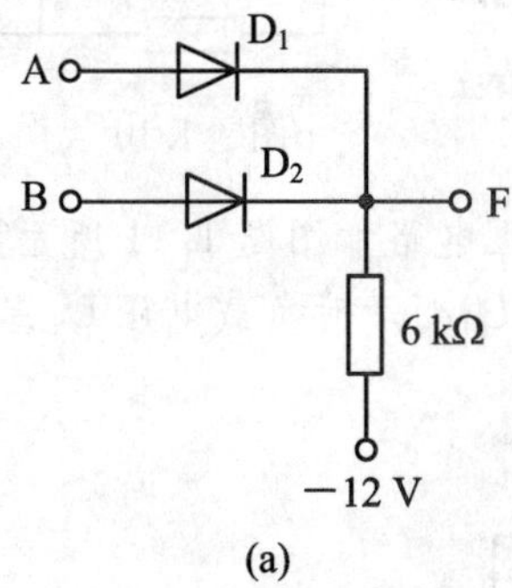

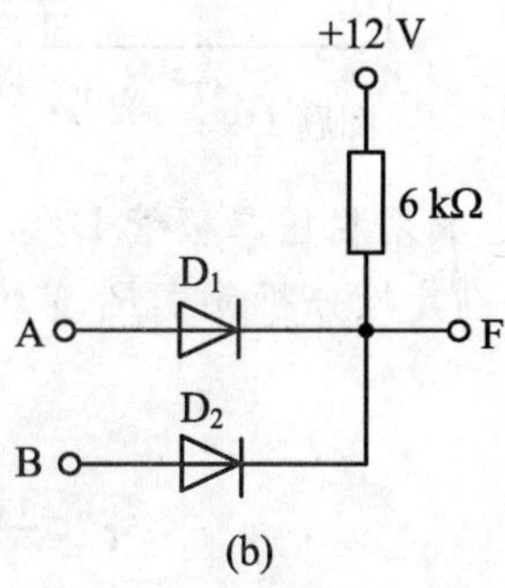

图题 1.6

1.7 已知两只硅稳压管的稳定电压值分别为 5.5 V 和 8 V,若将它们串联起来使用,能获得几组不同的电压值?设两稳压管的正向压降都为 0.7 V。

1.8 图题 1.8(a)所示电路中,设二极管都为理想器件,输入电压 u_i 波形如图题 1.8(b)所示,试根据输入电压波形画出输出电压 u_o 的波形。

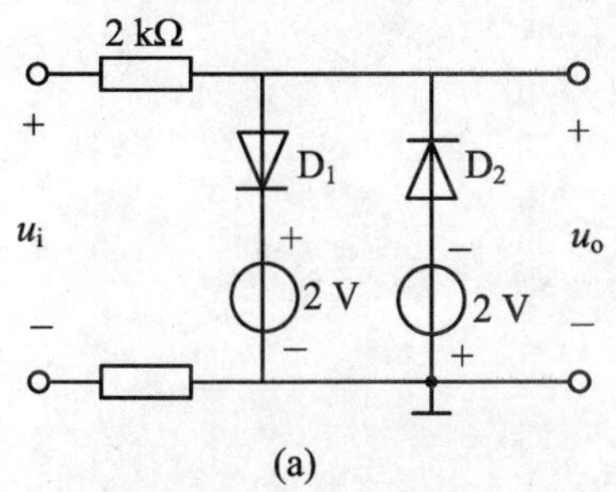

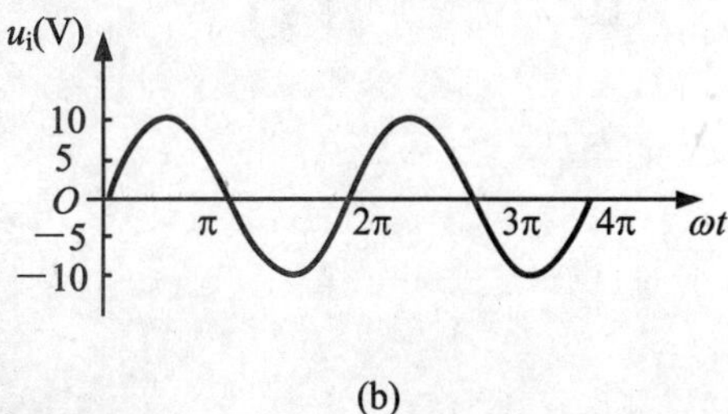

图题 1.8

1.9 电路如图题 1.9 所示,输入信号 u_S 为正弦波电压,试画出负载 R_L 两端的电压波形。设二极管为理想的。

1.10 在图题 1.10 所示电路中,若稳压二极管 D_{Z1}、D_{Z2} 的稳定电压分别为 $U_{Z1}=8.5$ V、$U_{Z2}=6$ V,试求 A、B 两端的电压 U_{AB}。

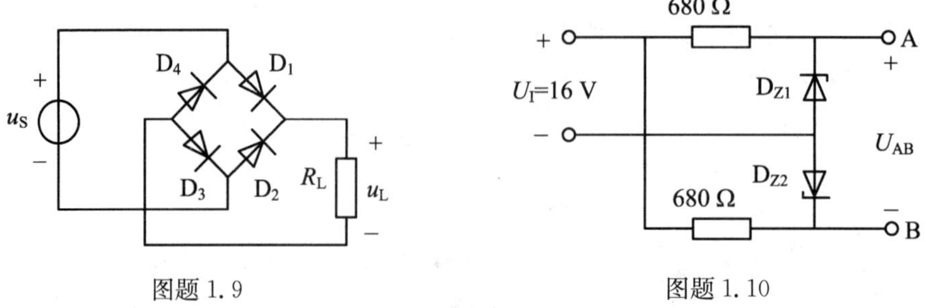

图题 1.9　　图题 1.10

1.11　利用稳压二极管 D_Z 组成的简单稳压电路如图题 1.11 所示，R 为限流电阻，请分别定性分析负载 R_L 变动和输入信号 U_I 变动时负载电压 U_L 基本恒定的原理。

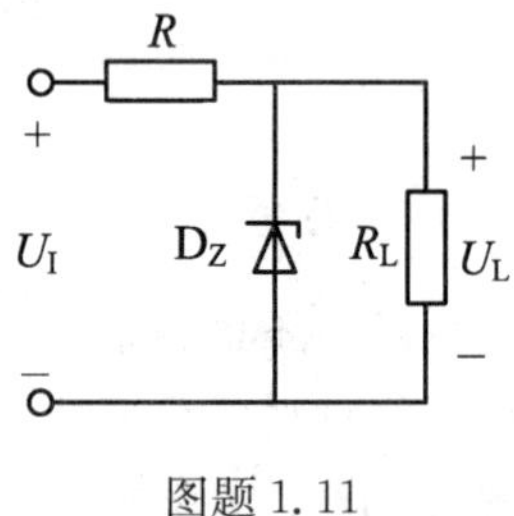

图题 1.11

第 2 章　半导体三极管及其放大电路

学习目标

- 掌握三极管的放大原理、输入特性曲线、输出特性曲线及其性能检测方法；
- 掌握基本放大电路的工作原理及放大电路的三种基本偏置方式；
- 掌握静态工作点、微变等效电路及其分析方法；
- 理解放大电路的工作点稳定问题；
- 理解多级放大电路的分析方法及放大电路的频率响应。

2.1　半导体三极管

半导体三极管又称为晶体三极管，简称晶体管，具有放大作用，应用极为广泛。按照工作时导电机理的不同可分为双极型三极管和单极型三极管两大类。双极型三极管(BJT)通常简称为三极管，其内部有自由电子和空穴两种载流子参与导电。单极型三极管通常称为场效应晶体管(FET)，其内部只有一种载流子(自由电子或空穴)参与导电。本节主要讨论双极型三极管的基本特性。场效应晶体管的基本特性将在第 3 章中讨论。

2.1.1　三极管的结构及分类

1. 三极管的内部结构及其在电路中的符号

通过在一块半导体(硅或锗)材料上掺入不同杂质的方法制成两个紧挨着的 PN 结，并引出三个电极即可得到半导体三极管，按 PN 结组合方式的不同，可得到 NPN 和 PNP 两种类型的三极管，其结构示意图和在电路中的符号如图2.1 所示。

由图 2.1 可见，无论是 NPN 型或是 PNP 型三极管，它们均有三个区，即：发射区——发射载流子的区域；基区——传输载流子的区域；集电区——收集载流子的区域。各区引出的电极分别称为发射极（E 极，emitter）、基极（B 极，base）和集电极（C 极，collector）。同时，在相应两个区的交界处形成两个 PN 结，发射区和基区交界处形成的 PN 结叫发射结，基区和集电区交界处形成的 PN 结叫集电结。

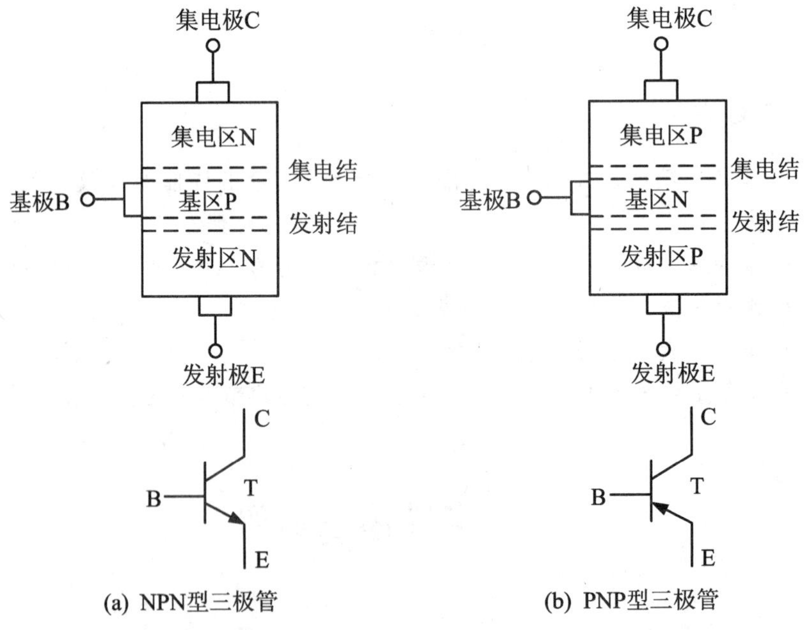

图 2.1　半导体三极管的结构示意图和在电路中的符号

电路符号中发射极箭头的方向表示发射结加正向电压时发射极的电流实际方向，NPN 型和 PNP 型发射极电流的方向相反。

2. 三极管的分类

三极管的种类很多，有下列五种分类形式：

(1) 按其制作材料划分：可分为硅管和锗管。由于硅管受温度影响较小、工作稳定，在自动控制设备中常采用硅管；

(2) 按其结构类型划分：可分为 NPN 管和 PNP 管。目前我国制造的硅管多为 NPN 型，锗管多为 PNP 型；

(3) 按其工作频率划分：可分为高频管（工作频率不低于 3 MHz）和低频管（工作频率低于 3MHz）；

(4) 按其功率大小划分：可分为大功率管、中功率管和小功率管（耗散功率低于 1 W）；

(5) 按其工作状态划分:可分为放大管(三极管工作在放大区)和开关管(三极管工作在截止区或饱和区,一般应用在数字电路中)。

2.1.2 三极管的放大作用

从三极管的内部结构上看,相当于两个二极管背靠背地串联在一起。但是当我们简单地将两个独立的二极管按上述关系串联起来时,会发现它们并不具备放大作用。这是为什么?其主要原因是:三极管要实现放大,必须要有内部和外部条件作保证。下面以NPN型三极管为例来讨论三极管的放大作用。

1. 三极管放大时必须具备的内部条件

第一,发射区进行高掺杂,因而其中的多数载流子浓度很高。NPN型三极管的发射区为N型,其中的多数载流子是电子,所以电子的浓度高。

第二,基区通常做得很薄,只有几微米到几十微米,而且掺杂比较少,则基区中多数载流子的浓度低。NPN型三极管的基区为P型,故其中的多数载流子空穴的浓度很低。

第三,集电极面积大,以保证尽可能收集发射区发射的电子。

上述内部结构的特点是三极管正常工作的需要,也就是说只有具备了上述内部结构特点的三极管,在满足外部条件时才可能具有电流放大作用。

2. 三极管放大时必须具备的外部条件

第一,必须给三极管设置静态工作点(无信号输入时,三极管中必须存在合适的I_B、I_C和U_{CE})。

第二,所设置的静态工作电压必须保证三极管的发射结加正向工作电压(即发射结正偏),集电结加反向工作电压(即集电结反偏)。

3. 三极管内部载流子的传输过程

在满足上述内部和外部条件后,三极管就具备了放大信号的作用,其内部载流子的运动有以下三个过程:

(1) 发射区向基区发射电子的过程

由于发射结正偏,因而外加电场有利于多数载流子的扩散运动。又因为发射区的多数载流子——电子的浓度很高,于是发射区发射出大量的电子。这些电子越过发射结到达基区,形成电子电流。因为电子带负电,所以电子电流的方向与电子流动的方向相反,如图2.2所示。与此同时,基区中的多子空穴也向发射区扩散而形成空穴电流,由于基区中空穴的浓度比发射区中电子的浓度低得多,因此与电子电流相比,空穴电流可以忽略,可以认为I_E主要由发射区发射的电子电流所产生。为了保持发射区内载流子浓度的平衡,由外接电源V_{CC}和V_{BB}经过发射极向发射区补充电子，便形成了发射极电流 I_E。

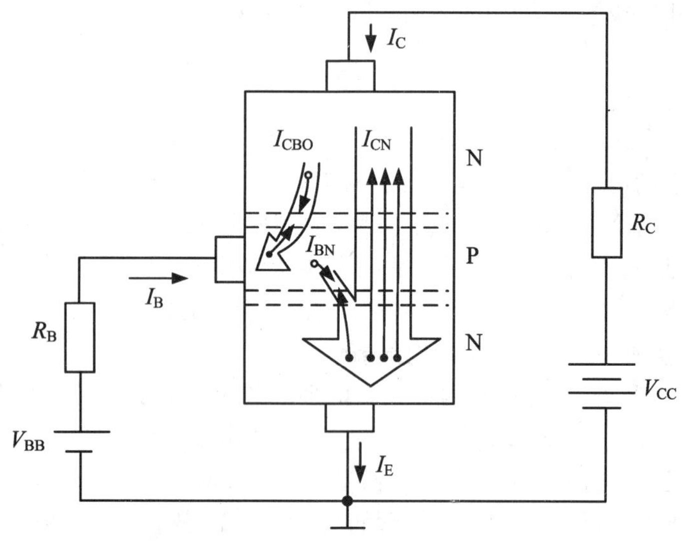

图 2.2 三极管内部载流子的运动情况

(2) 电子在基区的扩散和复合过程

电子到达基区后，因为基区为 P 型，其中的多子是空穴，所以从发射区扩散过来的电子和空穴产生复合而形成基极电流 I_{BN}，基区被复合掉的空穴由外电源 V_{BB} 不断进行补充。但是，基区空穴的浓度比较低，而且基区很薄，所以到达基区的电子与空穴复合的机会很少，因而基极电流 I_{BN} 比发射极电流 I_E 小得多。大多数电子在基区中继续扩散，到达靠近集电结的一侧。

(3) 电子被集电区收集的过程

由于集电结反偏，使其耗尽层加宽，内电场增强，因此大量没有被复合的电子扩散到集电结的边沿，在强电场的作用下，越过集电结到达集电区。为了保持集电区内载流子浓度的平衡，外电源 V_{CC} 使大量电子经过集电极释放，便形成了集电极电流 I_{CN}。

以上分析了三极管中载流子运动的主要过程。此外，由于集电结反偏，引起集电区与基区之间少数载流子的定向运动，形成了反向饱和电流 I_{CBO}。I_{CBO} 取决于少数载流子的浓度，它的数值很小，但受温度影响很大，容易使三极管工作不稳定。I_{CBO} 越小，三极管的稳定性越好。

由图 2.2 可见，集电极电流 I_C 由两部分组成：发射区发射的电子被集电极收集后形成的电流 I_{CN}，以及集电区和基区的少子进行漂移运动而产生的反向饱和电流 I_{CBO}，即

$$I_C = I_{CN} + I_{CBO} \tag{2.1.1}$$

基极电流也包括两部分:发射区扩散过来的电子和空穴复合而形成的基极电流 I_{BN},以及集电区和基区的少子进行漂移运动而产生的反向饱和电流 I_{CBO},但两者方向相反,即

$$I_B = I_{BN} - I_{CBO} \tag{2.1.2}$$

发射极电流也包括两部分:

$$I_E = I_{CN} + I_{BN} = I_C + I_B \tag{2.1.3}$$

当基极电流改变时,发射区注入载流子数将随之改变,从而使集电极电流 I_C 产生相应的变化,由于 $I_B \ll I_C$,因此 I_B 很小的变化就能引起 I_C 较大的改变,这就是三极管的电流放大作用。通常用集电极电流 I_C 与基极电流 I_B 的比值来反映三极管的放大能力,即

$$\bar{\beta} = \frac{I_C}{I_B} \tag{2.1.4}$$

这就是三极管的直流放大作用,式中 $\bar{\beta}$ 称为三极管的直流电流放大系数。

上述分析表明,三极管在发射结正偏集电结反偏时具有电流放大作用。电流放大的本质是输入端基极电流 I_B 对输出端集电极电流 I_C 的控制作用,因此,三极管是一种电流控制型器件。

对于 PNP 管,三个电极产生的电流方向正好和 NPN 管相反。其内部载流子的运动情况读者可自行分析。

2.1.3 三极管的伏安特性

为了能直观、全面地了解和掌握三极管各电极之间电流与电压的关系,正确使用三极管,必须了解三极管的特性曲线。三极管的特性曲线是指各电极之间电压与电流之间的关系曲线。下面以三极管共发射极放大电路为例分析其伏安特性。

将图 2.2 改画成图 2.3 所示电路。图中基极与发射极是信号输入端,集电极与发射极是信号输出端,发射极是输入与输出回路的公共端,这种放大电路称为共发射极放大电路。

1. 输入特性曲线

三极管的输入特性曲线是指当集电极-发射极电压 u_{CE} 一定时,输入回路中基极-发射极之间的电压 u_{BE} 与基极电流 i_B 之间的关系曲线。即

$$i_B = f(u_{BE})\big|_{u_{CE}=\text{常数}} \tag{2.1.5}$$

实际测得的 NPN 型硅三极管的输入特性曲线如图 2.4(a)所示。由图可知,u_{CE} 为 1 V 时的输入特性曲线相对 u_{CE} 为 0 V 时的曲线向右移动了一段距离,即当 u_{CE} 增大时曲线向右移,但当 u_{CE} 大于 1 V 后,曲线右移距离很小,可以近似认为与

u_{CE}为 1 V 时的曲线重合，所以图 2.4(a)只画出两条曲线。在实际使用中 u_{CE} 总是大于 1 V 的。同时由图可知，只有当 u_{BE} 大于 0.5 V 后，i_B 才随 u_{BE} 的增大而迅速增大，$u_{BE}=0.5$ V 称为死区电压。正常工作时管压降 u_{BE} 为 0.6～0.8 V，通常取 0.7 V，称之为三极管的导通压降。对于锗管，死区电压约为 0.1 V，正常工作时的导通压降的值为 0.2～0.3 V。

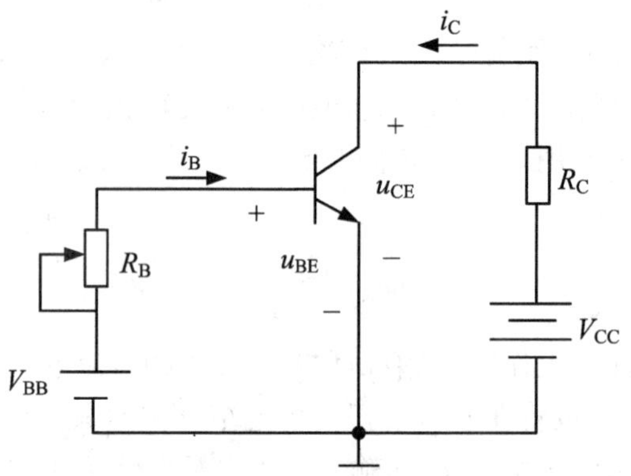

图 2.3 三极管共发射极放大电路

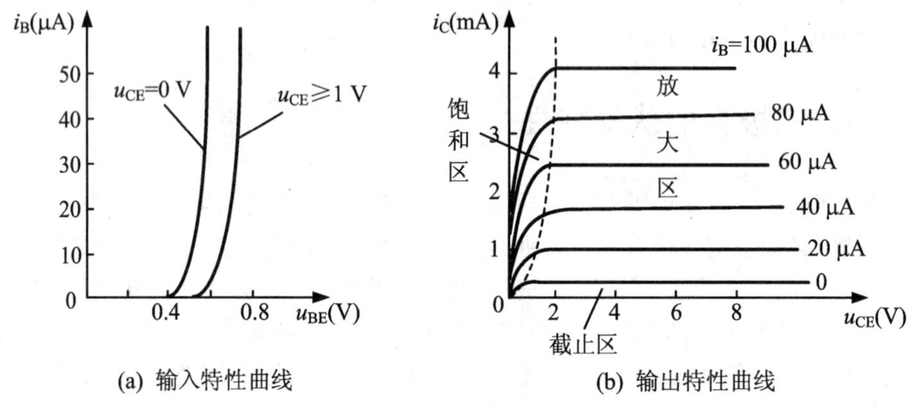

图 2.4 三极管的伏安特性曲线

2. 输出特性曲线

输出特性曲线是反映三极管输出回路电压与电流关系的曲线，是指基极电流 i_B 为定值时，集电极电流 i_C 与集电极电压 u_{CE}之间的关系曲线，即

$$i_C = f(u_{CE})\big|_{i_B=\text{常数}} \tag{2.1.6}$$

实际测得的 NPN 型硅三极管的输出特性曲线如图 2.4(b)所示，当 i_B 改变时，可得一组曲线，由图 2.4(b)可见，输出特性曲线可分为放大区、截止区和饱和区三

个区域。

(1) 截止区：当发射结的电压小于死区电压时，三极管处于截止状态，这时 $i_B=0$，则 $i_B=0$ 的特性曲线以下的区域称为截止区。在这个区域中，集电结处于反偏，发射结也处于反偏或零偏。集电极电流 i_C 很小，等于反向穿透电流 I_{CEO}，一般硅三极管的穿透电流很小，通常小于 1 μA，所以在输出特性曲线上无法表示出来。而锗三极管的穿透电流较大，为几十微安到几百微安。可以认为当发射结反向偏置时，发射区不再向基区注入电子，三极管处于截止状态。三极管工作在截止区时，电路中犹如一个断开的开关。对于 NPN 型三极管来说，此时 $u_{BE}<0$，$u_{BC}<0$。

(2) 饱和区：特性曲线靠近纵轴的区域是饱和区。当 $u_{CE}<u_{BE}$ 时，发射结、集电结均处于正偏。在饱和区 i_B 增大，i_C 几乎不再增大，三极管失去放大作用。规定 $u_{CE}=u_{BE}$ 时的状态称为临界饱和状态，用 U_{CES} 表示。一般小功率硅三极管的饱和压降 $U_{CES}<0.4$ V(硅管约为 0.3 V，锗管约为 0.1 V)，大功率三极管的 U_{CES} 为 1～3 V。在理想条件下 $U_{CES}\approx 0$，三极管 C、E 之间相当于短路状态，晶体管在电路中犹如一个闭合的开关。由图 2.3 可得集电极临界饱和电流为

$$I_{CS}=\frac{V_{CC}-U_{CES}}{R_C}\approx\frac{V_{CC}}{R_C} \tag{2.1.7}$$

基极临界饱和电流为

$$I_{BS}=\frac{I_{CS}}{\beta} \tag{2.1.8}$$

当集电极电流 $I_C>I_{CS}$ 时，认为管子已处于饱和状态；当 $I_C<I_{CS}$ 时，管子处于放大状态。

(3) 放大区：特性曲线近似水平直线的区域为放大区。在这个区域里发射结正偏，集电结反偏。其特点是 i_C 的大小受 i_B 的控制，即

$$\Delta i_C=\beta\Delta i_B \tag{2.1.9}$$

式(2.1.9)体现了三极管的电流放大作用，在放大区 β 约等于常数，i_C 几乎按一定比例等距离平行变化。由于 i_C 只受 i_B 的控制，几乎与 u_{CE} 的大小无关。特性曲线反映出恒流源的特点，即三极管可看作受基极电流控制的受控恒流源。对于 NPN 型三极管来说，$u_{BE}>0$，而 $u_{BC}<0$。

以上介绍了三极管的输入特性和输出特性。实际应用中选用三极管的主要依据就是管子的特性曲线和参数。各种型号三极管的特性曲线可以从半导体器件手册查询得到，也可以实测得到。除了逐点测试以外，还可以利用三极管特性图示仪测量。

2.1.4 三极管的主要参数

三极管的参数是用来表示三极管的各项性能的指标，是评价三极管的优劣和

选用三极管的依据，也是计算和调整三极管电路时必不可少的根据。主要参数有：

1. 电流放大系数

三极管的电流放大系数是表征管子放大作用大小的参数。

(1) 共发射极电流放大系数

直流电流放大系数为

$$\bar{\beta}=\frac{I_C}{I_B}$$

$\bar{\beta}$ 有时也用 h_{FE} 表示。

交流电流放大系数 β 定义为集电极电流的变化量 Δi_C 与基极电流的变化量 Δi_B 之比，即

$$\beta=\frac{\Delta i_C}{\Delta i_B} \tag{2.1.10}$$

β 有时也用 h_{fe} 表示。

上述两个电流放大系数的含义虽不同，但工作于输出特性曲线放大区域的平坦部分时，两者差异极小，故在估算时常认为 $\bar{\beta}\approx\beta$。

(2) 共基极电流放大系数

共基极接法是指输入回路和输出回路的公共端为基极。共基极直流电流放大系数定义为三极管的集电极电流 I_C 与发射极电流 I_E 之比，即

$$\bar{\alpha}=\frac{I_C}{I_E} \tag{2.1.11}$$

共基极交流电流放大系数定义为集电极电流的变化量 Δi_C 与发射极电流的变化量 Δi_E 之比，即

$$\alpha=\frac{\Delta i_C}{\Delta i_E} \tag{2.1.12}$$

2. 极间反向饱和电流

(1) 集电极和基极之间的反向饱和电流 I_{CBO}

I_{CBO}是指发射极开路时，流过集电极与基极的反向饱和电流。良好的三极管的 I_{CBO}很小，室温下，小功率硅管的 I_{CBO}小于 1 μA，锗管的 I_{CBO}约为几微安到几十微安。

(2) 集电极和发射极之间的反向饱和电流 I_{CEO}

I_{CEO}是指基极开路时，流过集电极与发射极的反向饱和电流。由于这一电流从集电极贯穿基区流至发射极，所以又称为穿透电流。它与 I_{CBO}的关系为

$$I_{CEO}=(1+\beta)I_{CBO} \tag{2.1.13}$$

因为 I_{CBO}和 I_{CEO}都是由少数载流子的运动形成的，所以对温度非常敏感，当温度升高时，I_{CBO}和 I_{CEO}均随温度的升高而增大。

3. 极限参数

三极管的极限参数是指使用时不得超过的限度，以保证三极管的安全或保证三极管参数变化不超过规定的允许值。若超过这些极限值，就有可能使三极管性能变劣，甚至永久损坏。

(1) 集电极最大允许电流 I_{CM}

当集电极电流过大时，三极管的 β 值就要显著下降，甚至可能损坏。I_{CM}表示 β 值下降到正常值的 2/3 时的集电极电流。为保证三极管的正常工作，通常要求$i_C < I_{CM}$。

(2) 集电极最大允许耗散功率 P_{CM}

晶体管电流 i_C 与电压 u_{CE}的乘积称为集电极耗散功率，这个功率导致集电结发热，温度升高。而晶体管的结温是有一定限度的，一般硅管的最高结温为 100～150 ℃，锗管的最高结温为 70～100 ℃，超过这个限度，管子的性能就要变坏，甚至烧毁。因此，根据管子的允许结温确定出了集电极最大允许耗散功率 P_{CM}，工作时管子消耗功率必须小于 P_{CM}。

(3) 极间反向击穿电压

极间反向击穿电压表示外加在三极管各电极之间的最大允许反向电压，如果超过了这个限度，管子的反向电流会急剧增大，甚至可能被击穿而损坏。极间反向击穿电压主要有：$U_{(BR)CEO}$为基极开路时，集电极和发射极之间的反向击穿电压；$U_{(BR)CBO}$为发射极开路时，集电极与基极之间的反向击穿电压；$U_{(BR)EBO}$为集电极开路时，发射极与基极之间的反向击穿电压。

对于同一个三极管，三个极间反向击穿电压的关系为：

$$U_{(BR)CBO} > U_{(BR)CEO} > U_{(BR)EBO}$$

P_{CM}，$U_{(BR)CEO}$和 I_{CM}这三个极限参数决定了三极管的安全工作区。由以上分析可知，三极管工作时的 u_{CE}不应超过 $U_{(BR)CEO}$；i_C 不应超过 I_{CM}；P_C 不应超过 P_{CM}。因此，三极管最好工作在由 P_{CM}，$U_{(BR)CEO}$和 I_{CM}决定的安全工作区，如图 2.5 所示。

4. 温度对晶体管参数的影响

几乎所有三极管参数都与温度有关，因此不容忽视。温度对下列三个参数的影响最大。

(1) 温度对 I_{CBO}的影响

I_{CBO}是少数载流子形成的，与 PN 结的反向饱和电流一样，受温度影响很大。无论硅管、锗管，作为工程上的估算，一般都按温度每升高 10 ℃，I_{CBO}增大一倍来考虑。

(2) 温度对 β 的影响

温度升高时 β 随之增大。实验表明，对于不同类型的管子，β 随温度增长的情况是不同的，一般认为：以 25 ℃时测得的 β 值为基数，温度每升高 1 ℃，β 增加 0.5%～1%。

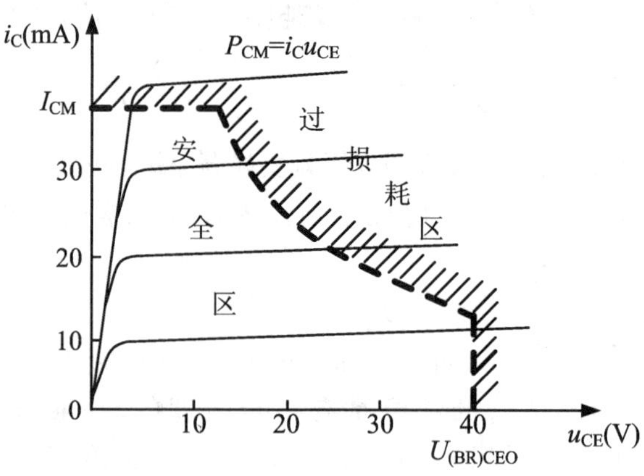

图 2.5　三极管的安全工作区

(3) 温度对发射结电压 u_{BE} 的影响

和二极管的正向特性一样，温度每升高1 ℃，$|u_{BE}|$减小 2～2.5 mV。

因为 $I_{CEO}=(1+\beta)I_{CBO}$，而 $i_C=\beta i_B+(1+\beta)I_{CBO}$，所以温度升高使集电极电流 i_C 升高。换言之，集电极电流 i_C 随温度变化而变化。

例 2.1　如图 2.6 所示的电路中，晶体管均为硅管，$\beta=30$，试分析各晶体管的工作状态。

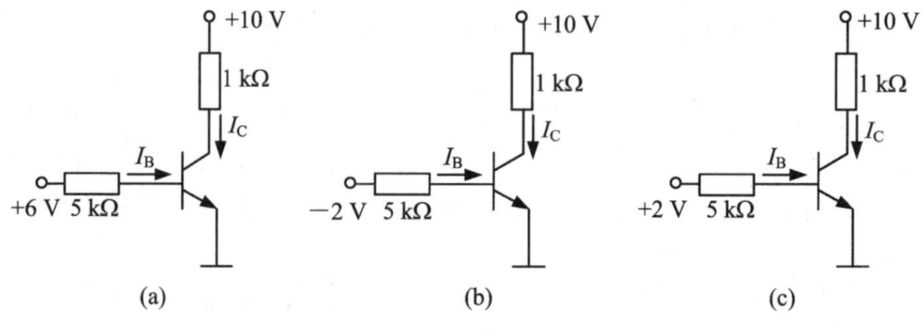

图 2.6　例 2.1 图

解：(a) 因为基极偏置电源+6 V 大于管子的导通电压，故管子的发射结正偏，管子导通。由图可知

$$I_B=\frac{6-0.7}{5}=\frac{5.3}{5}=1.06(\text{mA})$$

$$I_C=\beta I_B=30\times1.06=31.8(\text{mA})$$

由式(2.1.7)求得临界饱和电流为

$$I_{CS}=\frac{10-U_{CES}}{1}=9.7(\mathrm{mA})$$

因为 $I_C>I_{CS}$,所以管子工作在饱和区。

(b) 因为基极偏置电源-2 V 小于管子的导通电压,管子的发射结反偏,管子截止,所以管子工作在截止区。

(c) 因为基极偏置电源$+2$ V 大于管子的导通电压,故管子的发射结正偏,管子导通,且有

$$I_B=\frac{2-0.7}{5}=\frac{1.3}{5}=0.26(\mathrm{mA})$$

$$I_C=\beta I_B=30\times 0.26=7.8(\mathrm{mA})$$

临界饱和电流为

$$I_{CS}=\frac{10-U_{CES}}{1}=9.7(\mathrm{mA})$$

因为 $I_C<I_{CS}$,所以管子工作在放大区。

思考题

1. 三极管的发射极和集电极的半导体材料相同,它们是否可以互换?为什么?

2. 为使 NPN 型管和 PNP 型管工作在放大状态,应分别在外部加什么样的电压?

3. 若测得某三极管的 $I_B=20\ \mu\mathrm{A}$,$I_C=1\ \mathrm{mA}$,问能否确定它的电流放大系数?为什么?

4. 在实验中应用什么方法判断晶体管的工作状态?

5. 用直流电压表测得放大电路中的三极管的三个电极电位分别是 $V_1=2.8$ V,$V_2=2.1$ V,$V_3=7$ V,那么此三极管是什么类型的三极管?三个电位值分别对应的是三极管的哪个电极?

2.2 放大电路基本知识

2.2.1 放大电路概述

实际中常常需要把一些微弱信号放大到便于测量和利用的程度。例如,从收

音机天线接收到的无线电信号或者从传感器得到的信号，有时只有微伏或毫伏的数量级，必须经过放大才能驱动扬声器或者进行观察、记录和控制。可见放大电路的应用十分广泛，它是各种电子设备中重要的基本单元。

扩音机是放大电路的典型应用，如图 2.7 所示。

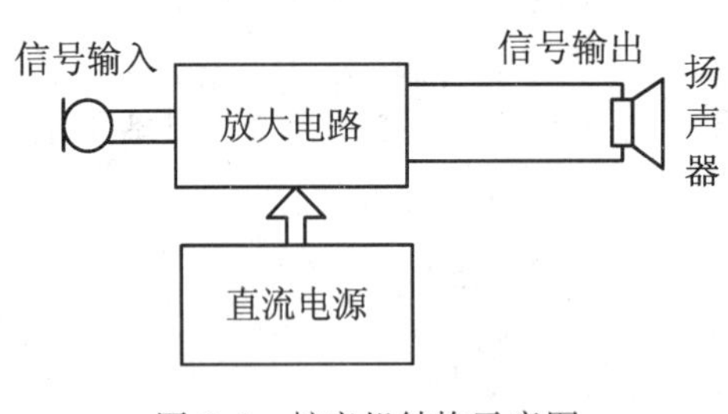

图 2.7 扩音机结构示意图

所谓放大，表面上是将信号的幅度由小增大，如上面的扩音机，其扬声器所获得的能量(或输出功率)远大于话筒送出的能量(或输入功率)。那么扬声器增加的功率，或者说增加的能量是从哪里来的呢？实际上，放大电路不可能产生多余的能量，它只能在话筒输出来的电信号的控制下，把直流电源的电能转化为负载所需要的能量，所以，放大的实质是能量的控制和转换，即由一个较小的输入信号来控制直流电源，使之转换成交流能量输出，驱动负载。

另外，放大的对象是变化量，也就是说，当输入信号有一个比较小的变化量时，要求在负载上得到一个较大变化量的输出信号，而放大电路的放大倍数也是指输出信号与输入信号的变化量之比。

在实际的应用中对放大作用还有一个要求，即放大后的信号波形与放大前的波形的形状相同或基本相同，即信号不能失真，否则就会丢失要传送的信息，失去了放大的意义。

例如，某些电子系统需要输出较大的功率，如家用音响系统往往需要把声频信号功率提高到数瓦或数十瓦。而输入信号的能量较微弱，不足以驱动负载，因此需要给放大电路另外提供一个直流能源，通过输入信号的控制，使放大电路能将直流能源的能量转化为较大的输出能量，去驱动负载，同时还要保证输出信号的原始质量。

任何一个放大电路都可以看成一个两端网络，其示意图如图 2.8所示。

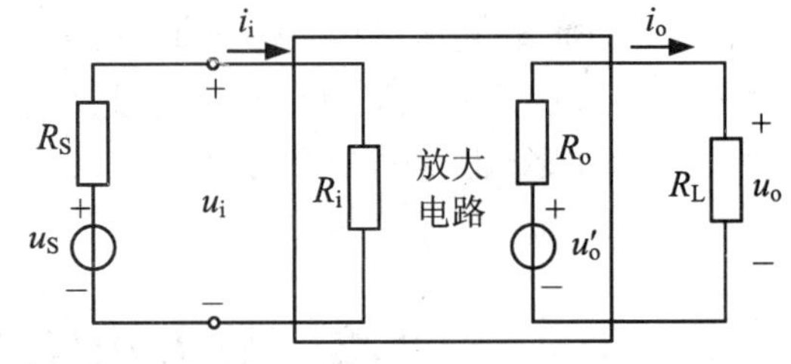

图 2.8 放大电路示意图

2.2.2 放大电路的动态性能指标

放大电路的放大对象是变化量，研究放大电路时除了要保证放大电路具有合适的静态工作点外,更重要的是要研究其放大性能。对于放大电路的放大性能有两个方面的要求:一是放大倍数要尽可能大;二是输出信号要尽可能不失真。衡量放大电路性能优劣的重要指标有放大倍数 $\dot{A}_u$、输入电阻 R_i 和输出电阻 R_o 等参数。

1. 放大倍数

放大倍数是直接衡量放大电路放大能力的重要指标,其值为输出量(u_o 或 i_o)与输入量(u_i 或 i_i)之比。对于小功率的放大电路,人们常常只关心电路的单一指标的放大倍数,如电压放大倍数,而不研究其功率放大能力。

电压放大倍数被定义为输出电压与输入电压的变化量之比,当输入一个正弦测试电压时,也可用输出电压与输入电压的正弦相量之比来表示,即

$$\dot{A}_u = \frac{\dot{U}_o}{\dot{U}_i} \tag{2.2.1}$$

同样的电流放大倍数定义为输出电流与输入电流的变化量之比,也可以用两者的正弦相量之比来表示,即

$$\dot{A}_i = \frac{\dot{I}_o}{\dot{I}_i} \tag{2.2.2}$$

2. 输入电阻

放大电路与信号源相连接就成为信号源的负载,必然从信号源索取电流,电流的大小表明放大电路对信号源的影响程度。输入电阻 R_i 就是从放大电路输入端看进去的等效电阻,被定义为输入电压和输入电流之比,即

$$R_i = \frac{\dot{U}_i}{\dot{I}_i} \tag{2.2.3}$$

输入电阻的大小表明放大电路对信号源的影响程度。R_i 越大,表明放大电路从信号源索取的电流越小,放大电路所得到的输入电压就越接近信号源电压,即信号源内阻上的电压越小,信号源电压损失越小。在电子设备中,特别是电子测量仪表中,通常希望仪表有很高的输入电阻,以减小对被测电路的影响。

3. 输出电阻

以负载 R_L 作为被参考对象,信号源和放大电路组成的系统是一个有源(指所含的独立电源)二端网络,放大电路的输出端实质上可看作是 R_L 的信号源,这个信号源的内阻就是放大电路的输出电阻 R_o,如图 2.9 所示。具体求法是:将有源一端口网络内的所有独立的电压源短路、所有独立的电流源开路,即令所有独立电压源的电动势和所有独立电流源的电流为零(若含受控源,受控源不可以省略),移去放大电路输出端所接的负载,在放大电路的输出端再接一电压源 u,求出流入放大

电路输出端的电流 i，如图 2.9 所示，这一电压与电流之比即为放大电路的输出电阻 R_o（需要提出的是，在实际的操作中，切不可真的将电压源短路，电流源开路），即

$$R_o = \left.\frac{\dot{U}}{\dot{I}}\right|_{\substack{\dot{U}_S=0 \\ R_L=\infty}} \tag{2.2.4}$$

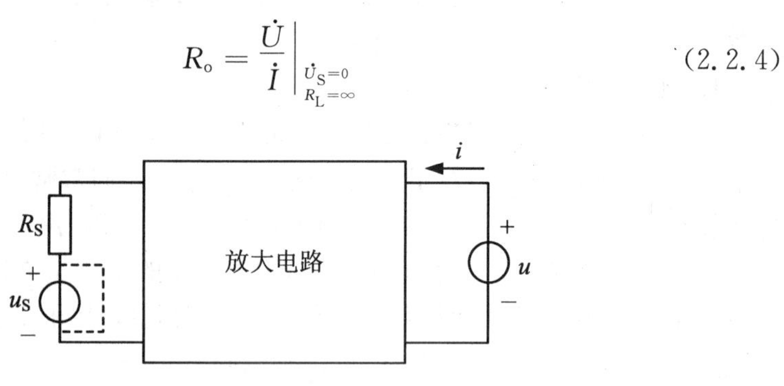

图 2.9　R_o 定义的示意图

从以上分析可知，输出电阻 R_o 越小，接入负载 R_L 后，输出电压变化越小，那么电路的带负载能力越强。因此，输出电阻 R_o 的大小反映了放大电路带负载能力的强弱。

需要注意的是：以上三个参数是分析放大电路时最基本的动态参数。若输出波形出现明显的失真现象，其值就失去了意义。

4. 通频带

由于放大电路中耦合电容、三极管的结电容以及其他电抗元件的存在，当频率太高或太低时，电压放大倍数会降低并产生相移。所以交流放大电路只能在中间某一频率范围（简称中频段）内工作。通频带就是反映放大电路对信号频率的适应能力的性能指标。

图 2.10 为电压放大倍数 A_u 与频率 f 的关系曲线，称为幅频特性曲线。可见在低频段 A_u 有所下降，这是因为当频率低时，耦合电容的容抗不可忽略，信号在耦合电容上的电压降增加，因此造成 A_u 下降。在高频段，A_u 下降的原因是由于高频时三极管的 β 值的下降和电路的布线电容、PN 结的结电容的影响。

在图 2.10 所示的幅频特性曲线中，中频段的电压放大倍数为 A_{um}。当电压放大倍数下降到 $\frac{1}{\sqrt{2}}A_{um}=0.707A_{um}$ 时，所对应的两个频率分别称为上限频率 f_H 和下限频率 f_L，f_H 和 f_L 之间的频率范围称为放大电路的通频带（或称带宽），用 BW 表示，即

$$BW = f_H - f_L \tag{2.2.5}$$

通频带越宽，表示放大电路的工作频率范围越大，对信号频率的变化具有更强的适应能力。对于频带宽的放大电路，如果幅频特性的频率坐标用十进制坐标，可

能难以表达完整。在这种情况下，可用对数坐标来扩大视野，其横轴表示信号频率，用的是对数坐标；其纵轴表示放大电路的增益分贝值。在工程上为了便于计算，常用分贝(dB)表示放大倍数(增益)。由于 $20\lg\left(\frac{1}{\sqrt{2}}\right)=-3$ dB，因此，在工程上通常把 f_H-f_L 的频率范围称为放大电路的"−3 dB"通频带(简称 3 dB 带宽)。

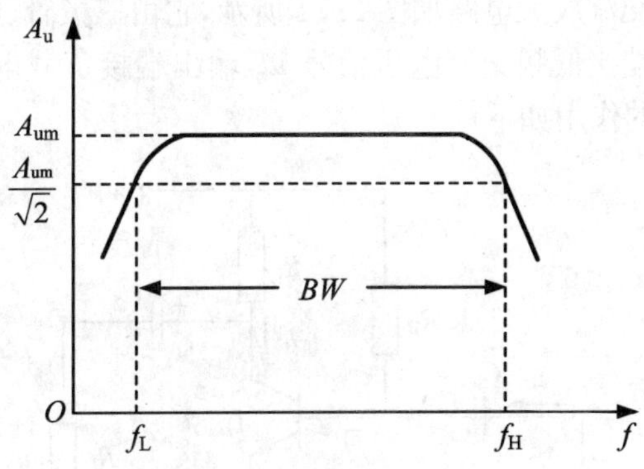

图 2.10　放大电路的幅频特性曲线

思考题

1. 放大作用的实质就是将小信号放大成一个大的信号，因此不再满足能量守恒定律。这种说法是否正确？为什么？

2. 放大电路中直流电源的作用是什么？

3. 三极管放大电路中的输入电阻和输出电阻是高些好还是低些好？为什么？三极管放大电路的带负载能力指的是什么？

2.3　放大电路的基本分析方法

放大电路的分析内容主要包括两大部分：直流状态分析和交流状态分析。直流状态分析又称静态分析，主要分析放大电路的静态工作点(如 I_B、I_C、U_{CE}等)；交流状态分析又称动态分析，主要分析放大电路的动态参数(如 $\dot{A}_u$、R_i、R_o 等)。

放大电路的分析方法主要有三种：静态工作点估算法、图解分析法和微变等效电路分析法。静态工作点估算法主要用来计算放大电路的静态工作点；图解分析法是分析非线性电路常用的方法，既可进行静态分析，也可进行动态分析；微变等效电路分析法主要用于放大电路的动态分析。下面以简单共发射极放大电路为例介绍放大电路的基本分析方法。

2.3.1 电路组成

简单共发射极交流放大电路如图 2.11 所示，它由三极管、电源、电阻和电容等元器件组成。输入端接低频交流电压信号 u_i，输出端接负载电阻 R_L，输出电压为 u_o。电路中各元件的作用如下：

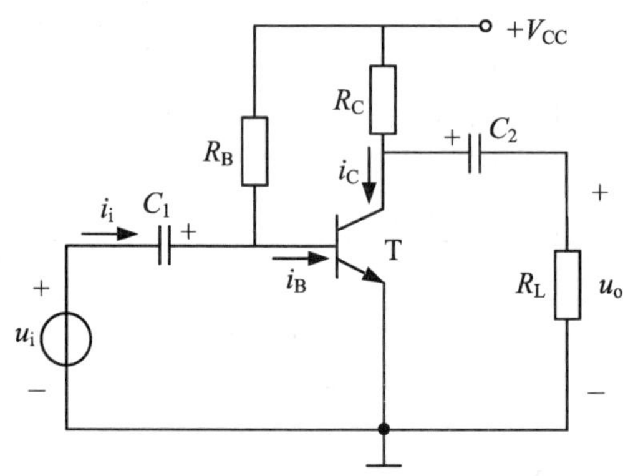

图 2.11 简单共发射极放大电路

集电极电源 V_{CC} 是放大电路的能源，为输出信号提供能量，并保证发射结处于正向偏置、集电结处于反向偏置，使晶体管工作在放大区。V_{CC} 取值一般为几伏到几十伏。

晶体管 T 是放大电路的核心元件，利用晶体管在放大区的电流控制作用，即 $i_C=\beta i_B$ 的电流放大作用，将微弱的电信号进行放大。

集电极电阻 R_C 是晶体管的集电极负载电阻，它将集电极电流的变化转换为电压的变化，实现电路的电压放大作用。R_C 一般为几千欧姆到几十千欧姆。

基极电阻 R_B，改变 R_B 使晶体管有合适的静态工作点，以保证工作在放大状态。R_B 一般取几十千欧到几百千欧。

耦合电容 C_1、C_2 起隔直流通交流的作用。在一定的信号频率范围内，认为容抗近似为零。所以分析电路时，在直流通路中电容视为开路，在交流通路中电容视为短路。C_1、C_2 一般为十几微法到几十微法的有极性的电解电容，连接时注意极性(正极接高电位，负极接低电位)。

2.3.2 静态分析

当放大电路中没有输入信号($u_i=0$)时，晶体管的基极、集电极和发射极中只流过直流电流，这种工作状态叫做静态。静态分析的目的是要确定放大电路的静态值(I_B、I_C、U_{CE}和U_{BE})，这些值分别对应输入和输出特性曲线上的一个点，称为"静态工作点"，并用Q点来表示，习惯上分别用I_{BQ}、I_{CQ}、U_{CEQ}和U_{BEQ}来表示。放大电路的静态工作点Q需要根据晶体管的参数进行设计，如果选择不当，会造成放大电路的非线性失真或无法正常工作。确定放大电路的静态工作点一般使用估算法和图解法。

1. 估算法

根据以前所学知识，我们知道电容具有隔直流通交流的作用，所以电容器对直流如同开路，因此可以画出将各个电容器开路后放大电路的等效电路，即直流通路(在直流电源作用下直流电流流经的通路)，用来分析放大电路的静态特性。画出图 2.11 所示放大电路的直流通路，如图 2.12 所示。

估算法就是分析放大电路的直流通路，利用数学方程式近似地计算静态工作点 Q，根据回路方程和晶体管的电流放大特性可以得到

$$I_{BQ}=\frac{V_{CC}-U_{BEQ}}{R_B} \tag{2.3.1}$$

$$I_{CQ}=\beta I_{BQ} \tag{2.3.2}$$

$$U_{CEQ}=V_{CC}-I_{CQ}R_C \tag{2.3.3}$$

晶体管工作在放大状态时，U_{BEQ}可用估算值，硅管U_{BEQ}取 0.7 V，锗管取 0.3 V。$V_{CC}\gg U_{BEQ}$时，U_{BEQ}可以忽略不计。

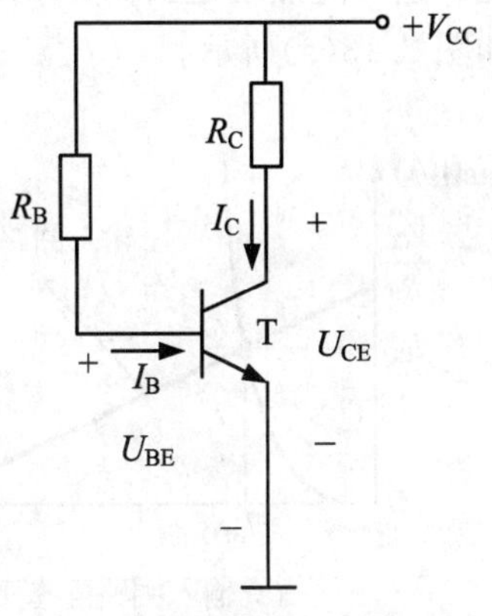

图 2.12 共发射极放大电路的直流通路

但如果放大电路处于饱和状态时，基极电流保持不变，集电极-发射极电压为

$$U_{CEQ}=U_{CES}=0.3(\text{V})$$

式中U_{CES}表示晶体管工作于饱和区时集电极-发射极间的电压，即饱和电压(硅管取 0.3 V，锗管取 0.1 V)。

集电极饱和电流为

$$I_{CQ}=I_{CS}=\frac{V_{CC}-U_{CEQ}}{R_C} \tag{2.3.4}$$

例 2.2 在图 2.11 所示电路中，已知 $V_{CC}=12$ V，$R_C=4$ kΩ，$R_B=300$ kΩ，$\beta=37.5$，试求放大电路的静态工作点。

解:由式(2.3.1)~(2.3.3)可得

$$I_{BQ}=\frac{V_{CC}-U_{BEQ}}{R_B}\approx\frac{V_{CC}}{R_B}=\frac{12}{300\times10^3}=40(\mu A)$$

$$I_{CQ}\approx\beta I_{BQ}=37.5\times0.04=1.5(mA)$$

$$U_{CEQ}=V_{CC}-R_C I_{CQ}=12-(4\times10^3)\times(1.5\times10^{-3})=6(V)$$

2. 图解分析法

图解分析法是以晶体管的输入输出特性曲线为基础,用作图的方法在特性曲线上分析放大电路,求解放大电路的静态工作点。下面介绍具体的分析过程。

(1) 输入回路

根据图 2.12 所示的放大电路的直流通路,列出输入回路的电压方程:

$$V_{CC}=I_B R_B+U_{BE} \tag{2.3.5}$$

此方程为一直线方程,在晶体管的输入特性曲线坐标系中可画出一条满足该关系式的直线,称为共射极放大电路输入回路的直流负载线,其斜率为$-1/R_B$。

放大电路的静态工作点除了满足上式以外,还应符合晶体管的输入特性曲线,所以实际的静态工作点值应是直流负载线与输入特性曲线交点坐标所确定的数值。这一交点就是我们要求解的静态工作点 Q,得到的相应的值分别为 I_{BQ},U_{BEQ},如图 2.13(a)所示。

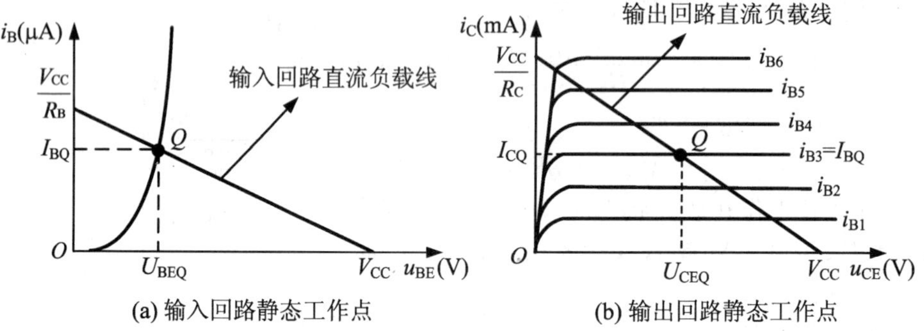

图 2.13 用图解法求解静态工作点

(2) 输出回路

输出回路的电压与电流的关系式为

$$U_{CE}=V_{CC}-R_C I_C \tag{2.3.6}$$

这也是一个直线方程,在晶体管的输出特性曲线坐标系中可画出一条满足该关系式的直线,称为共射极放大电路输出回路的直流负载线,其斜率为$-1/R_C$。

直流负载线与晶体管的某条(由 I_B 确定)输出特性曲线的交点 Q,称为放大电路的静态工作点,由它确定放大电路的电压和电流的静态值分别为 I_{CQ},U_{CEQ},如图

2.13(b)所示。

由以上分析可知估算法非常简单，放大电路的 Q 点计算一般都用这个方法。而图解法的优点是能够直观地了解静态工作点设置与波形失真的关系，但必须测量并准确画出管子的输入输出特性曲线，作图过程繁琐，误差大。

2.3.3 动态分析

当放大电路输入端有输入信号时，即 $u_i \neq 0$ 时，晶体管的各个电极的电流和电极间的电压在直流分量的基础上，叠加了交流分量，放大电路处在动态工作状态。放大电路的动态分析是指在静态工作点的值确定之后，分析信号的传输情况，考虑的只是电流和电压的交流分量。微变等效电路法和图解法是动态分析的两种基本方法，下面以图 2.11 所示共发射极放大电路为例，进行动态分析。

1. 交流通路

交流通路是指在输入信号作用下交流信号流经的通路，用于进行动态分析。容量大的电容(如耦合电容 C_1、C_2)可视为短路；直流电源(如 V_{CC})的内阻很小，视为短路，就得到共发射极放大电路的交流通路，如图 2.14 所示。

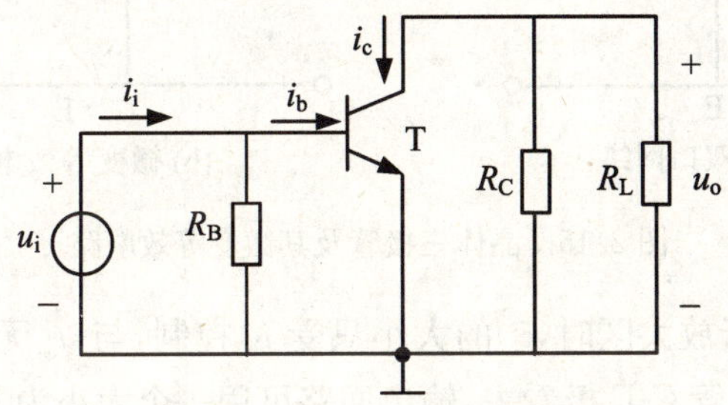

图 2.14　图 2.11 所示放大电路的交流通路

2. 微变等效电路法

微变等效电路分析法，主要用于动态分析(计算放大电路的电压放大倍数、输入电阻和输出电阻)。由于三极管的输入与输出特性都是非线性的，所以晶体管放大电路是一个非线性电路。但是，如果放大电路的输入和输出电压、电流都比较小，而且使晶体管工作在输入、输出特性曲线的线性区内，那么，对于微变量(小信号)来说，晶体管就可近似看作是一个线性元件，此时，就可以用一个与之等效的线性电路来表示。这样，放大电路的交流通路就可转化为一个等效的线性电路，即微变等效电路，从而方便地运用线性电路的计算方法来分析放大电路的动态特性，那么微变等效电路分析法的关键是如何将非线性的晶体管线性化。其分析方法如下：

(1) 晶体三极管的微变等效电路

在图 2.15(a)中，根据三极管的输入特性，在小信号作用下，将静态工作点 Q 附近一段曲线当作直线，因此，当 u_{CE} 为常数时，输入电压 Δu_{BE} 的变化量与输入电流的变化量 Δi_B 成正比，其值用线性电阻 r_{be} 表示，即

$$r_{be}=\left.\frac{\Delta u_{BE}}{\Delta i_B}\right|_{u_{CE}=\text{常数}}=\left.\frac{u_{be}}{i_b}\right|_{u_{CE}=\text{常数}} \tag{2.3.7}$$

从三极管的输入回路结构分析，r_{be} 的数值可以用下列公式估算：

$$r_{be}\approx r_{bb'}+(\beta+1)\frac{26}{I_{EQ}} \tag{2.3.8}$$

式中 $r_{bb'}$ 是晶体管的基区体电阻，一般为 200～300 Ω，I_{EQ} 是晶体管发射极静态电流，单位是 mA，r_{be} 的值一般为几百欧姆到几千欧姆。

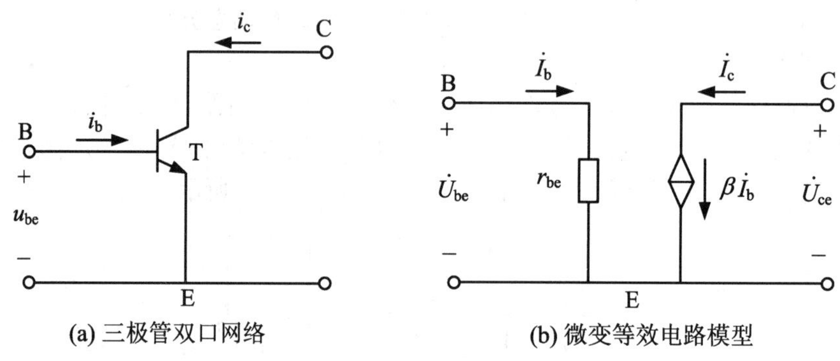

图 2.15 晶体三极管及其微变等效电路

当三极管工作于放大区时，i_c 的大小只受 i_b 控制，与 u_{ce} 无关。当输入回路电流 i_b 给定时，从三极管 C-E 极看去，输出回路可用一个大小为 βi_b 的受控电流源等效代替。

综上所述，我们可作出三极管的微变等效电路如图 2.15(b)所示。需要注意的是，微变等效电路只适用于晶体管的放大区，在饱和区和截止区不能等效。

(2) 放大电路的微变等效电路

用图 2.15(b)的等效电路代替图 2.14 所示交流通路中的三极管，然后画出放大电路其余部分的交流通路。设 C_1、C_2 容量很大，可以看成交流短路，则共发射极放大电路的微变等效电路如图 2.16 所示。分析此电路可以得到共发射极放大电路的动态特性。

3. 图解法

三极管放大电路的动态参数可利用三极管特性曲线作图来求解，下面举例说明动态图解法的分析过程。

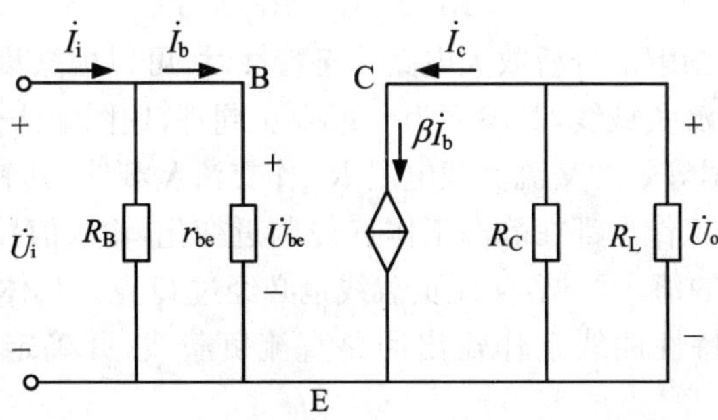

图 2.16 共发射极放大电路的微变等效电路

(1) 输入回路

设放大电路输入交流信号电压的变化量为 Δu_i，i_B 将随输入电压的变化而变化，如图 2.17 所示。基极电流在随着输入电压的变化而变化时，电路的任意时刻的工作点都在 Q' 和 Q'' 两点之间移动，曲线 $Q'Q''$ 即为电路的动态工作点瞬时移动的轨迹，通常称为放大电路的动态特性曲线。曲线在横坐标上的投影即为输入电压的动态变化范围。

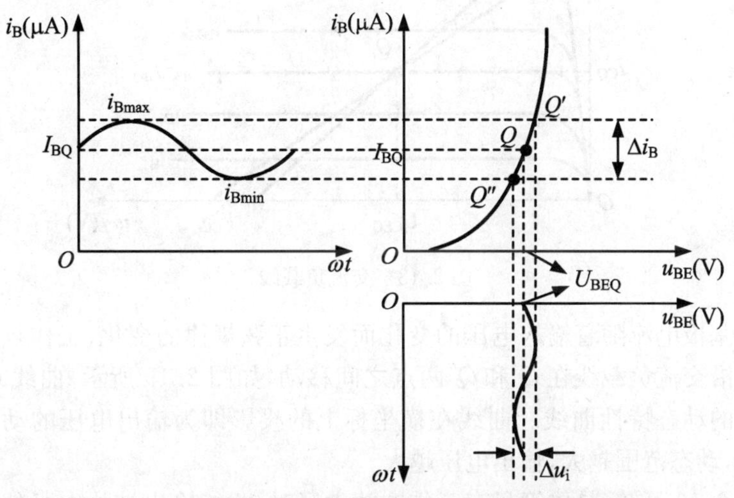

图 2.17 输入特性曲线相应变化波形

(2) 输出回路

放大电路的主要目的是将微弱的交流信号放大后输出给下一级放大电路或电子设备。在有信号输入时，放大电路的集电极电流不仅要流过 R_C，而且还要流过 R_L。可见，对于交流信号来说，集电极的实际负载是集电极电阻与负载电阻的并联，称为放大电路等效交流负载电阻，用 R_L' 表示，即

$$R_L' = R_C // R_L \tag{2.3.9}$$

在前面我们用图解法分析放大电路静态特性时，可以根据集电极负载电阻 R_C 画出输出回路的直流负载线，其斜率为 $-1/R_C$。同理，用图解法分析放大电路动态特性时，也可以根据等效的交流负载电阻 R_L 作交流负载线，其斜率为 $-1/R_L'$。由于电路任意时刻的工作点都在静态工作点 Q 附近变化，输入信号为零时，u_{CE}、i_C 的值即为 U_{CEQ} 和 I_{CQ} 的值。可见，交流负载线也必经过 Q 点。具体画法如下：

第一，在输出特性曲线上作输出回路直流负载线，并确定静态工作点 Q 的位置；

第二，通过 Q 点作一斜率为 $-1/R_L'$ 的直线，即为交流负载线。

值得注意的是，交流负载线比直流负载线陡峭，这是因为交流负载线的斜率 R_L' 小于直流负载线的斜率 R_C。若放大电路不接负载(空载)R_L 时，则其交直流负载相等，此时交流负载线与直流负载线重合。交流负载线如图 2.18 所示。

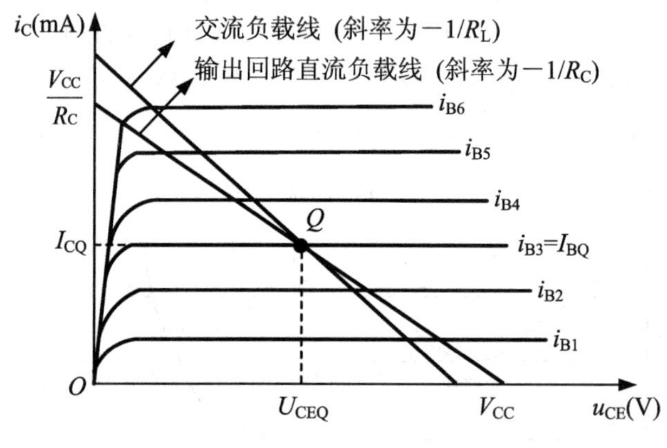

图 2.18　交流负载线

由于基极电流随着输入电压的变化而发生正弦规律的变化，工作点在输出特性曲线上沿交流负载线在 Q' 和 Q'' 两点之间移动，如图 2.19 所示，曲线 $Q'Q''$ 即为放大电路的动态特性曲线。曲线在横坐标上的投影即为输出电压的动态变化范围。显然，动态范围越大，输出电压越大。

由图 2.19 可知，晶体管只有工作在放大区时，才能输出被放大了的不失真的信号。所以，任何放大电路都存在着最大不失真输出电压(最大不失真输出电压是指当电路的静态工作点已确定时，逐渐增大输入信号，晶体管尚未进入截止区和饱和区时，所能获得的最大输出电压)。最大不失真输出电压的大小与 Q 点位置有关。

(3) 非线性失真

对放大电路的基本要求，就是输出信号尽可能不失真。所谓失真，是指输出信号的波形与输入信号的波形不成比例。引起失真的原因很多,其中最基本的一个就是静态工作点不合适或者信号过大,使放大电路的工作范围超出了晶体管特性曲线上的线性范围,这种失真称为非线性失真。

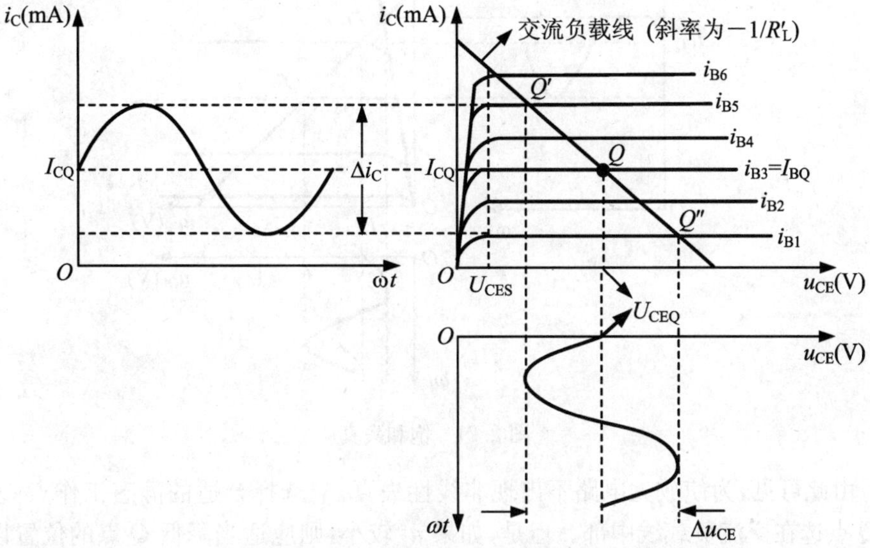

图 2.19 输出特性曲线相应变化波形

① 截止失真:静态工作点 Q 位置过低,输入信号较大,三极管进入截止区工作,造成集电极电流 i_C 的负半周被削平,如图 2.20 所示,所以也称为底部失真。

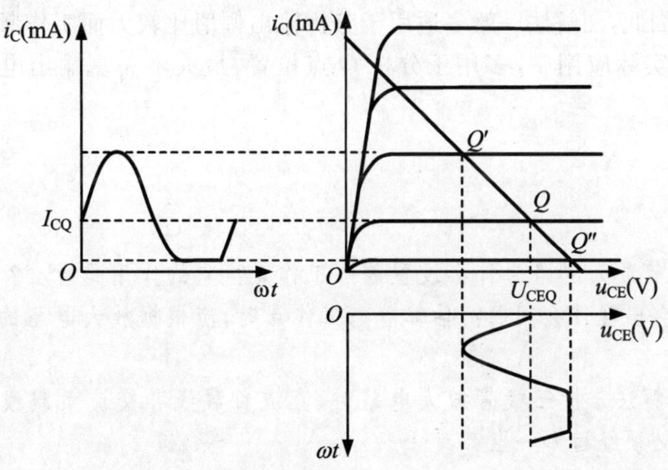

图 2.20 截止失真

② 饱和失真:静态工作点 Q 位置过高,输入信号较大,三极管进入饱和区工作,造成集电极电流 i_C 的正半周被削平,如图 2.21 所示,所以也称为顶部失真。

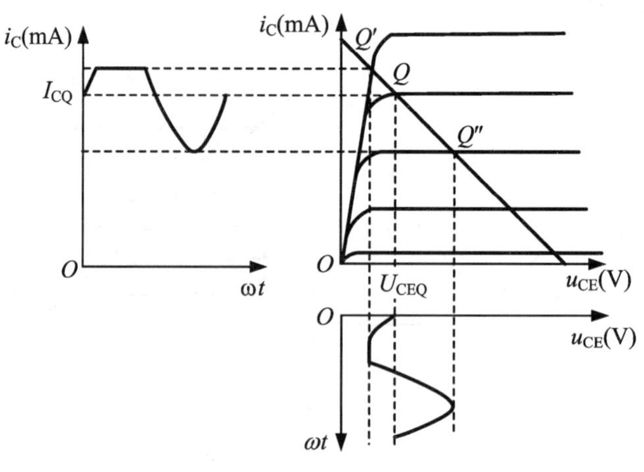

图 2.21　饱和失真

由此可见,为使放大电路不出现非线性失真,应选择合适的静态工作点 Q,一般 Q 点选在交流负载线中部。但是,如果 u_i 较小,则应适当降低 Q 点的位置以减少静态损耗。

图解法的特点是直观形象地反映晶体管的工作情况,但是必须实测所用管的特性曲线,而且用图解法进行定量分析时误差较大,此外,晶体管的特性曲线只能反映信号频率较低时的电压和电流关系,而不能反映信号频率较高时,极间电容产生的影响。因此,图解法一般多适用于分析输出幅值比较大而工作频率不太高时的情况。在实际应用中,多用于分析 Q 点位置、最大不失真输出电压和失真情况等。

思考题

1. 三极管放大电路为什么设置静态工作点?它的作用是什么?若静态工作点设置不当会出现什么问题?估算静态工作点时,应根据放大电路的直流通路还是交流通路?

2. 用图解法分析三极管放大电路时,直流负载线和交流负载线的区别在哪里?它们都必须经过哪一点?

3. 试画出 PNP 型三极管的微变等效电路,说明其与 NPN 型三极管的微变等效电路的异同。

2.4 三种基本组态放大电路

由于三极管有三个电极，在实际应用中，一般是将一个电极作为信号的输入端，另一个电极作为信号的输出端，第三个电极则作为信号输入回路和输出回路的公共端。所以按信号输入和输出回路公共端的不同，在实际应用中的放大电路就有三种不同的组态(或者称为放大形式)，即：共发射极放大电路、共集电极放大电路和共基极放大电路。一个复杂的多级放大电路往往由这些基本组态放大电路组成，无论是在分立元件电路中还是在集成电路中，这些基本组态单元电路都得到了广泛应用。本节我们分别讨论三种基本组态放大电路的工作原理及其分析方法。

2.4.1 共发射极放大电路

1. 分压式偏置放大电路

前面我们讨论的共发射极放大电路结构比较简单，该电路只要 V_{CC} 和 R_B 固定，I_{BQ} 也就是固定值，电路不能自动调节 Q 点，所以被称为固定偏置放大电路。此类电路在环境温度变化时，电路的静态工作点随之发生变化，从而引起输出动态范围的变化和产生非线性失真。因此在实际的放大电路中必须稳定静态工作点。

图 2.22 所示是分压式偏置放大电路，又称为射极耦合偏置电路。它是在固定偏置电路的基础上加了一个上偏置电阻，来实现稳定静态工作点的目的。

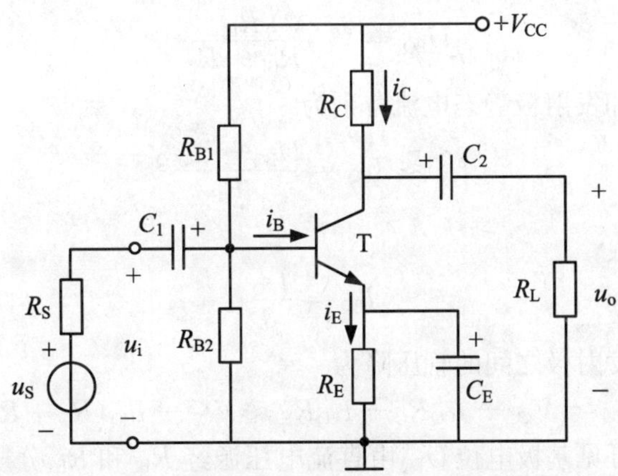

图 2.22 分压式偏置放大电路

图中 C_1 为输入耦合电容，C_2 为输出耦合电容，为了使交流信号顺利通过，C_1、C_2 的容量取值较大，在低频放大电路中，一般采用电解电容，对交流信号可视为短路。C_E 为射极旁路电容，也可视为交流短路。R_{B1}、R_{B2} 为基极偏置电阻，R_E 为射极电阻，R_C 为集电极负载电阻。利用 R_C 的降压作用，将三极管集电极电流的变化转换为集电极电压的变化，从而实现信号的电压放大。

2. 静态分析

图 2.23 是图 2.22 所示电路的直流通路。

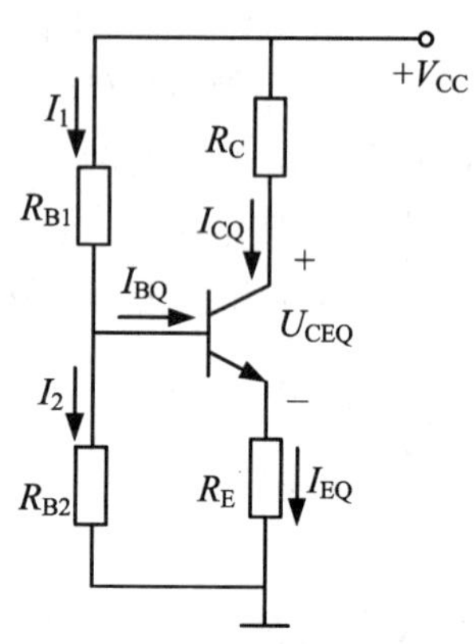

图 2.23 直流通路

基极偏置电阻 R_{B1} 和 R_{B2} 分压来固定基极电位。设流过 R_{B1} 和 R_{B2} 的电流分别是 I_1 和 I_2，且 $I_1=I_2+I_{BQ}$，为了稳定 Q 点。通常情况下，电路参数的选取(如 R_{B1} 和 R_{B2} 阻值的选择等)应满足 $I_1 \gg I_{BQ}$、$U_{BQ} \gg U_{BEQ}$。一般 I_{BQ} 很小，所以可近似认为 $I_1=I_2$，因此可得基极电压为

$$U_{BQ} = V_{CC}\frac{R_{B2}}{R_{B1}+R_{B2}} \tag{2.4.1}$$

集电极静态电流和发射极静态电流分别为

$$I_{CQ} \approx I_{EQ} = \frac{U_{BQ}-U_{BEQ}}{R_E} \tag{2.4.2}$$

基极静态电流为

$$I_{BQ} = \frac{I_{CQ}}{\beta} \tag{2.4.3}$$

三极管集电极与发射极之间的管压降为

$$U_{CEQ} = V_{CC} - I_{CQ}R_C - I_{EQ}R_E \approx V_{CC} - I_{CQ}(R_C+R_E) \tag{2.4.4}$$

由上面各式可见基极电位 U_{BQ} 由直流电压源经 R_{B1} 和 R_{B2} 分压所决定，基本不随温度变化而变化。同时，射极电阻 R_E 来稳定 I_{CQ}，R_E 获得了一个反映集电极电流 I_{CQ} 变化的信号，并将它反馈到电路的输入端，实现静态工作点的稳定。

3. 动态分析

图 2.22 所示分压式偏置放大电路中,C_1、C_2、C_E 的容量都较大,对交流信号可视为短路。直流电源 V_{CC} 的交流内阻很小,对交流信号也可视为短路,因此可得图 2.24(a)所示的交流通路,画出微变等效电路如图 2.24(b)所示。

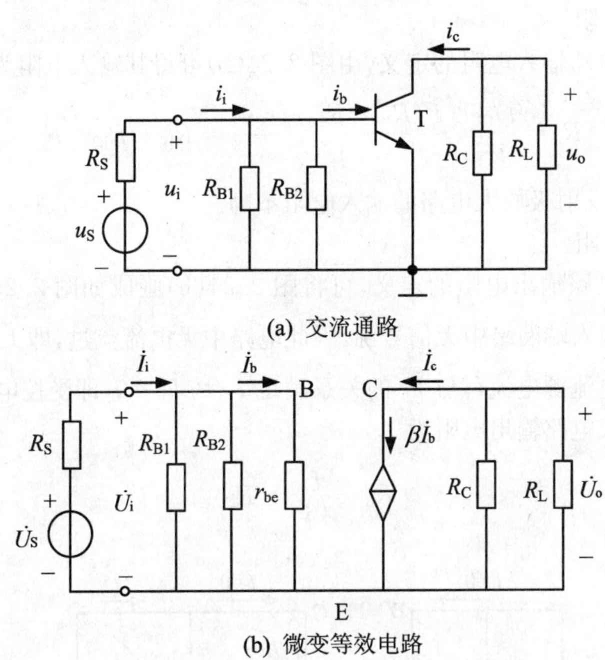

图 2.24 分压式偏置放大电路的微变等效电路

(1) 电压放大倍数

由图 2.24(b)可知

$$\dot{U}_i = \dot{I}_b r_{be}$$

$$\dot{U}_o = -\dot{I}_c(R_C // R_L) = -\beta\dot{I}_b R_L'$$

式中 $R_L' = R_C // R_L$。所以得出放大电路的放大倍数为

$$\dot{A}_u = \frac{\dot{U}_o}{\dot{U}_i} = \frac{-\beta\dot{I}_b R_L'}{\dot{I}_b r_{be}} = -\frac{\beta R_L'}{r_{be}} \tag{2.4.5}$$

由式(2.4.5)可得出以下几点结论:

① 式中负号"−"表示共发射极放大电路为反相放大,即输入电压与输出电压反向变化(相位相反);

② 由于 $R_L' = R_C // R_L < R_L$,所以电路接入负载后会使电压放大倍数 $\dot{A}_u$ 下降。

R_L 越小，$\dot{A}_u$ 下降越多；

③ 值得注意的是，β 增大，$\dot{A}_u$ 增大不明显。这是因为 $r_{be} \approx r_{bb'} + \beta \dfrac{26}{I_{CQ}}$，$\beta$ 增大时，r_{be} 也增大，所以 $\dot{A}_u$ 增大不明显。

(2) 输入电阻

根据放大电路输入电阻的定义，由图 2.24(b)可得其输入电阻为

$$R_i = \frac{\dot{U}_i}{\dot{I}_i} = \frac{\dot{I}_i(R_{B1}//R_{B2}//r_{be})}{\dot{I}_i} = R_{B1}//R_{B2}//r_{be} \tag{2.4.6}$$

由上式可知，共发射极放大电路的输入电阻不高。

(3) 输出电阻

根据放大电路输出电阻的定义，可将图 2.24(b)画成如图 2.25 所示的电路。在图 2.25 中，输入端网络中无信号源，因此电路中无电流流过，即 $\dot{I}_b = 0$，而输入端网络中的受控电流源电流 $\dot{I}_c$ 与 $\dot{I}_b$ 的关系满足 $\dot{I}_c = \beta\dot{I}_b = 0$，即受控电流源开路。因此共发射极放大电路输出电阻为

$$R_o = \frac{\dot{U}}{\dot{I}} = R_C \tag{2.4.7}$$

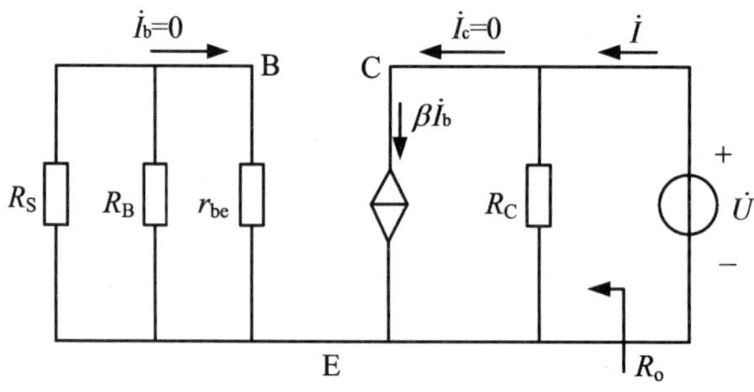

图 2.25 求输出电阻

输出电阻 R_o 的大小表明放大电路受负载影响的程度。R_o 愈小，当负载 R_L 变化时，放大电路的输出电压 u_o 的变化愈小，即放大电路的带负载能力愈强。

由以上分析可见，共发射极放大电路的电压放大倍数高，输入电压与输出电压反相，输入电阻与输出电阻大小适中，因而应用广泛，常用作低频放大和多级放大电路的中间级。

例 2.3 放大电路如图 2.22 所示，已知 $\beta = 50$，$r_{bb'} = 300\ \Omega$，$V_{CC} = 12\ \text{V}$，$R_{B1} = 50\ \text{k}\Omega$，$R_{B2} = 10\ \text{k}\Omega$，$R_C = 6\ \text{k}\Omega$，$R_E = 1.3\ \text{k}\Omega$，$R_L = 6\ \text{k}\Omega$，各电容的电容量足够大。试求：

(1) 静态工作点 Q；

(2) 电压放大倍数 $\dot{A}_u$、输入电阻 R_i 和输出电阻 R_o。

解：(1) 静态工作点的估算

根据式(2.4.1)～(2.4.4)可得

$$U_{BQ}=V_{CC}\frac{R_{B2}}{R_{B1}+R_{B2}}=12\times\frac{10}{50+10}=2(V)$$

$$I_{CQ}\approx I_{EQ}=\frac{U_{BQ}-U_{BEQ}}{R_E}=\frac{2-0.7}{1.3}=1(mA)$$

$$I_{BQ}=\frac{I_{CQ}}{\beta}=\frac{1}{50}=0.02(mA)$$

$$U_{CEQ}\approx V_{CC}-I_{CQ}(R_C+R_E)=12-1\times(6+1.3)=4.7(V)$$

(2) 求 $\dot{A}_u$、R_i 和 R_o

由式(2.3.8)可得

$$r_{be}\approx r_{bb'}+(\beta+1)\frac{26}{I_{EQ}}=300+51\times\frac{26}{1}\approx 1.6(k\Omega)$$

由式(2.4.5)～(2.4.7)可得

$$\dot{A}_u==-\beta\frac{R_C//R_L}{r_{be}}=-50\times\frac{\frac{6\times 6}{6+6}}{1.6}\approx-93.8$$

$$R_i=R_{B1}//R_{B2}//r_{be}=\frac{1}{\frac{1}{50}+\frac{1}{10}+\frac{1}{1.6}}\approx 1.34(k\Omega)$$

$$R_o=R_C=6(k\Omega)$$

2.4.2 共集电极放大电路

1. 电路组成和静态分析

共集电极放大电路是另一种基本放大电路，这种放大电路把输入信号接在基极与公共端“地”之间，又从发射极与“地”之间输出信号，所以也称为射极输出器。图 2.26 所示为典型的共集电极放大电路。图中交流信号 u_i 从基极输入产生变化的基极电流 i_B，再通过晶体管得到放大了的 i_E，而变化的 i_E 流过电阻 R_E 得到变化的电压，从发射极输出。因为电源 V_{CC}对交流信号相当于短路，故集电极成为输入和输出的公共端。

图 2.27 所示是该共集电极放大电路的直流通路，由图可列出输入回路的直流方程为

$$V_{CC}=I_{BQ}R_B+U_{BEQ}+I_{EQ}R_E=I_{BQ}R_B+U_{BEQ}+(1+\beta)I_{BQ}R_E$$

所以可得

$$I_{BQ}=\frac{V_{CC}-U_{BEQ}}{R_B+(1+\beta)R_E} \tag{2.4.8}$$

$$I_{CQ}=\beta I_{BQ}\approx I_{EQ} \tag{2.4.9}$$

$$U_{CEQ}=V_{CC}-I_{EQ}R_E \tag{2.4.10}$$

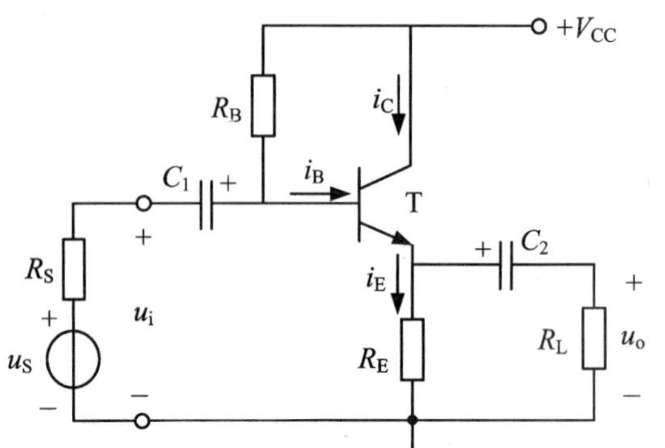

图 2.26　典型的共集电极放大电路

图 2.27　直流通路

2. 动态分析

画出图 2.26 所示射极输出器的交流通路及其微变等效电路如图 2.28 所示。

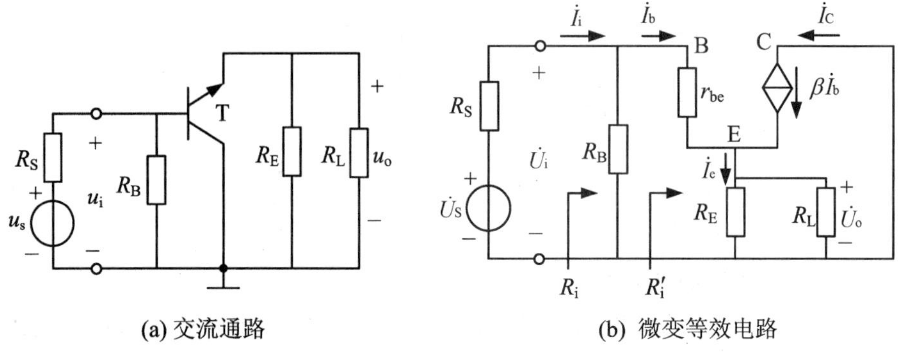

(a) 交流通路

(b) 微变等效电路

图 2.28　共集电极放大电路的交流通路及微变等效电路

(1) 电压放大倍数

由图 2.28(b)可得

$$\dot{U}_i=\dot{I}_b r_{be}+\dot{I}_e(R_E//R_L)=\dot{I}_b r_{be}+(1+\beta)\dot{I}_b R_L'$$

$$\dot{U}_o=\dot{I}_e(R_E//R_L)=(1+\beta)\dot{I}_b R_L'$$

式中 $R_L'=R_C//R_L$。因此得出放大电路的放大倍数为

$$\dot{A}_u=\frac{\dot{U}_o}{\dot{U}_i}=\frac{(1+\beta)\dot{I}_bR_L'}{\dot{I}_br_{be}+(1+\beta)\dot{I}_bR_L'}=\frac{(1+\beta)R_L'}{r_{be}+(1+\beta)R_L'} \tag{2.4.11}$$

一般情况，$(1+\beta)R_L'\gg r_{be}$，故 $\dot{A}_u\approx1$，这表明共集电极放大电路的输出电压与输入电压数值相近（u_o 略小于 u_i），且相位相同，即输出电压有跟随输入电压的特点，所以共集电极放大电路又称为射极跟随器或电压跟随器。

（2）输入电阻

由图 2.28(b)可知

$$R_i'=\frac{\dot{U}_i}{\dot{I}_b}=\frac{\dot{I}_br_{be}+(1+\beta)\dot{I}_bR_L'}{\dot{I}_b}=r_{be}+(1+\beta)R_L' \tag{2.4.12}$$

因此，共集电极放大电路的输入电阻为

$$R_i=\frac{\dot{U}_i}{\dot{I}_i}=R_B//R_i'=R_B//[r_{be}+(1+\beta)R_L'] \tag{2.4.13}$$

（3）输出电阻

根据求输出电阻 R_o 的定义，可画出求 R_o 的等效电路，如图 2.29 所示。

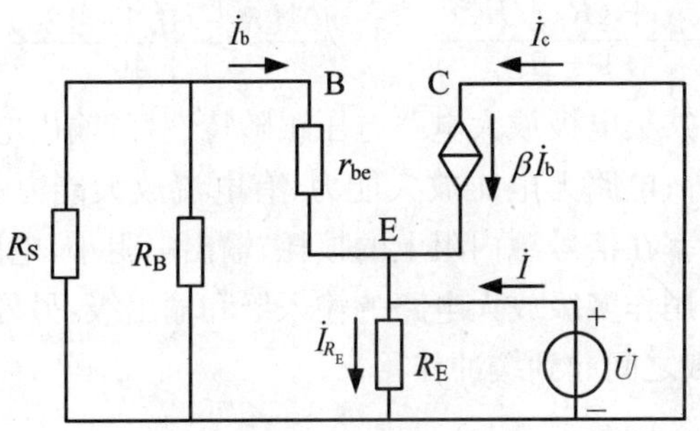

图 2.29 求输出电阻的等效电路

由图 2.29 可得

$$\dot{I}=\dot{I}_{R_E}-\dot{I}_b-\beta\dot{I}_b=\frac{\dot{U}}{R_E}+(1+\beta)\frac{\dot{U}}{r_{be}+R_S'} \tag{2.4.14}$$

式中 $R_S'=R_S//R_B$。因此，可得输出电阻为

$$R_o=\frac{\dot{U}}{\dot{I}}=\frac{1}{\dfrac{1}{R_E}+\dfrac{1+\beta}{r_{be}+R_S'}}=R_E//\frac{r_{be}+R_S'}{1+\beta} \tag{2.4.15}$$

例 2.4 在图 2.26 所示的共集电极放大电路中，已知 $V_{CC}=12$ V，$R_B=120$ kΩ，$R_Z=R_L=4$ kΩ，$R_S=100$ Ω，$\beta=40$。试求：

（1）静态工作点 Q；

(2) 电压放大倍数 $\dot{A}_u$、输入电阻 R_i 和输出电阻 R_o。

解:(1) 由式(2.4.8)~(2.4.10)可得放大电路的静态工作点为

$$I_{BQ} = \frac{V_{CC} - U_{BEQ}}{R_B + (1+\beta)R_E} = \frac{12 - 0.6}{120 + (1+40) \times 4} \approx 40(\mu A)$$

$$I_{CQ} = \beta I_{BQ} = 40 \times 40 = 1.6(mA)$$

$$U_{CEQ} = V_{CC} - I_{EQ}R_E \approx 12 - 1.6 \times 4 = 5.6(V)$$

(2) 由式(2.3.8)可得

$$r_{be} = 300 + (1+\beta)\frac{26}{I_{EQ}} = 300 + (1+40)\frac{26}{1.64} \approx 0.95(k\Omega)$$

由式(2.4.11)求得电压放大倍数为

$$\dot{A}_u = \frac{(1+\beta)(R_E//R_L)}{r_{be} + (1+\beta)(R_E//R_L)} = \frac{(1+40) \times (4//4)}{0.95 + (1+40) \times (4//4)} \approx 0.99$$

由式(2.4.13)求得输入电阻为

$$R_i = R_B//[r_{be} + (1+\beta)(R_E//R_L)] = 120//[0.9 + 41 \times (4//4)] \approx 49(k\Omega)$$

由式(2.4.15)求得输出电阻为

$$R_o = R_E// \frac{r_{be} + (R_B//R_S)}{1+\beta} = 4// \frac{0.95 + (0.1//120)}{1+40} \approx 25.3(\Omega)$$

综上分析可见,共集电极放大电路电压跟随特性好,输出电压与输入电压相位相同且幅度近似相等;电路无电压放大能力,有电流放大能力和功率放大能力;输入电阻大,减少了功率在信号源内阻上的损耗;输出电阻小,电路的带负载能力强。因此,射极跟随器常用作多级放大电路的输入级和输出级,另外还可在高内阻的信号源和低阻抗的负载之间起到缓冲作用。

2.4.3 共基极放大电路

1. 电路组成与静态分析

共基极放大电路如图 2.30(a)所示,画出其直流通路如图 2.30(b)所示,交流通路如图 2.30(c)所示。由交流通路可知,发射极和基极是输入端,集电极和基极是输出端,基极是输入、输出回路的公共端,故称为共基极放大电路。R_{B1} 和 R_{B2} 是基极分压偏置电阻,R_C 是集电极直流负载,R_E 是发射极电阻,起稳定静态工作点的作用,C_B 是基极交流旁路电容,C_1 和 C_2 是耦合电容,R_L 是放大电路负载。

由图 2.30(b)可知,共基极放大电路的直流通路与分压式偏置放大电路的共发射极电路的直流通路完全相同,故静态工作点的分析计算与共发射极电路一样,这里不再赘述。

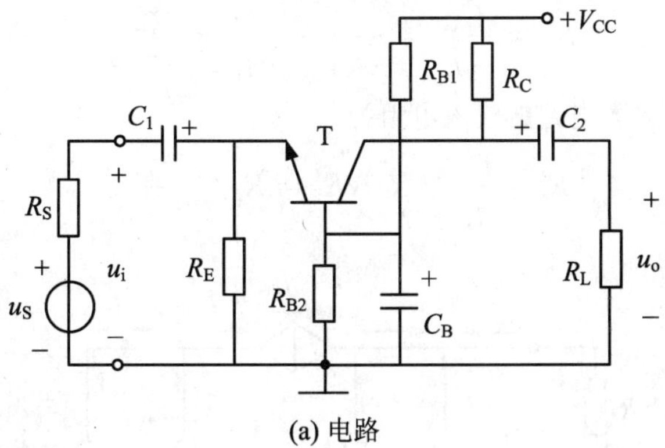

(a) 电路

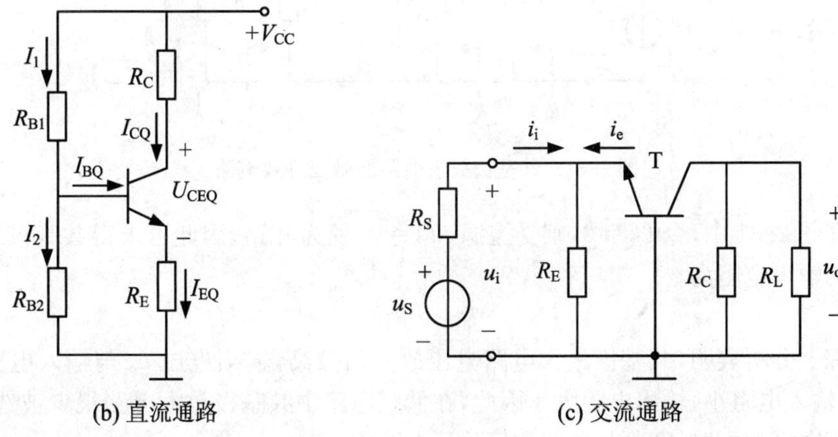

(b) 直流通路 (c) 交流通路

图 2.30 共基极放大电路

2. 动态分析

根据图 2.30(a)画出共基极放大电路的交流通路和微变等效电路，如图 2.31 所示。

由图 2.31 可得

$$\dot{U}_i = -\dot{I}_b r_{be}$$

$$\dot{U}_o = -\dot{I}_c(R_C//R_L) = -\beta\dot{I}_b(R_C//R_L)$$

因此得共基极放大电路的电压放大倍数为

$$\dot{A}_u = \frac{\dot{U}_o}{\dot{U}_i} = \frac{-\beta(R_L//R_C)\dot{I}_b}{-\dot{I}_b r_{be}} = \frac{\beta(R_L//R_C)}{r_{be}} = \frac{\beta R_L'}{r_{be}} \qquad (2.4.16)$$

可得

$$R_i' = \frac{\dot{U}_i}{-\dot{I}_e} = \frac{-\dot{I}_b r_{be}}{-(1+\beta)\dot{I}_b} = \frac{r_{be}}{1+\beta} \tag{2.4.17}$$

因此，可得共基极放大电路的输入电阻为

$$R_i = \frac{\dot{U}_i}{\dot{I}_i} = R_E // R_i' = R_E // \frac{r_{be}}{1+\beta} \tag{2.4.18}$$

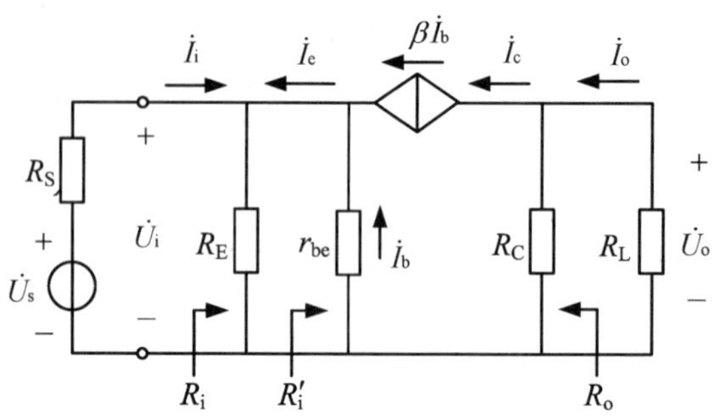

图 2.31　共基极放大电路的微变等效电路

在图 2.31 中，令 $\dot{U}_S=0$，则受控源 $\beta\dot{I}_b=0$，视为开路，因此可求得共基极放大电路的输出电阻为

$$R_o \approx R_C \tag{2.4.19}$$

综上分析表明，共基极放大电路电压放大倍数高，输出电压 u_o 与输入电压 u_i 同相；输入电阻小，输出电阻大。因此，在低频电路中共基极放大电路很少被选用，而常用在高频电路、宽频带电路和恒流源电路中。

思考题

1. 在三种基本接法的单管放大电路中，要实现电压放大，应选用什么电路？要实现电流放大，应选用什么电路？要实现电压跟随，应选用什么电路？要实现电流跟随，应选用什么电路？

2. 试分析说明分压式偏置放大电路的构成特点及其优点。

3. 试比较三种组态的基本放大电路的特点，并说明主要用途。

4. 在三种组态的基本放大电路中，当希望从信号源索取小电流时，应选用哪个组态？如果希望既能放大电压又能放大电流，应选用哪个组态？为什么？

2.5 多级放大电路

前面讨论的基本放大电路都是由单个晶体管组成的，放大能力有限，其电压放大倍数一般只能到几十至几百倍。而在实际应用中，放大电路的输入信号往往都非常微弱，一般为毫伏级甚至是微伏级，很难带动负载工作，要将其放大到能驱动负载工作，仅通过单晶体管的放大电路是达不到实际要求的，必须用若干个基本放大单元电路级联起来进行多级放大。

2.5.1 多级放大电路的组成

如图 2.32 所示为多级放大电路的一般结构框图。

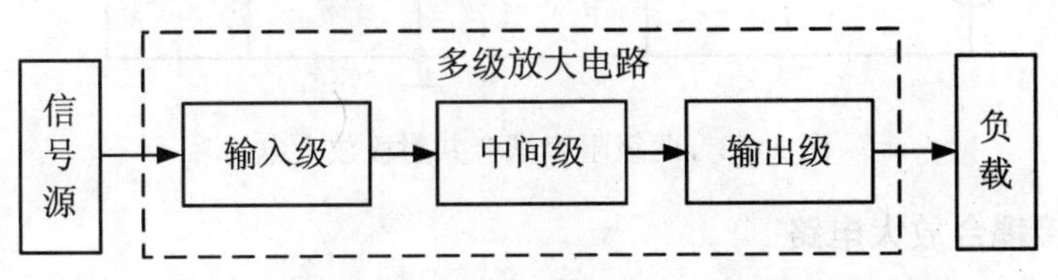

图 2.32 多级放大电路的结构框图

图中输入级主要实现放大电路与信号源的连接并对信号进行放大；中间级主要用于电压放大，将微弱的输入电压放大到足够的幅度；输出级主要用于对信号进行功率放大，得到输出负载所需要的功率并完成和负载的匹配。

2.5.2 多级放大电路的耦合方式

在多级放大电路中，耦合方式是指信号源和放大器之间、放大器中各级之间、放大器与负载之间的连接方式。最常用的耦合方式有三种：阻容耦合、直接耦合和变压器耦合。阻容耦合应用于分立元件组成的多级交流放大电路中；放大缓慢变化的信号或直流信号则采用直接耦合的方式；变压器耦合在放大电路中的应用逐渐减少。

1. 阻容耦合放大电路

图 2.33 所示是两级阻容耦合共射极放大电路。两级放大器之间通过电容 C_2 连接起来，后一级放大电路的输入电阻充当了前一级的负载，所以称为阻容耦合放大电路。

由于两级之间的电容具有隔直通交的作用，因此两级放大电路的直流通路互不相通，即每一级的静态工作点各自独立，不会产生相互影响。而前级的交流信号能顺利通过电容并传递到后级的信号输入端，这一点非常有利于放大电路的设计、调试和维修。阻容耦合放大器还具有结构简单、体积小、重量轻等特点，但它不适合于传递变化缓慢的信号，低频特性差，这是电容的性质所决定的，耦合电容的选择应使信号频率在中频段时容抗视为零。此外，在集成电路中，制造大容量的电容很困难，所以这种耦合方式下的多级放大电路不便于集成。

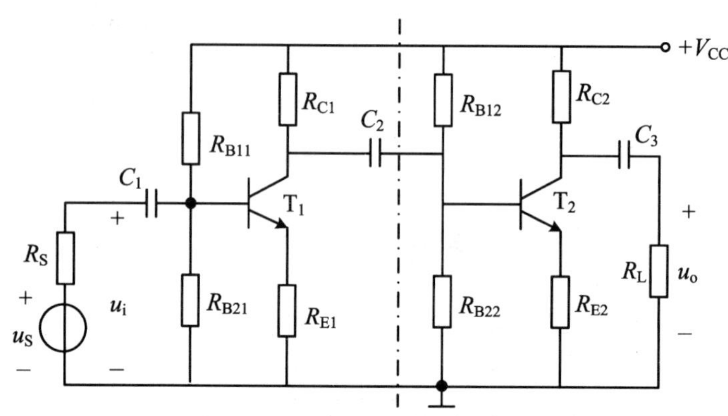

图 2.33　两级阻容耦合共射极放大电路

2. 直接耦合放大电路

前级放大电路的输出信号直接连接到后一级放大电路输入端的耦合方式，称为直接耦合方式，其电路如图 2.34 所示。直接耦合方式不但能放大交流信号，而且能放大变化极其缓慢的超低频信号以及直流信号。现代集成放大电路大都采用直接耦合方式，这种耦合方式得到越来越广泛的应用。然而，直接耦合方式有其特殊的问题，其中主要是前、后级静态工作点互相牵制与零点漂移两个问题。

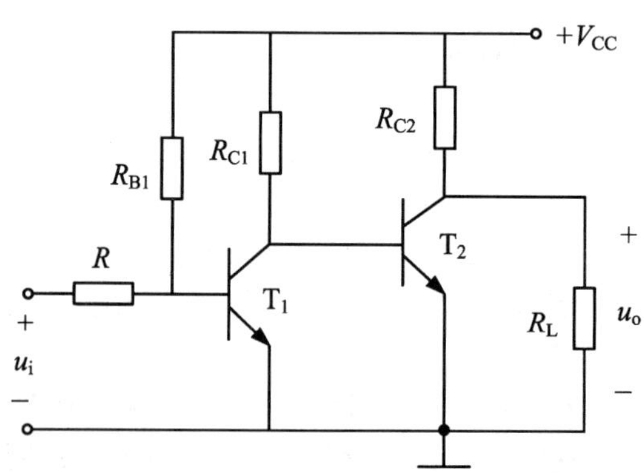

图 2.34　直接耦合的两级放大电路

从图 2.34 中不难看出，在静态时输入信号 $u_i=0$，由于 T_1 的集电极和 T_2 的基极直接相连使的两点电位相等，即 $U_{CE1}=U_{C1}=U_{B2}=U_{BE2}=0.7\ V$，则晶体管 T_1 处于临界饱和状态；另外第一级的集电极电阻也是第二级的基极偏置电阻，因阻值偏小，必定因 I_{B2} 过大使 T_2 处于饱和状态，电路无法正常工作。为了克服这个缺点，通常采用抬高 T_2 管发射极电位的方法。为此，可以在 T_2 管发射极接电阻 R_{E2}，如图 2.35 所示。

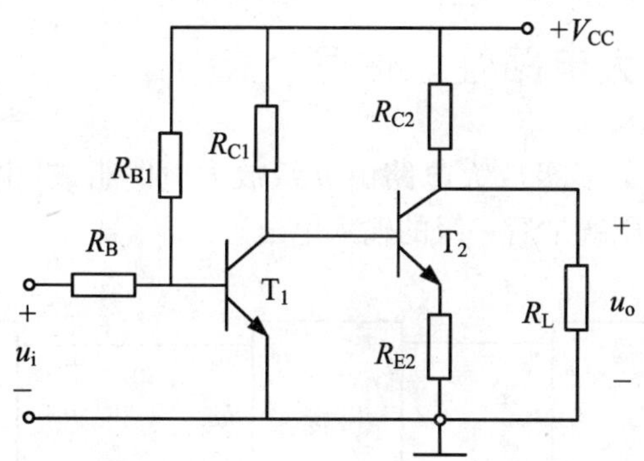

图 2.35 提高后级发射极电位的直接耦合放大电路

关于直接耦合放大电路的零点漂移现象以及为克服这种现象而采用的差分放大电路，将在第 5 章做详细讨论。

3. 变压器耦合放大电路

在多级放大电路中前级输出信号经过变压器传递到下一级的输入端，这种耦合方式称为变压器耦合。图 2.36 所示是一个变压器耦合多级放大电路。

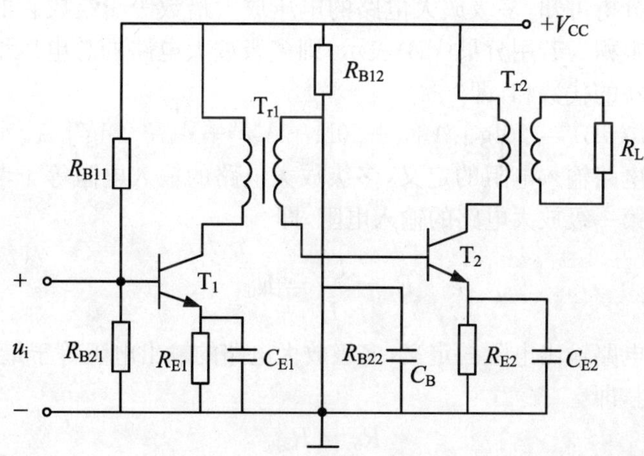

图 2.36 变压器耦合多级放大电路

变压器耦合多级放大电路的特点是它通过变压器“匝数比”的改变来实现阻抗匹配,以获得更好的性能。另外这种耦合方式的放大电路只能放大交流信号,而各级静态工作点相互独立,对直流信号起到隔离作用,可以消除零点漂移。但是,与阻容耦合多级放大电路一样,这种电路对直流信号没有放大能力,对低频信号的放大能力也随信号频率的降低而降低;另外,采用变压器耦合还具有体积大,重量重,费用高,不宜集成化等缺点,所以目前应用很少。

2.5.3 多级放大电路性能估算

如图 2.37 所示的多级放大电路由 n 级放大电路组成,由于信号是逐级传送的,前一级的输出电压就是后一级的输入电压。

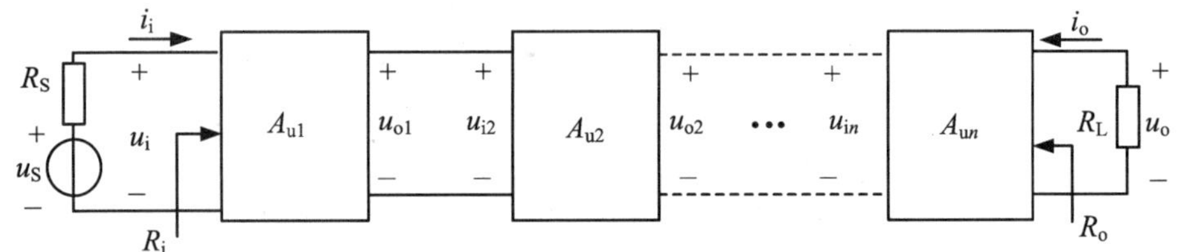

图 2.37 多级放大电路的框图

由图可求得多级放大电路的电压放大倍数为

$$\dot{A}_u = \frac{\dot{U}_o}{\dot{U}_i} = \frac{\dot{U}_{o1}}{\dot{U}_{i1}} \cdot \frac{\dot{U}_{o2}}{\dot{U}_{i2}} \cdot \cdots \cdot \frac{\dot{U}_o}{\dot{U}_{in}} = \dot{A}_{u1} \cdot \dot{A}_{u2} \cdot \cdots \cdot \dot{A}_{un} \qquad (2.5.1)$$

通过以上分析可知,多级放大电路的电压放大倍数等于组成它的各级放大电路放大倍数的乘积。若用分贝(dB)表示,则多级放大电路的总电压增益为各级放大电路电压增益的代数和,即

$$A_u(\mathrm{dB}) = 20\lg|A_{u1}| + 20\lg|A_{u2}| + \cdots + 20\lg|A_{un}| \qquad (2.5.2)$$

根据放大电路输入电阻的定义,多级放大电路的输入电阻等于考虑后级放大电路影响后的第一级放大电路的输入电阻,即

$$R_i = \frac{\dot{U}_i}{\dot{I}_i} = R_{i1} \qquad (2.5.3)$$

根据放大电路输出电阻的定义,多级放大电路的输出电阻等于最后一级(输出级)的输出电阻,即

$$R_o = R_{on} \qquad (2.5.4)$$

例 2.5 如图 2.38 所示为两级阻容耦合放大电路,已知 $V_{CC}=12\ \mathrm{V}$,$R_{B1}=R'_{B1}=20\ \mathrm{k\Omega}$,$R_{B2}=R'_{B2}=10\ \mathrm{k\Omega}$,$R_{C1}=R_{C2}=2\ \mathrm{k\Omega}$,$R_{E1}=R_{E2}=2\ \mathrm{k\Omega}$,$R_L=2\ \mathrm{k\Omega}$,$\beta_1=\beta_2=$

50，$r_{bb'1}=r_{bb'2}=300\ \Omega$，$U_{BE1}=U_{BE2}=0.6$ V。试求：

(1) 前、后级放大电路的静态值。

(2) 放大电路的 $\dot{A}_u$、R_i、R_o。

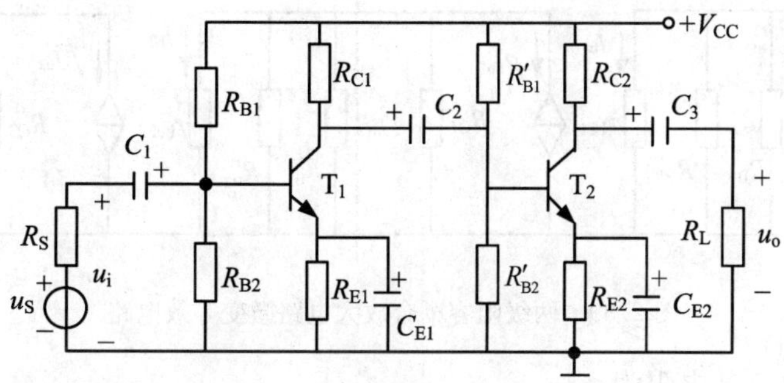

图 2.38 两级阻容耦合放大电路

解：(1) 两级放大电路都是共发射极的分压式偏置放大电路，各级电路的静态值可分别计算，则各级电路静态值的估算为

$$U_{B1}=\frac{R_{B2}}{R_{B1}+R_{B2}}V_{CC}=\frac{10}{20+10}\times 12=4(\text{V})$$

$$I_{C1}\approx I_{E1}=\frac{U_{B1}-U_{BE1}}{R_{E1}}=\frac{4-0.6}{2}=1.7(\text{mA})$$

$$I_{B1}=\frac{I_{C1}}{\beta_1}=\frac{1.7}{50}=0.034(\text{mA})$$

$$U_{CE1}=V_{CC}-I_{C1}(R_{C1}+R_{E1})=12-1.7\times(2+2)=5.2(\text{V})$$

$$U_{B2}=\frac{R'_{B2}}{R'_{B1}+R'_{B2}}V_{CC}=\frac{10}{20+10}\times 12=4(\text{V})$$

$$I_{C2}\approx I_{E2}=\frac{U_{B2}-U_{BE2}}{R_{E2}}=\frac{4-0.6}{2}=1.7(\text{mA})$$

$$I_{B2}=\frac{I_{C2}}{\beta_2}=\frac{1.7}{50}=0.034(\text{mA})$$

$$U_{CE2}=V_{CC}-I_{C2}(R_{C2}+R_{E2})=12-1.7\times(2+2)=5.2(\text{V})$$

(2) 两级放大电路的微变等效电路如图 2.39 所示。由式(2.3.8)可得

$$r_{be1}=300+(1+\beta_1)\frac{26}{I_{E1}}=300+(1+50)\times\frac{26}{1.7}=1080(\Omega)$$

$$r_{be2}=300+(1+\beta_2)\frac{26}{I_{E2}}=300+(1+50)\times\frac{26}{1.7}\approx 1080(\Omega)$$

由图 2.39 可知第二级电路的输入电阻为

$$R_{i2} = R'_{B1} // R'_{B2} // r_{be2} = \frac{1}{\frac{1}{20}+\frac{1}{10}+\frac{1}{1.08}} \approx 0.93(\text{k}\Omega)$$

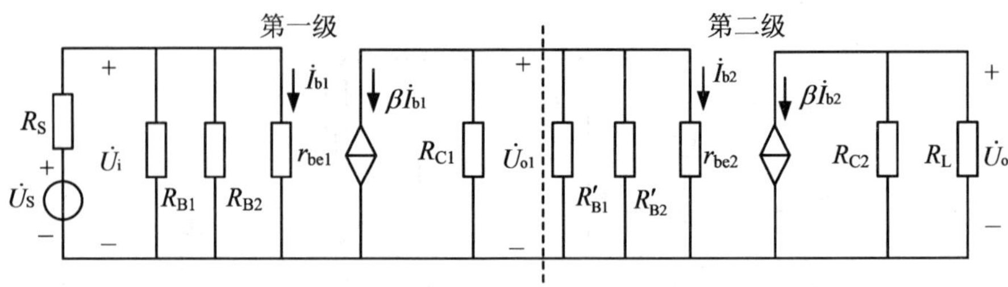

图 2.39　两级阻容耦合放大电路微变等效电路

第一级等效总负载电阻为

$$R'_{L1} = R_{C1} // R_{i2} = 0.63(\text{k}\Omega)$$

第二级等效负载电阻为

$$R'_{L2} = R_{C2} // R_L = 1(\text{k}\Omega)$$

第一级电压放大倍数为

$$\dot{A}_{u1} = -\frac{\beta_1 R'_{L1}}{r_{be1}} = -\frac{50 \times 0.63}{1.08} \approx -30$$

第二级电压放大倍数为

$$\dot{A}_{u2} = -\frac{\beta_2 R'_{L2}}{r_{be2}} = -\frac{50 \times 1}{1.08} \approx -50$$

两级总电压放大倍数为

$$\dot{A}_u = \dot{A}_{u1}\dot{A}_{u2} = (-30) \times (-50) = 1500$$

两级放大电路的输入电阻等于第一级的输入电阻，即

$$R_i = R_{B1} // R_{B2} // r_{be1} = \frac{1}{\frac{1}{20}+\frac{1}{10}+\frac{1}{1.08}} \approx 0.93(\text{k}\Omega)$$

输出电阻等于第二级的输出电阻，即

$$R_o = R_{C2} = 2(\text{k}\Omega)$$

思考题

1. 何为多级放大电路的耦合方式？常用的有几种？

2. 某放大器由三级组成，已知各级的电压增益分别为 16 dB、20 dB、24 dB，放大器的总增益为多少 dB？总的电压放大倍数是多少？

3. 直接耦合的多级放大电路的优缺点各是什么?

2.6 放大电路的频率特性

前面对放大电路的分析过程中,我们都只是考虑其基本的性能,忽略了电路中电抗元件的影响,认为电压放大倍数 $\dot{A}_u$ 与频率无关。但在实际的放大电路中总是存在一些电抗性元件,如电感、电子器件的极间电容以及接线电容与接线电感等,这些都是与频率有关的器件,这些器件的电抗在不同频率信号作用下,具有不同的数值。因此,放大电路的输出和输入之间的关系必然和信号频率有关。

2.6.1 频率特性的一般概念

由于放大器件本身具有极间电容,以及放大电路有时存在电抗性元件,所以,当输入不同频率的正弦波信号时,电路的放大倍数便成为频率的函数,这种函数关系称为放大电路的频率响应或频率特性。

1. 频率特性

由于电抗性元件的作用,使正弦波信号通过放大电路时,不仅信号的幅度得到放大,而且还将产生一个相位移。此时,电压放大倍数 $\dot{A}_u$ 可表示如下:

$$\dot{A}_u = |\dot{A}_u(f)| \angle\varphi(f) \tag{2.6.1}$$

式中 $\dot{A}_u(f)$表示放大电路的电压放大倍数的模与频率之间的关系,称为幅频特性;$\varphi(f)$表示输入电压与输出电压的相位差与频率之间的关系,称为相频特性。幅频特性和相频特性综合起来可以全面表征电路的频率特性,频率特性曲线如图 2.40 所示。

由图 2.40 可见,在中频范围内,电压放大倍数的幅值基本不变,相角 φ 大致等于180°。而当频率降低或升高时,电压放大倍数的幅值都将减小,同时产生超前或滞后的附加相位移。

通常将中频段的电压放大倍数称为中频电压放大倍数 $\dot{A}_{um}$。并规定当电压放大倍数下降到 $0.707\dot{A}_{um}$时相应的低频频率和高频频率分别称为放大电路的下限频率 f_L 和上限频率 f_H,二者之间的频率范围称为通频带 BW,即

$$BW = f_H - f_L \tag{2.6.2}$$

通频带是放大电路的重要技术指标之一。通频带越宽,表示放大器工作的频

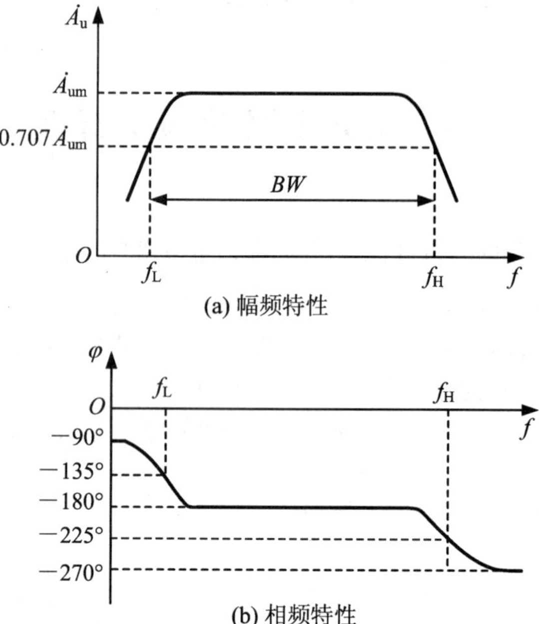

图 2.40　单管共射极放大电路频率特性曲线

率范围越宽,放大电路质量就愈好。

2. 频率失真

由于放大电路的通频带有一定的限制,因此对于不同频率的输入信号,可能放大倍数的幅值不同,相移也不同。当输入信号包含多次谐波时,经过放大以后,输出波形将产生频率失真,如图 2.41 所示。

图 2.41(a)中的输入电压 u_i 包含基波和二次谐波。当放大电路无非线性失真,对两个频率分量又有相同的放大倍数,但有不同的相对相移(即相移与频率不成正比)时,输出电压 u_o 如图 2.41(a)所示,这时,基波与二次谐波的幅度比例不变,但基波无相移,而二次谐波相对于输入信号中的二次谐波滞后了 90°,因此使 u_o 的波形失真。这种因为放大电路对不同频率分量有不同相对相移引起的失真就是相位失真或称为相频失真。

图 2.41(b)中的输入电压同样包含基波和二次谐波,当放大电路无非线性失真,对两个频率分量又有相同的相对相移,但有不同的放大倍数时,输出电压 u_o 如图 2.41(b)所示,这时,基波与二次谐波均无相移,但它们的幅度比例均与输入电压不同,使 u_o 的波形失真,这种因为放大电路对不同的频率分量有不同的放大倍数所引起的失真就是幅度失真或称为幅频失真。

在实际放大电路的工作中,这两种失真往往是同时存在的。

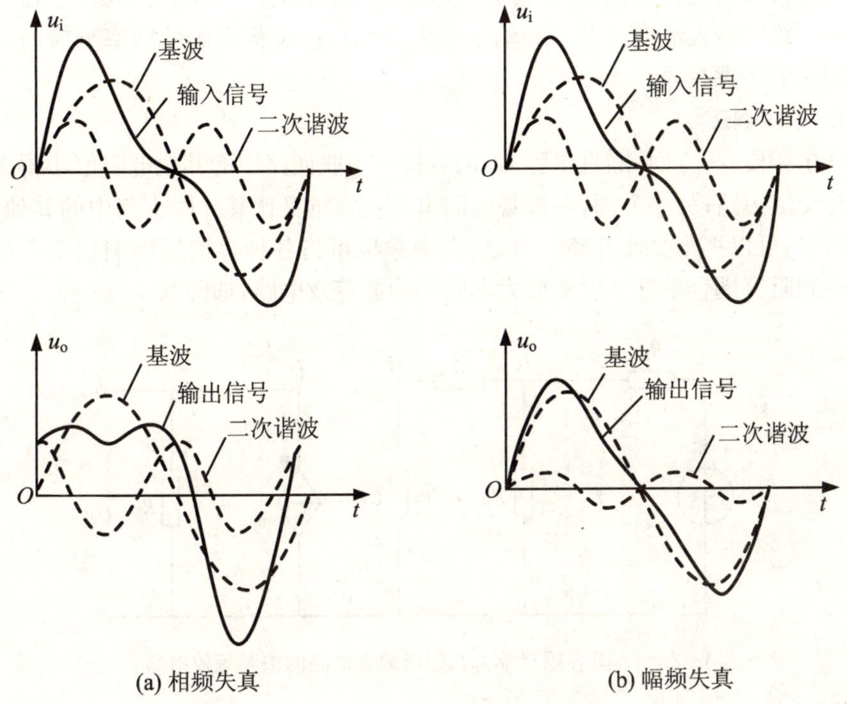

图 2.41　放大电路的频率失真

2.6.2　单管共射极放大电路的频率响应

为了便于理解单管共射放大电路的频率响应，下面以图 2.42 所示的阻容耦合

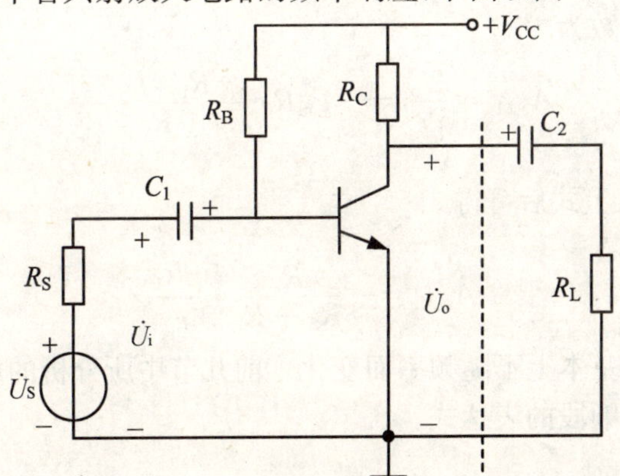

图 2.42　阻容耦合单管共射放大电路

单管共射极放大电路为例，来分析放大电路的频率特性。图中，可以将 C_2 和 R_L 看成是下一级的输入端耦合电容和输入电阻，所以，在分析本级的频率响应时，可以暂不把它们考虑在内。

1. 中频响应

在中频段，一方面，隔直电容 C_1 的容抗比串联回路中的其他电阻值小得多，可以认为交流短路；另一方面，三极管极间电容的容抗又比其并联支路中的其他电阻值大得多，可以视为交流开路。总之，在中频段可将各种容抗的影响忽略不计，于是可得到阻容耦合单管共射极放大电路的中频等效电路，如图 2.43 所示。

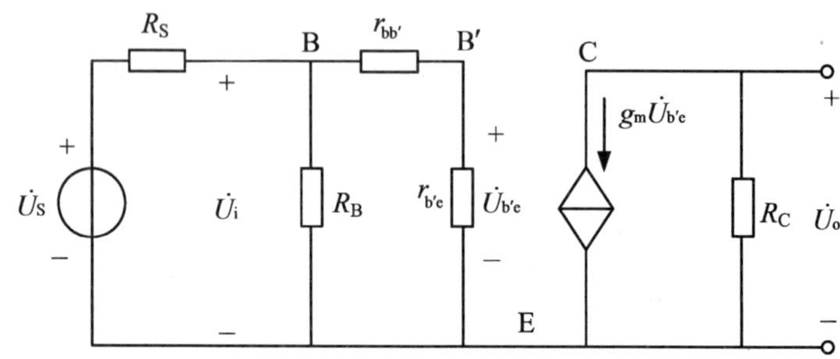

图 2.43　阻容耦合单管共射极放大电路的中频等效电路

由图 2.43 可得

$$\dot{U}_{b'e} = \frac{R_i}{R_S + R_i} \cdot \frac{r_{b'e}}{r_{be}} \dot{U}_S$$

式中 $R_i = R_B // r_{be}$，而

$$\dot{U}_o = -g_m \dot{U}_{b'e} R_C = -\frac{R_i}{R_S + R_i} \cdot \frac{r_{b'e}}{r_{be}} g_m R_C \dot{U}_S \tag{2.6.3}$$

则中频电压放大倍数为

$$\dot{A}_{usM} = \frac{\dot{U}_o}{\dot{U}_S} = -g_m R_C \frac{R_i}{R_S + R_i} \cdot \frac{r_{b'e}}{r_{be}} \tag{2.6.4}$$

已知 $g_m = \dfrac{\beta}{r_{b'e}}$，代入上式后可得

$$\dot{A}_{usM} = -\frac{R_i}{R_S + R_i} \cdot \frac{\beta R_C}{r_{be}} \tag{2.6.5}$$

所以电压放大倍数基本上不随频率而变化。前几节中所分析的放大电路电压放大倍数的公式均是中频段的表达式。

2. 低频响应

通过前面的定性分析已经知道，当频率下降时，由于隔直电容的容抗增大，将使电压放大倍数降低，所以在低频段必须考虑 C_1 的作用。而三极管的极间电容并联在电路中，此时可以认为交流开路，因此，低频等效电路如图 2.44 所示。

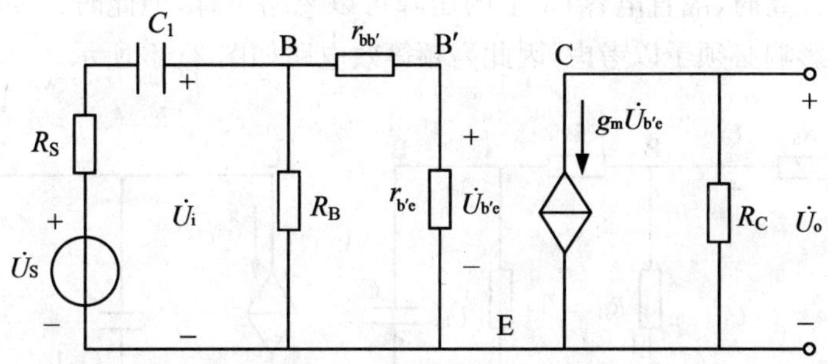

图 2.44 阻容耦合单管共射极放大电路的低频等效电路

由图 2.44 可见，电容 C_1 与输入电阻构成一个 RC 高通电路。

在低频等效电路中，发射结两端的电压为

$$\dot{U}_{b'e}=\frac{R_i}{R_S+R_i+\dfrac{1}{j\omega C_1}}\cdot\frac{r_{b'e}}{r_{be}}\dot{U}_S$$

式中 $R_i=R_B//r_{be}$，因此有

$$\dot{U}_o=-g_m\dot{U}_{b'e}R_C=-g_mR_C\frac{R_i}{R_S+R_i}\cdot\frac{r_{b'e}}{r_{be}}\cdot\frac{1}{1+\dfrac{1}{j\omega(R_S+R_i)C_1}}\dot{U}_S \tag{2.6.6}$$

将式(2.6.4)代入式(2.6.6)可得低频电压放大倍数为

$$\dot{A}_{usL}=\frac{\dot{U}_o}{\dot{U}_S}=\dot{A}_{usM}\frac{1}{1+\dfrac{1}{j\omega(R_S+R_i)C_1}} \tag{2.6.7}$$

由此式可以看出，低频时间常数为

$$\tau_L=(R_S+R_i)C_1 \tag{2.6.8}$$

低频段的下限(−3 dB)频率为

$$f_L=\frac{1}{2\pi\tau_L}=\frac{1}{2\pi(R_S+R_i)C_1} \tag{2.6.9}$$

将式(2.6.9)代入式(2.6.7)中可得

$$\dot{A}_{usL}=\dot{A}_{usM}\frac{1}{1-j\dfrac{f_L}{f}} \tag{2.6.10}$$

通过以上分析可知，阻容耦合单管共射放大电路的下限频率 f_L 主要决定于低频时间常数，C_1 与(R_S+R_i)的乘积愈大，则 f_L 愈小，即放大电路的低频响应愈好。

3. 高频响应

当频率升高时，隔直电容 C_1 上的压降可以忽略不计，但此时并联在电路中的极间电容的影响必须予以考虑，因此高频等效电路如图 2.45 所示。

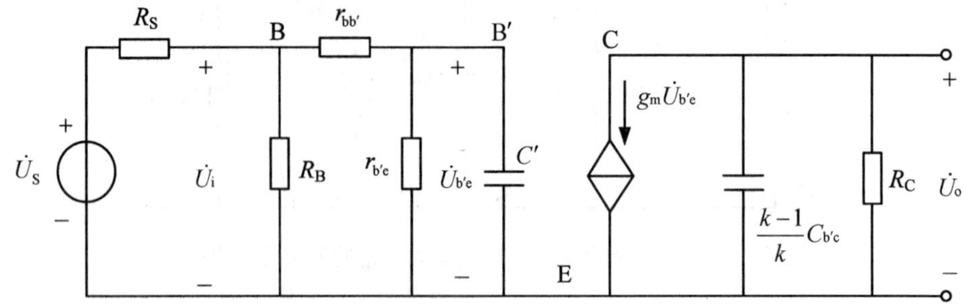

图 2.45　阻容耦合单管共射极放大电路的高频等效电路

图 2.45 中，$C'=C_{b'e}+(1+g_mR_C)C_{b'c}$。一般情况下，输出回路的时间常数要比输入回路的时间常数小得多，因此可以将输出回路的电容忽略，然后再利用戴维南定理将输入回路简化，则高频等效电路可简化为图 2.46 所示，图中

$$U'_S=\frac{R_i}{R_S+R_i}\cdot\frac{r_{b'e}}{r_{be}}\dot{U}_S,R'_S=r_{b'e}//[r_{bb'}+(R_S//R_B)]$$

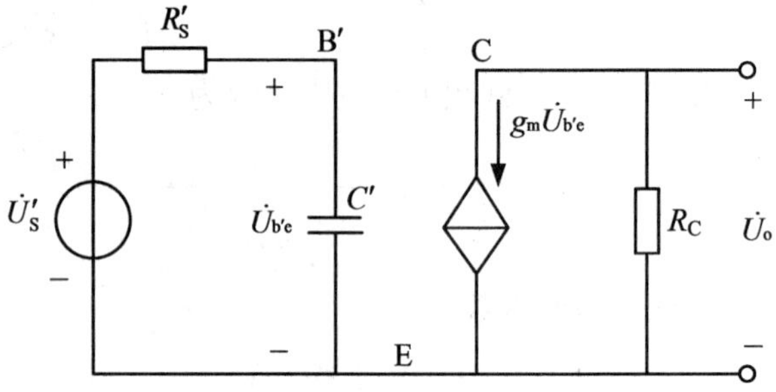

图 2.46　高频等效电路

从图 2.46 中可以看出，电容 C' 与电阻 R'_S 构成一个 RC 低通电路，因此有

$$\dot{U}_{b'e}=\frac{\frac{1}{j\omega C'}}{R'_S+\frac{1}{j\omega C'}}\dot{U}'_S=\frac{1}{1+j\omega R'_SC'}\dot{U}'_S \tag{2.6.11}$$

从输出端可得

$$\dot{U}_o=-g_m\dot{U}_{b'e}R_C=-g_mR_C\frac{R_i}{R_S+R_i}\cdot\frac{r_{b'e}}{r_{be}}\cdot\frac{1}{1+j\omega R'_SC'}\dot{U}_S \tag{2.6.12}$$

则高频电压放大倍数为

$$\dot{A}_{\mathrm{usH}}=\frac{\dot{U}_{\mathrm{o}}}{\dot{U}_{\mathrm{S}}}=\dot{A}_{\mathrm{usM}}\frac{1}{1+\mathrm{j}\omega R_{\mathrm{S}}'C'} \tag{2.6.13}$$

由此可见,高频时间常数为

$$\tau_{\mathrm{H}}=R_{\mathrm{S}}'C' \tag{2.6.14}$$

高频段的上限频率为

$$f_{\mathrm{H}}=\frac{1}{2\pi\tau_{\mathrm{H}}}=\frac{1}{2\pi R_{\mathrm{S}}'C'} \tag{2.6.15}$$

将 f_{H} 代入式(2.6.13),可得

$$\dot{A}_{\mathrm{usH}}=\dot{A}_{\mathrm{usM}}\frac{1}{1+\mathrm{j}\dfrac{f}{f_{\mathrm{H}}}} \tag{2.6.16}$$

由以上分析可知,单管共射极放大电路的上限频率 f_{H} 主要决定于高频时间常数,C' 与 R_{S}' 的乘积愈小,则 f_{H} 愈大,即放大电路的高频响应愈好。而其中的 C' 主要与三极管的极间电容有关,因此,为了得到良好的高频响应,应选用极间电容比较小的三极管。

4. 波特图

为了在有限坐标空间内完整地描述频率特性曲线,工程上将幅频特性曲线和相频特性曲线的横坐标采用对数刻度,以扩展频率范围;而纵坐标上的电压放大倍数用电压增益分贝数($20\lg|\dot{A}_{\mathrm{u}}|$)表示,相位差 φ 仍用线性刻度,这种对数频率特性曲线称为波特图。

根据以上在中频、低频和高频时分别得到的电压放大倍数的表达式,综合起来,即可得到阻容耦合单管共射极放大电路在全部频率范围内电压放大倍数的近似表达式,即

$$\dot{A}_{\mathrm{us}}\approx\frac{\dot{A}_{\mathrm{usM}}}{\left(1-\mathrm{j}\dfrac{f_{\mathrm{L}}}{f}\right)\left(1+\mathrm{j}\dfrac{f}{f_{\mathrm{H}}}\right)} \tag{2.6.17}$$

同时,根据以上在中频、低频和高频时的分析结果,即可简捷地画出阻容耦合单管共射极放大电路的波特图,如图 2.47 所示。

2.6.3 多级放大电路的频率响应

我们以两级放大电路为例,设两级放大电路的性能相同,即

$$A_{\mathrm{usM1}}=A_{\mathrm{usM2}},\quad f_{\mathrm{L1}}=f_{\mathrm{L2}},\quad f_{\mathrm{H1}}=f_{\mathrm{H2}}$$

由式(2.5.1)可知,在中频段有

$$A_{\mathrm{usM}}=A_{\mathrm{usM1}}\cdot A_{\mathrm{usM2}}=A_{\mathrm{usM1}}^2=A_{\mathrm{usM2}}^2 \tag{2.6.18}$$

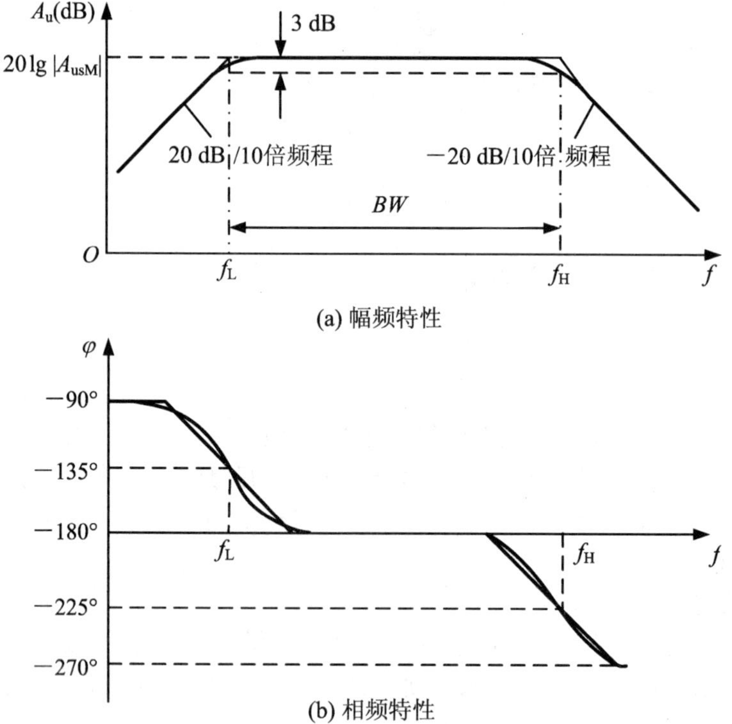

图 2.47 阻容耦合单管共射极放大电路波特图

则在上、下限频率处有

$$A_{usL1}=A_{usL2}=\frac{1}{\sqrt{2}}A_{usM1}=\frac{1}{\sqrt{2}}A_{usM2}$$

$$A_{usH1}=A_{usH2}=\frac{1}{\sqrt{2}}A_{usM1}=\frac{1}{\sqrt{2}}A_{usM2}$$

$$A_{usL}=A_{usL1}\cdot A_{usL2}=\frac{1}{2}A_{usM1}^2$$

$$A_{usH}=A_{usH1}\cdot A_{usH2}=\frac{1}{2}A_{usM1}^2$$

根据通频带的定义，欲使 $A_{usL}=A_{usH}=\frac{1}{\sqrt{2}}A_{usM1}^2$，总通频带的下限频率 f_L 应高于 f_{L1}；总通频带的上限频率 f_H 应低于 f_{H1}，则

$$BW=f_H-f_L<f_{H1}-f_{L1}=f_{H2}-f_{L2} \tag{2.6.19}$$

显然，两级放大电路的通频带小于任何一个单级放大电路的通频带。这个结论具有普遍意义。所以，对于一个 n 级的多级放大电路来说，增加放大电路的级数

可以获得更高的增益，同时，多级放大电路的下限截止频率将增大，上限截止频率将减小，所以导致通频带变窄。

思考题

1. 放大电路在高频段和低频段放大倍数下降的主要原因是什么？
2. 通常要求低频放大电路的通频带要宽一些，为什么？试举例说明。
3. 多级放大电路的通频带为什么要比单级放大电路的通频带要窄？
4. 何为幅频失真和相频失真？请举例说明。

本章小结

1. 晶体三极管是由两个PN结组成的三端有源器件，分PNP和NPN两种类型，根据材料的不同有硅管和锗管之分。它的三个端子被称为发射极、基极和集电极。在使用时应注意管子的极限参数 P_{CM}，$U_{(BR)CEO}$ 和 I_{CM}，以防止三极管的损坏。由于硅材料的热稳定性好，因而硅材料的三极管得到广泛的应用。

2. 表征三极管性能的有输入特性和输出特性，从输出特性上可以看出，是通过改变基极电流的方法来控制集电极电流的变化，因而晶体三极管是一种电流控制器件，具有电流放大作用。

3. 晶体三极管因偏置条件不同，有放大、截止和饱和三种工作状态。放大状态的偏置条件是发射结正偏、集电结反偏，并且要设置合适的静态工作点，放大体现了信号对能量的控制作用；截止状态的偏置条件是发射结零偏或反偏、集电结反偏；饱和状态的偏置条件是发射结正偏、集电结正偏。

4. 三极管放大电路有共发射极、共集电极和共基极三种组态。共发射极放大电路的输出电压与输入电压反相，输入电阻和输出电阻适中，电压放大倍数较大，一般用于低频放大和多级放大电路的中间级，又称为反相电压放大器。共集电极放大电路的输出电压与输入电压同相，电压放大倍数小于1而近似等于1，但输入电阻高，输出电阻低，多用于多级放大电路的输入级、输出级和中间缓冲级，又称为电压跟随器。共基极放大电路的输出电压与输入电压同相，输入电阻很小，输出电阻比较大，电压放大倍数也较大，适用于高频电路、宽频带电路和恒流源电路。

5. 放大电路的分析方法主要有图解法和微变等效电路法。

图解法是在三极管的输出特性曲线上作出直流负载线，并确定静态工作点 Q，再作出交流负载线,并画出相对应的输入信号和输出信号电压和电流的波形。利用图解法可以对放大电路的静态和动态性能进行分析。

微变等效电路法是在小信号工作条件下用三极管的输入电阻和电流放大系数代替电路交流通路中的三极管,并画出放大电路其余部分的交流通路,即放大电路的微变等效电路。然后再用线性电路原理进行分析,计算出放大电路的动态性能指标。微变等效电路法只能用来分析放大电路的动态性能,不能用来分析静态工作点。

6. 放大电路的主要性能指标有:放大倍数(衡量放大能力)、输入电阻(反映放大电路对信号源的影响程度)、输出电阻(反映放大电路的带负载能力)、上限和下限截止频率(反映放大电路对信号频率的适应能力)、最大不失真输出幅值(反映放大电路的最大输出能力)等。

7. 多级放大电路各级之间的耦合方式主要有阻容耦合、变压器耦合、直接耦合三种,集成电路一般都采用直接耦合。

8. 频率响应是放大电路的重要指标之一。放大电路的电压放大倍数在高频区下降的主要原因是三极管极间电容和分布电容的影响,在低频区下降的主要原因是耦合电容和射极旁路电容的影响。其中,射极旁路电容对下限截止频率 f_L 的影响是最主要的。电压放大倍数与频率的关系从一个侧面描述了放大器的频率特性,它分为幅频特性和相频特性。

习　题　2

2.1　判断下列说法是否正确。

(1) 放大电路必须加上合适的直流电源才能正常工作。(　　)

(2) 放大电路中输出的电流和电压都是由有源元件提供的。(　　)

(3) 电路中各电量的交流成分是交流信号源提供的。(　　)

(4) 只有电路既放大电流又放大电压,才称其具有放大作用。(　　)

(5) 任何放大电路都有功率放大作用。(　　)

2.2　测得工作在放大电路中的几个晶体三极管的三个电极电位分为下列各组数值,判断它们是 NPN 型还是 PNP 型?是硅管还是锗管?确定 E、B、C 三个电极。

(1) $U_1=3.5\ \text{V}$,$U_2=2.8\ \text{V}$,$U_3=12\ \text{V}$;

(2) $U_1=3\ \text{V}$,$U_2=2.8\ \text{V}$,$U_3=12\ \text{V}$;

(3) $U_1=6\text{ V}, U_2=11.3\text{ V}, U_3=12\text{ V}$；

(4) $U_1=6\text{ V}, U_2=11.8\text{ V}, U_3=12\text{ V}$。

2.3 测得工作在放大电路中两个晶体三极管的两个电极电流如图题 2.3 所示。

(1) 求另一个电极电流，并在图中标出实际方向；

(2) 判断它们各是 NPN 型管还是 PNP 型管，标出 E、B、C 三个电极；

(3) 估算它们的 β。

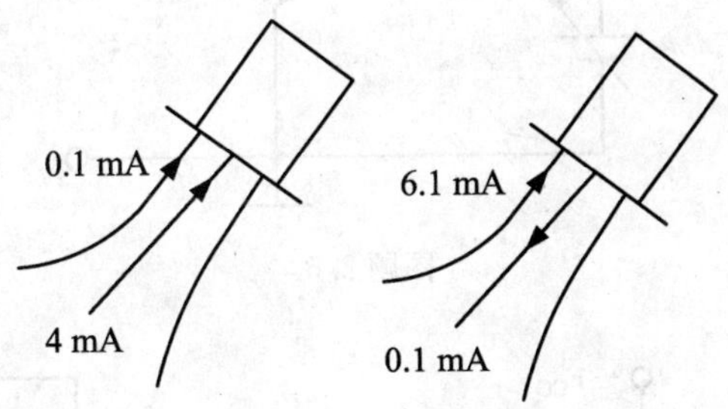

图题 2.3

2.4 测得放大电路中六只晶体管的直流电位如图题 2.4 所示。在圆圈中画出管子，并分别说明它们是硅管还是锗管。

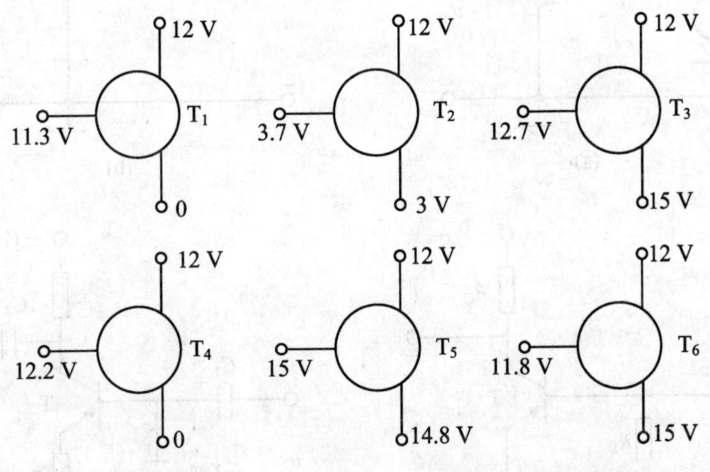

图题 2.4

2.5 电路如图题 2.5 所示，晶体管导通时 $U_{BE}=0.7\text{ V}, \beta=50$。试分析 u_i 为 0 V、1 V、1.5 V 三种情况下 T 的工作状态及输出电压 u_o 的值。

2.6 分别改正图题 2.6 所示各电路中的错误，使它们有可能放大正弦波信号。要求保留电路原来的共射极接法和耦合方式。

+V_{CC}
(+12 V)
R_C
1 kΩ
R_B
5 kΩ
T
u_i
u_o
+
−

图题 2.5

−V_{CC}
R_C
R_B
T
u_i
V_{BB}
u_o
(a)
+V_{CC}
R_C
C_1
C_2
T
u_1
u_o
(b)
−V_{CC}
R_C
R_B
V_{BB}
T
u_i
u_o
(c)
−V_{CC}
C_1
C_2
V_{BB}
R_E
T
u_1
u_o
(d)

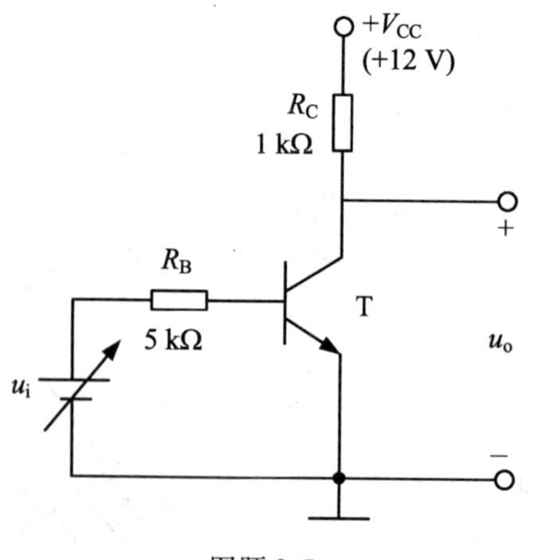

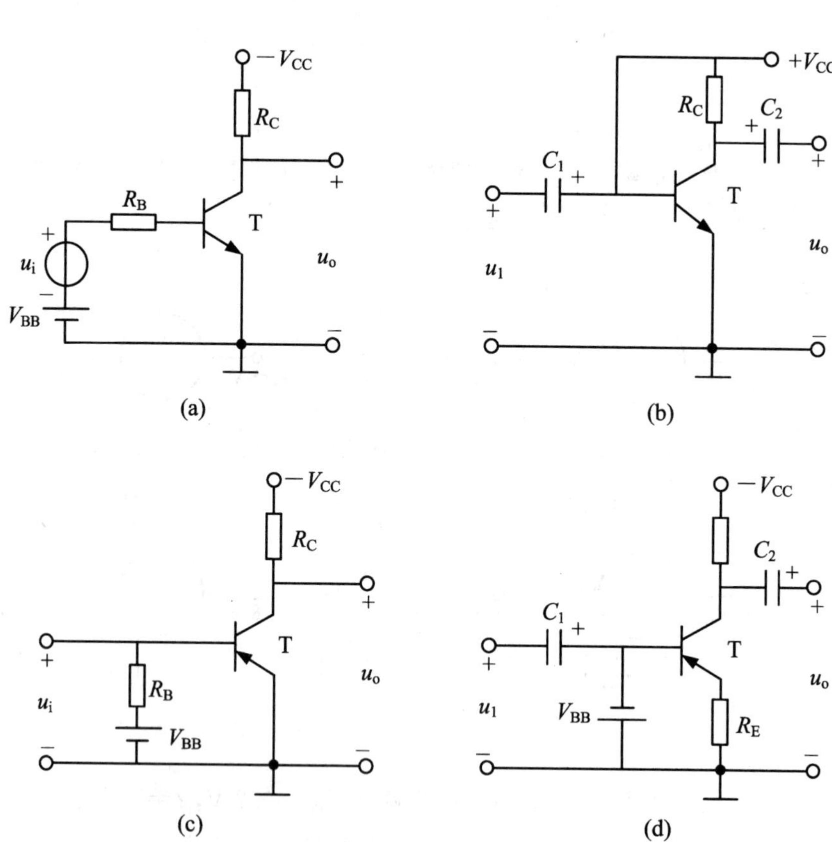

图题 2.6

2.7 电路如图题 2.7(a)所示，图题 2.7(b)是晶体管的输出特性曲线，静态时 $U_{BEQ}=0.7\ V$。利用图解法分别求出 $R_L=\infty$ 和 $R_L=3\ k\Omega$ 时的静态工作点和最大不失真输出电压 U_{om}（有效值）。

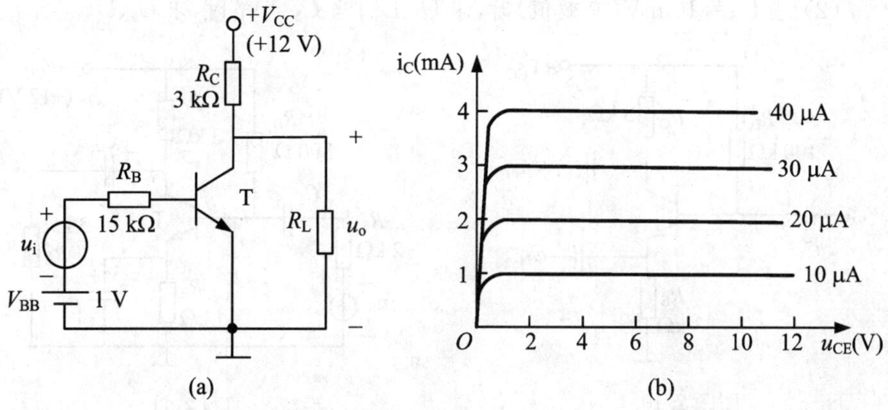

图题 2.7

2.8 电路如图题 2.8 所示，晶体管的 $\beta=80$，$r_{bb'}=200\ \Omega$。分别计算 $R_L=\infty$ 和 $R_L=3\ k\Omega$ 时的 Q 点、$\dot{A}_u$、R_i 和 R_o。

2.9 电路如图题 2.9 所示，晶体管的 $\beta=100$，$r_{bb'}=200\ \Omega$。试求：

(1) 电路的 Q 点、$\dot{A}_u$、R_i 和 R_o；

(2) 若电容 C_E 开路，则将引起电路的哪些动态参数发生变化？如何变化？

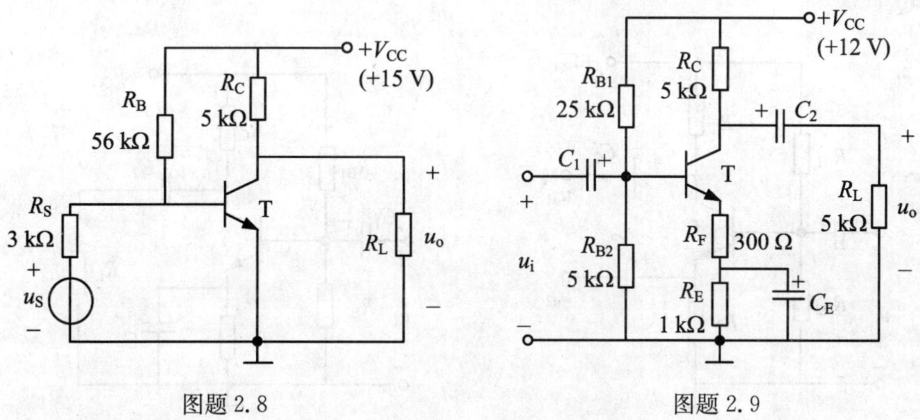

图题 2.8　　　　图题 2.9

2.10 设图题 2.10 所示电路所加输入电压为正弦波。试问：

(1) $\dot{A}_{u1}=\dfrac{\dot{U}_{o1}}{\dot{U}_i}\approx$？$\dot{A}_{u2}=\dfrac{\dot{U}_{o2}}{\dot{U}_i}\approx$？

(2) 画出输入电压和输出电压 u_i、u_{o1}、u_{o2} 的波形。

2.11 电路如图题 2.11 所示，晶体管的 $\beta=60$，$r_{bb'}=200\ \Omega$。试求：

(1) 放大电路的 Q 点、$\dot{A}_u$、R_i 和 R_o；

(2) 当 $U_S=10$ mV(有效值)时，求 U_i、U_o；当 C_3 开路时，求 U_i、U_o。

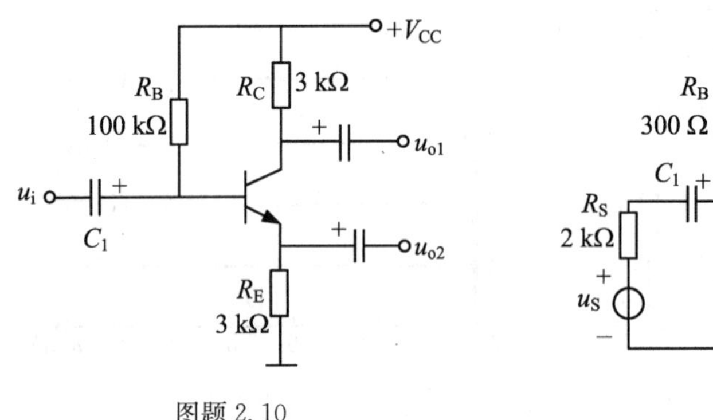

图题 2.10

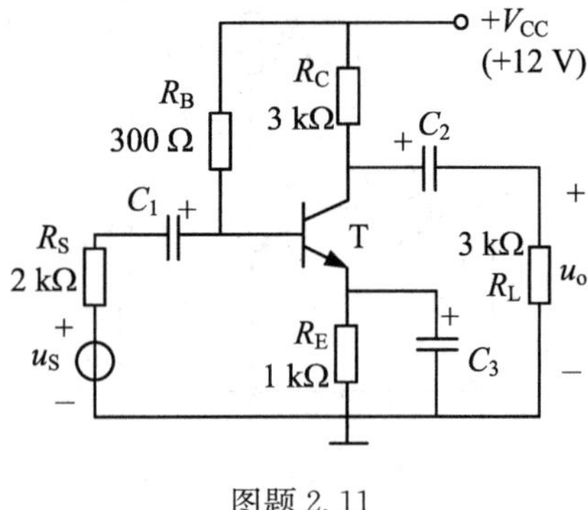

图题 2.11

2.12 电路如图题 2.12 所示，$\beta=50$，$r_{be}=2.2\ k\Omega$，$R_{B1}=56\ k\Omega$，$R_{B2}=33\ k\Omega$，$R_C=R_E=3\ k\Omega$，$V_{CC}=24$ V。试求：

(1) 输出信号从射极输出时的 $\dot{A}_u$、R_i、R_o；

(2) 输出信号从集电极输出时的 $\dot{A}_u$、R_i、R_o。

2.13 在图题 2.13 所示电路中，电路参数如下：$V_{CC}=12$ V，$R_{B1}=20\ k\Omega$，$R_{B2}=10\ k\Omega$，$R_C=2\ k\Omega$，$R_E=1\ k\Omega$，$\beta=50$。画出该电路的直流通路；并求静态工作点 Q。

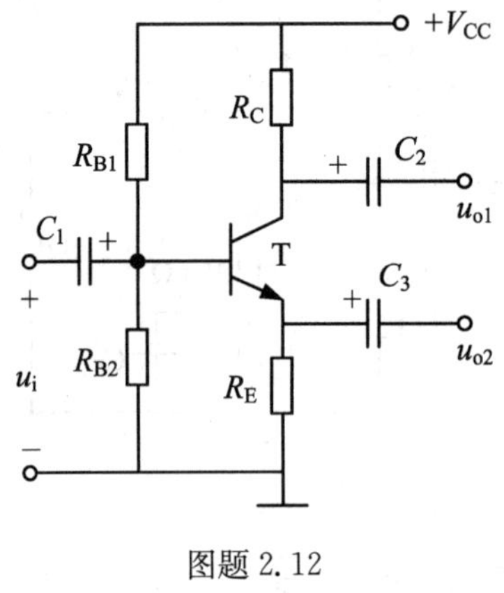

图题 2.12

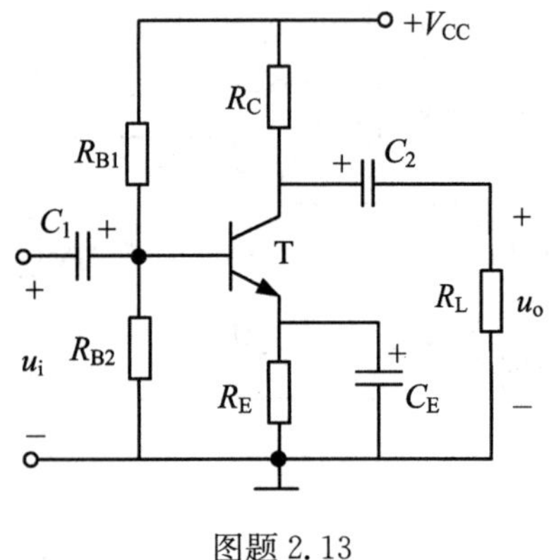

图题 2.13

2.14 电路如图题 2.14 所示，晶体管的 $V_{CC}=15$ V，$R_B=200\ k\Omega$，$R_E=3\ k\Omega$，$\beta=80$，$r_{be}=1\ k\Omega$，$R_S=2\ k\Omega$。试求：

(1) 静态工作点 Q；

(2) R_L 分别取∞和 3 kΩ 时的 $\dot{A}_u$、R_i 和 R_o。

2.15 已知图题 2.15 所示电路中晶体管的 $\beta=100$，$r_{be}=1\ k\Omega$。

(1) 现已测得静态管压降 $U_{CEQ}=6\ V$，估算 R_B 的值；

(2) 若测得 u_i 和 u_o 的有效值分别为 1 mV 和 100 mV，则负载电阻 R_L 为多少？

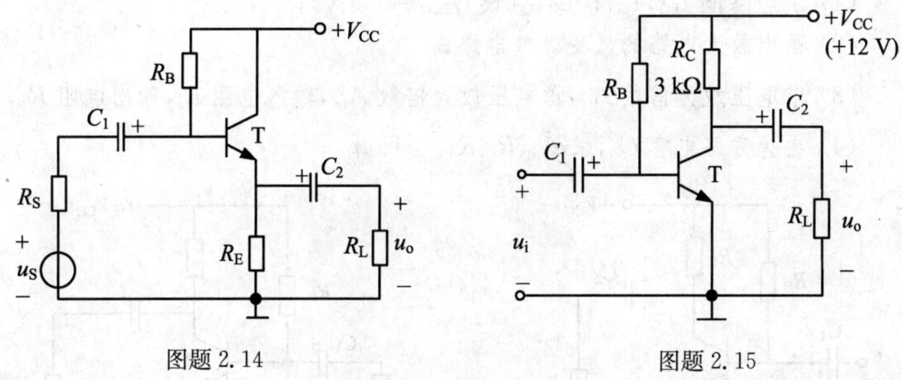

图题 2.14　　图题 2.15

2.16 在图题 2.15 所示电路中，设静态时 $I_{CQ}=2\ mA$，晶体管饱和管压降 $U_{CES}=0.6\ V$。试问：当负载电阻 $R_L=\infty$ 和 $R_L=3\ k\Omega$ 时电路的最大不失真输出电压各为多少伏？

2.17 如图题 2.17(a)所示的放大电路，在放大信号时其输出电压如图题 2.17(b)所示，试判断属于哪种失真，如何消除？

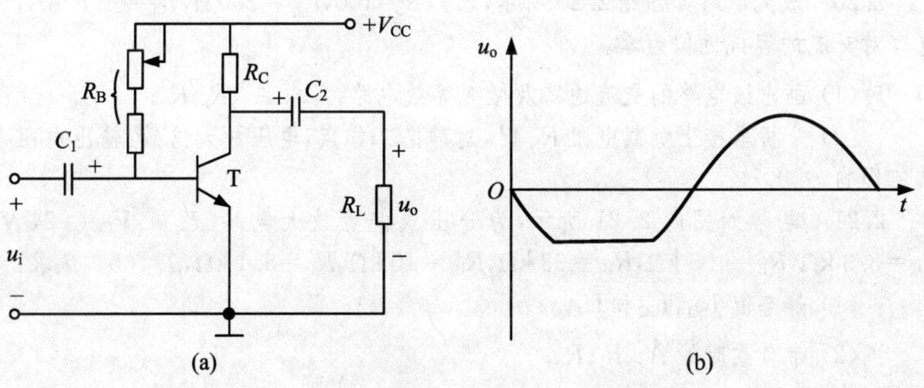

图题 2.17

2.18 如图题 2.18 所示的放大电路中，$V_{CC}=12\ V$，$R_B=300\ k\Omega$，$R_C=4\ k\Omega$，$R_L=4\ k\Omega$，$\beta=40$。

(1) 求静态工作点；

(2) 画出微变等效电路；

(3) 求 $\dot{A}_u$、R_i 和 R_o。

2.19 放大电路如图题 2.19 所示，已知：$V_{CC}=12$ V，$R_S=10$ kΩ，$R_{B1}=120$ kΩ，$R_{B2}=39$ kΩ，$R_C=3.9$ kΩ，$R_E=2.1$ kΩ，$R_L=3.9$ kΩ，$r_{bb'}=300$ Ω，电流放大系数 $\beta=50$，电路中电容容量足够大。

(1) 求静态值 I_{BQ}，I_{CQ}和 U_{CEQ}(设 $U_{BEQ}=0.6$ V)；

(2) 画出放大电路的微变等效电路；

(3) 求电压放大倍数 $\dot{A}_u$，源电压放大倍数 $\dot{A}_{us}$，输入电阻 R_i，输出电阻 R_o；

(4) 去掉旁路电容 C_E，求 $\dot{A}_u$、R_i、R_o。

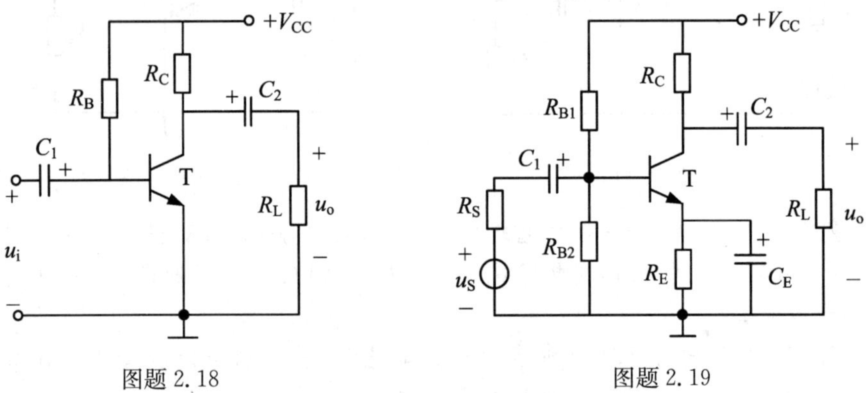

图题 2.18　　　　图题 2.19

2.20 放大电路如图题 2.20 所示，已知 $\beta=100$，$r_{bb'}=200$ Ω，$I_{CQ}=1.5$ mA，各电容对交流的容抗近似为零。

(1) 画出该电路的交流通路及微变等效电路，并求 $\dot{A}_u$、R_i、R_o；

(2) 分析当接上负载电阻 R_L 时，对静态工作点、电压放大倍数、输出电阻各有何影响。

2.21 电路如图题 2.21 所示，为分压式偏置放大电路，已知：$V_{CC}=24$ V，$R_C=3.3$ kΩ，$R_E=1.5$ kΩ，$R_{B1}=33$ kΩ，$R_{B2}=10$ kΩ，$R_L=5.1$ kΩ，$\beta=66$。试求：

(1) 静态值 I_{BQ}，I_{CQ}和 U_{CEQ}；

(2) 带负载时的 $\dot{A}_u$、R_i、R_o；

(3) 空载时的电压放大倍数 $\dot{A}_{uo}$。

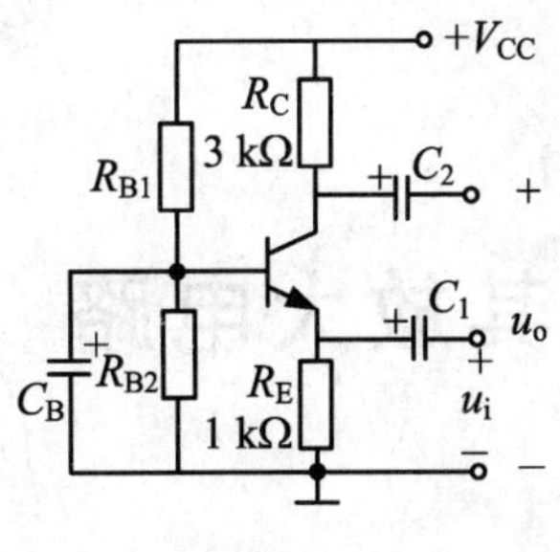

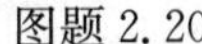
图题 2.20

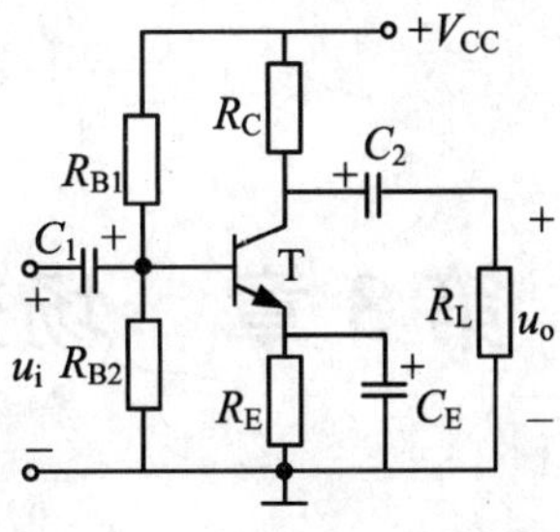

图题 2.21

2.22 放大电路如图题 2.22 所示，晶体管 T_1 的 $r_{be1}=6\ k\Omega$，T_2 的 $r_{be2}=1.2\ k\Omega$，$\beta_1=\beta_2=100$。试求：

(1) 该多级放大电路的 R_i、R_o；

(2) $R_S=0$ 和 $R_S=20\ k\Omega$ 时的 u_o/u_S 各是多少？

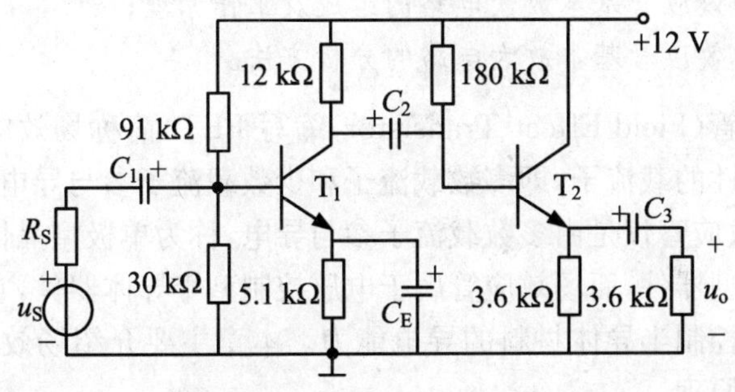

图题 2.22

2.23 已知某电路的波特图如图题 2.23 所示，试写出 $\dot{A}_u$ 的表达式。

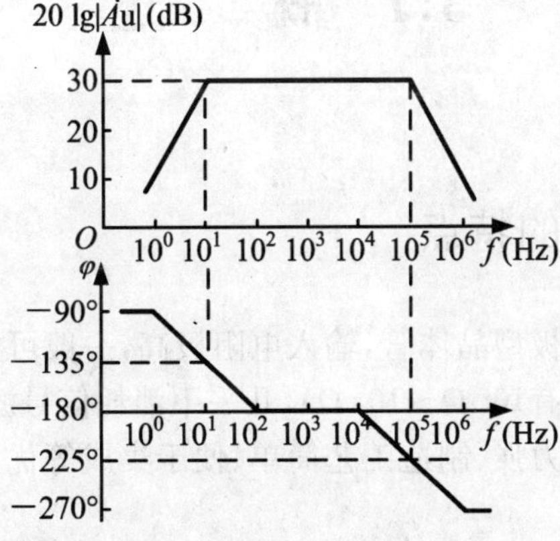

图题 2.23

第 3 章　场效应管及其放大电路

学习目标

- 了解场效应管的结构、类型和符号；
- 掌握场效应管的原理及伏安特性；
- 了解三极管与场效应管的不同点和相同点；
- 熟悉场效应管基本放大电路的组成及工作原理；
- 掌握场效应管基本放大电路的分析方法。

场效应晶体管(Field Effect Transistor,缩写 FET)简称场效应管。一般的晶体管是由两种极性的载流子,即多数载流子和少数载流子参与导电,因此称为双极型晶体管,而场效应管仅是由多数载流子参与导电,称为单极型晶体管。晶体三极管属于电流控制型器件,而场效应管属于电压控制型半导体器件,它利用输入电压产生电场效应来控制半导体材料的导电能力。本章主要介绍场效应管的结构、基本特性及其工作原理。

3.1　概　　述

3.1.1　场效应管的特点

场效应管又称为单极型晶体管,输入电阻极高,一般可达10^8 Ω～10^{15} Ω(而晶体三极管的输入电阻仅有10^2 Ω～10^4 Ω),几乎不消耗信号源电流。它具有热稳定性好、噪声低、抗辐射能力强、制造工艺简单、便于集成等优点,在电子电路中得到了广泛的应用。

3.1.2 场效应管的分类

场效应管按结构的不同可分为结型场效应管(JFET)和绝缘栅型场效应管(MOSFET);按沟道半导体材料的不同,结型和绝缘栅型均分为N沟道和P沟道两种。若按导电方式来划分,场效应管又可分成耗尽型与增强型。结型场效应管均为耗尽型,绝缘栅型场效应管既有耗尽型的,也有增强型的。场效应管的分类如图3.1所示。

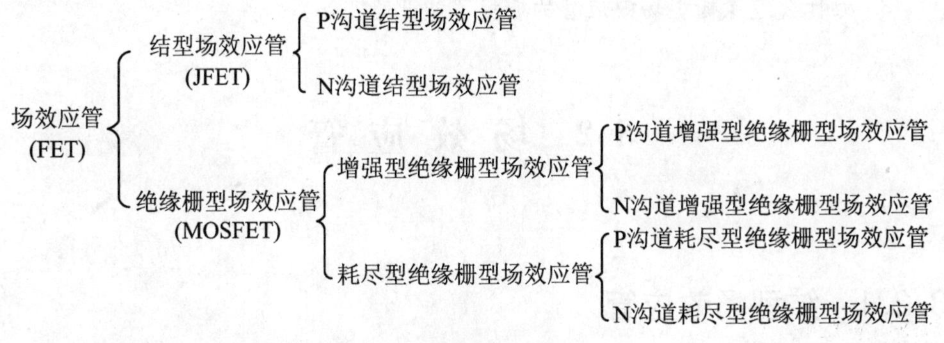

图3.1 场效应管的类型

3.1.3 场效应管与双极型晶体管的比较

(1) 场效应管的沟道中只有一种极性的载流子(电子或空穴)参与导电,故称为单极型晶体管。而在双极型晶体三极管中有两种不同极性的载流子(电子和空穴)参与导电。

(2) 场效应管是通过栅源之间的电压u_{GS}来控制漏极电流i_D,故称为电压控制器件。晶体管是利用基极电流i_B来控制集电极电流i_C,故称为电流控制器件。

(3) 场效应管的输入电阻很大,有较高的热稳定性,抗辐射性和较低的噪声。而晶体管的输入电阻较小,温度稳定性差,抗辐射及噪声能力也较低。

(4) 场效应管的跨导g_m的值较小,而双极型晶体管β的值很大。在同样的条件下,场效应管的放大能力不如晶体管高。

(5) 场效应管在制造时,如衬底没有和源极接在一起,也可将D、S互换使用。而晶体管的C和E互换使用,称倒置工作状态,此时β将变得非常小。

(6) 工作在可变电阻区的场效应管,可作为压控电阻来使用。

另外,由于MOS场效应管的输入电阻很高,使得栅极间感应电荷不易泄放,而且绝缘层做得很薄，容易在栅源极间感应产生很高的电压，超过 $U_{(BR)GS}$ 而造成管子击穿。因此 MOS 管在使用时应避免使栅极悬空。保存不用时，必须将 MOS 管各极间短接。焊接时，电烙铁外壳要可靠接地。

思考题

1. 场效应管与晶体三极管比较各有何特点？
2. 为什么说晶体三极管是电流控制器件，而场效应管是电压控制器件？
3. 为什么绝缘栅型场效应管的栅极不能开路？

3.2 场效应管

3.2.1 结型场效应管

结型场效应管是利用半导体内的电场效应来工作的，因而也称为体内场效应器件，结型场效应管有 N 沟道和 P 沟道两类。

1. 结构与符号

N 沟道结型场效应管的结构示意图以及符号如图 3.2 所示。在一块 N 型半导体材料的两侧，利用一定的工艺做成掺杂程度比较高的 P 型区（用符号 P^+ 表示），则在 P 型区和 N 型区的交界处形成一个 PN 结，即耗尽层。耗尽层内几乎没有载流子，不能参与导电。将两侧的 P 型区连接在一起，引出一个电极，称为栅极（G）。再在 N 型区一端引出源极（S），另一端引出漏极（D）。

场效应管的三个电极与三极管的三个电极的对应关系是：栅极 G-基极 B、源极 S-发射极 E、漏极 D-集电极 C，夹在两个 PN 结中间的区域称为导电沟道（简称沟道）。如果在漏极和源极之间加上一个正向电压，即漏极接电源正端，源极接电源负端，则因 N 型半导体材料中存在多数载流子（电子），因而可以导电。这种场效应管的导电沟道是 N 型的，所以称为 N 沟道结型场效应管，电路符号如图 3.2(b) 所示，注意电路符号中的箭头是指向内部的，即由 P^+ 区指向 N 区。

另一种结型场效应管的导电沟道是 P 型的，如图 3.3(a) 所示，在一块 P 型半导体材料的两侧做成掺杂程度比较高的 N 型区（用符号 N^+ 表示），并将其连在一起引出栅极（G），然后从 P 型半导体的两端分别引出源极（S）和漏极（D），这就是 P

沟道结型场效应管，电路符号如图 3.3(b)所示，符号中的箭头是指向外侧的，即由P区指向 N^+ 区。

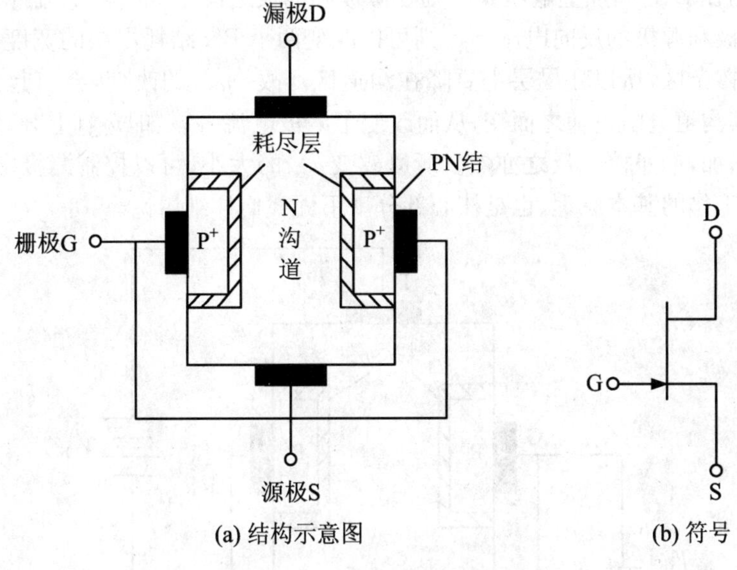

(a) 结构示意图 (b) 符号

图 3.2 N沟道结型场效应管

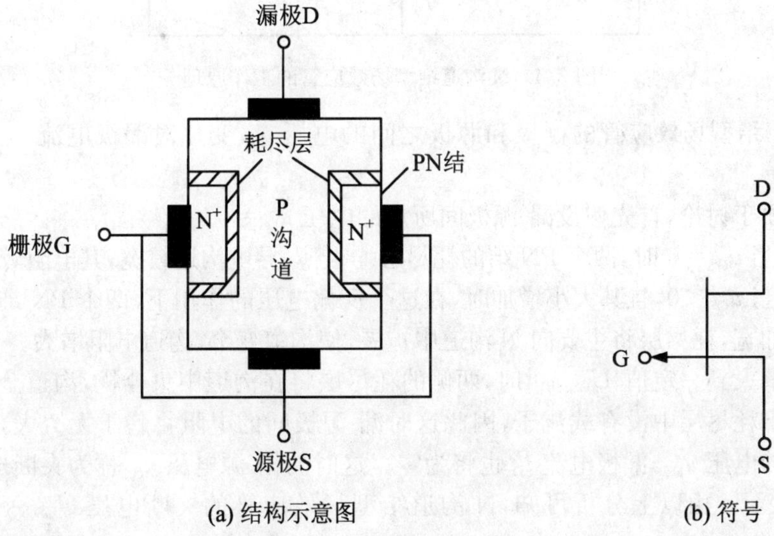

(a) 结构示意图 (b) 符号

图 3.3 P沟道结型场效应管

以上两种场效应管的工作原理是类似的。下面我们以N沟道结型场效应管为例，介绍它们的工作原理及其特性曲线。

2. 工作原理

N 沟道结型场效应管的工作原理如图 3.4 所示，从结型场效应管的结构可以看出，我们在 D、S 间加上电压 u_{DS}，则在源极和漏极之间形成漏极电流 i_D。我们通过改变栅极和源极的反向电压 u_{GS}，则可以改变两个 PN 结耗尽层的宽度。由于栅极区是高掺杂区，所以耗尽层主要降在沟道区。故 $|u_{GS}|$ 的改变，会引起沟道宽度的变化，其沟道电阻也随之而变，从而改变了漏极电流 i_D。如 $|u_{GS}|$ 上升，则沟道变窄，电阻增加，i_D 下降。反之亦然。所以改变 u_{GS} 的大小，可以控制漏极电流，这是场效应管工作的基本原理，也是核心部分。下面我们详细讨论。

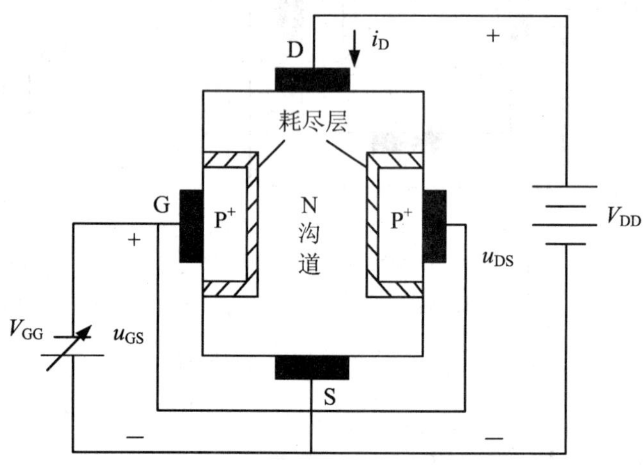

图 3.4　N 沟道结型场效应管的工作原理

(1) 结型场效应管的栅极和源极之间的电压 u_{GS} 变化对漏极电流 i_D 的控制作用。

为便于讨论，首先假设漏-源极间所加的电压 $u_{DS}=0$。

① 当 $u_{GS}=0$ 时，两个 PN 结的耗尽层均很薄，导电沟道较宽，其电阻较小。

② 当 $u_{GS}<0$，且其大小增加时，在这个反偏电压的作用下，两个 PN 结间的耗尽层将加宽，耗尽层将主要向 N 沟道中扩展，使沟道变窄，沟道电阻增大。当 $|u_{GS}|$ 进一步增大到一定值 $|U_{GS(off)}|$ 时，两侧的耗尽层将在沟道中央合拢，沟道全部被夹断。由于耗尽层中没有载流子，因此这时漏-源极间的电阻将趋于无穷大，即使加上一定的电压 u_{DS}，漏极电流 i_D 也将为零。这时的栅-源电压 u_{GS} 称为夹断电压，用 $U_{GS(off)}$ 表示。由以上分析可知，N 沟道结型场效应管的夹断电压 $U_{GS(off)}$ 是一个负值。

上述分析中，因为漏极和源极之间没有外加电源电压，即 $u_{DS}=0$，所以当 u_{GS} 变化时虽然导电沟道随之发生变化，但漏极电流 i_D 总是等于零。同时表明，改变栅源之间的电压 u_{GS} 的大小，可以有效地控制沟道电阻的大小。

(2) 当栅源之间的电压 u_{GS} 固定时，漏源之间的电压 u_{DS} 的变化对耗尽层和漏极电流 i_D 的影响。

在漏极和源极之间加上一定的正向电压后，将会在沟道中产生电流 i_D，在 u_{GS} 一定时，i_D 的大小与 u_{DS} 有关，u_{DS} 通过对沟道宽度的控制，改变沟道的等效电阻及 i_D 的值。

若假设 u_{GS} 固定，并且 $U_{GS(off)}<u_{GS}<0$。

① 当漏-源电压 u_{DS} 从零开始增大时，沟道中有电流 i_D 流过。

② 在 u_{DS} 的作用下，导电沟道呈楔形。由于沟道存在一定的电阻，因此，i_D 沿沟道产生的电压降使沟道内各点的电位不再相等，漏极端电位最高，源极端电位最低。这就使栅极与沟道内各点间的电位差不再相等，其绝对值沿沟道从漏极到源极逐渐减小，在漏极端最大，即加到该处 PN 结上的反偏电压最大，这使得沟道两侧的耗尽层从源极到漏极逐渐加宽，沟道宽度不再均匀，而呈楔形。

③ 在 u_{DS} 较小时，i_D 随 u_{DS} 的增加而几乎呈线性增加。它对 i_D 的影响应从两个角度来分析：一方面 u_{DS} 增加时，沟道的电场强度增大，i_D 随着增加；另一方面，随着 u_{DS} 的增加，沟道的不均匀性增大，即沟道电阻增加，i_D 应该下降，但是在 u_{DS} 较小时，沟道的不均匀性不明显，在漏极附近的区域内沟道仍然较宽，即 u_{DS} 对沟道电阻影响不大，故 i_D 随 u_{DS} 的增加而几乎呈线性地增加。随着 u_{DS} 的进一步增加，靠近漏极一端的 PN 结上承受的反向电压增大，这里的耗尽层相应变宽，沟道电阻相应增加，i_D 随 u_{DS} 上升的速度趋缓。

④ 当 u_{DS} 增加到 $u_{DS}=u_{GS}-U_{GS(off)}$ 时，即 $u_{GD}=u_{GS}-u_{DS}=U_{GS(off)}$（夹断电压）时，此时沟道预夹断，即漏极附近的耗尽层即在某一点处合拢，这种状态称为预夹断。与前面讲过的整个沟道全被夹断不同，预夹断后，漏极电流 $i_D\neq0$。因为这时沟道仍然存在，沟道内的电场仍能使多数载流子(电子)作漂移运动，并被强电场拉向漏极。

⑤ 若 u_{DS} 继续增加，使 $u_{DS}>u_{GS}-U_{GS(off)}$，即 $u_{GD}<U_{GS(off)}$ 时，耗尽层合拢部分会有增加，即自合拢处向源极方向延伸，夹断区的电阻越来越大，但此时的漏极电流 i_D 不再随 u_{DS} 的增加而增加，基本上趋于饱和，因为这时夹断区电阻很大，u_{DS} 的增加量主要降落在夹断区电阻上，沟道电场强度增加不多，因而 i_D 基本不变。但当 u_{DS} 增加到大于某一极限值(用 $U_{(BR)DS}$ 表示)后，漏极一端 PN 结上反向电压将使 PN 结发生雪崩击穿，i_D 会急剧增加，正常工作时 u_{DS} 不能超过 $U_{(BR)DS}$。

综上分析可知，沟道中只有一种类型的多数载流子参与导电，所以场效应管也称为单极型三极管。结型场效应管是电压控制电流器件，i_D 受 u_{GS} 控制。预夹断前 i_D 与 u_{DS} 呈近似线性关系；预夹断后，i_D 趋于饱和。另外，在栅极和源极之间加一个反向偏置电压，使 PN 结反向偏置，此时可以认为栅极基本上不通过电流，因此，场效应管的输入电阻很高。P 沟道结型场效应管工作时，电源的极性与 N 沟道结型场效应管的电源极性相反。

3. 特性曲线

通常用转移特性和输出特性曲线来描述场效应管的电压与电流之间的关系。

（1）转移特性

当场效应管的漏源之间的电压 u_{DS}保持不变时，漏极电流 i_D 与栅源之间的电压 u_{GS}的关系称为转移特性，其表达式如下：

$$i_D = f(u_{GS})\mid_{u_{DS}=常数}$$

转移特性描述的是栅源之间的电压 u_{GS}对漏极电流 i_D 的控制作用。N 沟道结型场效应管的转移特性曲线如图 3.5(a)所示，从图中看出，当 $u_{GS}=0$ 时，i_D 达到最大值，u_{GS}负值越大，i_D 越小。当 u_{GS}等于夹断电压 $U_{GS(off)}$时，漏极电流 i_D 降为零。

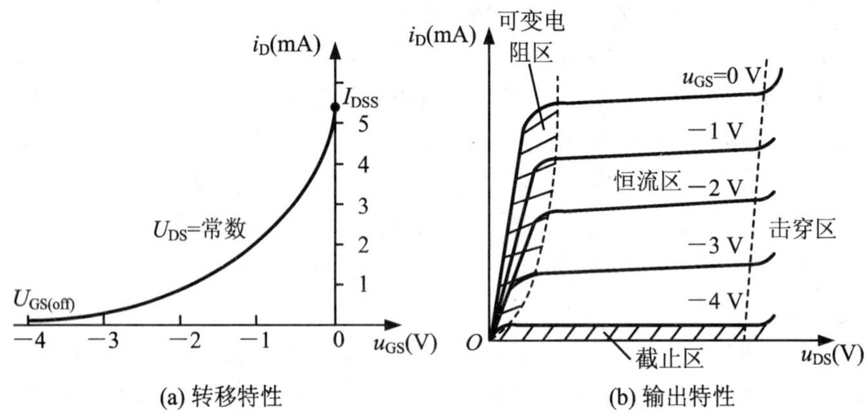

图 3.5　N 沟道结型场效应管的特性曲线

从转移特性曲线上可以得到两个重要参数：一个是转移特性曲线与横坐标轴的交点处电压，它表示漏极电流 $i_D=0$ 时的 u_{GS}，即为夹断电压 $U_{GS(off)}$；另外一个参数是转移特性曲线与纵坐标轴交点处的电流，它表示当 $u_{GS}=0$ 时的漏极电流，称为饱和漏极电流，用符号 I_{DSS}表示。

图 3.5(a)所示的 N 沟道结型场效应管的转移特性曲线可以用下公式近似表示：

$$i_D = I_{DSS}\left(1-\frac{u_{GS}}{U_{GS(off)}}\right)^2 \quad (当 U_{GS(off)} \leqslant u_{GS} \leqslant 0 时) \tag{3.2.1}$$

（2）输出特性

场效应管的输出特性表示当栅源之间的电压 u_{GS}不变时，漏极电流 i_D 与漏源之间电压 u_{DS}的关系，即

$$i_D = f(u_{DS})\big|_{u_{GS}=常数}$$

N 沟道结型场效应管的输出特性曲线如图 3.5(b)所示。该特性也是一族曲线，与双极型晶体管的共射输出特性曲线相似，不同之处是晶体管是不同的 i_B 曲线族，而结型 MOS 管是不同的 u_{GS}曲线族。特性曲线也分为以下几个区：

① 可变电阻区：该工作区的特点是：u_{DS}较小，对于一定的 u_{GS}，i_D 随 u_{DS}的增加而直线上升，二者之间基本上是线性关系，此时场效应管相当于一个线性电阻；而当改变 u_{GS}的值时，特性曲线的斜率发生变化，即相当于电阻的阻值不同。因此在该区，场效应管的漏极与源极之间可以看成是一个由 u_{GS}控制的可变电阻区，即压控电阻，所以称为可变电阻区。u_{GS}值愈负，特性曲线斜率愈小，则相应的电阻值愈大，形成可变电阻区中一族曲线。

② 恒流区：特性曲线中间近似水平的部分称为恒流区(也称饱和区)。该工作区的特点是：i_D 基本不随 u_{DS}变化而变化，i_D 的值主要取决于 u_{GS}，是一族近似水平于 u_{DS}轴的曲线。该区域是线性放大区，结型场效应管作为放大元件时一般工作在这个区域。在组成放大电路时，为了防止出现非线性失真，应将工作点设置在此区域内。

③ 击穿区：当漏源之间的电压 u_{DS}超过 PN 结所能承受的反向电压时，i_D 急剧上升，发生击穿现象，管子不能正常工作，甚至损坏。所以结型场效应管不允许工作在这个区域。

④ 截止区：输出特性曲线靠近 u_{DS}轴的部分称为截止区(也称夹断区)，它发生时，管子的导电沟道完全被夹断，$i_D \approx 0$。

在结型场效应管中，由于栅极与导电沟道之间的 PN 结被反向偏置，所以栅极基本上不通过电流，其输入电阻很高，可达10^7 Ω 以上。但是，在某些情况下希望得到更高的输入电阻，此时可以考虑采用绝缘栅型场效应管。

3.2.2 绝缘栅型场效应管

绝缘栅型场效应管是一种金属(M)-氧化物(O)-半导体(S)结构的场效应管，简称为 MOS(Metal Oxide Semiconductor)管或 MOSFET。由于这种场效应管的栅极被绝缘层隔离，因此其输入电阻比结型场效应管更高，可达10^9 Ω 以上。它有 N 沟道和 P 沟道两大类，每一类又有增强型和耗尽型两种。所谓增强型是当 $u_{GS}=0$时，漏极与源极之间没有导电沟道，即使在漏极和源极之间加有电压，也没有漏极电流；而耗尽型是当 $u_{GS}=0$ 时，漏极与源极之间已经有了导电沟道。本节以 N 沟道绝缘栅型场效应管为例进行讨论。

1. N 沟道增强型 MOS 管

(1) 结构与符号

图 3.6(a)所示是 N 沟道增强型 MOS 管的结构示意图。用一块 P 型半导体为衬底,在衬底上面的左、右两边制成两个高掺杂浓度的 N 型区,用 N^+ 表示,在这两个 N^+ 区各引出一个电极,分别称为源极 S 和漏极 D,管子的衬底也引出一个电极称为衬底引线 B。管子在工作时 B 通常与 S 相连接。在这两个 N^+ 区之间的 P 型半导体表面做出一层很薄的二氧化硅绝缘层,再在绝缘层上面喷一层金属铝电极,称为栅极 G,图 3.6(b)是 N 沟道增强型 MOS 管的符号。

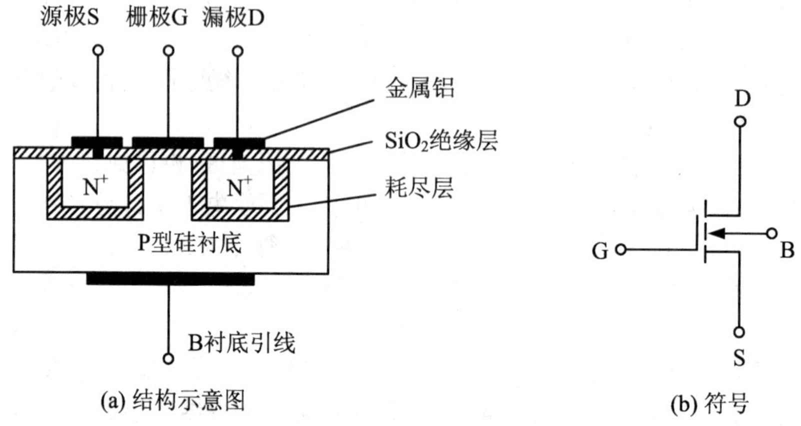

图 3.6　N 沟道增强型 MOS 管的结构和符号

从结构上看,场效应管的栅极与源极、栅极与漏极均无电接触,故称之为绝缘栅型场效应管。它们的 S、G、D 极分别对应晶体管的 E、B、C 极。

(2) 工作原理

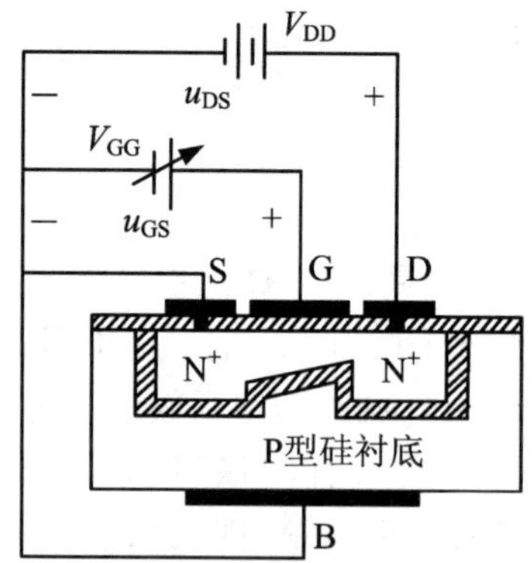

图 3.7　N 沟道增强型绝缘栅型场效应管的工作原理

现以图 3.7 所示电路为例来讨论场效应管的工作原理。这是一个 N 沟道增强型绝缘栅型场效应管,在它的漏极 D 与源极 S 之间加上工作电压 u_{DS} 后,管子的输

出电流 i_D 就受栅源之间的电压 u_{GS} 控制。当栅极和源极之间所加的电压 $u_{GS}=0$ 时，由于漏源之间无原始导电沟道，漏极 D 与衬底 B 之间 PN 结反向偏置，漏极电流表显示电流为零，管子处于截止状态。

当栅源之间所加电压 $u_{GS}>0$ 时，靠绝缘层一侧的 P 型衬底就会感应出一层电子，即为 N 型层。当 u_{GS} 增加至某个临界电压 $U_{GS(th)}$ 时，两个分离的 N^+ 区便会接通，形成 N 型导电沟道，于是产生漏极电流 i_D，管子处于导通状态。这个临界电压 $U_{GS(th)}$ 称为开启电压。场效应管的开启电压相当于晶体管的死区电压，但不同的是突破死区电压后晶体管基极 B 开始有基极电流，而此时的栅极 G 并没有栅极电流。显然，继续加大 u_{GS}，导电沟道就会愈宽，在同样的 u_{DS} 作用下，i_D 也就愈大，这就是 MOS 管中 u_{GS} 控制的原理。它是利用外加电压 u_{GS} 控制半导体表面的金属-二氧化硅中的电场效应，改变导电沟道厚薄来控制 i_D 大小。这种 $u_{GS}=0$ 时没有导电沟道，$u_{GS}\geqslant U_{GS(th)}$ 后才有导电沟道，而且 u_{GS} 越大 i_D 越大的现象，正是“增强型”的含义。

(3) 特性曲线

绝缘栅型场效应管和结型场效应管一样都是由转移特性曲线和输出曲线来描述其电压与电流之间的关系的。下面我们详细介绍一下 N 沟道增强型绝缘栅 MOS 管的两种特性曲线。

转移特性是指 u_{DS} 为固定值时，i_D 与 u_{GS} 之间的关系，表示了 u_{GS} 对 i_D 的控制作用。即

$$i_D = f(u_{GS})\big|_{u_{DS}=\text{常数}}$$

由于 u_{DS} 对 i_D 的影响较小，所以不同的 u_{DS} 所对应的转移特性曲线基本上是重合在一起的，如图 3.8(a)所示。这时 i_D 可以近似地表示为

$$i_D = I_{DO}\left(\frac{u_{GS}}{U_{GS(th)}}-1\right)^2 \tag{3.2.2}$$

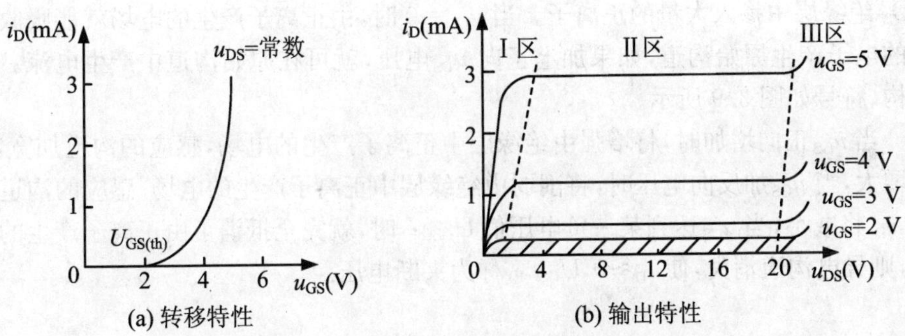

图 3.8 N 沟道增强型 MOS 管特性曲线

式中 I_{DO}是 $u_{GS}=2U_{GS(th)}$时的 i_D 值。另外，在使用时要注意，其中的 u_{GS}必须大于 $U_{GS(th)}$，否则 $i_D=0$。

由图 3.8(a)可知，当 $u_{GS}=0$ 时，$i_D=0$；当 $u_{GS}>U_{GS(th)}$时，输出电流 i_D 随着 u_{GS} 的增大而增大。

输出特性是指 u_{GS}为一固定值时，i_D 与 u_{DS}之间的关系，即

$$i_D = f(u_{DS})\big|_{u_{GS}=\text{常数}}$$

它描述的是当加在栅极和源极之间的电压 $u_{GS}>U_{GS(th)}$ 并保持不变时，漏极电流 i_D 随着漏源之间的电压 u_{DS}变化的曲线，如图 3.8(b)所示。同三极管一样输出特性可分为三个区：可变电阻区，恒流区和击穿区。

可变电阻区即图 3.8(b)中的Ⅰ区。该区对应 $u_{GS}>U_{GS(th)}$，u_{DS}很小，满足 $u_{GD}=u_{GS}-u_{DS}>U_{GS(th)}$。该区的特点是：若 u_{GS}不变，i_D 随着 u_{DS}的增大而线性增加，可以看成是一个电阻，对应不同的 u_{GS}值，各条特性曲线直线部分的斜率不同，即阻值发生改变。因此该区是一个受 u_{GS}控制的可变电阻区，工作在这个区的场效应管相当于一个压控电阻。

恒流区(亦称饱和区，放大区)即图 3.8(b)中的Ⅱ区。该区对应 $u_{GS}>U_{GS(th)}$，u_{DS}较大，该区的特点是若 u_{GS}固定为某个值时，随 u_{DS}的增大，i_D 不变，特性曲线近似为水平线，因此称为恒流区。而对应同一个 u_{DS}值，不同的 u_{GS}值可感应出不同宽度的导电沟道，产生不同大小的漏极电流 i_D，也就是说在此区内，漏极电流 i_D 只随栅源之间的电压 u_{GS}的增大而增大，曲线的间隔反映出 u_{GS}对 i_D 的控制作用。

击穿区即图 3.8(b)中的Ⅲ区。当 u_{DS}增大到某一值时，漏极电流 i_D 急剧增大，漏极和源极之间的 PN 结会被反向击穿，使 i_D 急剧增加。如不加限制，会造成管子损坏。

2. N 沟道耗尽型 MOS 管

N 沟道耗尽型 MOS 管的结构与增强型一样，所不同的是在制造过程中，在 SiO_2 绝缘层中掺入大量的正离子。当 $u_{GS}=0$ 时，由正离子产生的电场就能吸收足够的电子产生原始沟道，如果加上正向 u_{DS}电压，就可在原始沟道中产生电流。其结构、符号如图 3.9 所示。

当 u_{GS}正向增加时，将增强由绝缘层中正离子产生的电场，感应的沟道加宽，i_D 将增大，当 u_{GS}加反向电压时，将削弱由绝缘层中正离子产生的电场，感应的沟道变窄，i_D 将减小，当 u_{GS}达到某一负电压值 $U_{GS(off)}$时，就完全抵消了由正离子产生的电场，则导电沟道消失，使 $i_D\approx 0$，$U_{GS(off)}$称为夹断电压。

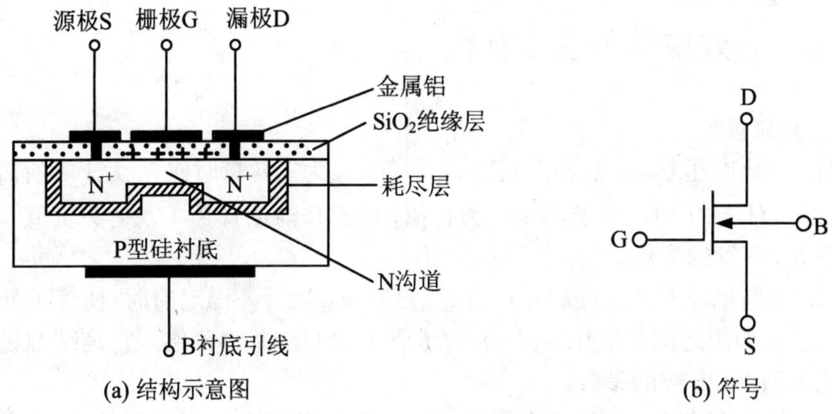

(a) 结构示意图
(b) 符号

图 3.9 N 沟道耗尽型 MOS 管

在 $u_{GS}>U_{GS(off)}$ 后,漏源之间的电压 u_{DS} 对 i_D 的影响较小。它的特性曲线形状,与增强型 MOS 管类似,如图 3.10 所示。

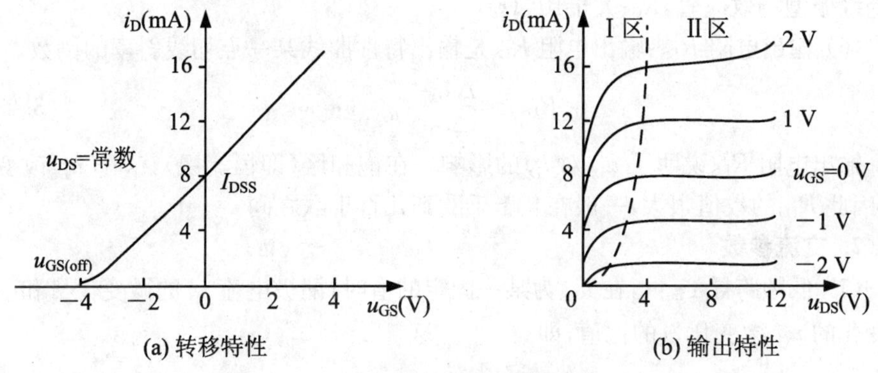

(a) 转移特性
(b) 输出特性

图 3.10 N 沟道耗尽型绝缘栅型场效应管

由以上可知,耗尽型 MOS 管在 $u_{GS}=0$ 时,导电沟道便已经形成,当 u_{GS} 由零减小到 $U_{GS(off)}$ 时,沟道逐渐变窄而夹断,故称为"耗尽型"。耗尽型 MOS 管不论栅源电压 u_{GS} 是正、负或零值都能控制漏极电流 i_D,这是与增强型 MOS 管不同的一个重要特点。

P 沟道 MOS 管和 N 沟道 MOS 管的主要区别在于作为衬底的半导体材料的类型不同。P 沟道 MOS 管是以 N 型硅作为衬底,而漏极和源极从 P^+ 区引出,形成的导电沟道为 P 型。对于耗尽型 P 沟道 MOS 管,在二氧化硅绝缘层中掺入的是负离子,在这里不再赘述。

3.2.3 场效应管的主要参数

1. 直流参数

(1) 开启电压 $U_{GS(th)}$(或 U_T):$U_{GS(th)}$是在 u_{DS}为一常量时使 i_D 大于零所需的最小 u_{GS}值。对于 N 沟道管子,$U_{GS(th)}$为正值;对于 P 沟道管子,$U_{GS(th)}$为负值。它是增强型 MOS 管的参数。

(2) 夹断电压 $U_{GS(off)}$(或 U_P):$U_{GS(off)}$是在 u_{DS}为某一固定值时,使管子处于刚开始截止的栅源之间的电压 u_{GS}。N 沟道管子的 $U_{GS(off)}$为负值。它是结型场效应管和耗尽型 MOS 管的参数。

(3) 饱和漏极电流 I_{DSS}:在 $u_{GS}=0$ 情况下产生预夹断时的漏极电流定义为 I_{DSS}。

(4) 直流输入电阻 R_{GS}:R_{GS}是指在漏、源极间短路的条件下,栅源电压 u_{GS}与栅极电流 i_G 之比,即栅源之间的直流电阻。对于结型管 u_{GS}反偏,R_{GS}大于$10^7\ \Omega$;而对于绝缘栅型场效应管,R_{GS}大于$10^9\ \Omega$。

(5) 输出电阻 R_{DS}:输出电阻 R_{DS}是输出特性曲线某一点切线斜率的倒数。即

$$R_{DS}=\frac{\Delta u_{DS}}{\Delta i_D}\bigg|_{u_{GS}=常数} \tag{3.2.3}$$

输出电阻 R_{DS}说明了 u_{DS}对 i_D 的影响。在饱和区(即恒流区),i_D 随 u_{DS}改变很小,因此 R_{DS}的数值很大,一般在几十千欧到几百千欧之间。

2. 交流参数

(1) 低频跨导 g_m:指在 u_{DS}为某一固定的值时,漏极电流 i_D 的微变化量和引起它变化的 u_{GS}微变化量的比值,即

$$g_m=\frac{\Delta i_D}{\Delta u_{GS}}\bigg|_{u_{DS}=常数} \tag{3.2.4}$$

g_m 数值的大小表示 u_{GS}对 i_D 的控制能力,单位是西门子 S,也常用 mS,一般场效应管的跨导为零点几西门子到几十毫西门子。

(2) 极间电容:C_{GS}为 1～3 pF;C_{DS}为 0.1～1 pF。在高频电路中应考虑极间电容的影响。

3. 极限参数

(1) 最大漏极电流 I_{DM}:I_{DM}是管子正常工作时漏极电流的上限值。

(2) 击穿电压:管子进入恒流区后,使 i_D 骤然增大的 u_{DS}称为漏源击穿电压 $U_{(BR)DS}$,u_{DS}超过此值会使管子烧坏。最大栅源电压 $U_{(BR)GS}$表示栅源之间开始击穿的电压值。

(3) 最大漏极耗散功率 P_{DM}:指 $P_{DM}=u_{DS}i_D$ 不能超过的极限值,耗散功率使管

子发热温度升高，使用时不能超过这个值。

例 3.1 已知某管子的输出特性曲线如图 3.11 所示。试分析该管是什么类型的场效应管（结型、绝缘栅型、N 沟道、P 沟道、增强型、耗尽型）。

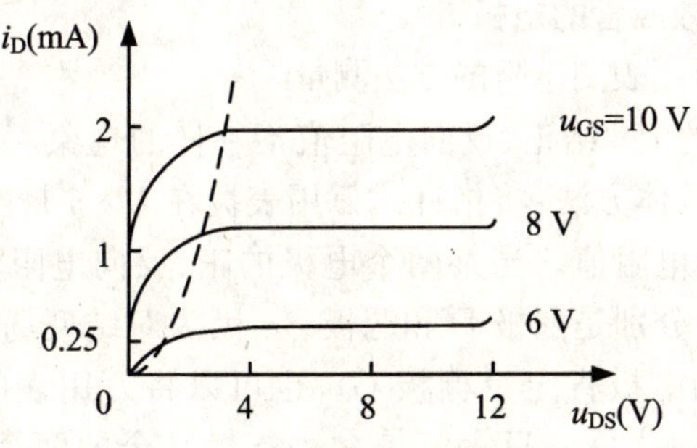

图 3.11 输出特性曲线

解：从 i_D 的方向或 u_{DS}、u_{GS} 可知，该管为 N 沟道管；从输出特性曲线可知，开启电压 $U_{GS(th)}=4\ V>0$，说明该管为增强型 MOS 管，所以，该管为 N 沟道增强型 MOS 管。

思考题

1. 为使结型场效应管工作在恒流区，为什么其栅源之间必须加反向电压？为什么耗尽型 MOS 管的栅源之间的电压可正、可零、可负？

2. 从 N 沟道场效应管的输出特性曲线上看，为什么 u_{GS} 越大预夹断电压越大、漏源之间的击穿电压也越高？

3. 为使六种场效应管均工作在恒流区，应分别在它们的栅源之间和漏源之间加什么样的电压？

4. 说明场效应管的夹断电压 $U_{GS(off)}$ 和开启电压 $U_{GS(th)}$ 的意义。

3.3 场效应管的检测与使用

3.3.1 场效应管的判别与测试

在测试场效应管时应注意 MOS 场效应管的输入电阻高，而栅极 G 允许的感应电压不应过高，所以不要直接用手去捏栅极，必须用手握螺丝刀的绝缘柄，用金属杆去碰触栅极，以防止人体感应电荷直接加到栅极，引起栅极击穿。下面我们讨论一下测试场效应管三个电极的方法。

1. 判别结型场效应管的电极

(1) 用指针式万用表测电阻的方法测量

根据场效应管的 PN 结正、反向电阻值不一样的现象，可以判别出结型场效应管的三个电极。具体方法：将指针式万用表拨在 $R\times1$ k 挡上，任选两个电极，分别测出其正、反向电阻值。当某两个电极的正、反向电阻值相等，且为几千欧姆时，则该两个电极分别是漏极 D 和源极 S。因为对结型场效应管而言，漏极和源极可互换，剩下的电极肯定是栅极 G。也可以将万用表的黑表笔（红表笔也行）任意接触一个电极，另一只表笔依次去接触其余的两个电极，测其电阻值。当出现两次测得的电阻值近似相等时，则黑表笔所接触的电极为栅极，其余两电极分别为漏极和源极。若两次测出的电阻值均很大，说明是反向 PN 结，即都是反向电阻，可以判定是 N 沟道场效应管，且黑表笔接的是栅极；若两次测出的电阻值均很小，说明是正向 PN 结，即是正向电阻，判定为 P 沟道场效应管，黑表笔接的也是栅极。若不出现上述情况，可以调换黑、红表笔按上述方法再进行测试，直到判别出栅极为止。

(2) 用数字式万用表测量二极管导通电压的方法测量

首先找出栅极，根据栅极相对于源极和漏极都是 PN 结，用类似测量二极管的方法，把栅极找出。然后根据导通时万用表表笔极性和栅、源、漏极连接关系判断沟道类型，若导通时红表笔接公共端栅极，则场效应管为 N 沟道型。而结型场效应管的源极和漏极一般可对调使用，所以不必区分。

2. 用测电阻法判别场效应管的好坏

测电阻法是用万用表测量场效应管的源极与漏极、栅极与源极、栅极与漏极之间的电阻值同场效应管手册标明的电阻值是否相符去判别管的好坏。具体方法：首先将万用表置于 $R\times10$ 或 $R\times100$ 挡，测量源极 S 与漏极 D 之间的电阻通常在几十欧到几千欧范围（在手册中可知，各种不同型号的管子，其电阻值是各不相同的），如果测得阻值大于正常值，可能是由于内部接触不良；如果测得阻值是无穷大，可能是内部断路。然后把万用表置于 $R\times10$ k 挡，再测栅极 G_1 与 G_2 之间、栅极与源极、栅极与漏极之间的电阻值，当测得其各项电阻值均为无穷大，则说明管子是正常的；若测得上述各阻值太小或为通路，则说明管子是坏的。

3. 用感应信号输入法估测场效应管的放大能力

具体方法：用万用表电阻的 $R\times100$ 挡，红表笔接源极 S，黑表笔接漏极 D，给场效应管加上 1.5 V 的电源电压，此时表针指示出漏源极间的电阻值。然后用手捏住结型场效应管的栅极 G，将人体的感应电压信号加到栅极上。这样，由于管子的放大作用，漏源电压 u_{DS} 和漏极电流 i_D 都要发生变化，也就是漏源极间电阻发生了变化，由此可以观察到表针有较大幅度的摆动。如果手捏栅极表针摆动较小，说明管子的放大能力较差；表针摆动较大，表明管子的放大能力大；若表针不动，说明管子是坏的。

根据上述方法，我们用万用表的 $R\times100$ 挡，测结型场效应管 3DJ2F。先将管的 G 极开路，测得漏源电阻 R_{DS} 为 600 Ω，用手捏住 G 极后，表针向左摆动，指示的电阻 R_{DS} 为 12 kΩ，表针摆动的幅度较大，说明该管子是好的，并有较大的放大能力。

3.3.2 场效应管使用的注意事项

(1) 从场效应管的结构上看，其源极和漏极是对称的，因此源极和漏极可以互换。但有些场效应管在制造时已将衬底引线与源极连在一起，这种场效应管的源极和漏极就不能互换了。

(2) 场效应管各极间电压的极性应正确接入，结型场效应管的栅源电压 u_{GS} 的极性不能接反。

(3) 当 MOS 管的衬底引线单独引出时，应将其接到电路中的电位最低点(对 N 沟道 MOS 管而言)或电位最高点(对 P 沟道 MOS 管而言)，以保证沟道与衬底间的 PN 结处于反向偏置，使衬底与沟道及各电极隔离。

(4) MOS 管的栅极是绝缘的，感应电荷不易泄放，而且绝缘层很薄，极易击穿。所以栅极不能开路，存放时应将各电极短路。焊接时，电烙铁必须可靠接地，或者断电利用烙铁余热焊接，并注意对交流电场的屏蔽。

3.3.3 各种场效应管特性的比较

表 3.1 总结列举了 6 种类型场效应管在电路中的符号，偏置电压的极性和特性曲线。

表 3.1　各种场效应管的符号、转移特性和输出特性

结构类型			图形符号	电压极性	转移特性	输出特性
结型	N沟道	耗尽型	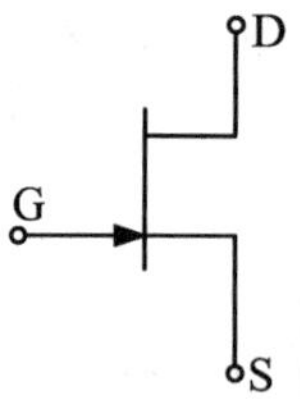 D G S	$u_{GS}\leqslant 0$ $u_{DS}>0$	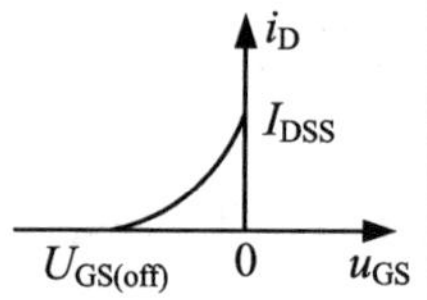 i_D I_{DSS} $U_{GS(off)}$ 0 u_{GS}	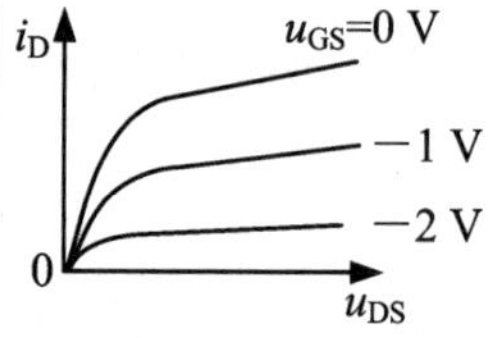 i_D u_{GS}=0 V −1 V −2 V 0 u_{DS}
	P沟道		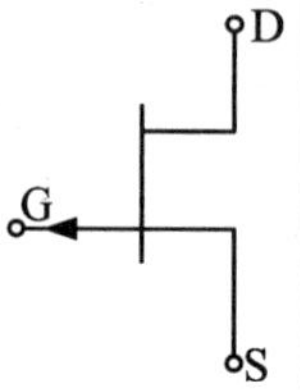 D G S	$u_{GS}\geqslant 0$ $u_{DS}<0$	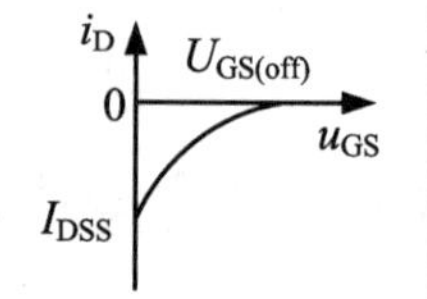 i_D $U_{GS(off)}$ 0 u_{GS} I_{DSS}	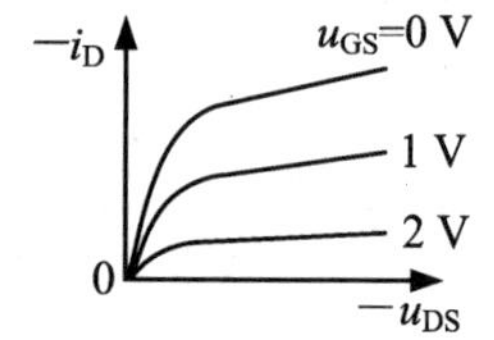 $-i_D$ u_{GS}=0 V 1 V 2 V 0 $-u_{DS}$
绝缘栅型	N沟道	增强型	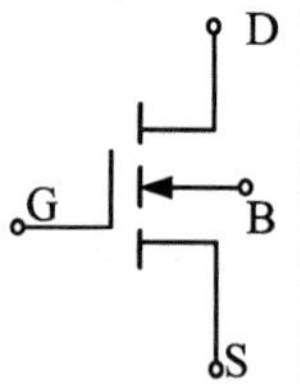 D G B S	$u_{GS}>0$ $u_{DS}>0$	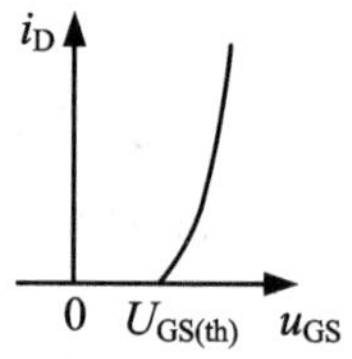 i_D 0 $U_{GS(th)}$ u_{GS}	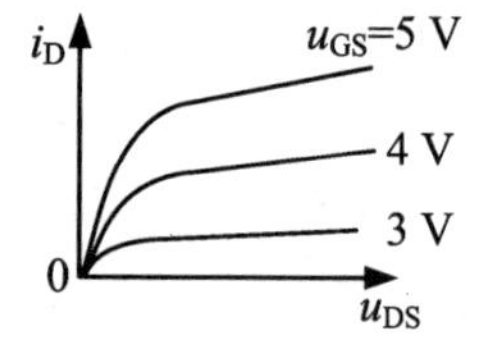 i_D u_{GS}=5 V 4 V 3 V 0 u_{DS}
	P沟道		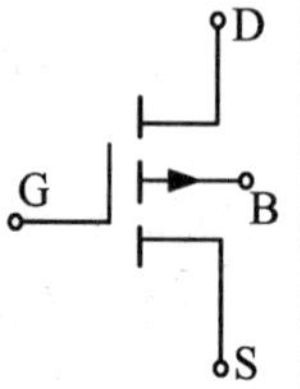 D G B S	$u_{GS}<0$ $u_{DS}<0$	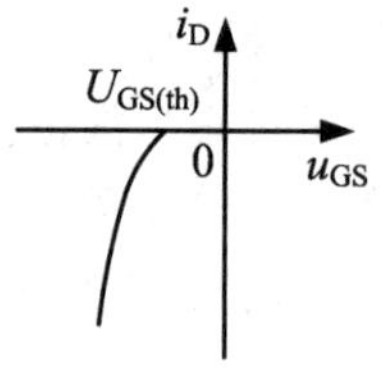 i_D $U_{GS(th)}$ 0 u_{GS}	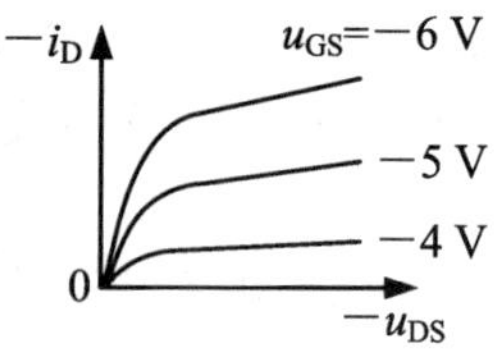 $-i_D$ u_{GS}=−6 V −5 V −4 V 0 $-u_{DS}$
	N沟道	耗尽型	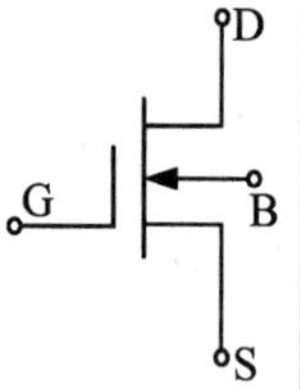 D G B S	$u_{DS}>0$	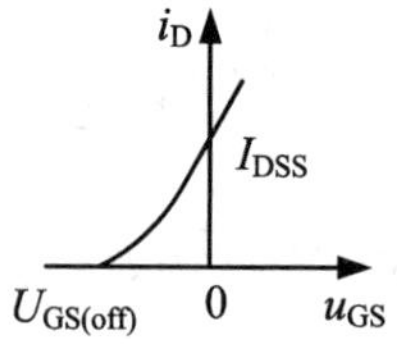 i_D I_{DSS} $U_{GS(off)}$ 0 u_{GS}	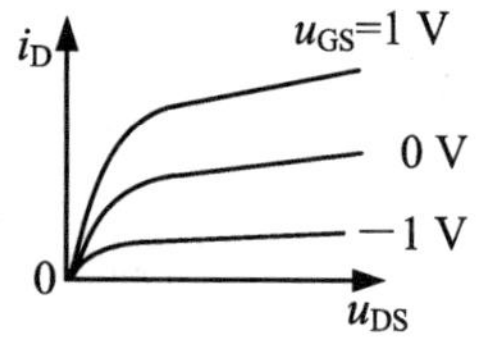 i_D u_{GS}=1 V 0 V −1 V 0 u_{DS}
	P沟道		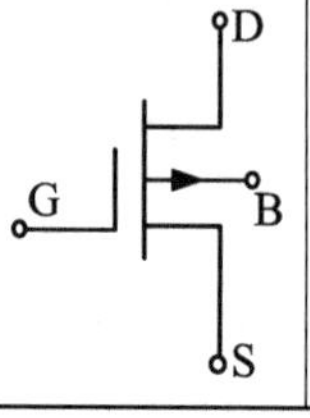 D G B S	$u_{DS}<0$	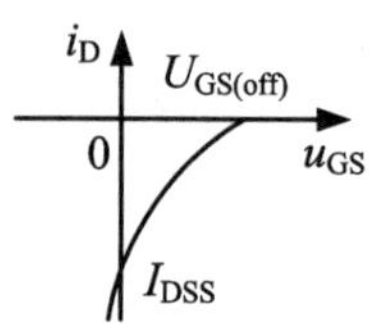 i_D $U_{GS(off)}$ 0 u_{GS} I_{DSS}	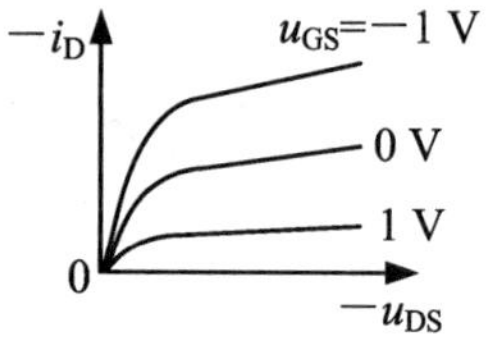 $-i_D$ u_{GS}=−1 V 0 V 1 V 0 $-u_{DS}$

思考题

1. 如何判断N沟道结型场效应管的三个电极？增强型FET能否用自偏压的方法来设置静态工作点？试说明理由。

2. 某场效应管上没有任何标示，如何判断此场效应管的类型及其三个电极？

3. 场效应管有许多类型，它们的转移特性和输出特性各不相同，试总结出判断场效应管类型及电压极性的规律。

3.4 场效应管放大电路

用场效应管作为放大元件组成的放大电路，称为场效应管放大电路。场效应管是通过栅源之间的电压 u_{GS} 来控制漏极电流 i_D 的，因此，和晶体管放大电路一样，可以实现能量的控制；由于栅源之间的电阻可达 $10^7 \sim 10^{12}$ 数量级，所以常作为高输入阻抗放大器的输入级。同样，为了实现场效应管线性地放大信号，和晶体管放大电路一样也必须建立适当的偏置电路以提供正确的偏置电压，确保其工作在输出特性的恒流区。下面对场效应管的偏置方法、场效应管放大电路的静态特性和场效应管三种基本放大电路的动态特性分别进行讨论。

3.4.1 场效应管的直流偏置电路及静态分析

自给式偏压和分压式偏置是场效应管在放大电路中应用时常用的两种偏置方法。

1. 自给式偏压电路

自给式偏压的场效应管放大电路如图3.12所示。需要说明的是，这种偏置方法只适用于由结型场效应管或耗尽型的MOS管组成的电路。因为这两种管子都属耗尽型的场效应管，即使栅源之间的电压 $u_{GS}=0$，只要有漏源之间的电压 u_{DS}，管子就会有电流 i_D 从漏极流过，因此，在该电路中并没有直接用直流电源给栅源之间加电压，而是通过在场效应管的源极接入一源极电阻 R_S，漏极电流 I_{DQ} 通过它产生一个大小等于 $I_{DQ}R_S$ 的电压降，由图3.12易知，$U_{GSQ}=-I_{DQ}R_S<0$。因此在电路中产生了一个负的栅源偏置电压 U_{GSQ}，此时的 U_{GSQ} 即为电路的自给偏压，正好满足电路中N沟道耗尽型场效应管工作于放大区时对 u_{GS} 的要求。

那为什么这种偏置方法不适用于增强型的 MOS 管呢？因为增强型的 MOS 管在 $u_{GS}=0$ 时，漏极电流 $i_D=0$，只有当栅极与源极之间的电压达到开启电压 $U_{GS(th)}$ 时才有漏极电流，简单地说就是，对于增强型的 MOS 管来说产生漏极电流的前提是“开启”导电沟道，而这个导电沟道的开启是需要在栅源之间加电压。

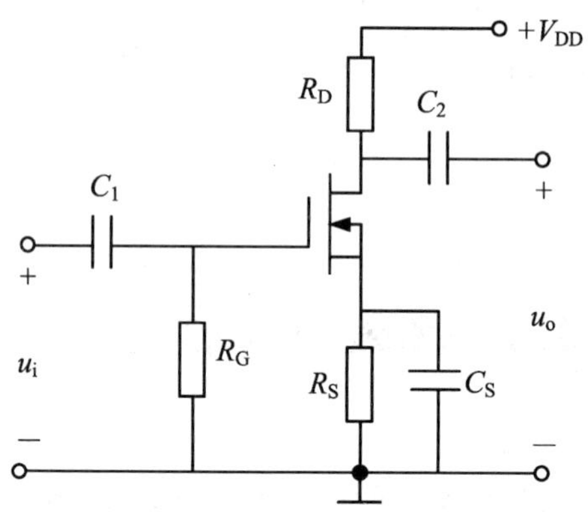

图 3.12　自给偏压电路

电路中各元件的作用如下：

R_S 为源极电阻，静态工作点受它控制；

R_D 为漏极电阻，能使放大电路具有电压放大作用；

R_G 为栅极电阻，用以构成栅源极间的直流通路，它不能太小，否则会影响放大电路的输入电阻；

C_S 为源极电阻上的交流旁路电容；

C_1 和 C_2 分别为输入端和输出端的耦合电容。

场效应管放大电路的静态工作点的分析方法也有图解法和估算法两种。图解法的作图过程较为麻烦，很少使用。

下面以图 3.12 所示电路为例，估算自给式偏压电路的静态工作点。当场效应管工作于恒流区时，耗尽型的场效应管需满足关系

$$I_{DQ}=I_{DSS}\left(1-\frac{U_{GSQ}}{U_{GS(off)}}\right)^2 \tag{3.4.1}$$

式中 I_{DSS} 为栅源之间处于零偏（即 $u_{GS}=0$）时的漏极电流，称为漏极饱和电流。

由图 3.12 可见

$$U_{GSQ}=-I_{DQ}R_S \tag{3.4.2}$$

$$U_{DSQ}=V_{DD}-I_{DQ}(R_S+R_D) \tag{3.4.3}$$

根据式(3.4.1)～式(3.4.3)就可确定自偏压电路的静态工作点(I_{DQ}、U_{GSQ} 和 U_{DSQ})。

注意：在得出 Q 点值后，还必须判断其是否满足 $U_{DSQ}>U_{GSQ}-U_{GS(off)}$，若满足则说明场效应管工作于恒流区，否则表明电路中的场效应管没有工作在恒流区，因此所求得的 Q 点值没有任何实际意义。

例 3.2 已知电路如图 3.12 所示。其中 $V_{DD}=30\ \mathrm{V}$，$R_D=3\ \mathrm{k\Omega}$，$R_S=1\ \mathrm{k\Omega}$，$R_G=1\ \mathrm{M\Omega}$，漏极饱和电流 $I_{DSS}=7\ \mathrm{mA}$，$U_{GS(off)}=-8\ \mathrm{V}$。试求 I_{DQ}、U_{GSQ}和 U_{DSQ}。

解：由式(3.4.1)、式(3.4.2)可得

$$I_{DQ}=I_{DSS}\left(1-\frac{U_{GSQ}}{U_{GS(off)}}\right)^2=7\times\left(1+\frac{U_{GSQ}}{8}\right)^2$$

$$U_{GSQ}=-I_{DQ}R_S=-I_{DQ}\times 3$$

联立以上两式求得

$$I_{DQ}=2.9(\mathrm{mV})$$

$$U_{GSQ}=-2.9(\mathrm{V})$$

由式(3.4.3)可得

$$U_{DSQ}=V_{DD}-I_{DQ}(R_S+R_D)=30-2.9\ \mathrm{mV}\times(1\ \mathrm{k\Omega}+3\ \mathrm{k\Omega})=18.4(\mathrm{V})$$

2. 分压式偏置电路

分压式偏置电路也是一种常用的偏置电路，其栅源之间的电压除与 R_S 有关外，还随 R_{G1} 和 R_{G2} 的分压比而改变。所以这种偏置电路适用于所有类型的场效应管，如图 3.13 所示，这种偏置电路由于有 R_{G1} 和 R_{G2} 的分压，提高了栅极电位，使 $U_{GQ}>0$。这样既有可能使 $I_{DQ}R_S>U_{GQ}$，满足 N 沟道结型场效应管对栅源之间电压的要求（$U_{GQ}<0$）；也有可能使 $I_{DQ}R_S<U_{GQ}$，满足 N 沟道增强型 MOS 管对 $U_{GSQ}>U_{GS(th)}>0$的要求。由于耗尽型 MOS 管的 U_{GSQ}可“正”可“负”，因此这种偏置电路总是适用的。为了不使分压电阻 R_{G1}、R_{G2}对放大电路的输入电阻影响太大，故通过电阻 R_{G3}与栅极相连。

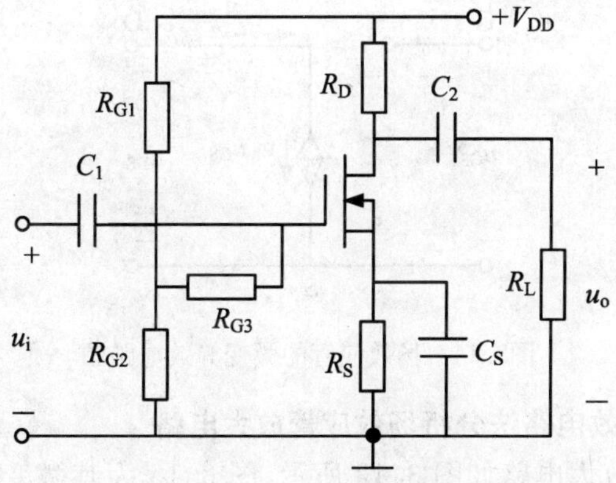

图 3.13 分压式偏置电路

因为场效应管栅源之间的电阻极高，根本没有栅极电流流过电阻 R_{G3}。所以栅极电位为电源电压在 R_{G1}、R_{G2} 上的分压，由图 3.13 可得栅源之间的电压 U_{GSQ} 为

$$U_{GSQ}=U_{GQ}-U_{SQ}=\frac{R_{G2}}{R_{G1}+R_{G2}}V_{DD}-I_{DQ}R_S \tag{3.4.4}$$

$$I_{DQ}=I_{DSS}\left(1-\frac{U_{GSQ}}{U_{GS(off)}}\right)^2 \tag{3.4.5}$$

根据式(3.4.4)、式(3.4.5)就可以确定分压式偏置电路的静态工作点。由式(3.4.4)可见，U_{GSQ} 可正可负，所以这种偏置电路也适用于增强型场效应管。

3.4.2 场效应管放大电路的微变等效电路分析法

场效应管的三个电极源极、栅极和漏极与晶体管的三个电极发射极、基极和集电极相对应，因此，根据信号的输入、输出方式，场效应管放大电路也有三种接法，即共源极放大电路、共栅极放大电路和共漏极放大电路。下面主要以共源极放大电路为例进行分析。

1. 场效应管的微变等效电路

与双极型晶体管一样，场效应管也是一种非线性器件，其输入电阻极高，输入电流几乎为零，它是通过改变栅源之间的电压来控制漏极电流 i_D 的。在低频小信号情况下，也可以由它的线性等效电路——微变等效电路来代替：由于在输入端栅极电流几乎为零，故可看成一个阻值极高的 R_{GS}，通常视为开路；输出端的漏极电流 i_D 主要受栅源之间的电压的控制，当有输入信号时，$i_D=g_m u_{GS}$。所以输出回路可等效为一个受电压控制的电流源和输出电阻 R_{DS} 并联，一般负载电阻比 R_{DS} 小很多，故可认为 R_{DS} 开路。因此，场效应管的微变等效电路如图 3.14 所示。

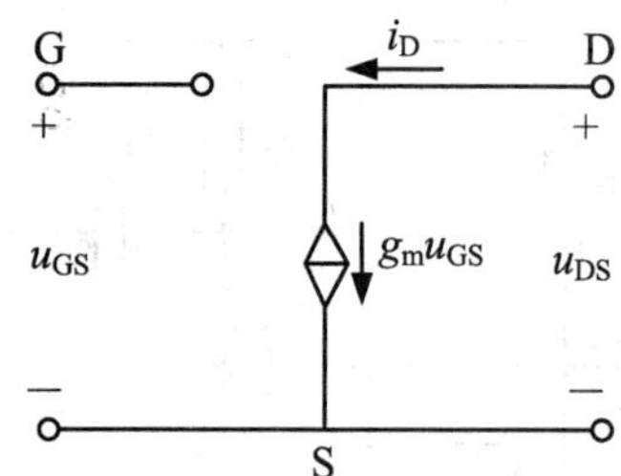

图3.14　场效应管的微变等效电路图

2. 应用微变等效电路法分析场效应管放大电路

典型的共源极放大电路如图 3.12 所示，图 3.15 为其微变等效电路。分析步骤和三极管放大电路相同。

(1) 电压放大倍数 $\dot{A}_u$

由图 3.15 可得图 3.12 所示电路的电压放大倍数为

$$\dot{A}_u = \frac{u_o}{u_i} = \frac{-g_m u_{GS}(R_D//R_L)}{u_{GS}} = -g_m(R_D//R_L) \tag{3.4.6}$$

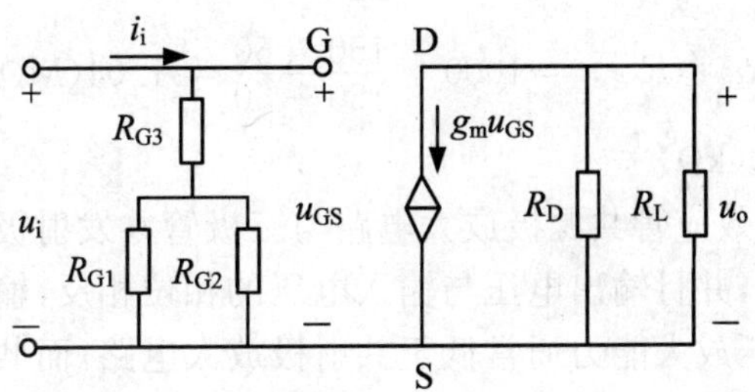

图 3.15 图 3.12 所示电路的微变等效电路图

(2) 输入电阻 R_i

从输入端看进去，电路的输入电阻为

$$R_i = \frac{u_i}{i_i} = R_{G3} + R_{G1}//R_{G2} \tag{3.4.7}$$

(3) 输出电阻 R_o

若 $u_i=0$，即 $u_{GS}=0$，则受控电流源 $g_m u_{GS}=0$，相当于开路，所以可求得放大电路的输出电阻为

$$R_o = R_D \tag{3.4.8}$$

例 3.3 如图 3.13 所示放大电路，已知场效应管的参数为 $I_{DSS}=1\ \text{mA}$，$U_{GS(off)}=-5\ \text{V}$，$g_m=0.312\ \text{mS}$，图中 $R_{G1}=150\ \text{k}\Omega$，$R_{G2}=50\ \text{k}\Omega$，$R_{G3}=1\ \text{M}\Omega$，$R_S=10\ \text{k}\Omega$，$R_D=10\ \text{k}\Omega$，$R_L=10\ \text{k}\Omega$，$V_{DD}=20\ \text{V}$。试求放大电路的静态工作点，电压放大倍数 A_u、输入电阻 R_i 和输出电阻 R_o。

解：(1) 静态分析。由式(3.4.4)和式(3.4.5)可得

$$U_{GSQ} = \frac{R_{G2}}{R_{G1}+R_{G2}}V_{DD} - I_{DQ}R_S = \frac{50}{150+50}\times 20 - 10I_{DQ} = 5 - 10I_{DQ}$$

$$I_{DQ} = I_{DSS}\left(1-\frac{U_{GSQ}}{U_{GS(off)}}\right)^2 = 1\times\left(1+\frac{U_{GSQ}}{5}\right)^2$$

联立求解方程的解为

$$\begin{cases} U_{GSQ} = -11.4(\text{V}), & I_{DQ} = 1.64(\text{mA}) \\ U_{GSQ} = -1.1(\text{V}), & I_{DQ} = 0.61(\text{mA}) \end{cases}$$

第 1 组解因为 $U_{GS}<U_{GS(off)}$，场效应管已截止，应舍去。所以静态工作点为

$$U_{GSQ} = -1.1(\text{V})$$

$$I_{DQ} = 0.61(\text{mA})$$

$$U_{DSQ} = V_{DD} - I_{DQ}(R_D + R_S) = 20 - 0.61 \times (10 + 10) = 7.8(\text{V})$$

(2) 动态性能分析。由式(3.4.6)~式(3.4.8)可得

$$\dot{A}_u = -g_m(R_D // R_L) = -0.312 \times \frac{10 \times 10}{10 + 10} = -1.56(\text{输出与输入反相})$$

$$R_i = R_{G3} + (R_{G1} // R_{G2}) = 1000 + \frac{150 \times 50}{150 + 50} = 1.04(\text{M}\Omega)$$

$$R_o \approx R_D = 10(\text{k}\Omega)$$

从本例可见,场效应管共源极放大电路与三极管共发射极放大电路的性能类似:有电压放大能力,并且输出电压与输入电压的相位相反,输入电阻较高。但共源极放大电路的电压放大能力通常低于共射极放大电路,而共源极放大电路的输入电阻高于共射极放大电路的输入电阻。

3.4.3 三种基本放大电路的性能比较

前面分析了共源极放大电路,和三极管共集电极电路与共基极电路一样,场效应管放大电路也有共栅极电路。为便于读者学习,现将场效应管的三种基本放大电路的性能列于表3.2中,以资比较。

应当指出,在场效应管放大电路中,场效应管都工作于输出特性的线性放大区。如果使其工作于可变电阻区,那么场效应管可用作压控可变电阻。关于场效应管用作可变电阻的详细内容,请参阅有关文献。

思考题

1. 什么应用场合下采用场效应管放大电路?

2. 哪些场效应管组成的放大电路可以采用自给偏压的方法设置静态工作点?

3. 试分别比较共射极放大电路和共源极放大电路、共集电极放大电路和共漏极放大电路的相同之处和不同之处。

4. 为什么增强型MOS场效应管放大电路无法采用自给偏压电路?

5. 自给偏压场效应管放大电路如何调整静态工作点?

表 3.2　场效应管三种基本放大电路的比较

	共源极电路	共漏极电路(源极输出器)	共栅极电路
电路形式	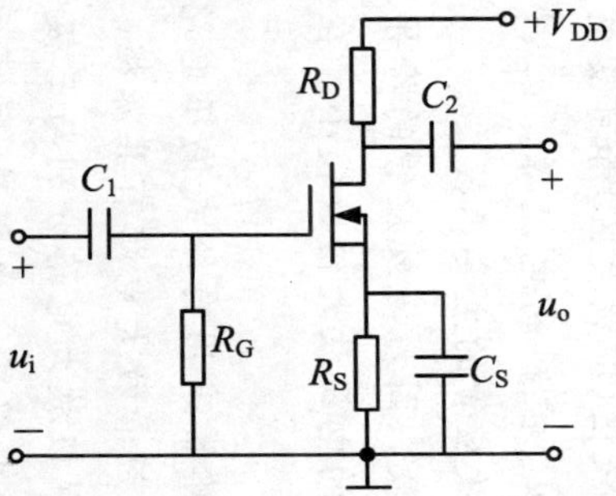	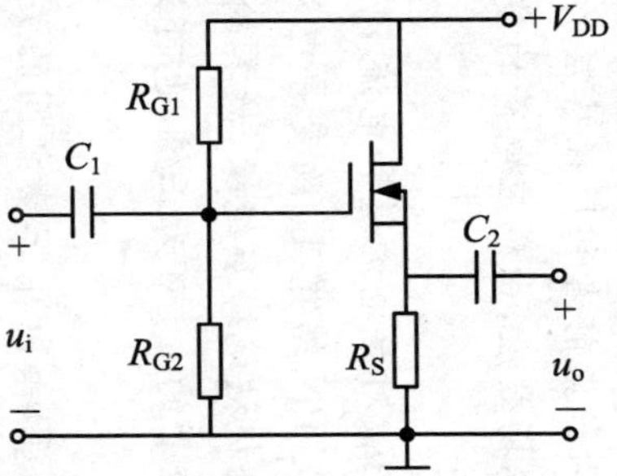	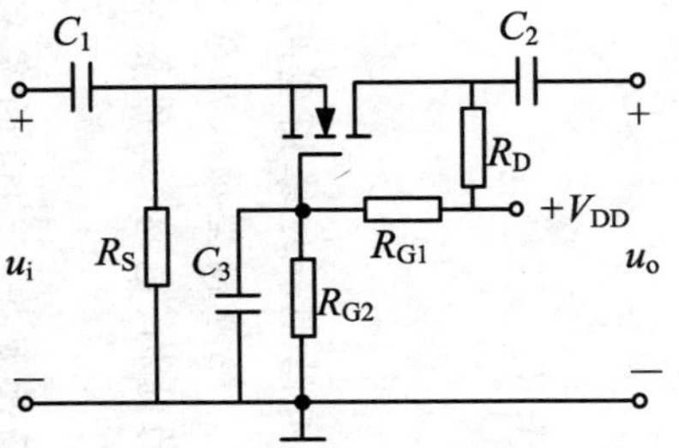
电压放大倍数 $\dot{A}_u$ (未考虑极间电容)	$\dot{A}_u = -g_m R_D$	$\dot{A}_u = \frac{g_m R_S}{1+g_m R_S}$	$\dot{A}_u = g_m R_D$
输入电阻 R_i	R_G	$R_{G1} // R_{G2}$	$R_S // \frac{1}{g_m}$
输入电容 C_i	$C_{GS} + (1-A_u) C_{DG}$	$C_{DG} + C_{GS}(1-A_u)$	C_{GS}
输出电阻 R_o	R_D	$R_S // \frac{1}{g_m}$	R_D
特点	1. 电压增益大 2. 输入电压与输出电压反相 3. 输入电阻高,输入电容大 4. 输出电阻主要由负载电阻 R_D 决定	1. 电压增益小于1,但接近1 2. 输入输出电压同相 3. 输入电阻高,输入电容小 4. 输出电阻小,可作阻抗变换	1. 电压增益大 2. 输入输出电压同相 3. 输入电阻小,输入电容小 4. 输出电阻小

本章小结

1. 场效应管属于单极性电压控制型器件，它有结型和绝缘栅型两大类。结型场效应管只有耗尽型，但有N沟道和P沟道两种。绝缘栅型场效应管有增强型和耗尽型之分，又各有N沟道和P沟道两种，它们的结构、电路、工作条件、特性曲线各有不同。

2. 场效应管是一种利用外加电压产生的电场改变导电沟道的宽窄，从而控制漏极电流的半导体器件，它有结型和绝缘栅型两种。前者利用耗尽层的宽度来改变导电沟道的宽窄，后者则利用半导体表面的电场效应，由感应电荷的多少来改变导电沟道的宽窄。

3. 场效应管工作原理的关键是电压u_{GS}及u_{DS}对导电沟道和电流i_D的不同作用。结型场效应管的工作原理是：改变u_{GS}，改变PN结宽度，改变导电沟道宽度，最终改变漏极电流大小；绝缘栅型场效应管的栅极被绝缘层绝缘，故其输入电阻很大，栅极电流近似为零。耗尽型绝缘栅型场效应管的u_{GS}可为正值，也可为负值，这与结型场效应管不同。

4. 转移特性曲线和输出特性曲线描述了u_{GS}、u_{DS}和i_D三者之间的关系。与三极管相类似，场效应管有截止区(即夹断区)、恒流区(即放大区)和可变电阻区三个工作区域。在恒流区，可将i_D看成受电压u_{GS}控制的电流源。g_m、$U_{GS(off)}$(或$U_{GS(th)}$)、I_{DSS}、I_{DM}、P_{DM}、$U_{(BR)DS}$和极间电容是场效应管的主要参数。

5. 在使用场效应管时不能超过其极限参数。因为场效应管的跨导比三极管的电流放大系数小得多，故场效应管放大电路的电压放大倍数较小。在保存和使用绝缘栅型场效应管时，应采取安全措施。

6. 在场效应管放大电路中，直流偏置电路常采用自给式偏压电路(仅适合于耗尽型场效应管)和分压式偏压电路。场效应管放大电路有共源极、共漏极和共栅极三种基本组态。场效应管共源极及共漏极放大电路分别与三极管共射极及共集电极放大电路相对应，但比三极管放大电路输入电阻高、噪声系数低、电压放大倍数小。二者都称为电压跟随电路，前者又叫源极输出器，后者又叫射极输出器。

习 题 3

3.1 选择题

(1) 场效应管是利用外加电压产生的________来控制漏极电流大小的。

A. 电流　　B. 电场　　C. 电压

(2) 场效应管是________器件。

A. 电压控制电压　　B. 电流控制电压

C. 电压控制电流　　D. 电流控制电流

(3) 三极管是________器件。

A. 电压控制电压　　B. 电流控制电压

C. 电压控制电流　　D. 电流控制电流

(4) 结型场效应管利用栅源极间所加的________来改变导电沟道的电阻。

A. 反偏电压　　B. 反向电流　　C. 正偏电压　　D. 正向电流

(5) 场效应管漏极电流由________的漂移运动形成。

A. 少子　　B. 电子　　C. 多子　　D. 两种载流子

(6) P 沟道结型场效应管的夹断电压 $U_{GS(off)}$ 为________。

A. 正值　　B. 负值　　C. u_{GS}　　D. 零

(7) N 沟道结型场效应管的夹断电压 $U_{GS(off)}$ 为________。

A. 正值　　B. 负值　　C. 零

(8) P 沟道耗尽型 MOS 管的夹断电压 $U_{GS(off)}$ 为________。

A. 正值　　B. 负值　　C. 零

3.2 已知未画完的场效应管放大电路如图题 3.2 所示，试将合适的场效应管接入电路，使之能够正常放大。要求给出两种方案。

3.3 改正图题 3.3 所示各电路中的错误，使它们有可能放大正弦波电压。要求保留电路的共漏极接法。

3.4 MOSFET 转移特性如图题 3.4 所示（漏极电流 i_D 的方向是它的实际方向）。试求：

(1) 该管是耗尽型还是增强型，是 N 沟道还是 P 沟道？

(2) 从这个转移特性上可求出该 FET 的夹断电压 $U_{GS(off)}$ 还是开启电压 $U_{GS(th)}$？其值等于多少？

3.5 电路如图题 3.5 所示，已知场效应管的低频跨导为 g_m，试写出 $\dot{A}_u$、R_i 和

R_o 的表达式。

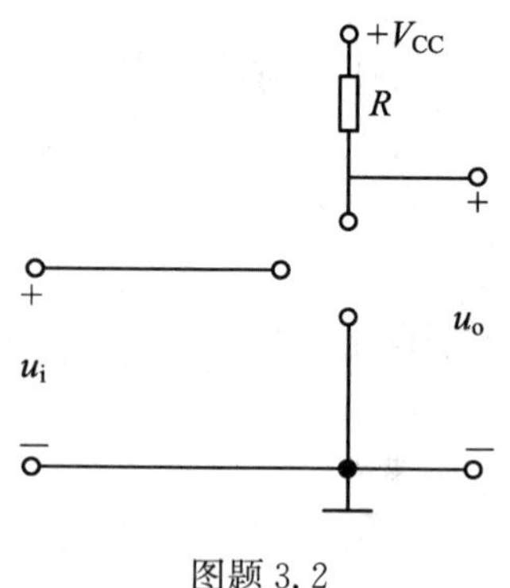

图题 3.2

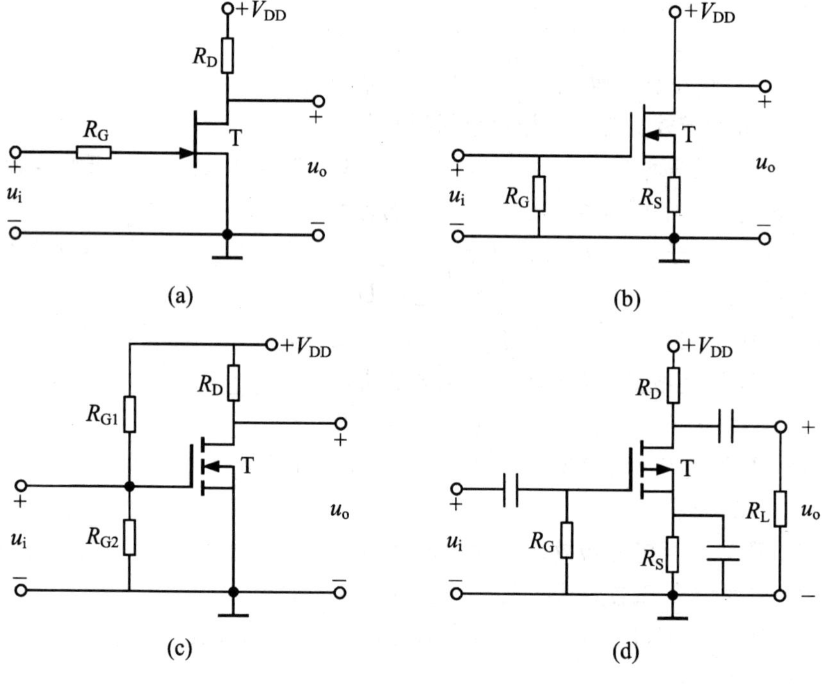

图题 3.3

3.6 已知图题 3.6(a)所示电路中场效应管的转移特性和输出特性分别如图题 3.6(b)所示。

(1) 利用图解法求解 Q 点；

(2) 利用等效电路法求解 $\dot{A}_u$、R_i 和 R_o。

3.7 电路如图题 3.7 所示，已知 $R_{G1}=300\ \Omega$，$R_{G2}=100\ k\Omega$，$R_{G3}=2\ M\Omega$，

$R_D = 10\ \text{k}\Omega, R_1 = 2\ \text{k}\Omega, R_2 = 10\ \text{k}\Omega, V_{DD} = 20\ \text{V}, g_m = 1\ \text{mS}$。

(1) 画出电路的小信号模型；

(2) 求电压增益 $\dot{A}_u$；

(3) 求放大器的输入电阻。

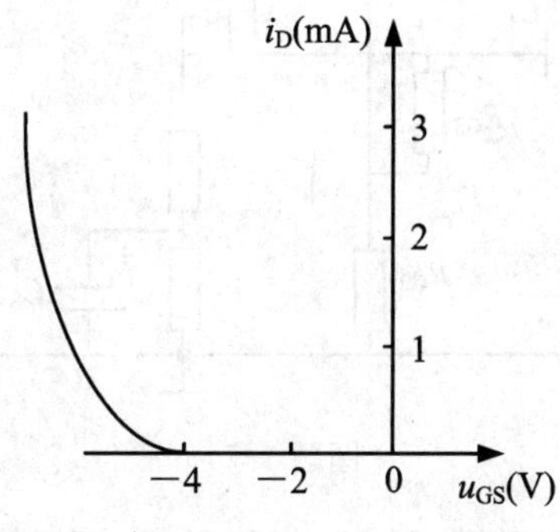

图题 3.4

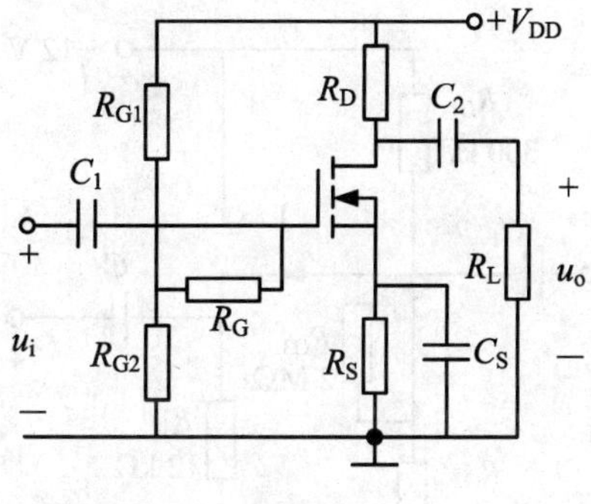

图题 3.5

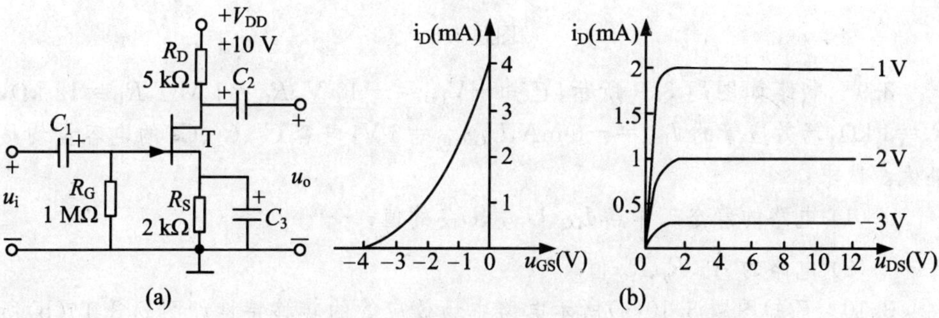

图题 3.6

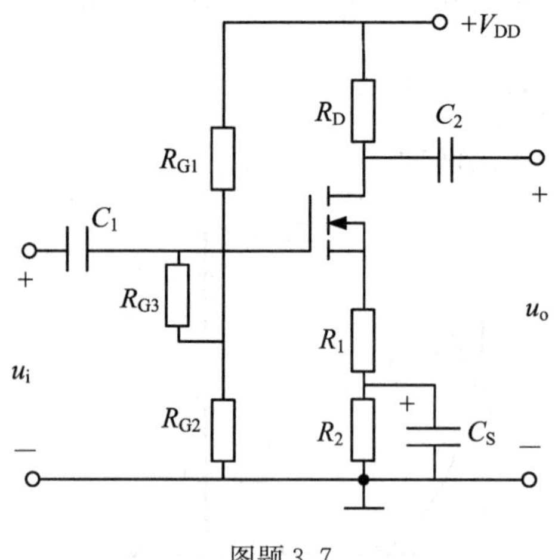

图题 3.7

3.8 源极输出器电路如图题 3.8 所示，已知 FET 工作点上的跨导 $g_m=0.9$ S，其他参数如图。求电压增益 $\dot{A}_u$、输入电阻 R_i、输出电阻 R_o。

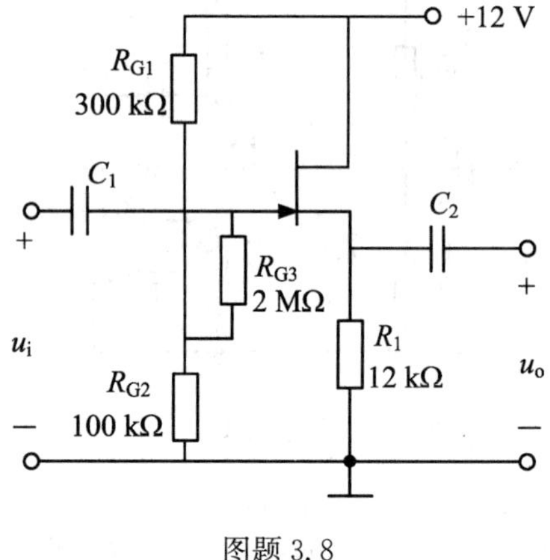

图题 3.8

3.9 电路如图题 3.9 所示，已知 $-V_{DD}=-40$ V，$R_G=1$ MΩ，$R_D=12$ kΩ，$R_S=1$ kΩ，场效应管的 $I_{DSS}=-6$ mA，$U_{GS(off)}=6$ V，电容 C_1、C_2、C_S 的电容量均足够大。试求：

(1) 电路的静态工作点 I_{DQ}、U_{GSQ}、U_{DQ} 的值；

(2) 电路的 $\dot{A}_u$、R_i、R_o 值。

3.10 已知图题 3.10(a)所示电路中场效应管的转移特性如图题 3.10(b)所示。试求电路的 Q 点和 $\dot{A}_u$。

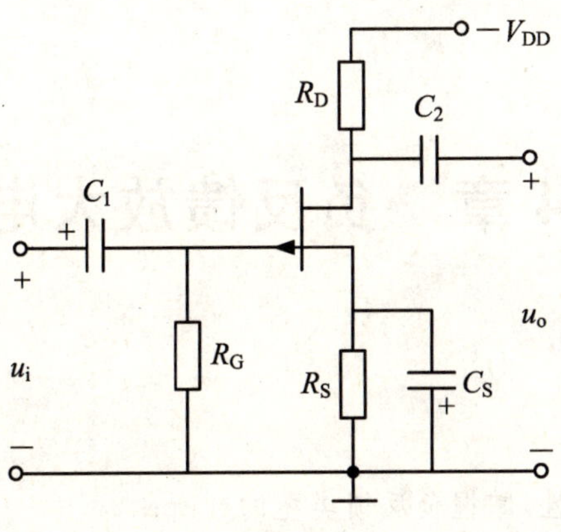

$-V_{DD}$
R_D
C_2
C_1
+
+
u_o
R_G
u_i
R_S
C_S
+
—
—

$+V_{DD}(+15\ V)$
R_D
10 kΩ
R_G
+
10 MΩ
u_i
u_o
V_{GG}
3 V
(a)

i_D(mA)
4
3
2
1
0
2
4
u_{GS}(V)
(b)

图题 3.9

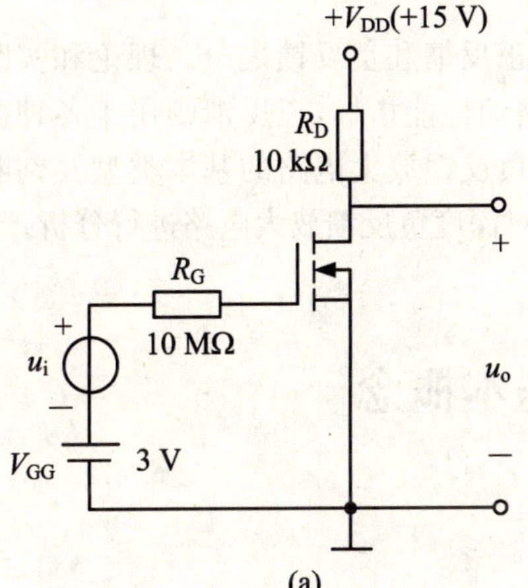

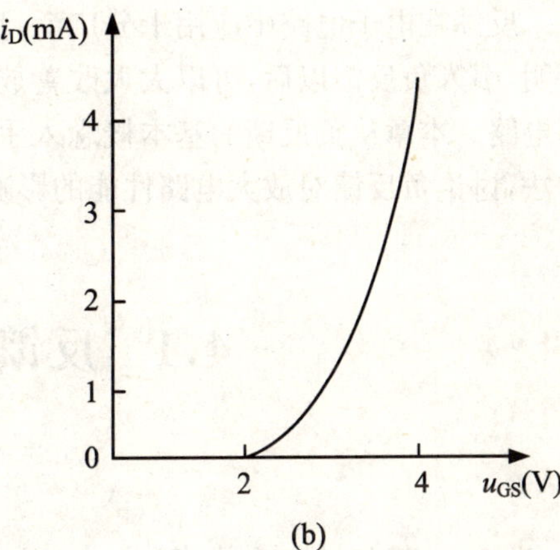

图题 3.10

第 4 章　负反馈放大电路

学习目标

- 了解反馈极性，掌握负反馈类型的判断；
- 理解负反馈对放大电路性能的影响，能正确引入负反馈；
- 掌握深度负反馈电路交流性能指标的估算。

反馈在电子电路中应用十分广泛，反馈有正反馈和负反馈之分。理论和实践证明，引入负反馈以后，可以大大改善放大电路的性能指标，正反馈则用于各种振荡电路。本章从负反馈的基本概念入手，讲述负反馈放大电路的基本类型及判断方法，讨论负反馈对放大电路性能的影响以及对深度负反馈放大电路进行分析。

4.1　反馈的基本概念

4.1.1　反馈的基本概念

所谓反馈，就是将放大电路输出量（电压或电流）的一部分或全部，以一定的方式回送到输入回路，并影响输入量（电压或电流）和输出量，这种电压或电流的回送过程称为反馈。若引回的信号削弱了输入信号，就称为负反馈；若引回的信号增强了输入信号，就称为正反馈。

在放大电路中，信号的传输从输入端到输出端为正向传输。反馈是将输出信号取样后送回到输入回路，与原输入信号进行叠加再作用到放大电路的输入端，与正向传输方向相反，故称为反向传输。含有反馈的放大电路称为反馈放大电路，其示意图如图 4.1 所示。

由图 4.1 可知，反馈放大电路由基本放大电路和反馈网络组成，二者构成一个闭环系统，称为闭环放大电路。不含反馈网络的基本放大电路，称为开环放大电路。图 4.1 中 X_i为输入信号;X_f为反馈信号,X_{id}为输入信号与反馈信号叠加得到的净输入信号,X_o为输出信号。它们既可为电压也可为电流。

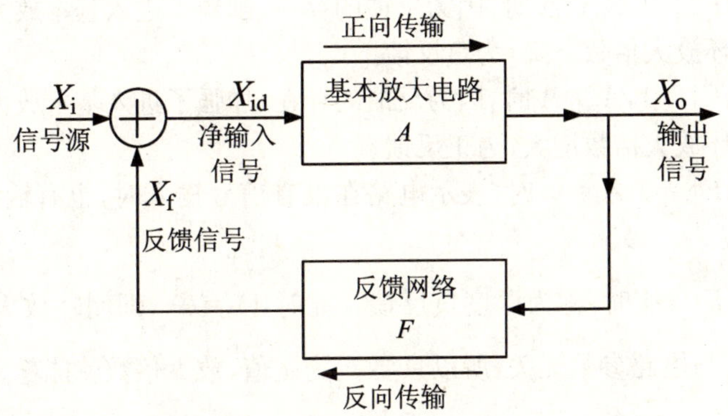

图 4.1　反馈放大电路组成框图

4.1.2　反馈放大电路的基本关系式

为分析方便,对反馈放大电路按理想情况考虑,即认为输入信号只通过基本放大电路传向输出端;反馈信号只通过反馈网络传向输入端。因为输入信号经反馈网络传向输出端的直通信号和输出信号经基本放大电路传向输入端的内部反馈作用都很微弱,可以忽略。

从图 4.1 反馈放大电路组成方框图可得,基本放大电路的放大倍数(又称开环增益)为

$$A=\frac{X_o}{X_{id}} \tag{4.1.1}$$

反馈网络的反馈系数为

$$F=\frac{X_f}{X_o} \tag{4.1.2}$$

由于

$$X_{id}=X_i-X_f \tag{4.1.3}$$

所以

$$X_o=A(X_i-X_f)=A(X_i-FX_o)=AX_i-AFX$$

故反馈放大电路的放大倍数(又称闭环增益)用 A_f表示为

$$A_f=\frac{X_o}{X_i}=\frac{A}{1+AF} \tag{4.1.4}$$

式(4.1.4)称为反馈放大电路的基本关系式,它表示了闭环放大倍数、开环放

大倍数、反馈系数之间的关系。$(1+AF)$称为反馈深度,是描述反馈强弱的物理量。

当$|1+AF|>1$,$A_f<A$时,因为反馈的存在,削弱了进入基本放大电路的净输入信号,使闭环放大倍数下降,为负反馈。

当$|1+AF|<1$,$A_f>A$时,因为反馈的存在,加强了进入基本放大电路的净输入信号,使闭环放大倍数增大,为正反馈。

当$|1+AF|=0$,$A_f=\infty$时,表示电路在没有信号输入时,也有输出信号,这种现象称为自激。

当$|1+AF|\gg 1$时,称为深度负反馈。此时,$A_f=\frac{1}{F}$,即闭环放大倍数仅决定于反馈系数而与电路参数无关,所以只要F为定值,放大倍数就能稳定。

4.1.3 反馈的分类及判别

对于反馈可从不同角度进行分类。按反馈信号的性质来分,可分为交流反馈、直流反馈和交直流反馈;按反馈的极性来分,可分为正反馈和负反馈;按反馈信号与输出信号的关系来分,可分为电压反馈和电流反馈;按反馈信号与输入回路的关系来分,可分为串联反馈和并联反馈。

1. 交流反馈和直流反馈及其判别

由放大电路的分析可知:放大电路中存在着直流分量和交流分量。反馈信号也是这样,如果反馈信号中只有直流成分,称为直流反馈;如果反馈信号中只有交流成分,称为交流反馈;如果反馈信号中既有交流成分又有直流成分,则称为交直流反馈。直流反馈可以稳定放大电路的静态工作点;交流反馈可以改善放大电路的性能。

交流反馈和直流反馈可以根据放大电路交、直流通路来进行判断:若直流通路中含有反馈支路,则为直流反馈;若交流通路中含有反馈支路,则为交流反馈。

2. 正反馈和负反馈及其判别

按反馈信号对净输入信号的影响,将反馈分成正反馈和负反馈。如果反馈信号削弱输入信号使净输入信号减小,则该反馈为负反馈;如果反馈信号加强输入信号使净输入信号变大,则该反馈为正反馈。负反馈可以改善放大电路的性能指标,正反馈多用于各种振荡电路。

正负反馈可利用瞬时极性法进行判断:假设从放大电路的输入端输入一个极性为正的瞬时信号,并在输入端标上⊕,表示输入端瞬时电位升高,然后按照信号的传输途径,根据三极管各极的电压相位关系,依次用⊕或⊖标出三极管各极的瞬时极性。如果反馈信号与输入信号在输入端的同一个电极上,经瞬时极性判断,反馈信号与输入信号极性相同，为正反馈；极性相反为负反馈。如果反馈信号与输入信号在输入端的不同电极上，经瞬时极性判断，反馈信号与输入信号极性相同，为负反馈；极性相反为正反馈。

3. 电压反馈和电流反馈及其判别

在反馈放大电路的输出端，如果反馈网络与基本放大电路（全部或一部分）、负载相并联，即反馈信号取样于输出电压，称这种反馈为电压反馈。在反馈放大电路的输出端，如果反馈网络与基本放大电路、负载相串联，即反馈信号取样于输出电流，称这种反馈为电流反馈。

电压反馈具有以下特征：反馈网络与负载 R_L 并联，反馈信号 u_f 与输出电压 u_o 成正比，当负载被短路时 $u_o=0$，反馈信号 u_f 也消失。电压反馈具有稳定输出电压的作用，即当电路因某种因素使输出电压增大时，反馈信号 u_f 也增大，反馈到输入端后，使净输入信号 $u_i'=u_i-u_f$ 减小，进而使输出信号减小，稳定了输出电压。

电流反馈具有以下特征：反馈网络与负载 R_L 串联，反馈信号与输出电流成正比，当负载被短路时 $u_o=0$，反馈信号仍存在。电流反馈具有稳定输出电流的作用，即当电路因某种因素使输出电流增大时，反馈信号 u_f 也增大，反馈到输入端后，使净输入信号 $u_i'=u_i-u_f$ 减小，进而使输出信号减小，稳定了输出电流。

实际电路中电压反馈、电流反馈可采用短路法进行判别：假定放大电路的输出端短路 $u_o=0$ 时，反馈信号 u_f 也为零，则该反馈为电压反馈。假定放大电路的输出端短路 $u_o=0$ 时，反馈信号仍存在，则该反馈为电流反馈。

4. 串联反馈和并联反馈及其判别

根据反馈网络与基本放大电路输入端的连接方式不同，将反馈放大电路分为串联反馈和并联反馈。

在反馈放大电路的输入端，如果反馈网络与基本放大电路相串联，就称为串联反馈。反馈网络与基本放大电路相并联，就称为并联反馈。

由于串联反馈与信号源和基本放大电路组成串联回路，所以反馈信号和输入信号在输入端以电压方式相加减。而并联反馈，反馈网络与基本放大电路并联连接，所以反馈信号和输入信号在输入端以电流方式相加减。

实际电路中串联反馈和并联反馈可根据反馈信号与信号源的输入信号在放大电路输入端的接入点进行判别：如果反馈信号与信号源的输入信号不在同一点接入放大电路的输入端，此反馈就是串联反馈；如果反馈信号与信号源的输入信号在同一点接入放大电路的输入端，此反馈就是并联反馈。

例 4.1 试分析如图 4.2 所示电路是否存在反馈，反馈元件是什么，是正反馈还是负反馈，是交流反馈还是直流反馈。

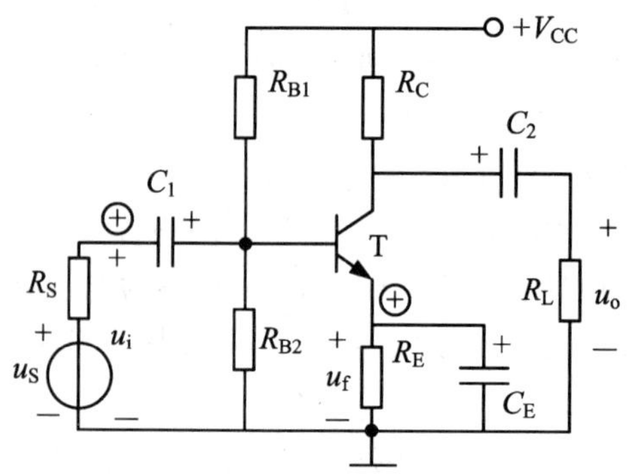

图 4.2　反馈电路举例

解:(1) 判断电路中有无反馈

判断一个电路中有无反馈,要看此电路的输入回路和输出回路之间是否存在起联系作用的元件或网络,如有则反馈存在。起反馈作用的元件称为反馈元件。

图中元件 R_E 并联旁路电容 C_E,是输入回路和输出回路的共用支路,为反馈元件,因此电路存在反馈。

(2) 判断反馈极性

用瞬时极性法判断如下:假定输入电压 u_i的瞬时极性对地为⊕,根据电路中电流的实际流向可确定电阻 R_E上的反馈信号 u_f方向为上正下负,放大电路的净输入信号 $u_{id}=u_i-u_f$,因此,u_f削弱了净输入信号 u_{id},故为负反馈。

(3) 判断交、直流反馈

反馈元件 R_E 并联了旁路电容 C_E,对交流信号短路,所以 R_E 只存在于直流通路中,故放大器只有直流反馈。

思考题

1. 简述反馈的概念,什么是开环放大电路,什么是闭环放大电路,闭环放大倍数与反馈深度有什么关系?

2. 反馈有哪些类型?如何判断正反馈和负反馈?

3. 简单叙述直流反馈和交流反馈、串联反馈和并联反馈、电压反馈和电流反馈的概念及各自的判别方法。

4.2 负反馈放大电路的基本类型及分析

4.2.1 负反馈放大电路的基本类型

反馈放大电路可以分成很多不同的类型，就负反馈而言，根据反馈网络与输入、输出端连接方式的不同，可将负反馈放大电路分成四种不同的类型。即电压并联负反馈、电压串联负反馈、电流并联负反馈和电流串联负反馈。下面分别对这四种基本类型进行分析。

1. 电压串联负反馈

图 4.3(a)为电压串联负反馈电路示意图。

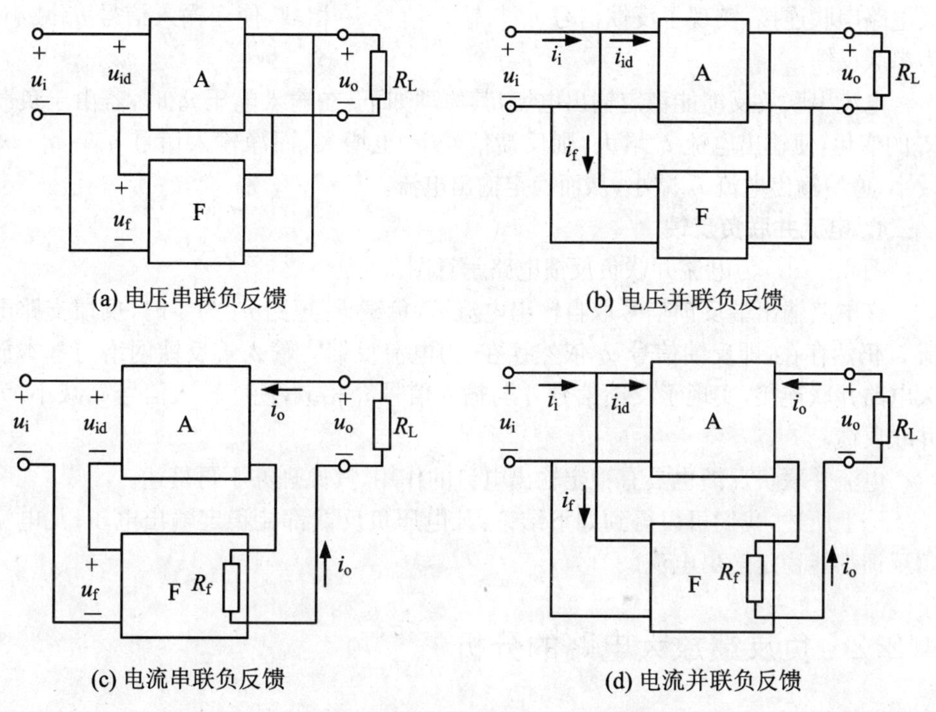

图 4.3 四种基本类型的负反馈

该电路输出端反馈信号取自输出电压 u_o，负载 R_L 短路 u_o 为零时，反馈信号 u_f 也为零，为电压反馈。输入端反馈网络与基本放大电路串联连接，实现了反馈信号

u_f 与输入信号 u_i 相减，使净输入信号 u_{id}减小，为串联反馈。

电压串联负反馈能稳定输出电压，其原理如下：在输入电压 u_i 时，若由于负载 R_L的变化，使输出电压 u_o 增大，则反馈信号 u_f 也增大，而净输入信号 $u_{id}=u_i-u_f$ 减小，使输出电压 u_o 减小，从而输出电压稳定。

2. 电压并联负反馈

图 4.3(b)，为电压并联负反馈电路示意图。

该电路输出端反馈信号取自输出电压 u_o，负载 R_L短路 u_o 为零时，反馈信号 u_f 也为零，为电压反馈。输入端反馈网络与基本放大电路并联连接，实现了反馈信号 i_f 与输入信号 i_i 相减，使净输入信号 i_{id}减小，为并联反馈。

电压并联负反馈也具有稳定输出电压的作用，其原理不再赘述。

3. 电流串联负反馈

图 4.3(c)，为电流串联负反馈电路示意图。

该电路输出端反馈信号取自输出电流 i_o，负载 R_L短路 u_o 为零时，反馈支路电流 i_f 仍然存在，即反馈信号 u_f 依然存在，为电流反馈。输入端反馈网络与基本放大电路串联连接，实现了反馈信号 u_f 与输入信号 u_i 相减，使净输入信号 u_{id}减小，为串联反馈。

电流串联负反馈能稳定输出电流，其原理如下：在输入电压 u_i 时，若由于负载 R_L的变化，使输出电流 i_o 增大，则反馈信号 u_f 也增大，而净输入信号 $u_{id}=u_i-u_f$ 减小，迫使输出电流 i_o 减小，从而稳定输出电流。

4. 电流并联负反馈

图 4.3(d)，为电流并联负反馈电路示意图。

该电路输出端反馈信号取自输出电流 i_o，负载 R_L短路 u_o 为零时，反馈支路电流 i_f 仍然存在，即反馈信号 u_f 依然存在，为电流反馈。输入端反馈网络与基本放大电路并联连接，实现了反馈信号 i_f 与输入信号 i_i 相减，使净输入信号 i_{id}减小，为并联反馈。

电流并联负反馈也具有稳定输出电流的作用，其原理亦不再赘述。

综上所述，我们可以得到如下结论：凡电压负反馈都能稳定输出电压；凡电流负反馈都能稳定输出电流。

4.2.2 负反馈放大电路的分析

下面通过分析讨论几种常用负反馈放大电路来介绍负反馈放大电路的基本分析方法。

例 4.2 试分析如图 4.4 所示电路的反馈类型。

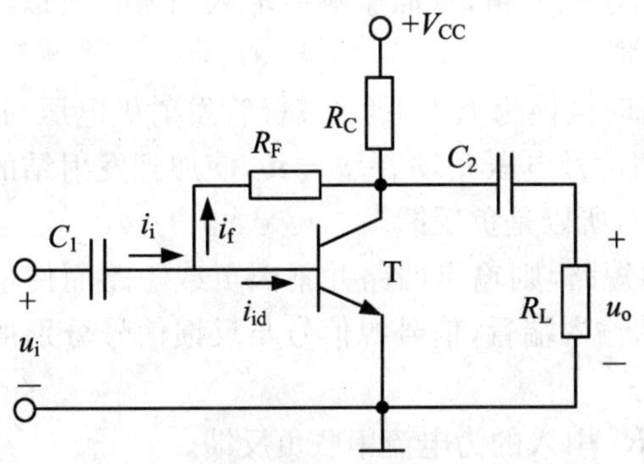

图 4.4 电压并联负反馈放大电路

解:(1) 通过 R_F 的不仅有输出信号,而且也有输入信号。因而它能将输出信号的一部分取出来馈送给输入回路,从而影响原输入信号。由此,R_F 是该电路的反馈元件,电路存在着反馈。

(2) 将负载电阻短路,则 R_F 也短路到地,反馈信号消失,因此,从输出端看,反馈属电压反馈。从输入端看,反馈信号与信号源信号同时加在三极管的基极,故为并联反馈。

(3) 设信号源瞬时极性为上正下负,三极管基极电位上升,三极管的集电极电位下降,则流经 R_F 的电流 i_f 的方向为从左到右,则 $i_{id}=i_i-i_f$,它使流入基极的纯输入信号电流比原输入信号电流小,故是负反馈。

根据以上分析,R_F 引入的为电压并联负反馈。

例 4.3 试分析如图 4.5 所示电路的反馈类型。

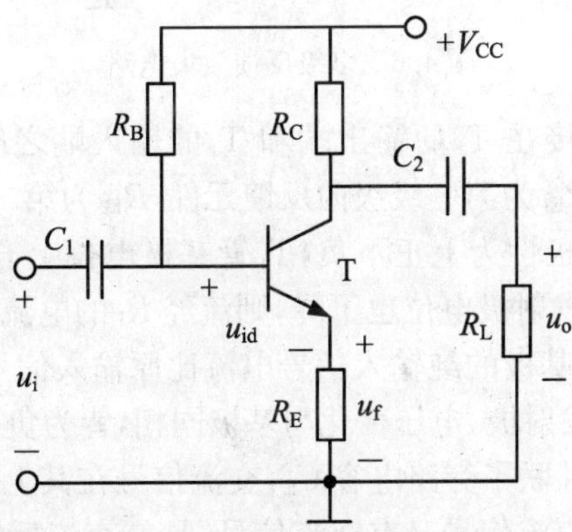

图 4.5 电流串联负反馈放大电路

解:(1) 发射极电阻 R_E 是输入回路和输出回路的共用电阻,能将输出信号的一部分取出来馈送给输入回路,从而影响原输入信号。所以,R_E 是该电路的反馈元件,电路存在着反馈。

(2) 设信号源瞬时极性为上正下负,三极管发射极电压与基极同相位,三极管的射极电压就是反馈信号电压 u_f,$u_{id}=u_i-u_f$,使加到发射结的纯输入信号电压比原输入信号电压减小,所以是负反馈。

(3) 将负载电阻短路,则输出回路并不因负载短路而使反馈信号消失,因此,反馈属电流反馈。从输入端看,信号源信号与反馈信号分别加在三极管的基极和发射极,为串联反馈。

根据以上分析,R_E 引入的为电流串联负反馈。

例 4.4 分析图 4.6 所示放大电路的反馈:在图中找出反馈元件;判断是正反馈还是负反馈;对交流负反馈,判断其反馈组态。

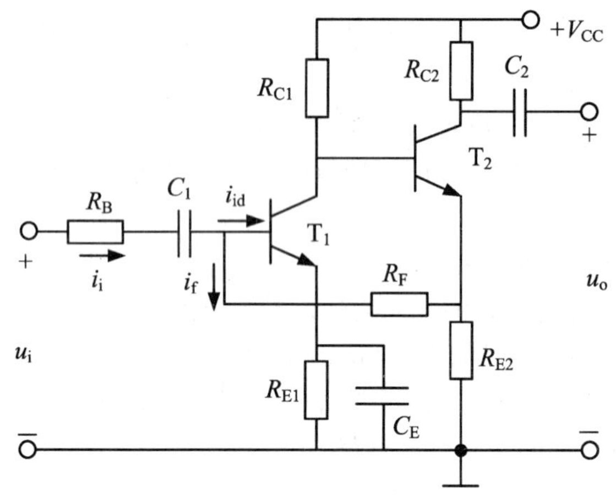

图 4.6 多级反馈放大电路

解:(1) 电阻 R_F 连接在 T_2 的输出端和 T_1 的输入端之间,引入的是级间负反馈,属级间反馈元件。R_{E1} 为第一级级内反馈元件,R_{E2} 为第二级级内反馈元件。

(2) 设信号源瞬时极性为上正下负,T_1 管基极电位上升,集电极电位下降,即 T_2 管的基极电位下降,发射极电位也下降,则流经 R_F 的电流 i_f 的方向为从左到右,则 $i_{id}=i_i-i_f$,它使流入基极的纯输入信号电流比原输入信号电流小,故是负反馈。R_{E1}、R_{E2} 都接在本级的发射极,电压变化与基极同相,皆为负反馈。

(3) 由于电阻 R_{E1} 并联了旁路电容 C_E,交流信号在其上不产生压降,所以是直流反馈;R_F、R_{E2} 上既有直流信号又有交流信号,是交直流反馈。从输入端看,R_F 接在三极管的基极,因此反馈信号与信号源信号同时加同一点,故为并联反馈;在输出端令 $u_o=0$ 时,输出电流仍分流产生反馈电流 i_f,反馈依然存在,因此,从输出端看,反馈属电流反馈;所以 R_F 引入的是级间电流并联负反馈。而 R_{E2} 则是电流串联负反馈。

思考题

1. 负反馈有哪些基本类型?

2. 要使输出电压稳定,应选择哪种类型的负反馈?要稳定输出电流,应选择哪种类型的负反馈?

3. 举例说明负反馈四种基本类型的判别方法。

4.3 负反馈对放大电路性能的影响

在放大电路中引入负反馈,减少了净输入信号,必然导致放大倍数的降低。但是降低了放大倍数,却换取了放大电路性能的改善,这是负反馈放大电路非常重要的优点。本节将讨论负反馈对放大电路性能的影响。

4.3.1 提高放大倍数的稳定性

实际应用过程中,放大电路的放大倍数会因电路参数的变化、环境温度的变化、负载的改变等许多因素的变化而发生改变,放大电路引入负反馈后最直接的效果是降低了放大倍数,但提高了放大倍数的稳定性,即以牺牲放大倍数来换取放大倍数的稳定。为了表征放大倍数的稳定性,引入放大倍数的相对变化量,即用放大倍数的相对变化量的大小来表示放大倍数稳定性的优劣,相对变化量越小,则稳定性越好。

在放大电路的中频段,由式(4.1.4)反馈电路的基本关系式可知,对于负反馈而言,闭环放大倍数是开环放大倍数的 $1/(1+AF)$。

对式(4.14)求微分可得

$$\frac{dA_f}{A_f}=\frac{1}{1+AF}\frac{dA}{A} \tag{4.3.1}$$

可见,负反馈引入以后,闭环放大倍数的相对变化量 dA_f/A_f 是开环放大倍数相对变化量 dA/A 的 $1/(1+AF)$ 倍,即闭环放大倍数 A_f 的稳定性提高到开环放大倍数 A 的 $(1+AF)$ 倍。放大倍数的稳定性由反馈深度 $(1+AF)$ 决定,$(1+AF)$ 越大,负反馈放大电路的闭环放大倍数的稳定性越好。

当$(1+AF)\gg1$时，称为深度负反馈，此时$A_f\approx1/F$，说明深度负反馈时，电路的放大倍数基本上由反馈网络决定，而组成反馈网络的元件一般都是性能比较稳定的电阻，所以深度负反馈放大电路的放大倍数比较稳定。

反馈类型的不同，稳定的输出量也不同：电压负反馈稳定输出电压，电流负反馈稳定输出电流。

例 4.5 某放大电路，开环时电压放大倍数$A=10^3$，引入负反馈后，闭环放大倍数A_f为10。试求：

(1) 反馈系数；

(2) A变化10%时闭环放大倍数的变化范围。

解：(1) 由式(4.1.4)可得反馈深度为

$$1+AF=100$$

则有

$$F=(100-1)/A=99/10^3=0.099$$

(2) A变化10%，闭环放大倍数的相对变化量为

$$\frac{\mathrm{d}A_f}{A_f}=\frac{1}{1+AF}\frac{\mathrm{d}A}{A}=\frac{1}{100}\times(\pm10\%)=\pm0.1\%$$

此时的闭环放大倍数为

$$A_f'=A_f\left(1+\frac{\mathrm{d}A_f}{A_f}\right)=10(1\pm0.1\%)$$

即A在900和1100之间变化时，A_f'在9.99和10.01之间变化。

4.3.2 对输入电阻和输出电阻的影响

放大电路引入负反馈以后，根据反馈组态的不同，对输入电阻和输出电阻将产生不同的影响。

1. 对输入电阻的影响

负反馈对放大电路输入电阻的影响主要取决于输入端的反馈类型，而与输出端的取样方式无关。因此，负反馈对放大电路输入电阻的影响与是串联反馈还是并联反馈直接有关。

(1) 串联负反馈提高输入电阻

如图4.7(a)所示为串联负反馈电路示意图，R_i为基本放大电路的输入电阻，称为开环输入电阻；R_{if}为有反馈时的输入电阻，即闭环输入电阻。由图可知，反馈网络与基本放大电路相串联，所以R_{if}必然大于R_i。

由输入电阻定义及负反馈基本关系式可得

$$R_{\mathrm{if}}=\frac{u_{\mathrm{i}}}{i_{\mathrm{i}}}=\frac{u_{\mathrm{id}}+u_{\mathrm{f}}}{i_{\mathrm{i}}}=\frac{u_{\mathrm{id}}+AFu_{\mathrm{id}}}{i_{\mathrm{i}}}=(1+AF)\frac{u_{\mathrm{id}}}{i_{\mathrm{i}}}$$

即

$$R_{\mathrm{if}}=(1+AF)R_{\mathrm{i}} \tag{4.3.2}$$

上式表明:在串联负反馈放大电路中闭环输入电阻是开环输入电阻的$(1+AF)$倍,即串联负反馈使放大电路的输入电阻增大。

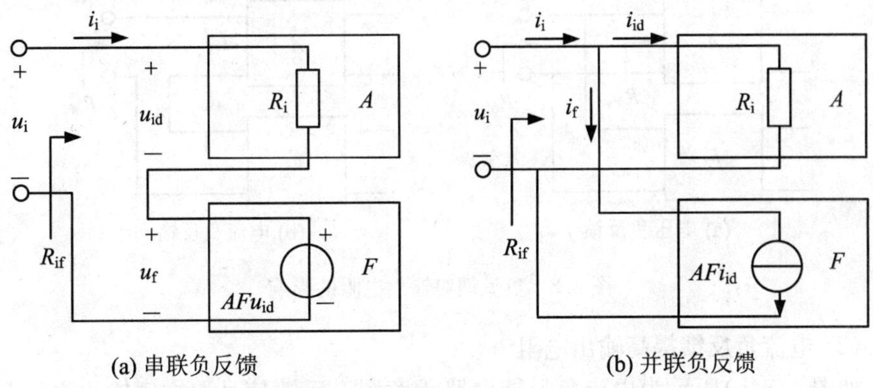

(a) 串联负反馈　　(b) 并联负反馈

图 4.7　负反馈对输入电阻的影响

(2) 并联负反馈降低输入电阻

如图 4.7(b)所示为并联负反馈电路示意图。反馈网络与基本放大电路相并联,所以R_{if}必然小于R_{i}。

由输入电阻定义及负反馈基本关系式可得

$$R_{\mathrm{if}}=\frac{u_{\mathrm{i}}}{i_{\mathrm{i}}}=\frac{u_{\mathrm{i}}}{i_{\mathrm{id}}+i_{\mathrm{f}}}=\frac{u_{\mathrm{i}}}{i_{\mathrm{id}}+AFi_{\mathrm{id}}}=\frac{1}{1+AF}\frac{u_{\mathrm{i}}}{i_{\mathrm{id}}}$$

即

$$R_{\mathrm{if}}=\frac{1}{1+AF}R_{\mathrm{i}} \tag{4.3.3}$$

上式表明:在并联负反馈放大电路中闭环输入电阻是开环输入电阻的$1/(1+AF)$倍,即并联负反馈使放大电路的输入电阻减小。

2. 对输出电阻的影响

负反馈对放大电路输出电阻的影响主要取决于反馈取样方式,而与输入端的反馈类型无关。因此负反馈对放大电路输出电阻的影响与是电压反馈还是电流反馈直接有关。

(1) 电压负反馈降低输出电阻

如图 4.8(a)所示为电压负反馈电路示意图。反馈信号取样于输出电压与基本放大电路输出电阻相并联,所以R_{of}必然小于R_{o},即$R_{\mathrm{of}}=R_{\mathrm{o}}//R_{\mathrm{f}}$。

由反馈的基本关系式可以推出

$$R_{of}=\frac{1}{1+A'F}R_o \tag{4.3.4}$$

式中A'为负载开路时的开环放大倍数。上式表明：电压负反馈使放大电路的输出电阻减小。另外电压负反馈能够稳定输出电压，在输入信号一定时，电压负反馈放大电路相当于一个恒压源，输出电阻越小越好。

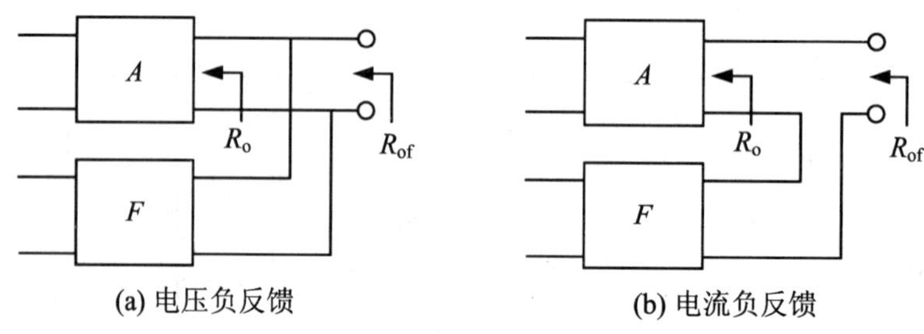

图 4.8　负反馈对输出电阻的影响

(2) 电流负反馈提高输出电阻

如图 4.8(b)所示为电流负反馈电路示意图。反馈信号取样于输出电流与基本放大电路输出电阻相串联，所以 R_{of}必然大于 R_o，即 $R_{of}=R_o+R_f'$。

由反馈的基本关系式可以推出

$$R_{of}=(1+A''F)R_o \tag{4.3.5}$$

式中A''为负载短路时的开环放大倍数。上式表明：电流负反馈使放大电路的输出电阻增大。另外，电流负反馈能够稳定输出电流，在输入信号一定时，电压负反馈放大电路相当于一个恒流源，输出电阻越大越好。

4.3.3　减小非线性失真

三极管、场效应管等有源器件具有非线性的特性，因而由它们组成的基本放大电路的电压传输特性也是非线性的，会造成输出电压的非线性失真，引入负反馈后可以消除这种失真。加入负反馈改善非线性失真，可通过图 4.9 来加以说明。失真的反馈信号使净输入信号产生相反的失真，从而弥补了放大电路本身的非线性失真。其原理如下：

如果正弦输入信号 x_i，在无反馈时经放大电路输出为正半周幅度大，负半周幅度小的失真输出信号 x_o，如图 4.9(a)所示。引入负反馈后，这种失真形成的反馈信号 x_f 也是正半周幅度大，负半周幅度小，而净输入信号 $x_{id}=x_i-x_f$，所以 x_{id}的波形应为正半周幅度小，负半周幅度大。也就是，通过反馈使净输入信号产生了与基本放大电路的失真相反的预失真，结果使输出信号的正负半周幅度接近一致，从而减小了放大电路的非线性失真，如图 4.9(b)所示。可以证明，引入负反馈以后，闭环放大电路的非线性失真减小为开环时的 $1/(1+AF)$。

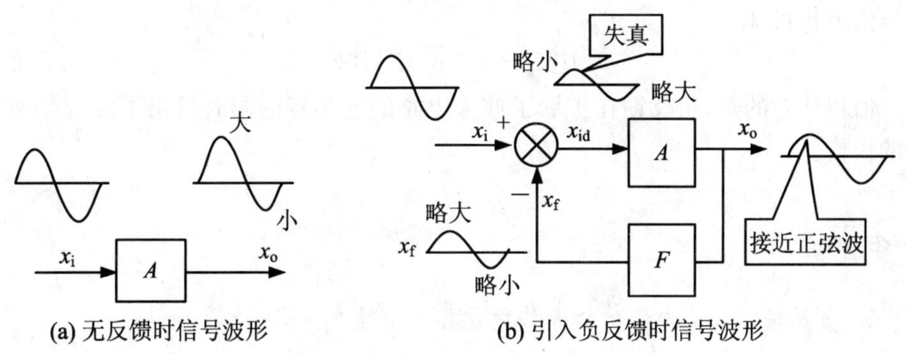

(a) 无反馈时信号波形　　(b) 引入负反馈时信号波形

图 4.9　负反馈减小非线性失真

4.3.4　扩展通频带

由于放大电路中存在电抗元件，三极管的一些参数也会随频率而变化，使得放大电路对不同频率信号的放大效果不完全一样。具体表现为，基本放大电路在低频区和高频区的放大倍数将下降，这可理解为因输入信号的频率变化而引起的放大倍数的变化。引入负反馈后，因为负反馈能增加放大倍数的稳定性，使放大倍数在相对小的范围内变化。

如图 4.10 所示为基本放大电路和负反馈放大电路的幅频特性 $A(f)$、$A_f(f)$，图中 A_m、f_L、f_H、BW 和 A_{mf}、f_{Lf}、f_{Hf}、BW_f 分别为基本放大电路和负反馈放大电路的中频放大倍数、下限频率、上限频率和通频带。可见，加入负反馈后的通频带比

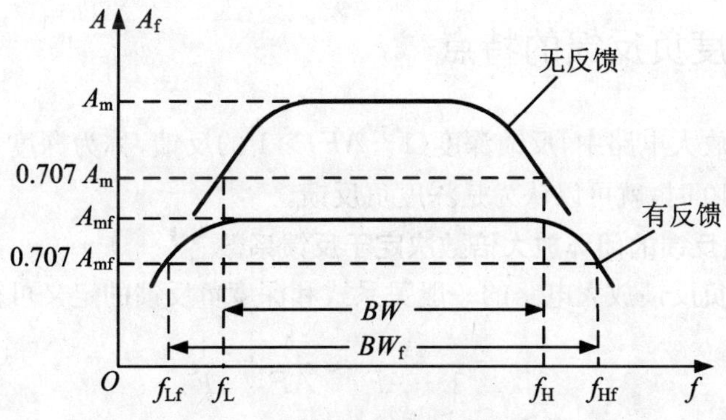

图 4.10　负反馈扩展通频带

无负反馈时的大。原因是:当输入等幅不同频率的信号时,高频段和低频段的输出信号比中频段的小,因此反馈信号也小,对净输入信号的削弱作用小,所以放大倍数在高、低段的下降速度减慢,幅频特性变得比较平坦,从而扩展了通频带。

由分析可知

$$BW_f = (1 + AF)BW \tag{4.3.6}$$

值得注意的是,负反馈在扩展了放大电路的通频带的同时付出了放大倍数下降的代价。

思考题

1. 负反馈对放大电路的放大倍数及其稳定性有何影响?
2. 串联、并联负反馈对放大电路的输入电阻有何影响?
3. 电压、电流负反馈对放大电路的输出电阻有何影响?

4.4 深度负反馈放大电路的分析

在前面的学习中,我们对基本放大电路的分析多采用微变等效电路法,而对于负反馈放大电路再采用上述方法就比较麻烦。实际中,随着电子技术的发展,集成运放及各种模拟集成电路得到广泛应用,它们一般都具有很高的开环放大倍数,很容易满足深度负反馈的条件。所以,本节着重讨论深度负反馈的特点和电路分析方法。

4.4.1 深度负反馈的特点

在负反馈放大电路中,反馈深度$(1+AF)\gg 1$的反馈,称为深度负反馈。一般在$(1+AF)\geqslant 10$时,就可以认为是深度负反馈。

1. 深度负反馈的闭环放大倍数决定于反馈系数

根据深度负反馈放大电路的一般关系式和深度负反馈的定义可得

$$A_f = \frac{A}{1+AF} \approx \frac{A}{AF} = \frac{1}{F} \tag{4.4.1}$$

上式说明,深度负反馈的闭环放大倍数A_f只取决于反馈系数F,而与开环放大倍数无关。

2. 外加输入信号近似等于反馈信号

由式(4.1.4)和式(4.4.1)可知

$$X_o = X_i/F$$

又因为 $X_f = FX_o$，所以有

$$X_i = X_f \tag{4.4.2}$$

式(4.4.2)表明：在深度负反馈条件下，反馈信号 X_f 与输入信号 X_i 近似相等，也就是说，深度负反馈放大电路的净输入信号 $X_{id} \approx 0$。对于串联负反馈，$u_{id} = u_i - u_f \approx 0$，即 $u_i \approx u_f$；对于并联负反馈，$i_{id} = i_i - i_f \approx 0$，即 $i_i \approx i_f$。

3. 深度负反馈放大电路的输入电阻近似为0或无穷大

根据深度负反馈放大电路的净输入信号 $X_{id} \approx 0$，对串联负反馈，$u_{id} = 0$，相当于输入端短路，输入电阻 R_i 近似为零。另一方面，串联负反馈使放大电路的输入电阻增大，对于深度串联负反馈，理想情况下，输入电阻又可看成无穷大。而并联负反馈，$i_{id} = 0$，相当于输入端开路，输入电阻为无穷大。再从并联负反馈使输入电阻减小的角度分析，理想情况下，深度并联负反馈的输入电阻应近似为零。

由以上分析可知：对于深度负反馈放大电路的输入端既可看成虚拟短路又可看成虚拟断路，简称“虚短”和“虚断”。

此外，理想情况下，深度电压负反馈的输出电阻趋向于零；深度电流负反馈的输出电阻趋于无穷大。

4.4.2 深度负反馈放大电路的估算

从上述特点出发，深度负反馈放大电路的性能可以利用“虚短”和“虚断”的概念方便地估算出来。以下面例题加以说明。

图4.11所示为集成运算放大器的电路符号。图中－、＋为两个输入端，用 u_n 和 u_p 表示，分别称为反相输入端和同相输入端。当输入信号从放大器的同相端输入时，输出信号与输入信号极性相同；当输入信号从放大器的反相端输入时，输出信号与输入信号极性相反。集成运算放大器的开环增益很大，所以用它组成的负反馈放大电路，满足深度负反馈的条件。

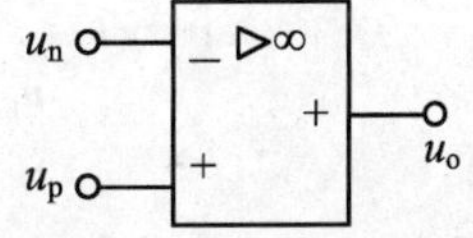

图4.11 集成运算放大器

例4.6 图4.12所示是集成运放组成的电压串联负反馈放大电路，请估算电路的电压放大倍数、输入电阻 R_{if} 和输出电阻 R_{of}。

解：因为是由集成运算放大器组成的负反馈放大电路，所以满足深度负反馈的条件。又因为是电压串联负反馈，根据“虚短”可得

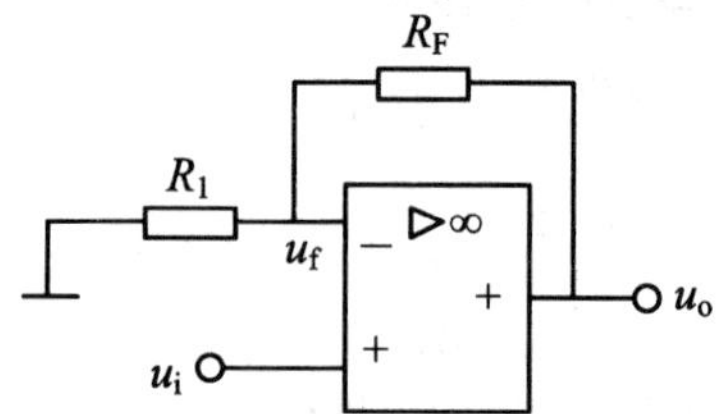

图 4.12 电压串联负反馈放大电路的估算

$$u_i \approx u_f$$

而 $u_f \approx \dfrac{R_1}{R_1+R_F}u_o$，所以有

$$u_i \approx \frac{R_1}{R_1+R_F}u_o$$

因此，负反馈放大电路的闭环电压放大倍数为

$$A_{uf} = \frac{u_o}{u_i} \approx \frac{R_1+R_F}{R_1} = 1+\frac{R_F}{R_1}$$

因为是深度串联负反馈，闭环输入电阻 $R_{if}\to\infty$，该电路的输出电阻即为闭环输出电阻，由于是深度电压负反馈，故输出电阻 R_{of} 近似为零。

例 4.7 如图 4.13 所示电路中 R_{E1} 较大，是深度负反馈放大电路，试估算其电压放大倍数。

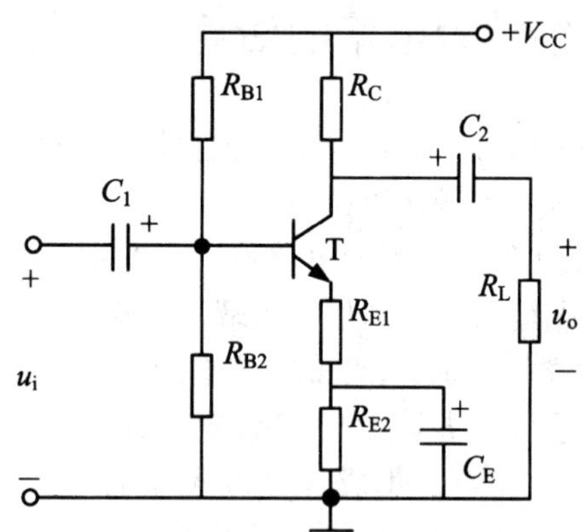

图 4.13 电流串联负反馈放大电路的估算

解：因为 R_{E1} 引入的电流串联负反馈，且 R_{E1} 较大，构成深度负反馈，所以由图 4.13 可得

$$u_i \approx u_f = i_o R_{E1}$$

$$u_o = -i_o(R_C // R_L)$$

因此，该放大电路的闭环电压放大倍数 A_{uf} 为

$$A_{uf}=\frac{u_o}{u_i}=-\frac{R_C//R_L}{R_{E1}}$$

例 4.8 图 4.14 所示电路为深度负反馈放大电路，求电路的电压放大倍数。

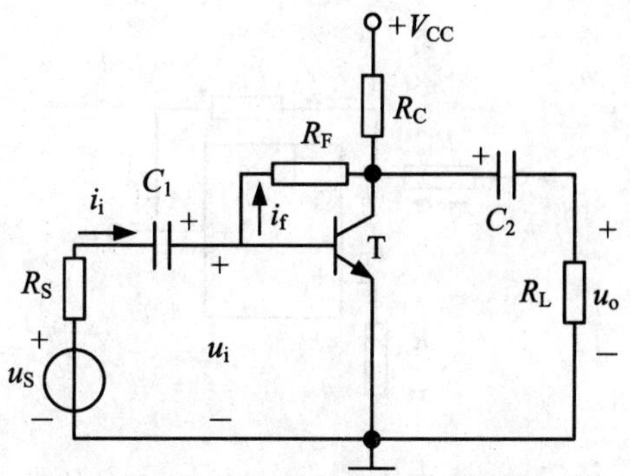

图 4.14　电压并联负反馈放大电路的估算

解：该电路为电压并联负反馈放大电路，在深度负反馈条件下，由图 4.14 可知

$$i_i\approx i_f$$

$$i_i\approx\frac{u_S}{R_S}$$

$$i_f\approx\frac{u_i-u_o}{R_F}\approx-\frac{u_o}{R_F}$$

因此

$$\frac{u_S}{R_S}=-\frac{u_o}{R_F}$$

所以，该电路的闭环电压放大倍数 A_{uf} 为

$$A_{uf}=\frac{u_o}{u_S}=-\frac{R_F}{R_S}$$

例 4.9 如图 4.15 所示为深度电压并联负反馈放大电路，试估算其电压放大倍数。

解：根据深度负反馈放大电路输入端"虚短"可知，$u_n\approx u_p=0$。因此，由图 4.15 可得

$$i_i=\frac{u_i-u_n}{R_1}\approx\frac{u_i}{R_1}$$

$$i_f=\frac{0-u_o}{R_F}=\frac{-u_o}{R_F}$$

因为在深度并联负反馈放大电路中有 $i_i\approx i_f$，所以可得

$$\frac{u_i}{R_1} \approx \frac{-u_o}{R_F}$$

故该放大电路的闭环电压放大倍数 A_{uf} 为

$$A_{uf} = \frac{u_o}{u_i} \approx -\frac{R_F}{R_1}$$

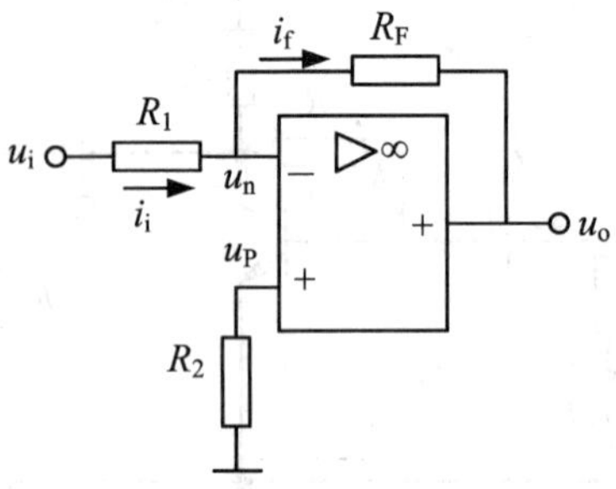

图 4.15 电压并联负反馈放大电路的估算

由以上例题可以看出：在深度负反馈条件下，放大电路闭环放大倍数仅由一些电阻决定，几乎与放大电路无关。

思考题

1. 什么是深度负反馈？深度负反馈电路有什么特点？如何估算闭环电压增益？
2. 怎样正确理解“虚短”和“虚断”？
3. 举例说明“虚短”和“虚断”在深度负反馈电路中的应用。

本章小结

1. 所谓反馈，就是将放大电路输出量（电压或电流）的一部分或全部，以一定的方式回送到输入回路，并影响输入量（电压或电流）和输出量，这种电压或电流的回送过程称为反馈。若引回的信号削弱了输入信号，就称为负反馈。若引回的信号增强了输入信号，就称为正反馈。反馈放大电路由基本放大电路和反馈网络组成。其基本关系式为 $A_f = \dfrac{A}{1+AF}$。

2. 反馈放大电路，按反馈极性可以分为正反馈和负反馈；按反馈信号的成分可分为直流反馈、交流反馈和交直流反馈;按反馈信号与输出端的连接方式可分为电压反馈和电流反馈;按反馈信号与输入端的连接方式可分为串联反馈和并联反馈。反馈信号使净输入信号增大,为正反馈;反馈信号使净输入信号减小则为负反馈。反馈信号中只有直流成分是直流反馈;反馈信号中只包含交流成分,则为交流反馈;反馈信号中既包含直流成分又包含交流成分,称为交直流反馈。反馈信号取自输出端,输出端短路反馈信号消失,为电压反馈;反馈信号取自非输出端,输出端短路反馈信号不消失,则为电流反馈。反馈信号在输入端与输入信号以电压的形式相加减,是串联反馈;反馈信号在输入端与输入信号以电流的形式相加减,是并联反馈。

3. 负反馈放大电路有四种基本组态:电压串联负反馈、电压并联负反馈、电流串联负反馈、电流并联负反馈。直流负反馈可以稳定静态工作点。交流负反馈可以在多方面改善放大电路的性能:提高放大倍数的稳定性、扩展通频带、改变输入输出电阻(串联反馈,使输入电阻增大;并联反馈,使输入电阻减小;电压反馈,使输出电阻减小;电流反馈,使输出电阻增大)等。不同类型的负反馈对放大电路的影响不同:电压负反馈可以稳定输出电压;电流负反馈可以稳定输出电流。实际应用时,选择反馈类型的依据是:欲稳定什么量,就选择什么类型的负反馈。

4. 在负反馈放大电路中,反馈深度$(1+AF)\gg1$的反馈,称为深度负反馈。深度负反馈的闭环放大倍数A_f只决定于反馈系数F,而与开环放大倍数无关。对于深度负反馈放大电路的输入端既可看成虚拟短路又可看成虚拟断路,简称“虚短”和“虚断”。从上述特点出发,深度负反馈放大电路的性能可以采用估算法很方便地求出。

习 题 4

4.1 填空题

(1) 对于放大电路,若无反馈网络,称为__________放大电路;若存在反馈网络,则称为__________放大电路。

(2) 反馈放大电路由________电路和________网络组成。

(3) 根据反馈信号在输出端的取样方式不同,可分为______反馈和______反馈;根据反馈信号和输入信号在输入端的比较方式不同,可分为________反馈和________反馈。

(4) 负反馈对输入电阻的影响取决于________端的反馈类型,串联负反馈能够________输入电阻，并联负反馈能够________输入电阻。

(5) 负反馈对输出电阻的影响取决于________端的反馈类型，电压负反馈能够________输出电阻，电流负反馈能够________输出电阻。

4.2 判断题

(1) 负反馈是指反馈信号与放大器原来的输入信号相位相反，会削弱原来的输入信号，在实际中应用较少。( )

(2) 若放大电路引入负反馈，则负载电阻变化时，输出电压基本不变。( )

(3) 在放大电路中引入负反馈后，能使输出电阻降低的是电压反馈。( )

(4) 加入反馈后，使净输入信号减小，为负反馈。( )

(5) 若放大电路的放大倍数为负，则引入的反馈一定是负反馈。( )

(6) 因为深度负反馈能增加放大倍数的稳定性，所以在深度负反馈电路中的各元件不必考虑性能的稳定性。( )

(7) 负反馈放大电路中既能使输出电压稳定又有较高输入电阻的负反馈是电压串联负反馈。( )

4.3 要满足下列要求，应引入何种类型的负反馈？

(1) 稳定静态工作点；

(2) 增大输入电阻，稳定输出电流；

(3) 减小输入电阻，稳定输出电压；

(4) 增大输入电阻，稳定输出电压；

(5) 减小输入电阻，稳定输出电流；

(6) 增大输入电阻，减小输出电阻。

4.4 某负反馈放大电路的闭环放大倍数为100，当开环放大倍数变化10%时，闭环放大倍数的变化不超过1%，试求其开环放大倍数和反馈系数。

4.5 判断图题4.5所示各电路中是否引入了反馈，是直流反馈还是交流反馈，是正反馈还是负反馈，是电压反馈还是电流反馈，是并联反馈还是串联反馈。设图中所有电容对交流信号均可视为短路。

4.6 反馈放大电路如图题4.6所示，试判断各图中反馈的极性、组态，并求出深度负反馈下的闭环电压放大倍数。

4.7 图题4.7所示电路的电压放大倍数可由开关S控制，设运放为理想器件，试求开关S闭合和断开时的电压放大倍数 A_{uf}。

4.8 设图题4.8中各运放均为理想器件，试写出各电路的电压放大倍数 A_{uf} 的表达式。

4.9 图题4.9所示电路为深度负反馈放大电路，电路中运放为理想器件，试求：电压放大倍数 A_{uf} 和输入电阻 R_i。

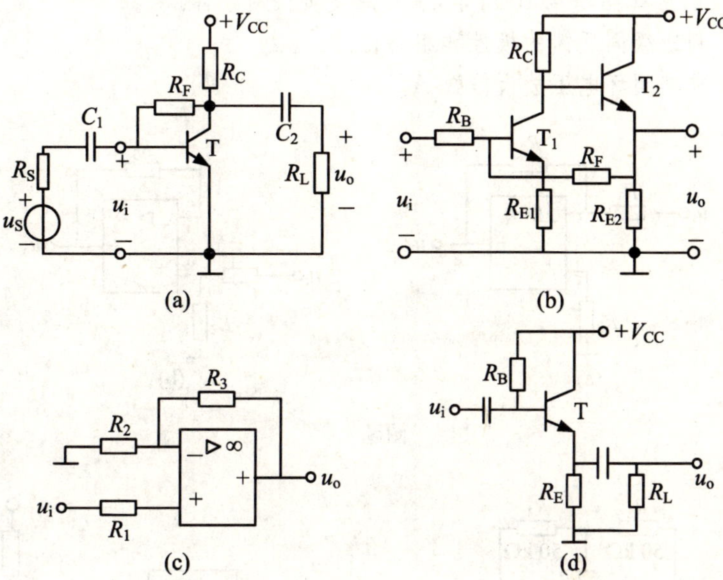

图题 4.5

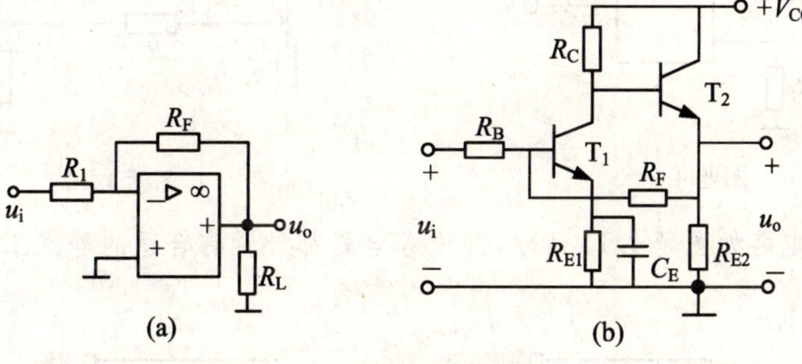

图题 4.6

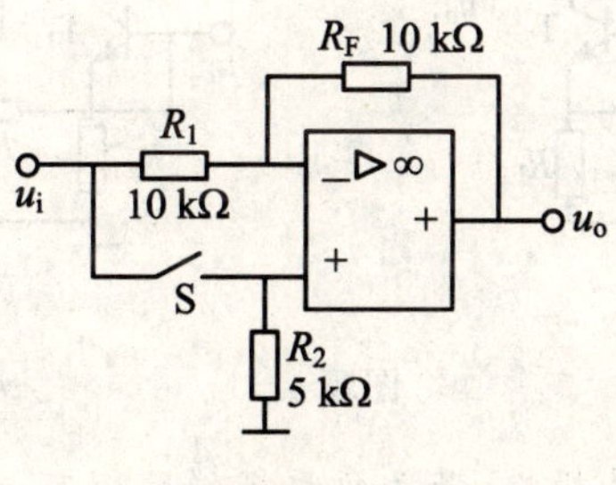

图题 4.7

4.10 电路如图题 4.10 所示，满足深度负反馈条件。

(1) 判断级间反馈的极性和组态；

(2) 求其闭环电压放大倍数 A_{uf}。

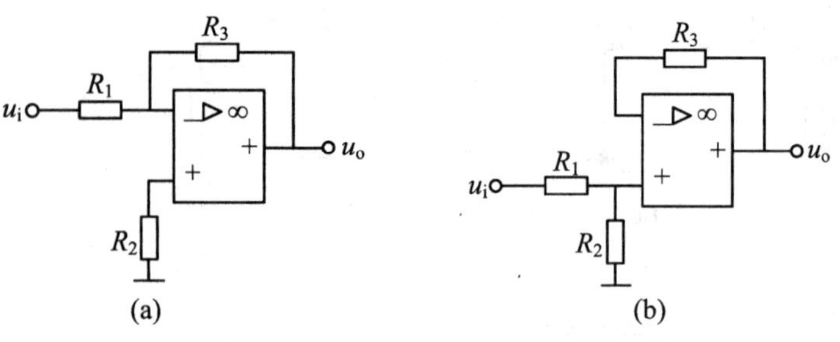

图题 4.8

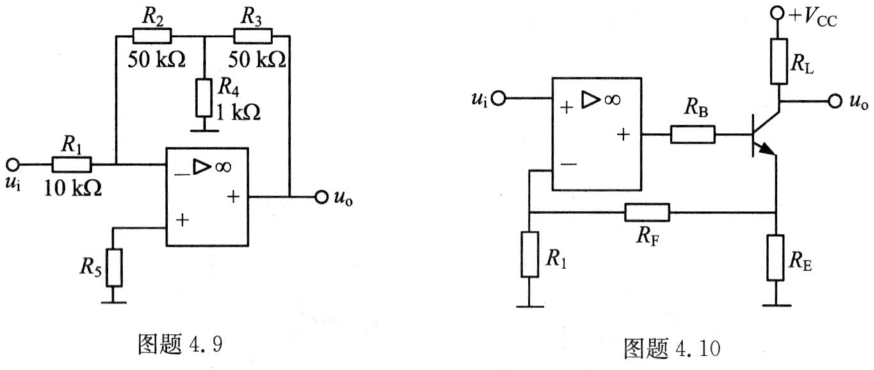

图题 4.9　　图题 4.10

4.11 电路如图题 4.11 所示，假设各电路都设置有合适的静态工作点(图中未画出)。

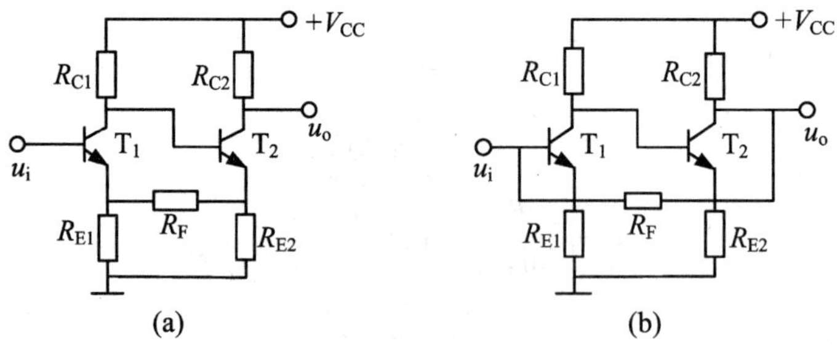

图题 4.11

(1) 指出其级间反馈的极性，若为负反馈说明组态；

(2) 写出其中的负反馈放大电路在深度负反馈条件下的电压放大倍数表

示式。

4.12 电路如图题 4.12 所示，设电路满足深度负反馈条件，电容 C_1、C_2 的容抗很小，可以忽略不计。

(1) 试判断级间反馈的极性和组态；

(2) 估算其闭环电压放大倍数。

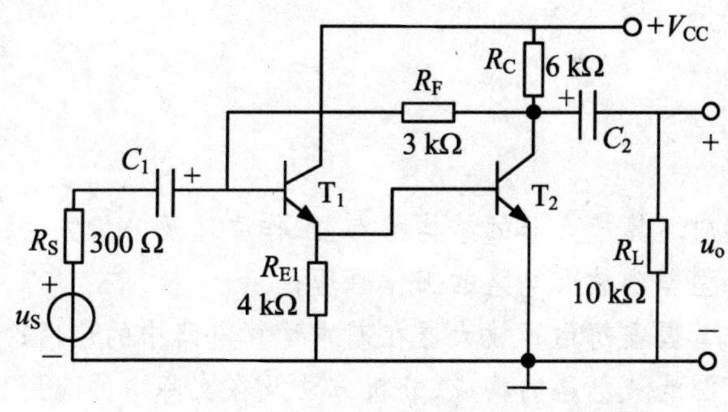

图题 4.12

第 5 章　集成运算放大器

学习目标

- 了解集成运算放大器的结构特点、工作原理及分析方法；
- 掌握典型差分放大电路的工作原理；
- 理解并掌握理想运算放大器在基本运算电路中的应用；
- 掌握有源滤波电路的构成、分析方法及在实际中的应用。

随着半导体技术的发展，采用半导体制造工艺，可将电阻、三极管等元器件和连接导线制作在一块面积约为 0.5 mm^2 的半导体基片上，组成一个具有一定功能的整体，这就是人们常说的集成电路。集成电路按其功能可以分成模拟集成电路和数字集成电路两大类。集成运算放大器属于模拟集成电路的一种，已广泛地应用于各类电子电路中。

集成运算放大器实际上是一个直接耦合的多级放大电路，内部通常包含四个基本组成部分：采用差分放大电路作为输入级，高增益的电压放大电路作为中间级，功率放大器作为带动负载的输出级，偏置电路多采用镜像电流源、比例电流源和微电流源电路。

本章将分别讨论差分放大电路、集成运算放大电路及由集成运放构成的基本运算电路和有源滤波电路。

5.1　差分放大电路

集成运算放大器内部各级之间采用直接耦合，造成各级之间静态工作点相互影响，同时还存在严重的零点漂移现象。为克服以上问题，集成运算放大器通常采用差分放大电路作为输入级。差分放大电路又称为差动放大电路，其输出电压与两输入电压之差成正比。具有良好的抑制零点漂移的特性。

5.1.1 差分放大电路的工作原理

1. 差分放大电路的组成

基本差分放大电路的电路形式如图 5.1 所示。

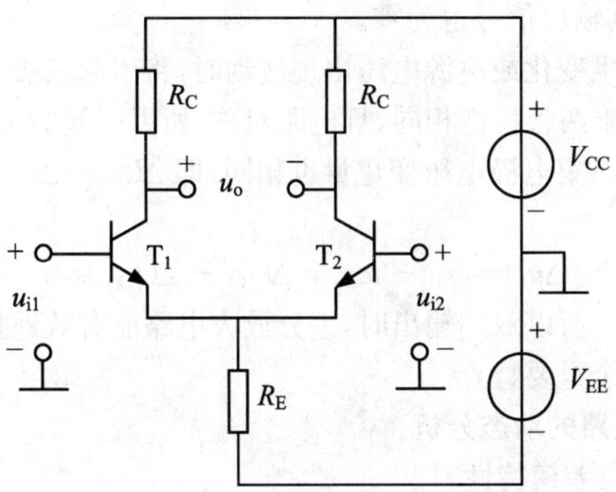

图 5.1 基本差分放大电路

由图可见，该电路由两个完全对称的共发射极电路组成，采用 V_{CC}、V_{EE}双电源供电。电路有两个输入端和两个输出端。两共射极电路完全对称，且两三极管 T_1、T_2特性一致，即 $\beta_1=\beta_2$。两电路共用射极电阻 R_E。

差分放大电路端的输入、输出方式可根据需要灵活选择。输入信号从两个输入端同时输入，称为双端输入。若信号从一个输入端输入，另一输入端接地，则称为单端输入。输出信号从两集电极之间取出，称为双端输出，如果输出信号从一个集电极输出，另一集电极悬空，则称为单端输出。

2. 差分放大电路的静态分析

静态时，$u_{i1}=u_{i2}=0$，由于电路完全对称，所以

$$I_{BQ1}=I_{BQ2}, \quad I_{CQ1}=I_{CQ2}, \quad I_{EQ}=I_{EQ1}+I_{EQ2}\approx 2I_{CQ}$$

由差分放大电路的直流通路可得

$$V_{EE}=U_{BEQ}+I_E R_E$$

所以

$$I_E=\frac{V_{EE}-U_{BEQ}}{R_E} \tag{5.1.1}$$

因此，两管的集电极电流为

$$I_{CQ1}=I_{CQ2}\approx\frac{1}{2}I_E=\frac{V_{EE}-U_{BEQ}}{2R_E} \tag{5.1.2}$$

两管集电极对地电压为

$$U_{CQ1}=V_{CC}-I_{CQ1}R_C,\quad U_{CQ2}=V_{CC}-I_{CQ2}R_C \tag{5.1.3}$$

由上式可得

$$u_o=U_{CQ1}-U_{CQ2}=0$$

可见，静态时，两管集电极之间的输出电压为零。也就是说，差分放大电路在输入信号为零时，其输出信号也为零。

当环境温度发生变化或电源电压出现波动时，将引起三极管参数的变化，导致I_C发生变化。但由于两管特性相同，且电路对称，所以引起的集电极电流I_C变化量相同，即$\Delta I_{C1}=\Delta I_{C2}$；集电极电压变化量也相同，即$\Delta U_{C1}=\Delta U_{C2}$。于是输出电压变化量为

$$\Delta u_o=u_{o1}-u_{o2}=\Delta U_{C1}-\Delta U_{C2}=0$$

故“零漂”现象消失。所以双端输出时，差分放大电路能有效地抑制零点漂移，这是差分放大电路的一个重要特点。

3. 差分放大电路的动态分析

(1) 差模输入与差模特性

在差分放大电路的两输入端加入大小相等、极性相反的输入信号，称为差模输入，这种信号称为差模信号，差模信号输入交流通路如图 5.2 所示。此时$u_{i2}=-u_{i1}$，两者大小相同，极性相反。差模输入电压用u_{id}表示，即

$$u_{id}=u_{i1}-u_{i2}=2u_{i1} \tag{5.1.4}$$

由于差分对管特性相同，即$i_{c1}=-i_{c2}$，$u_{o1}=-u_{o2}$。根据电路可知，此时两管集电极之间的差模输出电压u_{od}为

$$u_{od}=u_{c1}-u_{c2}=u_{o1}-u_{o2}=2u_{o1} \tag{5.1.5}$$

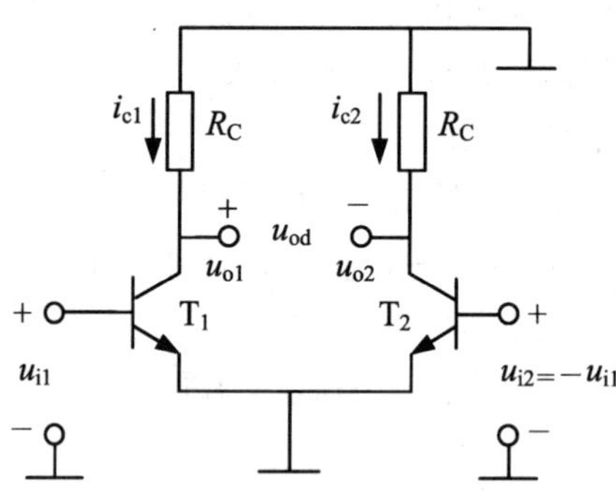

图 5.2 差模输入交流通路

由上面分析可知，在差模输入信号作用下，差分放大电路一个管的集电极电流增加，而另一管的集电极电流减少，使得u_{o1}和u_{o2}以相反方向变化，输出放大了的电压u_o。即差分放大电路对差模输入信号有放大作用。

根据式(5.1.4)和式(5.1.5)可得差模电压放大倍数为

$$A_{ud}=\frac{u_{od}}{u_{id}}=\frac{2u_{o1}}{2u_{i1}}=A_{ud1}=-\beta\frac{R_C}{r_{be}} \tag{5.1.6}$$

当两集电极之间接有负载R_L时，差模电压放大倍数变为

$$A_{ud}=-\beta\frac{R_L'}{r_{be}} \tag{5.1.7}$$

式中$R_L'=R_C//\frac{1}{2}R_L$，这是因为R_L中点为交流地电位。

从差分放大电路的输入端看进去所呈现的等效电阻，称为差分放大电路的差模输入电阻，由图5.2可得差模输入电阻R_{id}为

$$R_{id}=2r_{be} \tag{5.1.8}$$

从差分放大电路两管集电极之间对差模信号所呈现的电阻，称为差分放大电路的差模输出电阻，由图5.2可得差模输出电阻R_{od}为

$$R_{od}=2R_C \tag{5.1.9}$$

(2) 共模特性和共模抑制比

在差分放大电路的两输入端加入大小相等，极性相同的输入信号，称为共模输入，此时$u_{i1}=u_{i2}=u_{ic}$，称为共模信号。在共模信号作用下，由于电路参数对称，两管集电极电流的变化是大小相等、方向相同，$i_{e1}=i_{e2}$，则流过R_E的电流增加$2i_{e1}$（或$2i_{e2}$），也就是说，R_E对每个晶体管的共模信号有$2R_E$的负反馈效果，由此可得共模信号输入交流通路如图5.3所示。

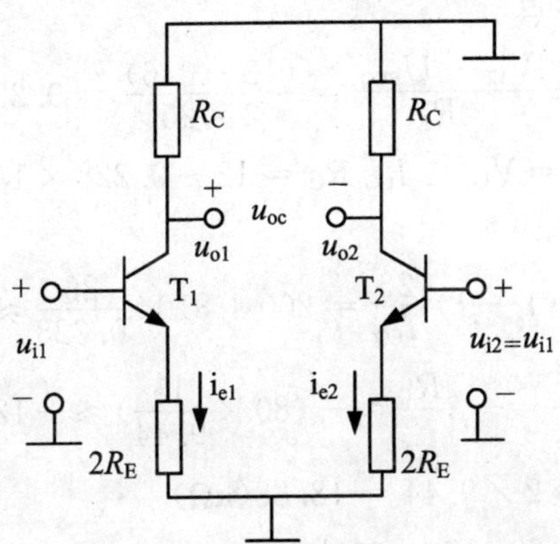

图5.3　共模信号输入交流通路

因为$u_{i1}=u_{i2}$，由图5.3可知$u_{o1}=u_{o2}$，所以双端共模输出电压为

$$u_{oc}=u_{o1}-u_{o2}=0 \tag{5.1.10}$$

共模输出电压放大倍数为

$$A_{uc}=\frac{u_{oc}}{u_{ic}}\approx 0 \tag{5.1.11}$$

即差分放大器电路对共模输入信号没有放大作用,而起抑制作用。

对于理想的差分放大电路,由于电路参数完全对称。对于共模信号,双端输出 $u_{oc}=0$,而实际电路中,两管参数不可能完全一致,所以 u_{oc}不等于零,即共模信号不可能被完全抑制,为了表征差分放大电路对共模信号的抑制能力,引入共模抑制比 K_{CMR}。所谓共模抑制比是指差分放大电路差模电压放大倍数 A_{ud}与共模电压放大倍数 A_{uc}之比的绝对值,即

$$K_{CMR}=\left|\frac{A_{ud}}{A_{uc}}\right| \tag{5.1.12}$$

用分贝数表示,则为

$$K_{CMR}=20\lg\left|\frac{A_{ud}}{A_{uc}}\right|(\mathrm{dB}) \tag{5.1.13}$$

共模电压放大倍数越小,差模电压放大倍数越大,K_{CMR}值越大,差分放大电路对共模信号的抑制能力越强。也就是说,对实际差分放大电路,K_{CMR}的值越大越好。一般差分放大电路的 K_{CMR}约为 60 dB,较好的可达 120 dB。理想情况下,差分放大电路的共模抑制比为无穷大。

例 5.1 如图 5.1 所示差分放大电路,已知:$V_{CC}=V_{EE}=12\ \mathrm{V}$,$\beta=80$,$r_{bb}'=200\ \Omega$,$U_{BEQ}=0.6\ \mathrm{V}$,$R_C=15\ \mathrm{k\Omega}$,$R_E=25\ \mathrm{k\Omega}$。试求:(1) 静态工作点;(2) 差模电压放大倍数 A_{ud},差模输入电阻 R_{id}和输出电阻 R_o。

解:(1) 求静态工作点

$$I_{CQ1}=I_{CQ2}\approx\frac{V_{EE}-U_{BEQ}}{2R_E}=\frac{(12-0.6)}{2\times 25}=0.228(\mathrm{mA})$$

$$U_{CQ1}=U_{CQ2}=V_{CC}-I_{CQ1}R_C=12-0.228\times 15=8.58(\mathrm{V})$$

(2) 求 A_{ud}、R_{id}和 R_o

$$r_{be}=r_{bb}'+(1+\beta)\frac{26}{I_{EQ}}=200+81\times\frac{26}{0.228}\approx 9.44\ (\mathrm{k\Omega})$$

$$A_{ud}=-\beta\frac{R_L'}{r_{be}}=-\beta\frac{R_C}{r_{be}}\approx-(80\times\frac{15}{9.44})\approx-127$$

$$R_{id}=2r_{be}\approx 2\times 9.44=18.88(\mathrm{k\Omega})$$

$$R_o=2R_C=2\times 15=30(\mathrm{k\Omega})$$

5.1.2 带恒流源的差分放大电路

由上述分析可知,增大发射极电阻 R_E 可以提高差分放大电路的共模抑制比。但在集成电路中难以制造大阻值的电阻,而且,电阻增大会引起静态工作点的下

降。为此,可以用恒流源代替电阻 R_E,电路如图 5.4 所示。因为恒流源的交流等效电阻很大,而直流电阻很小,所以能大大提高差分放大电路的共模抑制比。

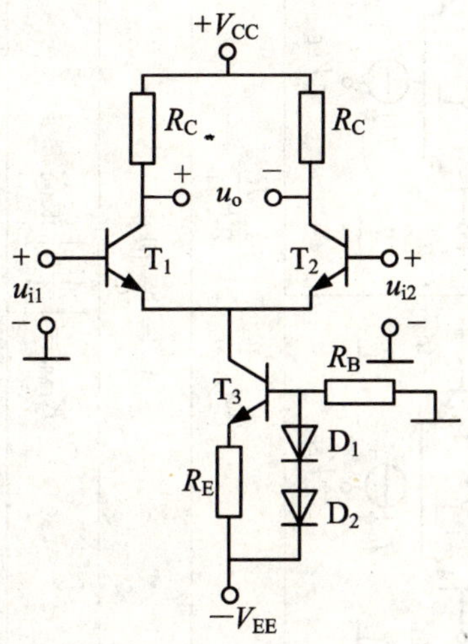

图 5.4 带恒流源的差分放大电路

在图 5.4 中,设 $U_{BE3}=U_{D2}$,则有 $U_{D2}=U_{R_E}$,即

$$I_{C3} \approx I_{R_E} = \frac{U_{D2}}{R_E} \tag{5.1.14}$$

所以,只要改变 R_E的阻值就能改变电路中的电流。

带恒流源差分放大电路的差模电压放大倍数、输入电阻和输出电阻的计算方法与前面相同,此处不再赘述。

5.1.3 差分放大电路的其他输入输出方式

以上所讨论的差分放大电路均采用双端输入和双端输出方式,在实际使用中,有时需要单端输出或单端输入方式。因此,差分放大电路有四种连接方式:双端输入-双端输出、双端输入-单端输出、单端输入-双端输出、单端输入-单端输出。

当信号从一只三极管的集电极输出,负载电阻 R_L一端接地时,称为单端输出方式;当两个输入端中有一个端子直接接地时,称为单端输入方式。差分放大电路单端输出电压 u_o仅为双端输出电压的一半,所以单端输出电路的差模电压放大倍数为双端输出电路的一半。

单端输入为双端输入的特例,即 $u_{i1}=u_i$,$u_{i2}=0$,参数计算与双端输入相同。表 5.1列出了差分放大电路的四种连接方式及其性能,供读者参考。

表 5.1　差分放大电路四种连接方式及性能比较

连接方式	双端输出		单端输出	
	双端输入	单端输入	双端输入	单端输入
典型电路	$+V_{CC}$, R_C, R_C, $+$ u_o $-$, T_1, T_2, $+$ u_{i1} $-$, $+$ u_{i2} $-$, I_o, $-V_{EE}$	$+V_{CC}$, R_C, R_C, $+$ u_o $-$, T_1, T_2, $+$ u_i $-$, I_o, $-V_{EE}$	$+V_{CC}$, R_C, R_C, $+$ u_{o1} $-$, T_1, T_2, $+$ u_{i1} $-$, $+$ u_{i2} $-$, I_o, $-V_{EE}$	$+V_{CC}$, R_C, R_C, $+$ u_{o1} $-$, T_1, T_2, $+$ u_i $-$, I_o, $-V_{EE}$
差模电压放大倍数	$A_{ud}=\frac{u_{od}}{u_{id}}=-\beta\frac{R_C}{r_{be}}$		$A_{ud}=\frac{u_{od}}{u_{id}}=-\frac{1}{2}\beta\frac{R_C}{r_{be}}$	
共模电压放大倍数	$A_{uc}=\frac{u_{oc}}{u_{ic}}=\to 0$		$A_{uc}=\frac{u_{oc1}}{u_{ic}}$很小	
共　模抑制比	$K_{CMR}=\left\lvert\frac{A_{ud}}{A_{uc}}\right\rvert\to\infty$		$K_{CMR}=\left\lvert\frac{A_{ud}}{A_{uc}}\right\rvert$很高	
差模输出电　　阻	$R_o=2R_C$		$R_o=R_C$	
差模输入电　　阻	$R_{id}=2r_{be}$			
用　　途	用于输入、输出不需要一端接地时，常用于多级直接耦合放大电路的输入级、中间级	将单端输入转换为双端输出，常用于多级直接耦合放大电路的输入级	将双端输入转换为单端输出，常用于多级直接耦合放大电路的输入级和中间级	用在放大电路输入电路和输出电路均需有一端接地的电路中

思考题

1. 什么是差分放大电路？差分放大电路是怎样抑制“零点漂移”的？

2. 什么是差模信号？差分放大电路对差模信号起什么作用？什么是共模信号？差分放大电路对共模信号起什么作用？

3. 什么是“共模抑制比”？理想差分放大电路的共模抑制比是多少？

4. 带恒流源的差分放大电路是如何提高共模抑制比的？

5.2 集成运算放大器

集成运算放大器简称集成运放，是一种具有高放大倍数的直接耦合放大电路。最早应用于对信号的模拟运算，它不仅能放大交流信号，还能放大频率很低的信号和直流信号，并能对输入信号进行多种数学运算和处理。随着电子技术的发展，集成运放在电子技术的各个领域得到广泛应用。

5.2.1 集成运算放大器概述

1. 集成运放的特点

(1) 集成电路中，电感元件和大容量的电容都比较难做，电阻也都在20 kΩ以下，因此，集成运放在结构上采用直接耦合方式。内部尽量避免使用电容器，必须使用时大多采用外接的方法。高阻值的电阻则采用三极管构成的电流源来代替，或采用外接的办法。

(2) 集成运放采用差分放大电路作为输入级，以克服直接耦合所带来的温度漂移问题。因为集成电路中的各个晶体管是采用相同的工艺制作在同一块硅片上，晶体管的特性一致性比较好，所以采用电路对称的差分放大电路，容易制成温度漂移很小的运算放大电路。

(3) 集成电路中多用三极管代替二极管、电阻、电容等器件。集成电路的制作工艺中，制作三极管比较容易，且占用面积小，所以常用三极管构成恒流源代替电阻做偏置电路或负载电阻；将三极管的基极和集电极短接构成二极管、稳压管等。

2. 集成运放的主要类型

集成运放的种类很多，按性能指标可分为通用型运放和专用型运放。

通用型运放用于无特殊要求的电路之中。专用型运放为了适应各种特殊要求某一方面性能特别突出，下面作简单介绍。

(1) 高阻型

具有高输入电阻 r_{id} 的运放。它们的输入级采用超 β 管或场效应管，r_{id} 大于 10^9 Ω，适用于测量放大电路、信号发生器电路或取样-保持电路。

国产的 F3130，输入级采用 MOS 管，输入电阻高达 10^{12} Ω，I_{IB}仅为 5 pA。

(2) 高速型

单位增益带宽和转换速率高的运放为高速型运放。增益带宽多在 10 MHz 左右，有的高达千兆；转换速率大多在几十伏/微秒至几百伏/微秒，有的高达几千伏/微秒。适用于模-数转换器、数-模转换器、锁相环电路和视频放大电路。

国产的超高速运放 F3554 的 SR 可达 1000 V/μS，单位增益带宽为 1.7 GHz。

(3) 高精度型

高精度型运放具有低失调、低温漂、低噪声、高增益等特点，它的失调电压和失调电流比通用型运放小两个数量级，而开环差模增益和共模抑制比均大于 100 dB。适用于对微弱信号的精密测量和运算，常用于高精度的仪器设备中。

国产的超低噪声高精度运放 F5037 的 U_{IO}为 10 μV，其温漂为 0.2 μV/℃；I_{IO}为 7 nA；A_{od}约为 105 dB。

(4) 低功耗型

低功耗型运放具有静态功耗低、工作电流电压低等特点，它的功耗只有几毫瓦，甚至更小，电源电压为几伏，而其他方面的性能不比通用型运放差。适用于能源有严格限制的情况，例如空间技术、军事科学及工业中的遥感遥测等领域。

如 TLC2252 的功耗约为 180 μW，工作电源电压为 5 V，A_{od} 为 100 dB，r_{id} 为 10^{12} Ω。此外，还有能够输出高电压(如 100 V)的高压型运放、能够输出大功率(如几十瓦)的大功率型运放等。

除了通用型和特殊型运放外，还有一类运放是为完成某种特定功能而生产的，例如仪表用放大器、隔离放大器、缓冲放大器、对数/反对数放大器等。目前人们可在一块芯片上通过编程的方法实现对多路模拟信号的各种处理，如放大、有源滤波、电压比较等。

5.2.2 集成运算放大器的组成

集成运算放大器是一个高增益直接耦合放大电路，它的方框图如图 5.5 所示。

(1) 差分输入级使用高性能的差分放大电路，必须对共模信号有很强的抑制力，采用双端输入、双端输出的形式。

(2) 中间电压放大级提供高开环放大倍数,以保证运放的运算精度,一般由共发射极多级耦合放大电路组成。

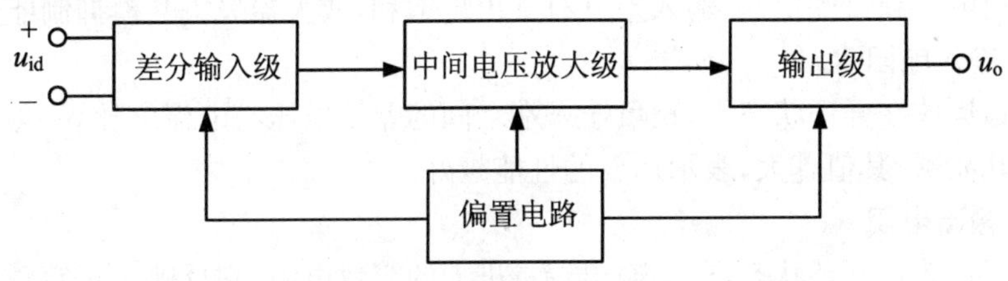

图 5.5 运算放大器方框图

(3) 输出级由 PNP 和 NPN 两种极性的三极管或复合管组成,提供大的输出电压或电流。

(4) 偏置电路提供稳定的偏置电流,以稳定工作点。一般由各种恒流源电路组成。

5.2.3 运算放大器的主要技术指标

1. 输入失调电压 U_{IO}

输入电压为零时,由于电路参数的不对称等原因造成输出电压不为零,要使输出电压 $u_o=0$,必须在输入端加一个很小的补偿电压,该电压即为输入失调电压 U_{IO},它是表征运放内部电路对称性的指标。该值越小越好,一般为几微伏到几毫伏。

2. 输入失调电流 I_{IO}

在输入信号为零时,放大器两个输入端的静态基极电流差称为输入失调电流,即:$I_{IO}=|I_{B1}-I_{B2}|$,用于表征差分级输入电流不对称的程度,I_{IO}越小,说明差分放大电路的对称性越好。

3. 输入偏置电流 I_{IB}

运算放大器两个输入端静态偏置电流的平均值称为输入偏置电流,即

$I_{IB}=(I_{B1}+I_{B2})/2$,此值一般也很小。

4. 开环差模电压放大倍数 A_{uo}

开环差模电压放大倍数是指运放在无外加反馈条件下,输出端开路时的差模电压放大倍数。此值越高,所构成的运算电路越稳定,运算精度也越高,一般为80～140。

5. 最大输出电压 U_{opp}

是指集成运放在输出不失真时的最大输出电压值。

6. 最大共模输入电压 U_{ICM}

最大共模输入电压是指在保证运放正常工作条件下，共模输入电压的允许范围。共模电压超过此值时，输入差分对管出现饱和，放大器失去共模抑制能力。

7. 输入电阻 R_{id}

是指运放在开环状态下，正负输入端之间的差模电压与电流之比，一般在几百千欧到几兆欧，其值越大，表示运放的性能越好。

8. 输出电阻 R_o

是指运放在开环状态下，从输出端看进去的等效电阻，它反映了运算放大器的带负载能力，一般在几十欧姆到几百欧姆之间，其值愈小，运放带负载能力越强。

9. 共模抑制比 K_{CMR}

是指差模电压放大倍数与开环共模电压放大倍数绝对值之比，常用分贝数来表示。共模抑制比越大，说明运放抑制共模信号的能力越强。

5.2.4 理想集成运放及其分析特点

1. 集成运放理想化条件

满足下列参数指标的运算放大器可以视为理想运算放大器。

(1) 开环差模电压放大倍数 $A_{uo}=\infty$，实际上 $A_{uo}\geqslant 80$ dB 即可；

(2) 差模输入电阻 $R_{id}=\infty$；

(3) 开环输出电阻 $R_o=0$；

(4) 共模抑制比 $K_{CMR}=\infty$。

理想运放在电路中的图形符号如图 5.6 所示。其中(a)图为运放标准符号，(b)图为运放曾用符号。u_+(或 u_p)为同相输入端(该端输入信号变化的极性与输出端相同)；u_-(或 u_n)为反相输入端(该端输入信号变化的极性与输出端相异)。在图符中的输入端分别用符号“+”和“−”标明。输出端为 u_o。

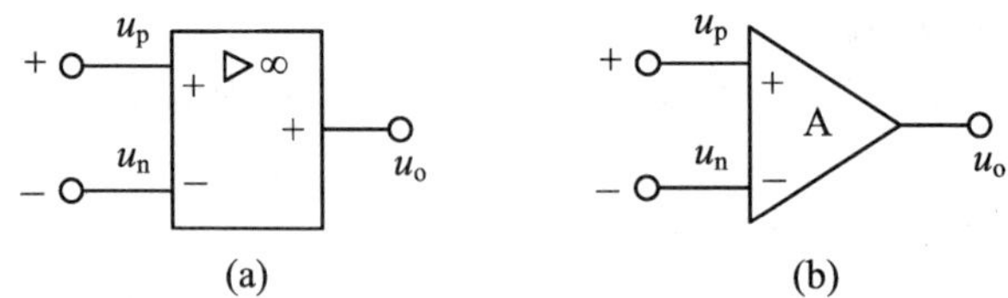

图 5.6　集成运放的符号

2. 理想运放工作在线性区的特点

当集成运放工作在线性放大状态时应有

$$u_o = A_{uo}(u_p - u_n)$$

则

$$u_p - u_n = u_o / A_{uo}$$

而 $A_{uo} \to \infty$,输出电压为有限值,因而 $u_p - u_n \to 0$,即

$$u_p \approx u_n \tag{5.2.1}$$

上式说明:集成运放的同相输入端和反相输入端的电压几乎相等,但又不是真正的短路,故称为“虚短”。

由于 $R_{id} \to \infty$,以及 $I_{IB} \to 0$,故 $I_I \to 0$。所以从集成运放两个输入端流入的电流为零,好像断开一样,但又不是真正断开,故称为“虚断”。即

$$i_p = i_n = 0 \tag{5.2.2}$$

综上所述:集成运放工作在线性放大状态时两输入端同时满足“虚短”和“虚断”的特性。这一特性是分析集成运放应用电路的重要原则。

5.2.5 集成运放应用时的几个问题

在实际应用中,除了要根据用途和要求正确选择运放的型号外,还必须注意以下几个方面的问题。

1. 调零

实际运放的失调电压、失调电流都不为零,因此,当输入信号为零时,输出信号不为零。有些运放没有调零端子,需接上调零电位器进行调零,如图 5.7 所示。

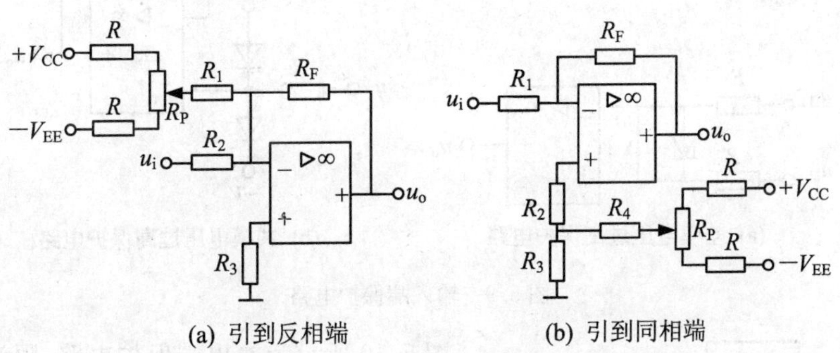

图 5.7 辅助调零措施

2. 消除自激振荡

运放内部是一个多级放大电路,而运算放大电路又引入了深度负反馈,在工作时容易产生自激振荡。大多数集成运放在内部都设置了消除自激的补偿网络,有些运放引出了消振端子,用外接 R_C 消除自激现象。实际使用时可按图 5.8 所示,

在电源端、反馈支路及输入端连接电容或阻容支路来消除自激。

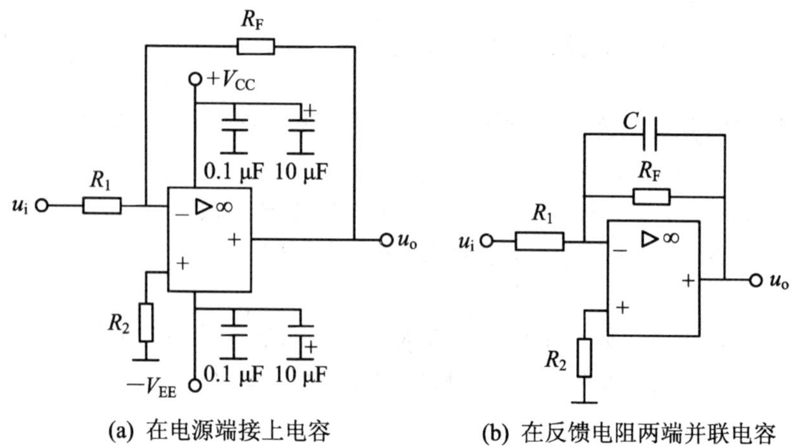

(a) 在电源端接上电容　　(b) 在反馈电阻两端并联电容

图 5.8　消除自激电路

3. 保护措施

集成运放在使用时由于输入、输出电压过大，输出短路及电源极性接反等原因会造成集成运放损坏，因此需要采取保护措施。为防止输入差模电压过高损坏集成运放的输入级的保护电路如图 5.9(a)所示，为防止共模电压过高的保护电路如图 5.9(b)所示。

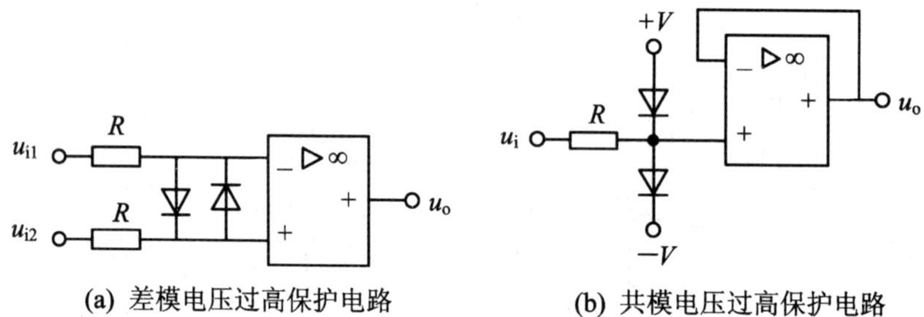

(a) 差模电压过高保护电路　　(b) 共模电压过高保护电路

图 5.9　输入端保护电路

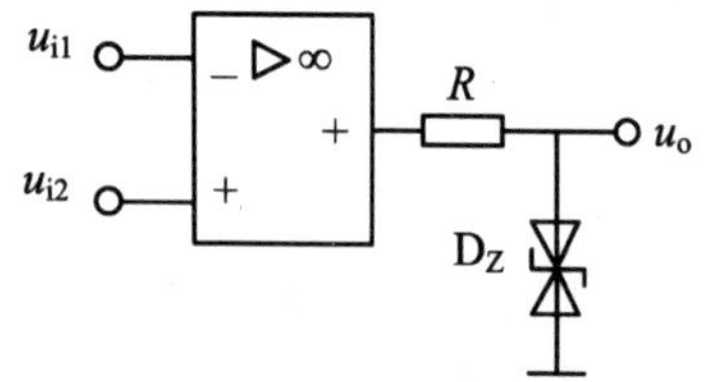

图 5.10　输出端保护电路

图 5.10 所示为输出端保护电路，限流电阻 R 与稳压管 D_Z 构成限幅电路，限制集成运放的输出电流和输出电压的负载。

思考题

1. 简述集成运算放大器的特点。

2. 通用型集成运放一般由几部分电路组成？每一部分常采用哪种基本电路？通常对每一部分性能的要求分别是什么？

3. 集成运算放大器的理想化条件是什么？

4. 集成运放应用时要注意哪几个问题？试举例说明。

5.3 基本运算电路

集成运放作为通用的放大器件，其应用十分广泛，涉及电子技术的许多领域，包括模拟信号的产生、放大、滤波以及各种线性和非线性处理。集成运放工作在线性放大状态，接入适当的负反馈网络，即得各种运算电路。

5.3.1 反相比例运算电路

如图5.11所示为反相比例运算电路，输入信号u_i通过电阻R_1加到集成运放的反相输入端，反馈信号通过R_F也加在反相输入端，构成电压并联负反馈。同相输入端通过R_2接地。R_2为平衡电阻，其作用是使集成运放两输入端对地直流电阻相等，避免运放输入偏置电流在两输入端之间产生附加的差模输入电压，故要求$R_2=R_1 /\!/ R_F$。

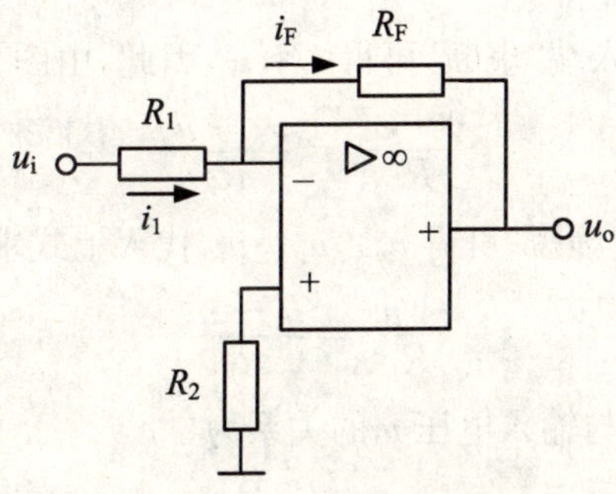

图5.11 反相比例运算电路

根据集成运放两输入端“虚断”可得 $i_1 \approx i_F$，因此，由图 5.11 可得

$$\frac{u_i - u_n}{R_1} = \frac{u_n - u_o}{R_F}$$

再由集成运放两输入端“虚短”可得 $u_n \approx u_p = 0$，代入上式求得

$$\frac{u_i}{R_1} = \frac{-u_o}{R_F}$$

即可得出输出电压 u_o 与输入电压 u_i 的关系为

$$u_o = -\frac{R_F}{R_1} u_i \tag{5.3.1}$$

可见，输出信号 u_o 与输入信号 u_i 成比例，且极性相反，所以称为反相比例运算电路。

当 $R_F = R_1$ 时，$u_o = -u_i$，电路就成了反相器。

5.3.2 同相比例运算电路

如图 5.12 所示为同相比例运算电路，输入信号 u_i 通过电阻 R_2 加到集成运放的同相输入端，反馈信号通过 R_F 加在反相输入端，构成电压串联负反馈。反相输入端通过 R_1 接地。同样，R_2 为平衡电阻，为使两输入端对地直流电阻相等，要求 $R_2 = R_1 // R_F$。

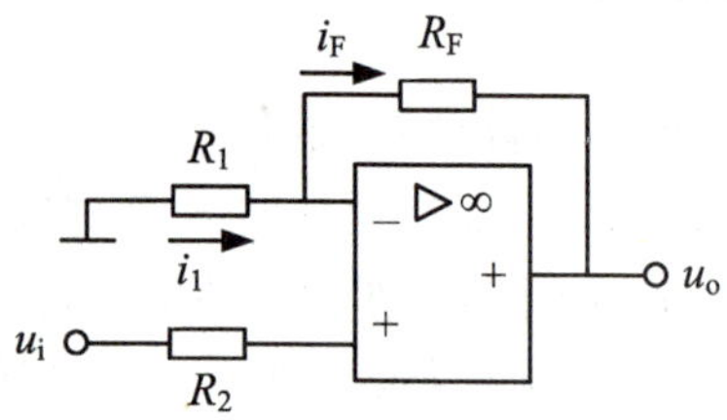

图 5.12　同相比例运算电路

根据集成运放两输入端“虚断”可得 $i_1 \approx i_F$，因此，由图 5.12 可得

$$\frac{0 - u_n}{R_1} = \frac{u_n - u_o}{R_F}$$

再由集成运放两输入端“虚短”可得 $u_n \approx u_p = u_i$，代入上式求得

$$\frac{-u_i}{R_1} = \frac{u_i - u_o}{R_F}$$

所以可求得输出电压 u_o 与输入电压 u_i 的关系为

$$u_o = \left(1 + \frac{R_F}{R_1}\right) u_i \tag{5.3.2}$$

可见，输出信号 u_o 与输入信号 u_i 成比例，且极性相同，所以称为同相比例运算电路。

当$R_1=\infty$、$R_F=0$时，$u_o=u_i$，电路就成了电压跟随器，如图5.13所示。

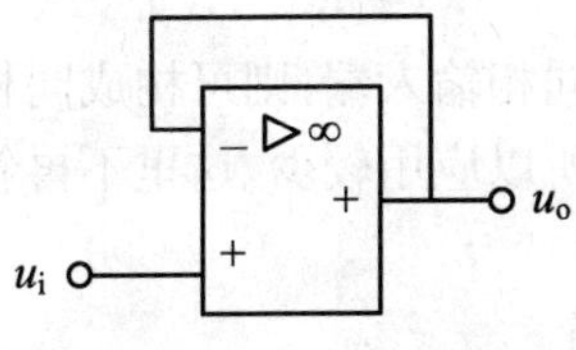

图5.13 电压跟随器

5.3.3 加法运算电路

如图5.14所示为反相加法运算电路，输入信号u_{i1}、u_{i2}分别通过电阻R_1、R_2加到集成运放的反相输入端，反馈信号通过R_F也加在反相输入端。同相输入端通过R_3接地，图中R_3仍为平衡电阻，要求$R_3=R_1 /\!/ R_2 /\!/ R_F$。

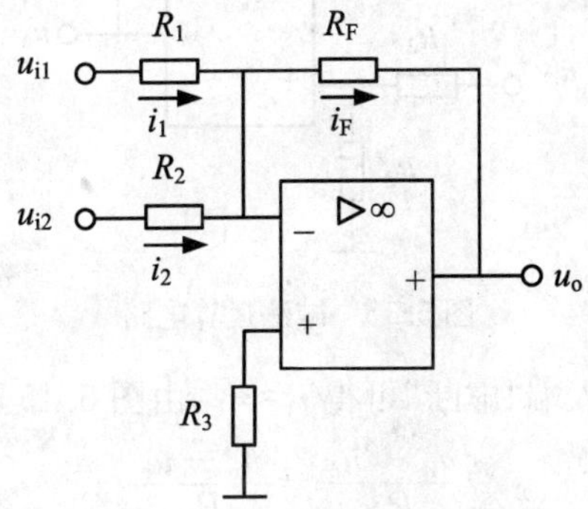

图5.14 加法运算电路

根据集成运放两输入端"虚断"可得$i_1+i_2\approx i_F$，根据电路图可得

$$\frac{u_{i1}-u_n}{R_1}+\frac{u_{i2}-u_n}{R_2}=\frac{u_n-u_o}{R_F}$$

再由集成运放两输入端"虚短"可得$u_n\approx u_p=0$，代入上式可求得

$$\frac{u_{i1}}{R_1}+\frac{u_{i2}}{R_2}=\frac{-u_o}{R_F}$$

整理上式可得出输出电压与输入电压的关系为

$$u_o=-\left(\frac{R_F}{R_1}u_{i1}+\frac{R_F}{R_2}u_{i2}\right) \tag{5.3.3}$$

可见，输出信号u_o为各输入信号按一定比例相加，且极性相反，所以称为反相加法运算电路。

若$R_1=R_2=R$，则式(5.3.3)变为

$$u_o = -\frac{R_F}{R}(u_{i1} + u_{i2}) \tag{5.3.4}$$

如果多个信号同时加在同相输入端,则可构成同相加法运算电路,因其共模输入电压较高,调节不太方便,所以应用较少,这里不再叙述。

5.3.4 减法运算电路

如图 5.15 所示为减法运算电路,输入信号 u_{i1}、u_{i2}分别通过电阻 R_1、R_2加到集成运放的反相输入端和同相输入端,反馈信号通过 R_F也加在反相输入端。为使集成运放两输入端对地直流电阻相等,各电阻之间的关系为:$R_1 // R_F = R_2 // R_3$。

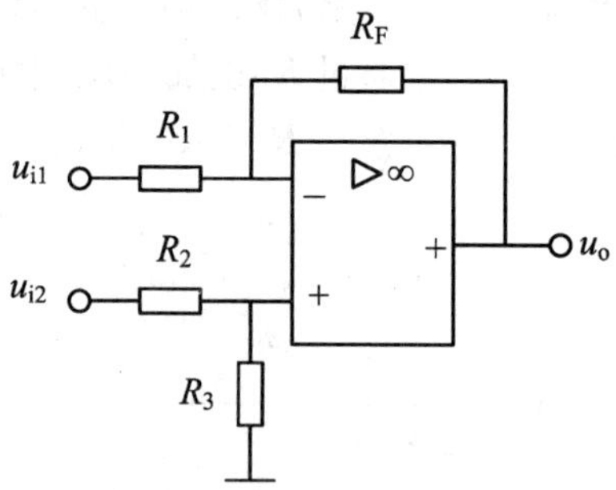

图 5.15 减法运算电路

根据集成运放两输入端"虚断"可得 $i_1 \approx i_F$,由图 5.15 可知

$$\frac{u_{i1} - u_n}{R_1} = \frac{u_n - u_o}{R_F}$$

再由集成运放两输入端"虚短"可得

$$u_n \approx u_p = \frac{R_3}{R_2 + R_3} u_{i2}$$

由以上两式整理后可求得输出电压与输入电压的关系为

$$u_o = -\frac{R_F}{R_1} u_{i1} + \frac{R_1 + R_F}{R_1} \frac{R_3}{R_2 + R_3} u_{i2} \tag{5.3.5}$$

若 $R_1 = R_2$,$R_3 = R_F$,则

$$u_o = -\frac{R_F}{R_1} u_{i1} + \frac{R_F}{R_1} u_{i2} = -\frac{R_F}{R_1}(u_{i1} - u_{i2}) \tag{5.3.6}$$

可见,输出信号 u_o与两输入信号的差成比例,当 $R_1 = R_2 = R_3 = R_F$时,则有

$$u_o = -(u_{i1} - u_{i2}) = u_{i2} - u_{i1} \tag{5.3.7}$$

实现了减法的运算。

5.3.5 积分运算电路

积分运算电路如图 5.16 所示，将反相比例放大电路中的反馈元件用电容代替，就构成积分运算电路。R_2为平衡电阻，为使两输入端对地直流电阻相等，要求$R_2=R_1$。

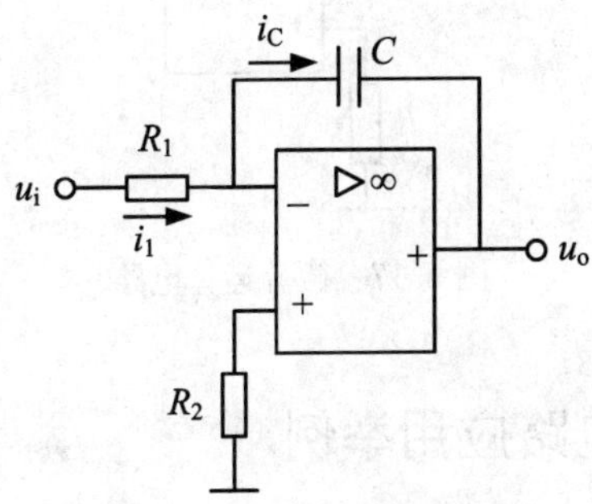

图 5.16 积分运算电路

根据集成运放两输入端“虚断”可得 $i_1 \approx i_C$，由图 5.16 可知

$$i_1 = \frac{u_i}{R_1}, \quad i_C = -C\frac{du_o}{dt}$$

因此，求得输出电压 u_o为

$$u_o = -\frac{1}{R_1 C}\int u_i dt \tag{5.3.8}$$

可见，输出信号 u_o与输入信号 u_i 对时间的积分成比例，从而实现积分运算。式中R_1C 为电路的时间常数。

5.3.6 微分运算电路

若将积分运算电路中的电阻 R_1和电容 C 的位置互换，则得到基本微分运算电路，如图 5.17 所示。

根据集成运放“虚短”和“虚断”的原则可知 $u_n = u_p = 0$，为“虚地”。电容两端电压 $u_C = u_i$，由图 5.17 可知

$$i_F = i_C = C\frac{du_C}{dt}$$

则输出电压 u_o为

$$u_o = -i_F R_F = -R_F C\frac{du_i}{dt} \tag{5.3.9}$$

可见，输出电压与输入电压的变化率成比例，从而实现微分运算。式中 $R_F C$ 为电路的时间常数。

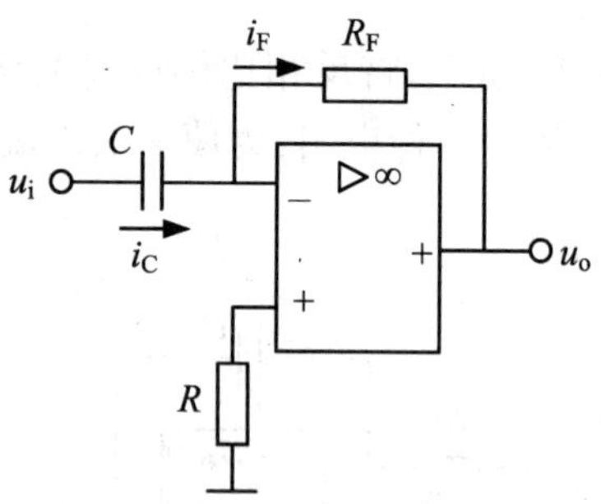

图 5.17　微分运算电路

5.3.7　基本运算电路应用举例

例 5.2　理想运放电路如图 5.18 所示，试求输出电压与输入电压的关系式。

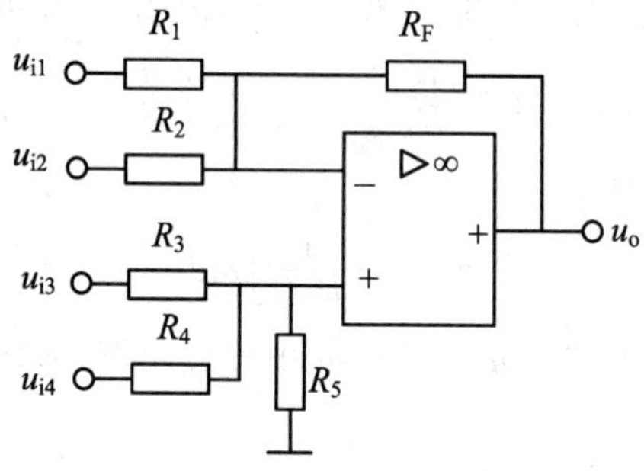

图 5.18　例 5.2 电路图

解：当 $u_{i3}=u_{i4}=0$ 时，由电路可求得

$$u_o' =-\frac{R_F}{R}u_{i1}-\frac{R_F}{R_2}u_{i2}$$

当 $u_{i1}=u_{i2}=0$ 时，由电路可求得

$$u_o'' = (1+\frac{R_F}{R_1//R_2})u_p$$

利用叠加原理可求得上式中运放同相输入端电压为

$$u_p = \frac{R_4}{R_3+R_4}u_{i3}+\frac{R_3}{R_3+R_4}u_{i4}$$

于是，得输出电压 u_o 为

$$u_o = u_o' + u_o''$$

$$= -\frac{R_F}{R_1}u_{i1} - \frac{R_F}{R_2}u_{i2} + (1 + \frac{R_F}{R_1//R_2})(\frac{R_4}{R_3 + R_4}u_{i3} + \frac{R_3}{R_3 + R_4}u_{i4})$$

例 5.3 如图 5.19 所示电路，是由集成运放构成的运算电路，试说明电路中各电阻分别取何值，才能得到 $u_o = 2u_{i1} + 5u_{i2} + u_{i3}$。

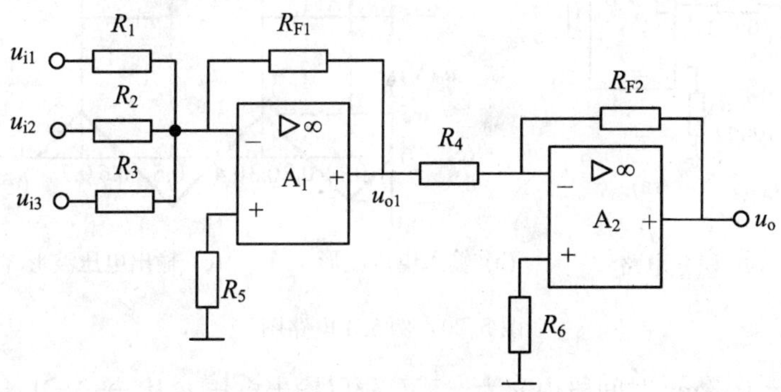

图 5.19 例 5.3 电路图

解:运放 A_1 组成反相加法运算，由式(5.3.3)推导可得

$$u_{o1} = -(\frac{R_{F1}}{R_1}u_{i1} + \frac{R_{F1}}{R_2}u_{i2} + \frac{R_{F1}}{R_3}u_{i3}) \tag{5.3.10}$$

运放 A_2 组成反相比例运算，由式(5.3.1)推导可得

$$u_o = -\frac{R_{F2}}{R_4}u_{o1}$$

将式(5.3.10)代入上式，可得输出信号与输入信号之间的关系为

$$u_o = -\frac{R_{F2}}{R_4}u_{o1} = (\frac{R_{F1}}{R_1}u_{i1} + \frac{R_{F1}}{R_2}u_{i2} + \frac{R_{F1}}{R_3}u_{i3})\frac{R_{F2}}{R_4}$$

令 $\frac{R_{F1}}{R_1} = 2$、$\frac{R_{F1}}{R_2} = 5$、$\frac{R_{F1}}{R_3} = 1$，同时取 $R_{F1} = R_{F2} = R_4 = 10\ \text{k}\Omega$，则当 $R_1 = 5\ \text{k}\Omega$、$R_2 = 2\ \text{k}\Omega$、$R_3 = 10\ \text{k}\Omega$ 时，有 $u_o = 2u_{i1} + 5u_{i2} + u_{i3}$。

例 5.4 基本积分电路如图 5.20(a)所示，输入信号 u_i 为一对称方波，如图 5.20(b)所示，集成运放最大输出电压为±10 V，$t=0$ 时电容器上的电压为零，试画出理想情况下输出电压的波形。

解:由图 5.20(a)可求得电路的时间常数为

$$\tau = R_1C = 10 \times 10 = 0.1(\text{ms})$$

根据运放输入端“虚地”可知，输出电压等于电容电压，$u_o = -u_C$，$u_o(0) = 0$。在 0～0.1 ms 时间段内 u_i 为 +5 V，根据积分电路的工作原理，输出电压 u_o 从零开始线性减小，在 $t = 0.1$ ms 时达到负最大值，其值为

$$u_o\big|_{t=0.1}=-\frac{1}{R_1C}\int_0^t u_i\mathrm{d}t+u_o(0)=-\frac{1}{0.1}\int_0^{0.1}5\mathrm{d}t=-5(\mathrm{V})$$

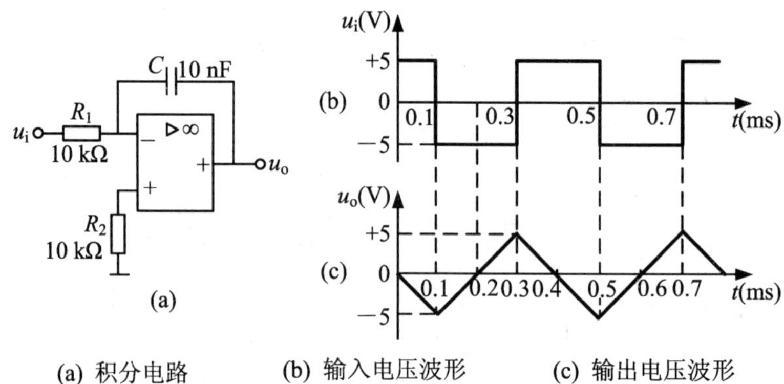

(a) 积分电路　　(b) 输入电压波形　　(c) 输出电压波形

图 5.20　例 5.4 电路图

在 0.1～0.3 ms 时间段内 u_i 为 −5 V，所以输出电压 u_o 从 −5 V 开始线性增大，在 t=0.3 ms 时达到正最大值，其值为

$$u_o\big|_{t=0.3}=-\frac{1}{R_1C}\int_{0.1}^{0.3}u_i\mathrm{d}t+u_o\big|_{t=0.1}=-\frac{1}{0.1}\int_{0.1}^{0.3}(-5)\mathrm{d}t+(-5)=+5(\mathrm{V})$$

从以上分析可知，输出电压与输入电压为线性积分关系。由于输入信号 u_i 为一对称方波，故输出电压波形为一三角波，波形如图 5.20(c)所示。

思考题

1. 由集成运放构成的基本运算电路有哪些？运放工作在什么状态？
2. 比较并说明反相、同相比例运算电路的结构和特点。
3. 能否将反相输入放大电路的“虚地”点直接接地，为什么？

5.4　有源滤波电路

滤波电路的基本功能是从输入信号中选出需要的频率成分，滤除其他不需要的频率成分。按所处理的信号是连续变化的还是离散的，可分为模拟滤波电路和数字滤波电路，本节仅讨论模拟滤波电路。按电路中是否含有源器件，可分为无源滤波电路和有源滤波电路。按幅频特性的不同，滤波电路可分为低通滤波电路(low pass filter，简称 LPF)、高通滤波电路(high pass filter，简称 HPF)、带通滤波电路(band pass filter,简称 BPF)和带阻滤波电路(band elimination filter,简称 BEF)等四大类。RC 无源滤波电路传递函数幅度小,带负载能力差。由集成运放和 R、C 元件组成的有源滤波电路具有传递增益大,带负载能力强,有利于改善电路滤波特性。

5.4.1 有源低通滤波电路

1. 一阶有源低通滤波电路

如图 5.21(a)所示为由 RC 低通电路与集成运算放大器构成的一阶有源低通滤波电路。一阶有源低通滤波器通带内具有增益 A_{uf},同时,采用同相输入比例运算电路,可将实际负载 R_L 与无源 RC 滤波电路隔开,从而使 R_L 对滤波器特性影响很小。

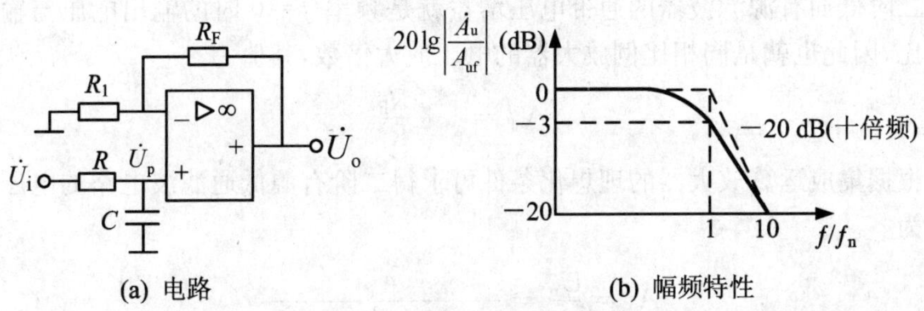

图 5.21 一阶有源低通滤波电路

由图 5.21 可知,一阶有源低通滤波电路的电压传输系数为

$$\dot{A}_u=\frac{\dot{U}_o}{\dot{U}_i}=\frac{\dot{U}_o}{\dot{U}_p}\frac{\dot{U}_p}{\dot{U}_i}=\left(1+\frac{R_F}{R_1}\right)\frac{1}{1+j\dfrac{f}{f_H}}=\frac{A_{uf}}{1+j\dfrac{f}{f_H}} \tag{5.4.1}$$

式中,$A_{uf}=1+\dfrac{R_F}{R_1}$为同相比例运算电路的电压增益,$f_H=\dfrac{1}{2\pi RC}$为该电路的上限截止频率。

将式(5.4.1)改写为

$$\frac{\dot{A}_u}{A_{uf}}=\frac{1}{1+j\dfrac{f}{f_H}} \tag{5.4.2}$$

其幅频特性为

$$\left|\frac{\dot{A}_u}{A_{uf}}\right| = \frac{1}{\sqrt{1+\left(\frac{f}{f_H}\right)^2}} \tag{5.4.3}$$

幅频特性曲线如图 5.21(b)所示，由图可见，一阶 RC 有源低通滤波电路的截止频率及频率特性与一阶 RC 无源低通滤波电路相同，引入集成运放组件，提高了电路的传递增益和带负载能力。

2. 二阶有源低通滤波电路

在一阶低通滤波电路的基础上，再加一级 RC 低通电路就构成二阶有源低通滤波电路，如图 5.22(a)所示。但图中第一级 RC 低通电路中 C 的下端不接地而接到集成运放的输出端，可在截止频率附近引入正反馈，使其幅频特性得到改善。由于图中集成运放构成的同相比例运算电路实际上就是所谓压控电压源，故该电路称为压控电压源二阶低通滤波电路。

二阶低通有源滤波器的通带电压增益就是频率 $f=0$ 时的输出电压与输入电压之比，因此也就是同相比例放大器的电压放大倍数，其值为

$$A_{uf} = 1+\frac{R_F}{R_1}$$

根据集成运算放大器的理想化条件可求得二阶有源低通滤波电路的电压传输系数为

$$\dot{A}_u = \frac{\dot{U}_o}{\dot{U}_i} = \frac{A_{uf}}{1-\left(\frac{f}{f_n}\right)^2+\mathrm{j}\frac{f}{Qf_n}} \tag{5.4.4}$$

式中，$f_n=\frac{1}{2\pi RC}$为该电路的特征频率，$Q=\frac{1}{3-A_{uf}}$称为等效品质因数。

将式(5.4.4)改写为

$$\frac{\dot{A}_u}{A_{uf}} = \frac{1}{1-\left(\frac{f}{f_n}\right)^2+\mathrm{j}\frac{f}{Qf_n}} \tag{5.4.5}$$

其幅频特性为

$$\left|\frac{\dot{A}_u}{A_{uf}}\right| = \frac{1}{\sqrt{\left[1-\left(\frac{f}{f_n}\right)^2\right]^2+\left(\frac{f}{Qf_n}\right)^2}} \tag{5.4.6}$$

根据式(5.4.6)画出二阶有源低通滤波电路在不同 Q 值下的幅频特性曲线如图5.22(b)所示。

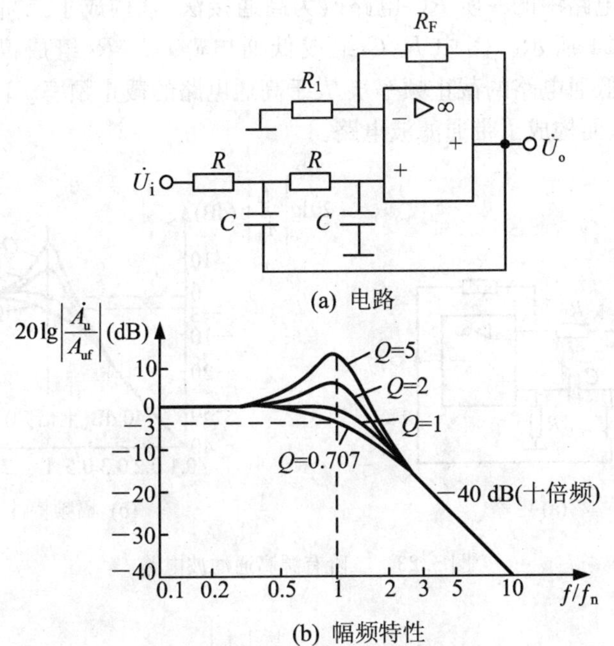

图 5.22　二阶有源低通滤波电路

5.4.2 有源高通滤波电路

图 5.23(a)所示为二阶有源高通滤波电路，它是将二阶有源低通滤波电路中滤波元件 R 和 C 的位置互换，所以高通滤波电路与低通滤波电路具有对偶关系。由此电路分析可求得高通滤波电路的电压传输系数为

$$\dot{A}_u=\frac{\dot{U}_o}{\dot{U}_i}=\frac{A_{uf}}{1-\left(\frac{f_n}{f}\right)^2-j\frac{f_n}{Qf}} \tag{5.4.7}$$

式中，$A_{uf}=1+\frac{R_F}{R_1}$，$f_n=\frac{1}{2\pi RC}$，$Q=\frac{1}{3-A_{uf}}$，分别为二阶有源高通滤波电路的通带电压增益、特征频率和等效品质因数。

画出高通滤波电路在不同 Q 值下的幅频特性曲线如图 5.23(b)所示。

5.4.3 有源带通滤波电路

电路只允许某一频段内的信号通过，有上限和下限两个截止频率，只要将二阶有源低通滤波电路中的一阶 RC 电路改为高通接法，就构成了二阶有源带通滤波电路，如图 5.24 所示。图中 R、C 组成低通电路，C_1、R_3 组成高通电路，要求 $RC<R_3C_1$，故低通电路的截止频率 f_L 大于高通电路的截止频率 f_H，两者之间形成了一个通带，从而构成了带通滤波电路。

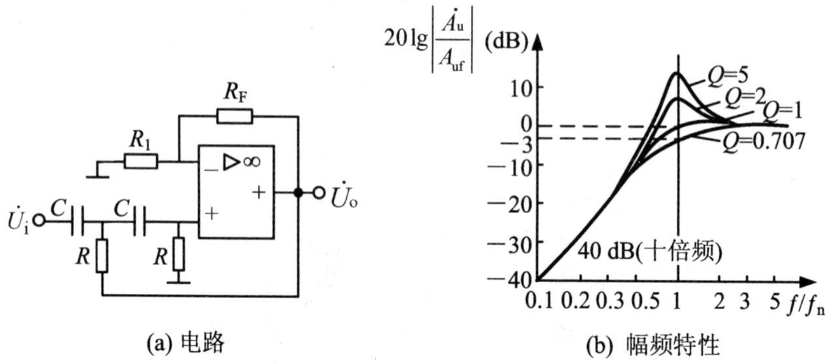

图 5.23 二阶有源高通滤波电路

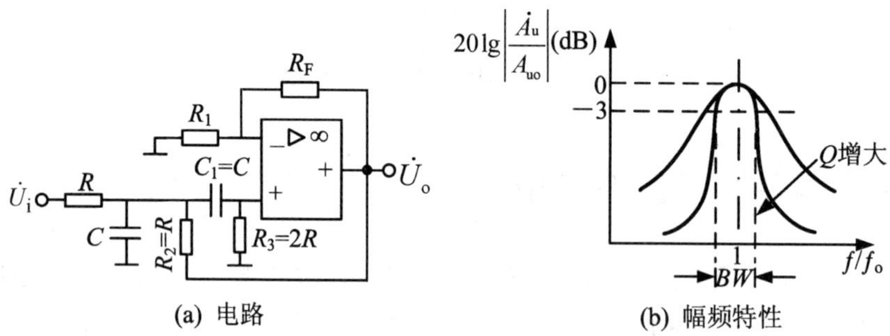

图 5.24 有源带通滤波电路

由图 5.24 分析可得二阶有源带通滤波电路的电压传输系数为

$$\dot{A}_u=\frac{\dot{U}_o}{\dot{U}_i}=\frac{A_{uf}}{\frac{1}{Q}+j\left(\frac{f}{f_0}-\frac{f_0}{f}\right)} \tag{5.4.8}$$

式中，$A_{uf}=1+\frac{R_F}{R_1}$ 为同相比例运算电路的电压增益，$f_0=\frac{1}{2\pi RC}$ 既是特征频率，也是带通滤波电路的中心频率，$Q=\frac{1}{3-A_{uf}}$ 为等效品质因数。

当 $f=f_0$ 时，带通滤波电路具有最大电压增益，得出通带放大倍数为

$$A_{uo}=\frac{A_{uf}}{3-A_{uf}} \tag{5.4.9}$$

带通滤波电路的幅频特性曲线如图 5.24(b)所示。由图可见,Q 值越大,滤波电路的通带放大倍数越大,通频带越窄。该电路的优点是改变放大器反相端电阻 R_F 与 R_1 的比值,即可以调整带通滤波器的通带宽度,但并不影响中心频率。

5.4.4 有源带阻滤波电路

有源带阻滤波电路是能够阻止某一频段的信号通过,而让该频段之外的所有信号通过的滤波电路,其作用是达到抗干扰的目的。图 5.25(a)是其原理示意图,由低通和高通滤波电路组成。其中,低通滤波电路的截止频率 f_H 应小于高通滤波电路的截止频率 f_L。因此,电路的阻带为($f_L - f_H$),其幅频特性如图5.25(b)所示。具体电路和原理分析请参阅参考文献。

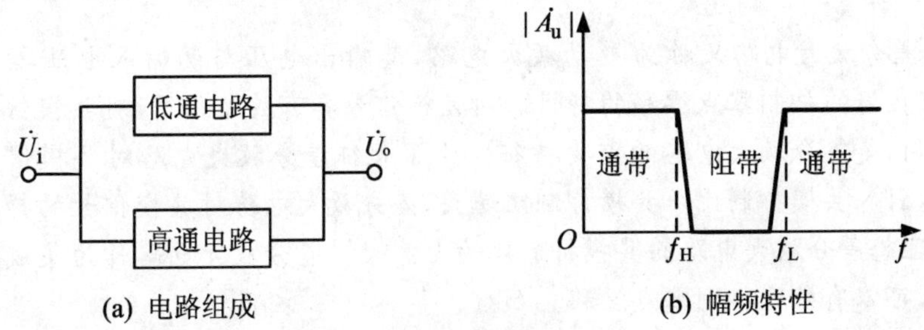

图 5.25 有源带阻滤波电路原理示意图

例 5.5 如图 5.22(a)所示的二阶有源低通滤波电路,已知 $R=140\ \text{k}\Omega$, $C=0.01\ \mu\text{F}$, $R_1=150\ \text{k}\Omega$, $R_F=100\ \text{k}\Omega$,求该滤波电路的特征频率 f_n、通带增益 A_{uf} 及品质因数 Q 值。

解:滤波电路的特征频率为

$$f_n = \frac{1}{2\pi RC} = \frac{1}{2\pi \times 140 \times 10^3 \times 0.01 \times 10^{-6}} \approx 113.7(\text{Hz})$$

通带增益为

$$A_{uf} = 1 + \frac{R_F}{R_1} = 1 + \frac{100}{150} \approx 1.667$$

等效品质因数为

$$Q = \frac{1}{3 - A_{uf}} = \frac{1}{3 - (1 + \frac{100}{150})} = 0.75$$

思考题

1. 什么是有源滤波器？有哪几种类型？
2. 有源滤波电路与无源滤波电路相比有何特点？
3. 二阶低通滤波电路与一阶低通滤波电路在电路上有什么异同？
4. 什么是高通、带通、带阻滤波电路？它们的电路结构有何特点？

本章小结

1. 差分放大电路又称为差动放大电路，其输出电压与两输入电压之差成正比，具有良好的抑制零点漂移的特性。对差模信号具有放大作用，对共模信号具有抑制作用，是差分放大电路的重要特征。为了表征差分放大电路对共模信号的抑制能力，引入共模抑制比。共模抑制比越大，差分放大电路对共模信号的抑制能力越强。理想差分放大电路的共模抑制比为无穷大。差分放大电路作为集成运放的输入级，可以有效地抑制零点漂移。

2. 集成运算放大器简称集成运放，是一个高增益直接耦合放大电路，主要完成对信号的模拟运算。集成运放的输入级使用高性能的差分放大电路，对共模信号有很强的抑制能力；中间级采用高开环放大倍数的放大电路，以保证运放的放大倍数；输出级由三极管或复合管组成，提供大的输出电压或电流。集成运放的种类很多，按性能指标可分为通用型运放和专用型运放。

3. 在实际应用中，除了要根据用途和要求正确选择运放的型号外，还必须注意调零、消除自激和保护措施等几个方面的问题。

4. 集成运放作为基本运算单元，接入适当的负反馈网络，可以组成比例运算、加法运算、减法运算、积分运算、微分运算等基本运算电路。基本运算电路中反馈电路都必须接到反相输入端以构成负反馈，使集成运放工作在线性状态。

5. 由集成运放构成的有源滤波电路属于信号处理电路，用来选取所需频段的信号而抑制其他频段的信号，它主要分为低通、高通、带通和带阻滤波器等。用运放组成的有源滤波电路与无源滤波电路相比，除在通带内可提供一定的增益外，还有负载对滤波电路特性影响小等优点。

习 题 5

5.1 填空题

(1) 集成运放电路采用直接耦合方式的原因是______。

(2) 集成运放的输入级采用差分放大电路是因为可以______。

(3) 为增大电压放大倍数,集成运放的中间级通常采用______。

(4) 差动放大器抑制零点漂移的效果取决于______。

(5) 两个输入信号的差叫______,共模输入信号是两个输入信号的______。

(6) 差动放大电路由双端输入变为单端输入,差模电压增益变为______。

(7) 差分放大电路,若两个输入信号 $u_{i1}=u_{i2}$,则输出电压 $u_o=$______;若 $u_{i1}=100\ \text{mV}$,$u_{i2}=80\ \text{mV}$,则差模电压 $u_{id}=$______,共模电压 $u_{ic}=$______。

(8) 集成运放反相输入端为虚地的为______比例运算电路,而______比例运算电路中集成运放两个输入端的电位等于输入电压。

(9) 在信号处理电路中,当有用信号频率低于 10 Hz 时,可选用______滤波器;有用信号频率高于 10 kHz 时,可选用______滤波器;希望抑制 50 Hz 的交流电源干扰时,可选用______滤波器;有用信号频率为某一固定频率,可选用______滤波器。

5.2 判断题

(1) 在相同条件下,阻容耦合放大电路的零点漂移比直接耦合电路大。( )

(2) 差分放大电路的差模放大倍数越大表示有用信号的放大倍数越大。( )

(3) 差分放大电路的共模抑制比越大表示共模信号的放大倍数越大。( )

(4) 运放的输入失调电压 U_{IO} 是两输入端电位之差。( )

(5) 运放的输入失调电流 I_{IO} 是两端电流之差。( )

(6) 有源负载可以增大放大电路的输出电流。( )

(7) 在输入信号作用时,偏置电路改变了各放大管的动态电流。( )

5.3 差分放大电路如图题 5.3 所示,已知 $V_{CC}=V_{EE}=12\ \text{V}$,$R_C=R_E=10\ \text{k}\Omega$,三极管的 $\beta=100$,$r_{bb'}=200\ \Omega$,$U_{BEQ}=0.7\ \text{V}$,试求:

(1) T_1、T_2 的静态工作点 I_{CQ1}、U_{CEQ1} 和 I_{CQ2}、U_{CEQ2};

(2) 差模电压放大倍数 $A_{ud}=u_{od}/u_{id}$;

(3) 差模输入电阻 R_{id} 和输出电阻 R_o。

5.4 差分放大电路如图题 5.4 所示,已知三极管的 $\beta=150$,$r_{bb'}=200\ \Omega$,

$U_{BEQ}=0.7$ V,调零电位器触头位于中间位置。

(1) 求各管 I_{CQ} 和 U_{CEQ};

(2) 画出该电路的差模交流通路,并求差模输入电阻 R_{id} 和输出电阻 R_o;

(3) 求 $u_{id1}=-u_{id2}=10$ mV 时的 u_o。

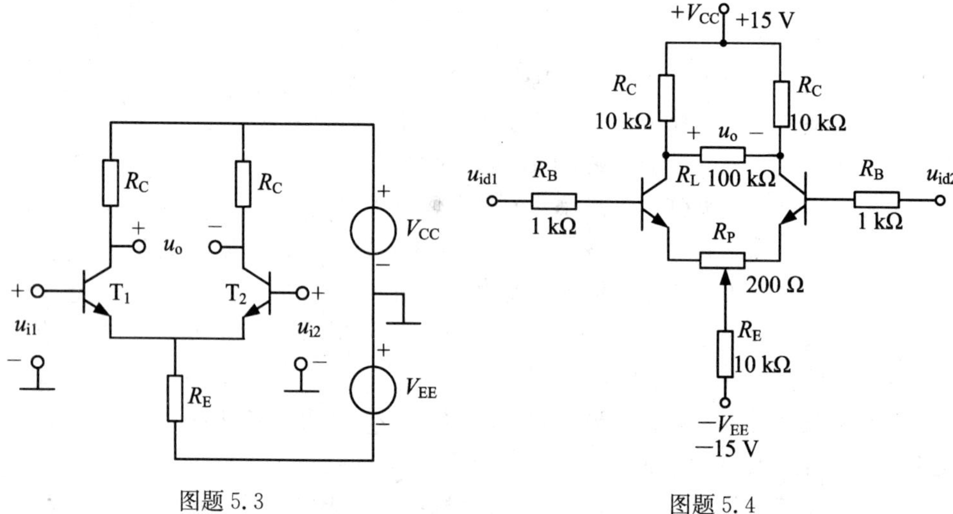

图题 5.3　　图题 5.4

5.5　已知一个集成运放的开环差模增益 A_{od} 为 100 dB,最大输出电压峰-峰值 $U_{opp}=\pm14$ V,分别计算差模输入电压 u_i 为 10 μV、100 μV、1 mV、1 V 和 −10 μV、−100 μV、−1 mV、−1 V 时的输出电压 u_o。

5.6　有一个比例运算电路,输入信号端电阻 $R_1=20$ kΩ,比例系数为 −100,则其采用何种比例运算电路?反馈电阻值为多少?

5.7　电路如图题 5.7 所示,$R_1=10$ kΩ,$R_2=20$ kΩ,$R_F=100$ kΩ,$u_{i1}=0.2$ V,$u_{i2}=-0.5$ V,求输出电压 u_o。

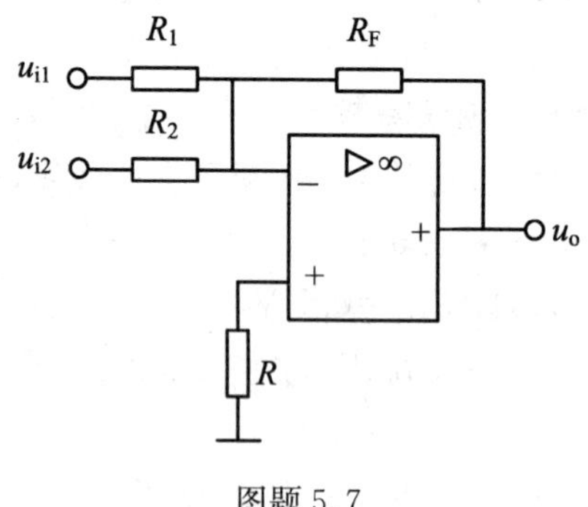

图题 5.7

5.8 图题 5.8 所示电路中，已知 $u_o=10u_{i1}+8u_{i2}-20u_{i3}$，$R_F=240\ \text{k}\Omega$，试求 R_1、R_2、R_3、R_4 的值。

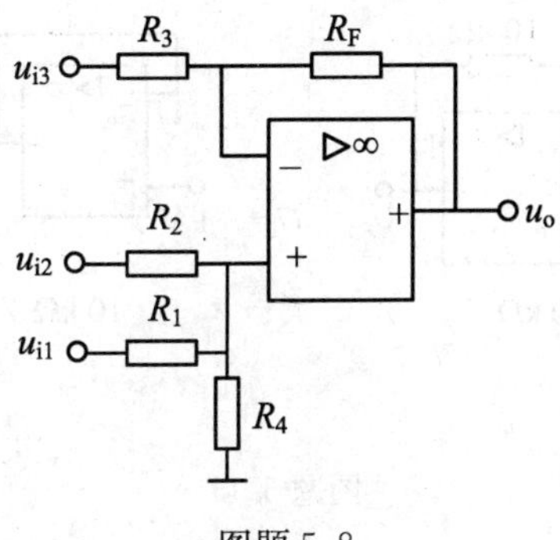

图题 5.8

5.9 求图题 5.9 所示电路中 u_o 与 u_{i1}、u_{i2} 的关系。

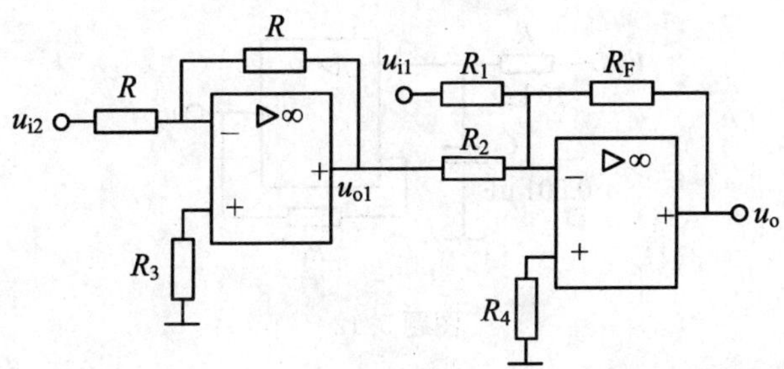

图题 5.9

5.10 求图题 5.10 所示电路中 u_o 与 u_{i1}、u_{i2} 的关系。

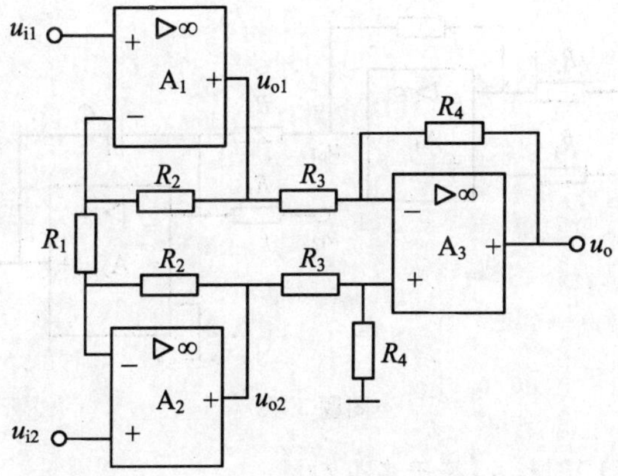

图题 5.10

5.11　如图题 5.11 所示电路中，所有运放为理想器件，试求各电路输出电压 U_O。

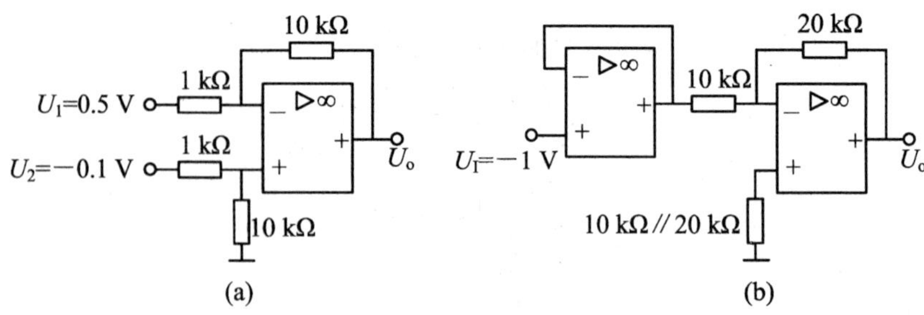

图题 5.11

5.12　图题 5.12 所示电路为一阶低通有源滤波器。设运算放大器为理想器件，试推导该电路的传递函数，并求出通带截止频率 f_p。

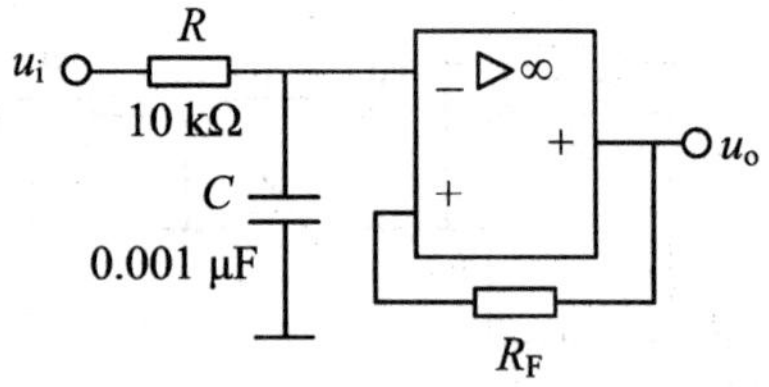

图题 5.12

5.13　在图题 5.13 所示电路中，设运算放大器是理想的，电阻 $R_1=33\ \mathrm{k\Omega}$，$R_2=50\ \mathrm{k\Omega}$，$R_3=300\ \mathrm{k\Omega}$，$R_4=R_F=100\ \mathrm{k\Omega}$，电容 $C=100\ \mathrm{mF}$。试求：

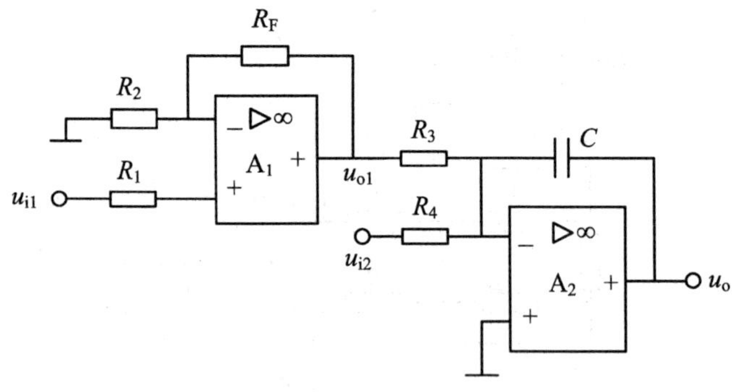

图题 5.13

(1) 当 $u_{i1}=1$ V 时，u_{o1} 等于多少？

(2) 要使 $u_{i1}=1$ V 时 u_o 维持在 0 V，u_{i2} 应为多大？（设电容两端的初始电

压 $u_C=0$)

(3) 设 $t=0$ 时 $u_{i1}=1\ \text{V}$, $u_{i2}=-2\ \text{V}$, $u_C=0\ \text{V}$,求 $t=10\ \text{s}$ 时 u_o 等于多少?

5.14 有源高通滤波电路如图题 5.14 所示,已知 $R_1=10\ \text{k}\Omega$, $R=6.2\ \text{k}\Omega$, $R_F=16\ \text{k}\Omega$, $C=0.01\ \mu\text{F}$,试求截止频率,并画出幅频特性。

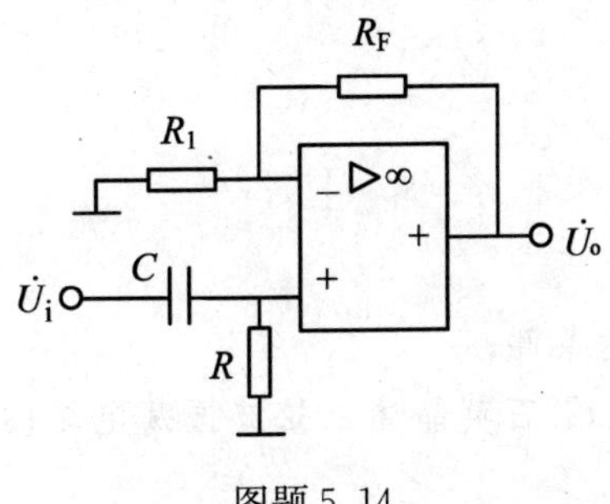

图题 5.14

第 6 章　信号产生电路

学习目标

- 了解正弦振荡的条件；
- 熟练掌握 RC、LC、石英晶体正弦波振荡电路的工作原理和振荡频率的计算；
- 掌握方波、三角波、锯齿波等非正弦波产生电路的组成及工作原理。

信号产生电路是一种能量转换装置，又称振荡器或波形发生器，用于产生一定频率、幅度和波形的交流信号。根据输出波形不同，可将信号产生电路分为正弦波振荡电路和非正弦波振荡电路两大类，其中正弦波振荡电路按电路形式可分为 *RC* 正弦波振荡电路、*LC* 正弦波振荡电路和石英晶体正弦波振荡电路等；非正弦波振荡电路按信号形式可分为方波振荡电路、三角波振荡电路和锯齿波振荡电路等。

6.1　正弦波振荡电路的基本原理

正弦波振荡电路能产生正弦波输出，它是在放大电路的基础上加上正反馈而形成的，是各类波形发生器和信号源的核心电路，广泛用于广播、通信、测量和自动控制系统中。正弦波发生电路也称为正弦波振荡电路或正弦波振荡器。

6.1.1　振荡电路的组成

为了产生正弦波，必须在放大电路里加入正反馈，因此，放大电路和正反馈网络是振荡电路的最主要部分。但是，这样两部分构成的振荡器一般得不到正弦波，这是由于很难控制正反馈的量。如果正反馈量大，则增幅，输出幅度越来越大，最后由三极管的非线性限幅，这必然产生非线性失真。反之，如果正反馈量不足，则减幅，可能停振，为此振荡电路要有一个稳幅电路。为了获得单一频率的正弦波输出，应该有选频网络，选频网络往往和正反馈网络或放大电路合而为一。选频网络由 R、L、C 等电抗性元件组成。正弦波振荡器的名称一般由选频网络来命名。故正弦波振荡电路一般由四部分组成：

(1) 放大电路

放大电路用于对交流信号起放大作用。

(2) 反馈网络

正反馈网络引入正反馈，供给维持振荡的能量，与放大电路共同满足振荡条件。

(3) 选频网络

选频网络选出振荡电路产生维持振荡所需要的信号频率，并有最大幅度的输出。

(4) 稳幅电路

稳幅电路利用电路元件的非线性特性和负反馈网络，限制输出幅度的增大，达到稳幅的目的。

6.1.2 正弦波振荡电路的振荡条件

1. 振荡的平衡条件

正弦波振荡电路框图如图 6.1 所示。

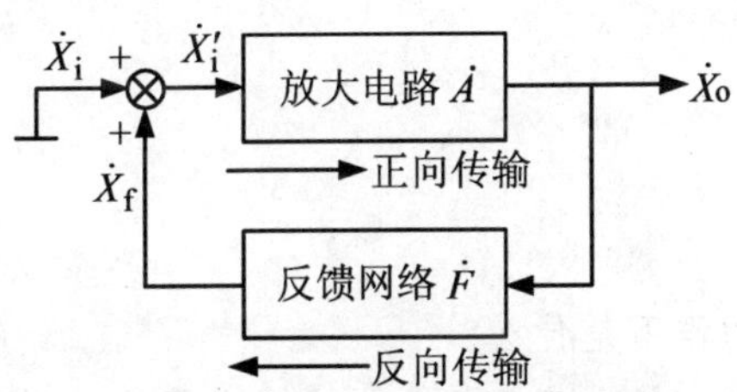

图 6.1　正弦波振荡电路框图

由图 6.1 可知

$$\dot{A}=\frac{\dot{X}_o}{\dot{X}'_i};\quad \dot{F}=\frac{\dot{X}_f}{\dot{X}_o} \tag{6.1.1}$$

$$\dot{X}_f=\dot{F}\dot{X}_o=\dot{A}\dot{F}\dot{X}'_i \tag{6.1.2}$$

振荡电路的输入信号 $\dot{X}_i=0$ 时，$\dot{X}_f=\dot{X}'_i$，电路仍能输出一定幅度和频率的信号波形，因此可得正弦波振荡的平衡条件为

$$\dot{A}\dot{F}=|\dot{A}\dot{F}|\angle(\varphi_a+\varphi_f)=1 \tag{6.1.3}$$

式中，φ_a 和 φ_f 分别为放大倍数 $\dot{A}$ 和反馈系统 $\dot{F}$ 的相角。

由式(6.1.3)可知振荡的平衡条件包括振幅平衡条件和相位平衡条件两个方面。

(1) 振幅平衡条件

$$|\dot{A}\dot{F}|=1 \tag{6.1.4}$$

(2) 相位平衡条件

$$\varphi_a+\varphi_f=2n\pi \quad (n=0,1,2,\cdots) \tag{6.1.5}$$

作为稳态振荡电路，振荡的振幅平衡条件和相位平衡条件必须同时得到满足。振幅的平衡条件是相对振荡电路进入稳态振荡而言的，利用振幅平衡条件可以确定振荡电路的输出信号幅值；利用相位平衡条件可以确定振荡电路输出信号的频率。

2. 振荡的起振条件

振荡电路自起振到进入稳态需要一个过程，当振荡电路接通电源后，振荡环路中存在的微弱电扰动(如噪声和干扰信号)作为放大电路的初始输入信号，该信号经多次循环选频、放大，输出信号的幅度迅速增大，使放大电路进入非线性工作区，放大倍数 $\dot{A}$ 下降，最后达到稳幅状态。因此，为使振荡电路能够起振，必须满足 $\dot{X}_f>\dot{X}_i'$，即

$$|\dot{A}\dot{F}|>1 \tag{6.1.6}$$

式(6.1.6)就是振荡电路的振幅起振条件。振荡电路的相位起振条件与相位平衡条件相同。

思考题

1. 信号产生电路的作用是什么?
2. 正弦波振荡电路一般由哪几部分组成? 各部分的作用是什么?
3. 正弦波振荡电路的起振条件和平衡条件分别是什么?

6.2 *RC* 正弦波振荡电路

由 *RC* 选频网络构成的正弦波振荡电路称为 *RC* 正弦波振荡电路，主要用于产生频率为 1 MHz 以下的低频正弦信号。常用的 *RC* 正弦波振荡电路有 *RC* 桥式振荡电路、*RC* 移相式振荡电路和双 T 网络式振荡电路等类型。

6.2.1 RC 桥式振荡电路

1. RC 串并联网络的选频特性

由 RC 组成的串并联选频网络如图 6.2 所示，RC 串联电路的阻抗用 Z_1 表示，RC 并联电路的阻抗用 Z_2 表示。则有

$$Z_1 = R + \frac{1}{\mathrm{j}\omega C};\quad Z_2 = R // \frac{1}{\mathrm{j}\omega C} = \frac{R}{1+\mathrm{j}\omega RC} \tag{6.2.1}$$

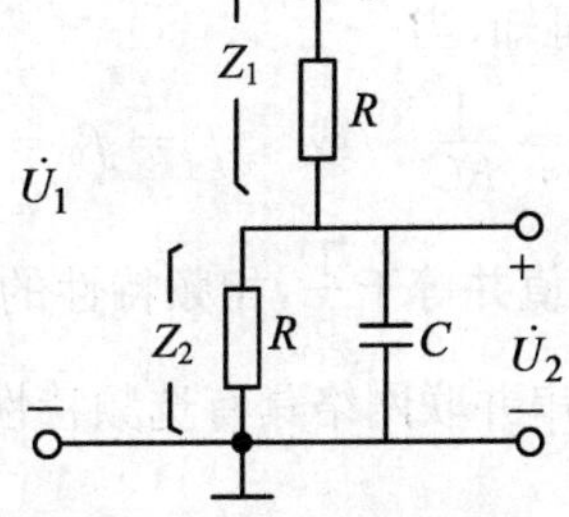

图 6.2 RC 串并联选频网络

由图 6.2 可知 RC 串并联选频网络的电压传输系数 $\dot{F}$ 为

$$\dot{F} = \frac{\dot{U}_2}{\dot{U}_1} = \frac{Z_2}{Z_1+Z_2} = \frac{\dfrac{R}{1+\mathrm{j}\omega RC}}{R+\dfrac{1}{\mathrm{j}\omega C}+\dfrac{R}{1+\mathrm{j}\omega RC}}$$

$$= \frac{1}{3+\mathrm{j}\left(\omega RC - \dfrac{1}{\omega RC}\right)} \tag{6.2.2}$$

若令 $\omega_0 = \dfrac{1}{RC}$，则上式变为

$$\dot{F} = \frac{1}{3+\mathrm{j}\left(\dfrac{\omega}{\omega_0} - \dfrac{\omega_0}{\omega}\right)} \tag{6.2.3}$$

由式(6.2.3)可得 RC 串并联选频网络的幅频特性和相频特性分别为

$$|\dot{F}| = \frac{1}{\sqrt{3^2+\left(\dfrac{\omega}{\omega_0} - \dfrac{\omega_0}{\omega}\right)^2}} \tag{6.2.4}$$

$$\varphi_{\mathrm{f}} = -\arctan\frac{\dfrac{\omega}{\omega_0} - \dfrac{\omega_0}{\omega}}{3} \tag{6.2.5}$$

画出 RC 串并联选频网络的幅频特性和相频特性曲线如图 6.3 所示。

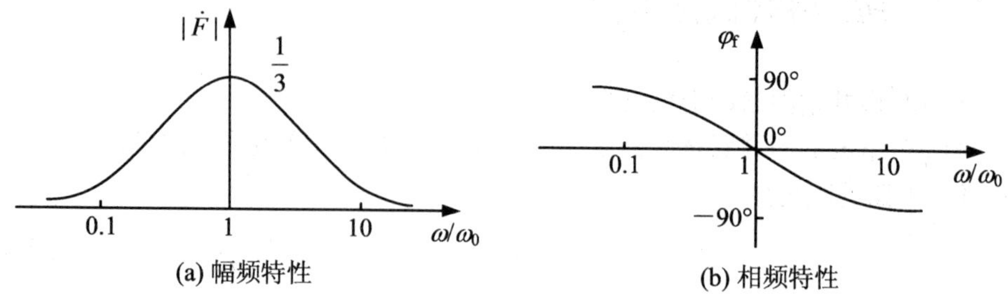

图 6.3　RC 串并联选频网络的频率特性

由式(6.2.4)和(6.2.5)可知，当

$$\omega = \omega_0 = \frac{1}{RC} \quad 或 \quad f = f_0 = \frac{1}{2\pi RC} \tag{6.2.6}$$

时，幅频特性的幅值达到最大值并等于$\frac{1}{3}$，相频特性的相位角 φ_f 等于 0°，输出电压与输入电压同相位，所以 RC 串并联网络具有选频特性，其中 ω_0称为 RC 选频网络的固有频率。

2. RC 桥式振荡电路

RC 桥式振荡电路如图 6.4 所示，它主要由放大电路和选频网络两部分组成。RC 串并联网络连接运算放大器的同相输入端和输出端，构成正反馈；R_1、R_F 连接运算放大器的反相输入端和输出端，构成负反馈。由图可知，RC 串并联网络与 R_1、R_F 正好形成一个文氏电桥，因此，这种电路被称为 RC 桥式振荡电路（又称文氏电桥振荡器）。

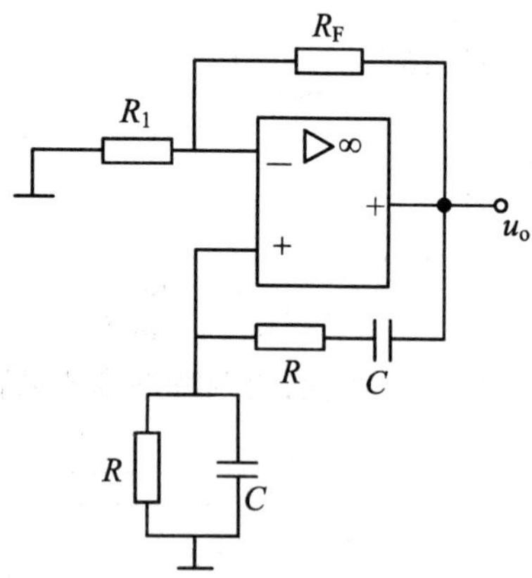

图 6.4　RC 桥式正弦波振荡电路

由图 6.4 可知，振荡信号由同相端输入，构成同相运算放大电路，其闭环电压放大倍数 $\dot{A}_u=1+\frac{R_F}{R_1}$。因为振荡电路的振幅起振条件 $|\dot{A}\dot{F}|>1$，RC 选频网络在 $\omega=\omega_0=\frac{1}{RC}$ 时，$\varphi_f=0°$，$|\dot{F}|=\frac{1}{3}$，为满足起振条件，必须有 $|\dot{A}_u|=1+\frac{R_F}{R_1}>3$，即 $R_F>2R_1$。通过调节 R_F 与 R_1 的比值就能满足电路自激振荡的振幅和相位起振条件，振荡频率由式(6.2.6)决定，即 $f_0=\frac{1}{2\pi RC}$。如果 $|\dot{A}_u|$ 的值远大于 3，随着输出信号振幅的增大，放大器进入非线性工作区，输出波形将产生严重的非线性失真。

为改善输出波形，稳定振荡幅度，在放大电路的负反馈回路中采用非线性元件来自动调节反馈的强弱以维持输出波形的稳定。例如，在图 6.4 所示电路中，R_F 可以采用具有负温度系数的热敏电阻。起振时，电路中的电流为零，热敏电阻 R_F 处于冷态，阻值较大，满足起振条件，随着输出电压幅度的增大，流经热敏电阻 R_F 的电流随之增大，温度升高，阻值减小，负反馈加强，放大电路的增益下降，从而使输出电压幅度下降；反之，当输出电压下降时，流经热敏电阻 R_F 的电流减小，阻值增大，负反馈减弱，放大电路的增益上升，从而使输出电压幅度回升，因此可以自动稳定输出电压的幅度。

3. 实用电路举例

图 6.5 所示为一实用 RC 桥式正弦波振荡电路。其中 RC 串并联电路构成正

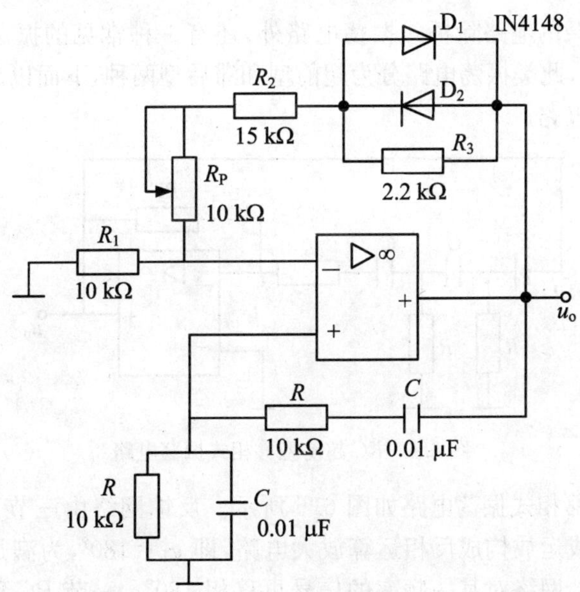

图 6.5 实用 RC 桥式正弦波振荡电路

反馈支路，同时兼作选频网络，R_1、R_2、R_P 及二极管等元件构成负反馈和稳幅环节。调节电位器 R_P，可以改变负反馈深度，以满足振荡的振幅条件和改善波形。利用两个反向并联二极管 D_1、D_2 正向电阻的非线性特性来改善输出波形，稳定输出幅度。D_1、D_2 采用硅管（温度稳定性好），且要求特性匹配，才能保证输出波形正、负半周对称。R_3 的接入是为了削弱二极管非线性的影响，以改善波形失真。

起振时，由于 U_o 很小，D_1、D_2 接近于开路，R_3、D_1、D_2 并联电路的等效电阻近似等于 R_3，此时，$|\dot{A}|=1+\dfrac{R_2+R_3+R_P}{R_1}>3$，电路产生振荡。随着 U_o 的增大，D_1、D_2 导通，R_3、D_1、D_2 并联电路的等效电阻减小，$|\dot{A}|$ 随之下降，使 $|\dot{A}|=3$，U_o 幅度趋于稳定。电路的振荡频率 $f_0=\dfrac{1}{2\pi RC}$，起振的幅值条件为 $\dfrac{R_F}{R_1}>2$，式中 $R_F=R_P+R_2+R_3//r_D$，r_D 为二极管正向导通电阻。

调整反馈电阻 R_F（即调 R_P），使电路起振，且波形失真最小。如不能起振，则说明负反馈太强，应适当加大 R_F。如波形失真严重，则应适当减小 R_F。

改变选频网络的参数 C 或 R，即可调节振荡频率，一般采用改变电容 C 作频率量程切换，而调节 R 作量程内的频率细调。

6.2.2 RC 移相式振荡电路

RC 正弦波振荡电路除桥式振荡电路外，还有一种常见的振荡电路，称为 RC 移相式振荡电路，此类振荡电路分为超前型和滞后型两种，下面以超前型为例分析 RC 移相式振荡电路。

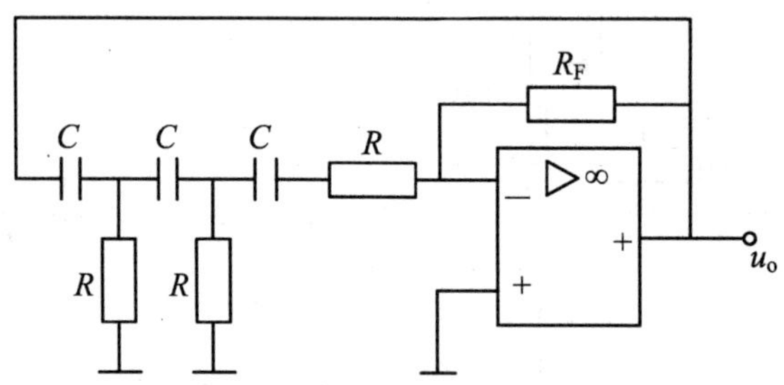

图 6.6　RC 超前型移相式振荡电路

RC 超前型移相式振荡电路如图 6.6 所示。反馈网络由三节 RC 超前移相式电路构成，与集成运放构成反相运算放大电路，即 $\varphi_f=180°$，为满足振荡的相位平衡条件，要求反馈网络对某一频率的信号再移相 180°。一节 RC 移相网络最大相移为 90°；二节 RC 移相网络最大相移为 180°，但此时输出电压接近于零；三节 RC

移相网络最大相移为270°,因对不同频率的信号所产生的相移不同,所以总有某一个频率的信号通过此网络产生的相移刚好为180°,即 $\varphi_a+\varphi_f=360°$或0°,从而满足相位平衡条件产生振荡,该频率即为振荡频率 f_0。根据相位平衡条件和幅值平衡条件,可求得移相式振荡电路的振荡频率和起振条件分别为

$$f_0=\frac{1}{2\pi\sqrt{6}RC} \tag{6.2.7}$$

$$|\dot{A}|>29 \tag{6.2.8}$$

RC移相式振荡器电路具有结构简单、使用方便等优点。其缺点是选频性能较差,频率调节不方便,输出波形较差,一般只用于振荡频率固定,稳定性要求不高的场合。

思考题

1. 常用的RC正弦波振荡电路有哪些类型?
2. 为什么说RC串并联网络具有选频特性? 阐述其工作原理。
3. 说明图6.5所示RC桥式正弦波振荡电路的稳幅原理。
4. 文氏电桥振荡电路的振荡频率决定于哪些因素?
5. 根据图6.6所示电路画出RC滞后型移相式振荡电路图,并分析振荡原理。

6.3 LC正弦波振荡电路

采用LC谐振回路作为选频网络的正弦波振荡电路称为LC正弦波振荡电路,主要用来产生1 MHz以上的高频正弦振荡信号,其产生正弦振荡的原理与RC正弦波振荡电路基本相同。根据反馈形式的不同,LC正弦波振荡电路可分为变压器反馈式振荡电路和三点式振荡电路。

6.3.1 LC谐振回路的频率特性

LC并联谐振回路如图6.7(a)所示。图中 r 表示回路的等效损耗电阻,由图可知,LC并联谐振回路的等效电阻为

$$Z=\frac{(r+\mathrm{j}\omega L)\frac{1}{\mathrm{j}\omega C}}{r+\mathrm{j}\omega L+\frac{1}{\mathrm{j}\omega C}} \tag{6.3.1}$$

一般情况下有 $r\ll \mathrm{j}\omega L$，所以

$$Z\approx\frac{\mathrm{j}\omega L\frac{1}{\mathrm{j}\omega C}}{r+\mathrm{j}\omega L+\frac{1}{\mathrm{j}\omega C}}=\frac{\frac{L}{C}}{r+\mathrm{j}\left(\omega L-\frac{1}{\omega C}\right)} \tag{6.3.2}$$

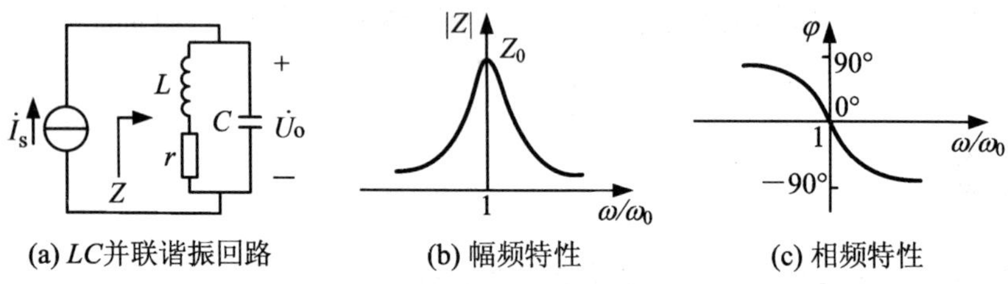

(a) LC并联谐振回路　(b) 幅频特性　(c) 相频特性

图 6.7　LC 并联谐振回路的频率特性

当 $\omega L=\frac{1}{\omega C}$时，LC 并联回路发生谐振，由式(6.3.2)可知并联谐振回路的谐振频率为

$$\omega_0=\frac{1}{\sqrt{LC}}\quad 或\quad f_0=\frac{1}{2\pi\sqrt{LC}} \tag{6.3.3}$$

谐振时回路的等效阻抗为纯电阻且最大，称为谐振电阻，用 Z_0表示，即

$$Z_0=\frac{L}{Cr}=Q\omega_0 L=\frac{Q}{\omega_0 C}=Q\sqrt{\frac{L}{C}} \tag{6.3.4}$$

式中，$Q=\frac{\omega_0 L}{r}=\frac{1}{\omega_0 Cr}=\sqrt{\frac{L}{C}}\Big/r$，称为谐振回路的品质因数，用来评价回路损耗的大小，一般都在几十到几百范围内。

将式(6.3.3)和(6.3.4)代入式(6.3.2)，可得并联谐振回路的阻抗频率特性为

$$Z=\frac{Z_0}{1+\mathrm{j}Q\left(\frac{\omega}{\omega_0}-\frac{\omega_0}{\omega}\right)} \tag{6.3.5}$$

幅频特性为

$$|Z|=\frac{Z_0}{\sqrt{1+Q^2\left(\frac{\omega}{\omega_0}-\frac{\omega_0}{\omega}\right)^2}} \tag{6.3.6}$$

相频特性为

$$\varphi = -\arctan Q\left(\frac{\omega}{\omega_0} - \frac{\omega_0}{\omega}\right) \tag{6.3.7}$$

画出幅频特性和相频特性曲线如图 6.7(b)、(c)所示，从图中可以看出，LC 并联谐振回路具有很好的选频作用。

6.3.2 变压器反馈式 LC 谐振电路

变压器反馈式 LC 正弦波振荡电路如图 6.8 所示，R_{B1}、R_{B2} 和 R_E 为共射极放大电路的直流偏置电阻，C_B 为耦合电容，C_E 为发射极旁路电容，对振荡频率来说，C_B、C_E 的阻抗很小，可视为短路。L、C 并联谐振回路构成选频放大器，作为放大器的负载。L_1 接负载电阻，L_2 为正反馈线圈。反馈线圈 L_2 与电感线圈 L 相耦合，将反馈信号送入三极管的输入回路。

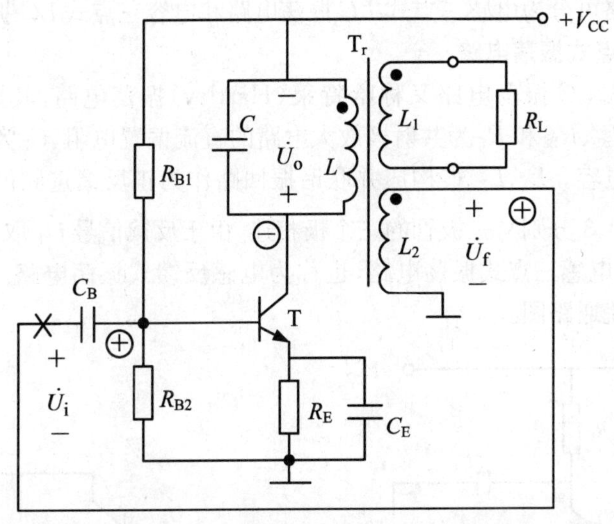

图 6.8 变压器反馈式 LC 正弦波振荡电路

由图 6.8 可见，当 LC 并联谐振回路发生谐振时，LC 并联回路的等效阻抗呈纯电阻性，因此，$\dot{U}_o$ 与 $\dot{U}_i$ 反相，即 $\varphi_a = 180°$。若变压器的同名端如图 6.8 所示，则有 $\dot{U}_o$ 与 $\dot{U}_f$ 反相，即 $\varphi_f = 180°$。所以，$\dot{U}_i$ 与 $\dot{U}_f$ 同相，保证电路为正反馈，满足了振荡的相位平衡条件。

电路要振荡，还要满足振幅起振条件 $|\dot{A}\dot{F}| > 1$，一般只要晶体管的 β 值较大，或变压器有足够的耦合度，就能满足振幅平衡条件，反馈线圈匝数越多，耦合越强，电路越容易起振。振荡频率近似等于 LC 并联谐振回路的谐振频率，即

$$f_0 = \frac{1}{2\pi\sqrt{LC}} \tag{6.3.8}$$

变压器反馈式 LC 振荡电路的优点是电路易于起振，输出电压大，通过改变 LC 并联回路的电容可以方便地实现振荡频率的调整。缺点是由于反馈信号取自电感两端，输出波形不理想，因其频率稳定度较差，绕组分布电容影响大，一般只用于中短波。

6.3.3 三点式 LC 振荡电路

三点式振荡电路是一种常见的 LC 正弦波振荡电路，电路中 LC 并联谐振回路的三个端子分别与放大器中晶体三极管的三个电极相连，使谐振回路既作为三极管的集电极负载，又作为正反馈的选频网络，故把这种电路称为三点式振荡电路。三点式振荡电路可分为电感三点式 LC 振荡电路和电容三点式 LC 振荡电路。

1. 电感三点式振荡电路

电感三点式 LC 振荡电路又称哈特莱(Hartley)振荡电路，其原理电路如图6.9(a)所示。R_{B1}、R_{B2} 和 R_E 为共射极放大电路的直流偏置电阻，C_B 为耦合电容，C_E 为发射极旁路电容。L_1、L_2、C 构成并联谐振回路作为正反馈选频网络，谐振回路的三个端点1、2、3分别与三极管的三个极相连，由于反馈信号 $\dot{U}_f$ 取自于电感线圈 L_2 两端，故称为电感三点式振荡电路，也称为电感反馈式振荡电路。图6.9(b)所示为电路的交流通路图。

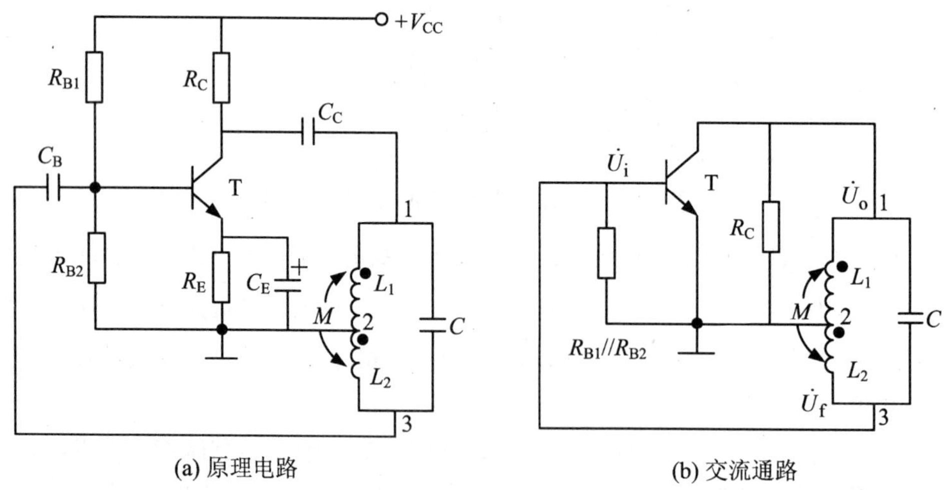

图6.9 电感三点式振荡电路

由图 6.9(b)可知，当 L_1、L_2、C 并联回路谐振时，根据瞬时极性法，可以看出输出电压 $\dot{U}_o$ 与输入电压 $\dot{U}_i$ 反相，反馈电压 $\dot{U}_f$ 与 $\dot{U}_o$ 反相，所以 $\dot{U}_i$ 与 $\dot{U}_f$ 同相，电路在谐振频率上构成正反馈，满足了振荡的相位平衡条件。电路的振荡频率为

$$f_0 = \frac{1}{2\pi\sqrt{LC}} = \frac{1}{2\pi\sqrt{(L_1 + L_2 + 2M)C}} \tag{6.3.9}$$

式中，M 为电感线圈 L_1 和 L_2 之间的互感系数。

振荡电路的反馈系数 $\dot{F}$ 为

$$\dot{F} = \frac{\dot{U}_f}{\dot{U}_o} = -\frac{L_2 + M}{L_1 + M} \tag{6.3.10}$$

电感三点式振荡电路因为电感 L_1、L_2 之间的耦合很紧，正反馈较强，所以电路易于起振，输出幅度大，同时改变振荡回路中的电容 C，可方便地调节振荡频率，若采用可变电容器，就能获得较大的频率调节范围。但由于反馈信号取自电感 L_2 的两端，而 L_2 对高次谐波呈现高阻抗，故不能抑制高次谐波，因此，在输出波形中含有较多的高次谐波成分，输出波形较差。

2. 电容三点式振荡电路

电容三点式 LC 振荡电路又称考毕兹(Colpitts)振荡电路，其原理电路如图 6.10(a)所示，图(b)为电路的交流通路图。R_{B1}、R_{B2} 和 R_E 构成分压式偏置电路，C_B 为耦合电容，C_E 为旁路电容。C_1、C_2、L 构成并联谐振回路作为正反馈选频网络，与电感三点式振荡电路一样，谐振回路的三个端点分别与三极管的三个极相连，由于反馈信号 $\dot{U}_f$ 取自于电容 C_2 两端，故称为电容三点式振荡电路，也称为电容反馈式振荡电路。

根据瞬时极性法，由图 6.10(b)不难看出输入电压 $\dot{U}_i$ 与反馈电压 $\dot{U}_f$ 同相，电路在谐振频率上构成正反馈，满足了振荡的相位平衡条件。电路的振荡频率为

$$f_0 = \frac{1}{2\pi\sqrt{LC}} = \frac{1}{2\pi\sqrt{L\dfrac{C_1C_2}{C_1 + C_2}}} \tag{6.3.11}$$

振荡电路的反馈系数 $\dot{F}$ 为

$$\dot{F} = \frac{\dot{U}_f}{\dot{U}_o} = -\frac{C_1}{C_2} \tag{6.3.12}$$

由式(6.3.12)可知，当增大两电容的比值可增大反馈系数，有利于起振和提高输出电压的幅值，但它会使三极管的输入阻抗影响增大，使回路的品质因数 Q 下降，因此又不利于起振。所以 C_1/C_2 不宜过大，一般取为 0.1～0.5。

电容三点式振荡电路的反馈信号取自电容 C_2 两端，而电容 C_2 对高次谐波呈现

较小的阻抗，反馈信号中的高次谐波分量小，因此振荡波形较好。但通过改变 C_1 或 C_2 来调节振荡频率时，会影响反馈系数，从而影响反馈电压的大小，造成电路工作性能不稳定，甚至停振。所以电容三点式振荡电路频率调节范围很小且不方便，一般用于频率调节范围不大的场合。

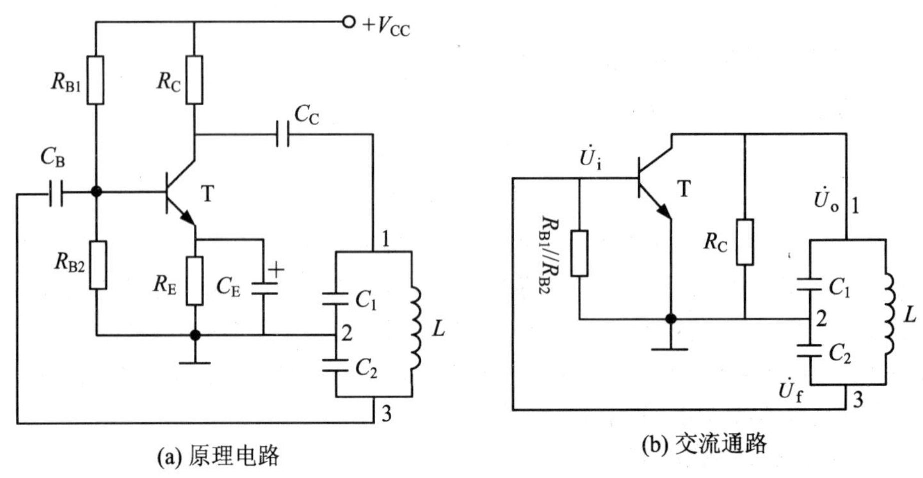

图 6.10 电容三点式振荡电路

图 6.11(a)所示为改进型电容三点式振荡电路，又称克拉泼(Clapp)电路。与图 6.10 所示的电容三点式振荡电路比较，仅在并联谐振回路的电感支路中串入一微调电容 C_3，为减小管子与回路间的耦合，C_3 的取值较小，要求 $C_3 \ll C_1$，$C_3 \ll C_2$。图 6.11(b)所示为图 6.11(a)的交流通路，图中 C_i 和 C_o 分别表示三极管的输入电容和输出电容。

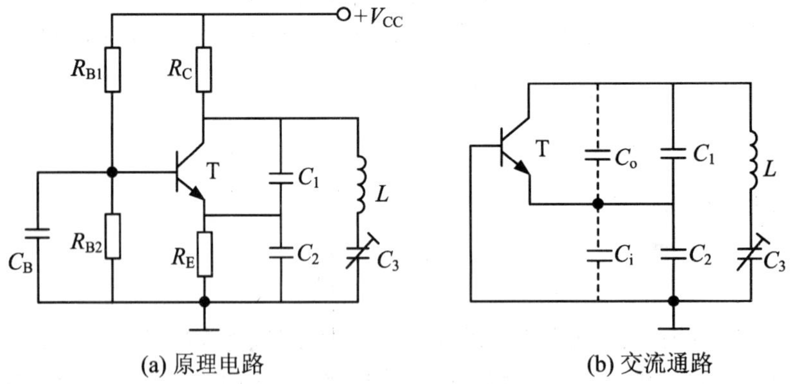

图 6.11 改进型电容三点式振荡电路

由图 6.11(b)可知谐振回路的总电容 C 为

$$C=\frac{1}{\frac{1}{C_1+C_o}+\frac{1}{C_2+C_i}+\frac{1}{C_3}}\approx C_3 \tag{6.3.13}$$

因此振荡电路的振荡频率为

$$f_0=\frac{1}{2\pi\sqrt{LC_3}} \tag{6.3.14}$$

由式(6.3.14)可见,振荡电路的频率主要由 L 和 C_3 决定,C_1 和 C_2 对频率的影响大大减小,与 C_1、C_2 并联的三极管极间电容对振荡频率的影响也显著减小。调节 C_3 可以方便地改变振荡频率。反馈系数由 C_1 和 C_2 决定,调节反馈系数基本不影响振荡频率。但为满足相位平衡条件,LC_3 串联支路应呈电感性,所以实际振荡频率略高于 L、C_3 支路的串联谐振频率。

思考题

1. 何谓三点式振荡电路?其电路构成有什么特点?
2. 电感三点式振荡电路有哪些优缺点,为什么?
3. 电容三点式振荡电路有哪些优缺点,为什么?
4. 克拉泼振荡电路在电路结构上有何特点?它有何优点?C_3 的大小对振荡电路的性能有何影响?

6.4 石英晶体振荡电路

在电子技术的实际应用中,经常要求振荡电路产生的信号具有一定的频率稳定度。频率的稳定度通常以频率的相对变化量 $\Delta f/f_0$ 来表示,f_0 为振荡电路的振荡频率,Δf 为频率的绝对变化量。

RC 振荡电路的频率稳定度比较差,LC 振荡电路尽管采取措施来稳频,但一般也很难突破 10^{-5} 数量级。为提高振荡频率的稳定度,可采用石英晶体作为选频网络构成石英晶体振荡电路,其频率稳定度随采用的石英晶体谐振器、电路形式以及稳频措施的不同,一般可达到 $10^{-6}\sim10^{-9}$ 数量级,最高可达 10^{-11} 数量级。所以石英晶体振荡电路是一种高稳定性的振荡器,广泛应用于各种通信、雷达和导航等精密电子设备中。

6.4.1 石英晶体谐振器及其阻抗特性

石英晶体的化学成分是二氧化硅(SiO_2),外形呈六角形锥体。石英晶体的导电性与晶体的晶格方向有关,按一定方位把石英晶体切成具有一定几何形状的石英片,两面敷上银层,焊出引线,装在支架上,再用外壳封装,就制成了石英谐振器,其电路符号如图 6.12(a)所示。

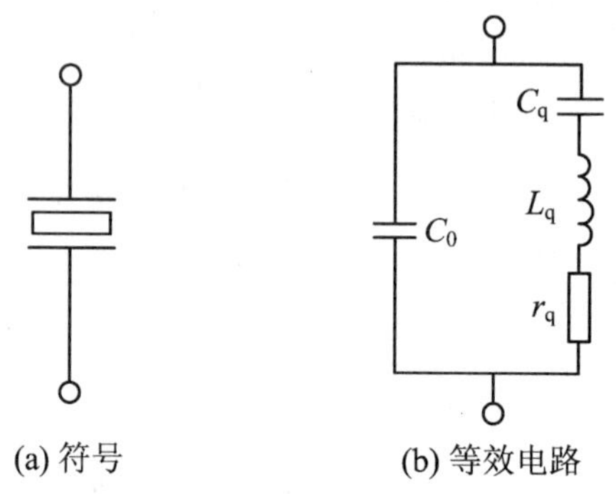

图 6.12 石英晶体

1. 压电谐振

当石英晶体两面加机械力时,晶片两面将产生电荷,电荷的多少基本上与机械力所引起的形变成正比,电荷的正负将取决于所加机械力是张力还是压力而异。由机械形变引起产生电荷的效应称为正压电效应,交变电场引起石英晶体发生机械形变(压缩或伸展)的效应称为反压电效应。

实验证明,当石英晶体外加不同频率的交变电压时,其机械形变的大小也不相同,当外加交变电压频率等于晶片的固有频率时,机械形变最大,晶片的机械振动最强,相应地,晶体表面所产生的电荷量也最大,外电路中的电流也最大,这种现象称为石英晶体的压电谐振。因此,晶片的固有机械振荡频率又称为谐振频率,其大小与晶片的切割方向和几何尺寸有关,具有很高的稳定性。

2. 等效电路

当石英晶体发生压电谐振时,在外电路可以产生很大的电流,在振荡电路中可视为 LC 谐振电路。因此,可以采用一组电路参数来模拟这种现象,其等效电路如图 6.12(b)所示。图中 C_0 为静态电容,它是以石英为介质在两极板间所形成的电容,大小取决于晶片的几何尺寸和极板面积,一般在几个皮法到几十个皮法之间。L_q、C_q、r_q 分别为石英晶体的模拟动态等效电感、等效电容和损耗电阻。L_q 的值较大,约为几十毫亨到几百毫亨,C_q 的值很小,约为百分之几皮法,r_q 的值一般在几欧到上百欧。所以石英谐振器具有很高的品质因数，一般可达 10^5 数量级，由于石英晶片的机械性能十分稳定，用石英谐振器作为选频网络构成的振荡电路具有很高的频率稳定度。

3. 阻抗特性

在图 6.12(b)所示石英晶体等效电路中，若忽略等效损耗电阻 r_q 的影响，当加在回路两端的信号频率很低时，两个支路的容抗都很大，电路总的等效阻抗呈容性。随着信号频率的增加，容抗减小，当 C_q 的容抗与 L_q 的感抗相等时，L_q、C_q 支路发生串联谐振，回路的总电抗为零，此时的频率称为石英晶体的串联谐振频率，用 f_s 表示。因此可得

$$f_s = \frac{1}{2\pi\sqrt{L_q C_q}} \tag{6.4.1}$$

随着信号频率的继续升高，L_q、C_q 串联支路呈感性，当串联支路的总感抗增加到刚好和 C_0 的容抗相等时，回路产生并联谐振，回路的总电抗趋于无穷大，此时的频率称为石英晶体的并联谐振频率，用 f_p 表示。可得

$$f_p = \frac{1}{2\pi\sqrt{L_q \dfrac{C_0 C_q}{C_0 + C_q}}} = f_s\sqrt{1 + \frac{C_q}{C_0}} \tag{6.4.2}$$

当频率继续上升时，C_0 支路容抗减小，对回路的分流起主要作用，回路总的电抗又呈容性。由此可得如图 6.13 所示石英晶体谐振器的电抗频率特性曲线，由于 $C_0 \gg C_q$，所以两个谐振频率 f_s、f_p 非常接近。

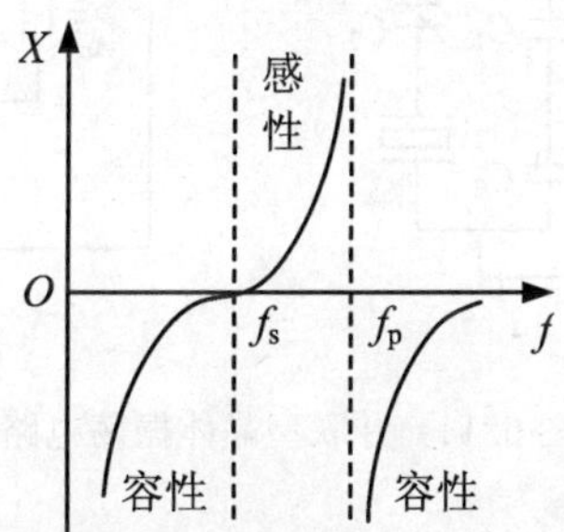

图6.13 石英晶体的电抗频率特性

石英晶体与外电路的耦合是很弱的，这样就削弱了外电路与石英谐振器之间的相互不良影响，同时，石英晶体工作在频率范围狭窄的电感区内，电抗曲线非常陡峭，从而保证了石英谐振器的高 Q 值，因此，石英晶体振荡器振荡频率的稳定度和标准性都很高。

6.4.2 石英晶体振荡电路

石英晶体振荡器是用石英晶体谐振器来控制振荡频率的一种三点式振荡器。其基本电路有两类：一类是石英晶体工作在感性区，作为高 Q 值的电感元件与回路中的其他电抗元件形成并联谐振，称为并联型晶体振荡电路；另一类是石英晶体以低阻抗接入振荡电路，作为一个正反馈通路元件，工作在串联谐振状态，称为串联型晶体振荡电路。

1. 并联型晶体振荡电路

图 6.14 所示为并联型晶体振荡电路的原理电路及其交流通路。由图可知，石英晶体与电容 C_1、C_2、C_3组成并联谐振回路，在回路中起电感作用，构成改进型电容三点式 LC 振荡电路，因此电路的振荡频率在 f_s和 f_p之间。C_3用来微调电路的振荡频率，使振荡电路振荡在石英晶体的标称频率上，由于 $C_3 \ll C_1$，$C_3 \ll C_2$，所以电路的振荡频率主要取决于石英晶体和 C_3的谐振频率。

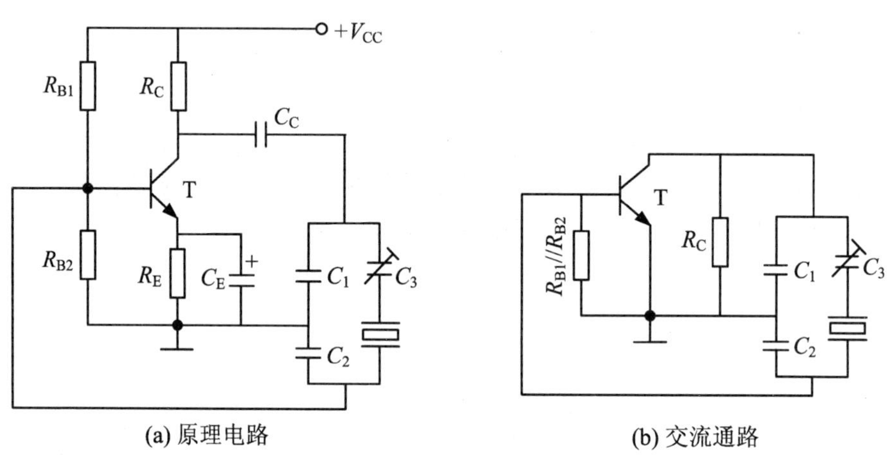

图 6.14 并联型晶体振荡电路

2. 串联型晶体振荡电路

图 6.15 所示为串联型晶体振荡电路的原理电路及其交流通路。由交流通路图可见，石英晶体串联在正反馈支路中作为短路元件使用，构成电容三点式振荡电路。当反馈信号频率等于石英晶体串联谐振频率 f_s时，晶体的阻抗最小，呈纯电阻性，此时正反馈最强，相移为零，电路满足振荡的相位平衡条件和振幅条件而产生振荡。当信号频率偏离 f_s时，石英晶体的阻抗迅速增大并产生较大的相移，因而不满足振荡条件不能产生振荡。图中 R_P用来调节正反馈的反馈量，若阻值太小，则正反馈太强，会使输出波形产生失真。若阻值过大，则正反馈太弱，会使电路不能

满足振幅平衡条件而停止振荡。

串联型晶体振荡电路的振荡频率及频率稳定度是由石英晶体和串联谐振频率所决定的，而不取决于振荡回路。但是，振荡回路的元件也不能随意选用，而应该使所选用的元件所构成的回路的固有频率与石英晶体的串联谐振频率相一致。

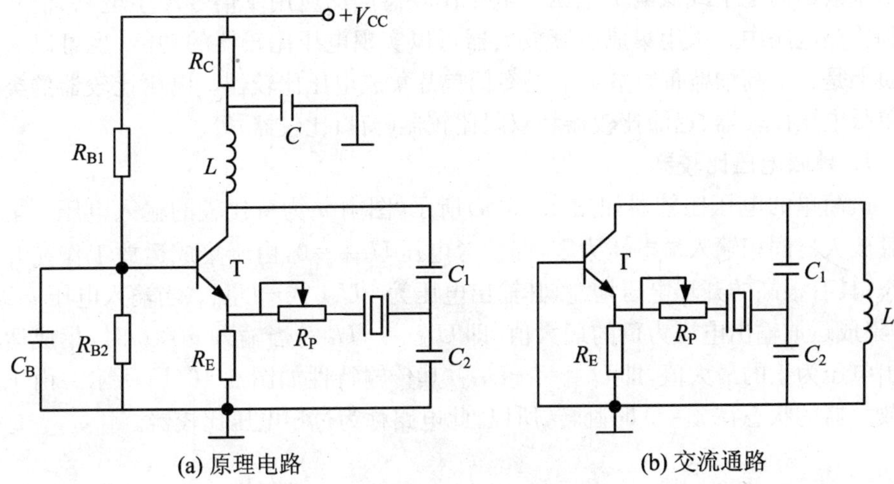

图 6.15 串联型晶体振荡电路

思考题

1. 什么是“压电效应”和“反压电效应”？什么是压电谐振？

2. 石英晶体谐振器阻抗特性有何特点？为什么石英晶体谐振器具有很高的频率稳定性？

3. 为什么在并联型晶体振荡电路中，石英晶体作为电感元件使用？能否将石英晶体作为电容元件使用？

6.5 非正弦波信号产生电路

在实用电路中除常见的正弦波外，经常需要用到非正弦波，常见的非正弦波包括方波、三角波、锯齿波等。下面主要介绍以集成运放构成的几种非正弦波信号产生电路。考虑到电压比较器是组成非正弦波产生电路的基本单元电路，因此先介绍电压比较器的基本工作原理。

6.5.1 电压比较器

电压比较器是将一个模拟电压信号与一个基准电压相比较的电路，并根据比较结果输出高电平或低电平电压。电压比较器广泛应用于信号产生电路、信号处理和检测电路中。采用集成运算放大器可以实现电压比较器的功能，也可以采用实质上是一个高增益带宽放大器的专门单片集成电压比较器。电压比较器的类型有单限电压比较器、迟滞比较器和双限比较器（窗口比较器）等。

1. 单限电压比较器

最简单的电压比较器如图 6.16(a)所示，图中 u_I 为待比较的输入电压。集成运算放大器同相输入端电压为零，即参考电压 $U_{REF}=0$，由于集成运放工作在开环状态，具有很高的开环电压增益，其输出电压为 $+U_{OM}$ 或 $-U_{OM}$。当输入电压 $u_I>0$ 时，集成运放输出电压为负的最大值，即 $U_{OL}=-U_{OM}$；当输入 $u_I<0$ 时，集成运放输出电压为正的最大值，即 $U_{OH}=+U_{OM}$，其传输特性如图 6.16(b)所示。由于运算放大器的状态在 $u_I=0$ 时翻转，所以，此电路称为过零电压比较器。

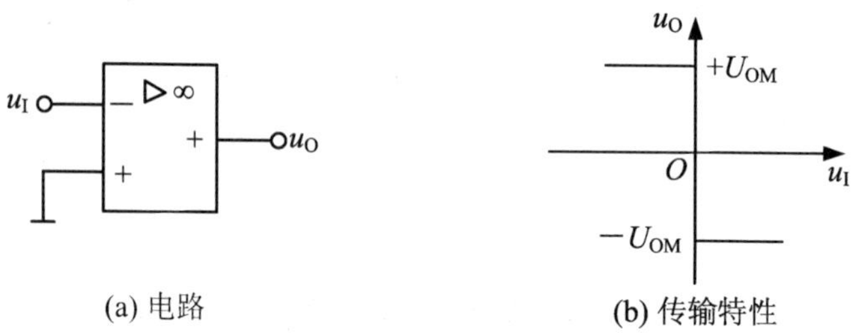

图 6.16 过零电压比较器

将过零电压比较器的同相输入端从接地改接到参考电压 U_{REF} 上，就得到反相输入单限电压比较器，如图 6.17(a)所示。图中输出端所接稳压管用以限定输出高低电平幅度，R 为稳压管限流电阻，稳压管的稳定电压 U_Z 应小于集成运放的最大输出电压 U_{OM}。当 $u_I>U_{REF}$ 时，输出为低电平，即 $U_{OL}=-U_Z$；当输入 $u_I<U_{REF}$ 时，输出为高电平，即 $U_{OH}=+U_Z$。其传输特性如图 6.17(b)所示。由于输入信号从反相端输入且只有一个门限，故称为反相输入单限电压比较器，若输入信号从同相端输入，U_{REF} 改接到反相端，则电路称为同相输入单限电压比较器。

2. 迟滞比较器

在单限电压比较器中，输入电压在门限电压附近的任何微小变化（不管这种微小的变化来源于输入信号还是外部干扰），都将引起输出电压的跃变，导致比较器输出不稳定。提高抗干扰能力的一种措施是采用迟滞比较器。

迟滞比较器是一种具有迟滞回环传输特性的比较器，其原理电路如图 6.18(a)所示。将比较器的输出电压通过反馈网络加到同相输入端，形成正反馈，将比较电压 u_I加到集成运放的反相输入端，参考电压 U_{REF} 通过 R_2 接到同相输入端，就构成了具有双门限值的反相输入迟滞比较器，又称为反相输入施密特触发器。

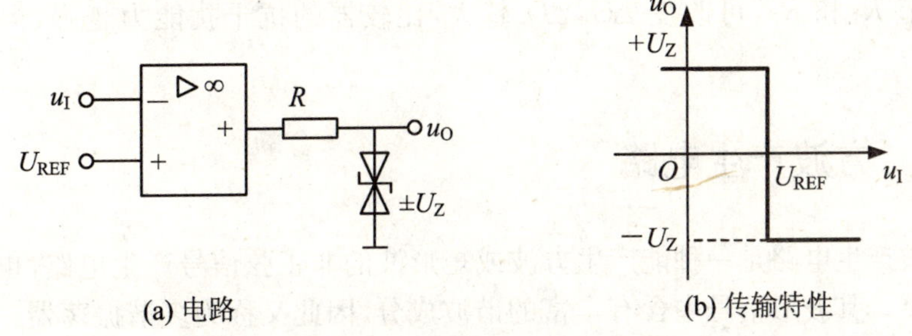

图 6.17 反相输入单限电压比较器

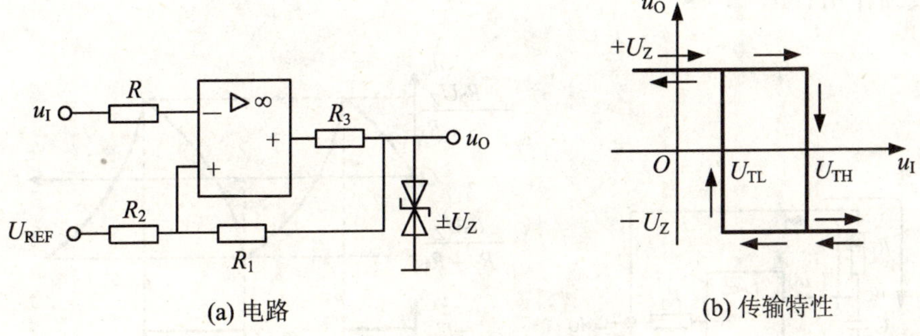

图 6.18 反相输入迟滞比较器

当输入电压 u_I 足够低，小于同相端电压 u_P 时，比较器输出高电平，即 $U_{OH}=+U_Z$，利用叠加定理可求得此时同相端电压即上门限电压 U_{TH} 为

$$U_{TH}=\frac{R_1}{R_1+R_2}U_{REF}+\frac{R_2}{R_1+R_2}U_Z \tag{6.5.1}$$

当 $u_I>u_P$时，比较器输出低电平，即 $U_{OL}=-U_Z$，可求得此时同相端电压即下门限电压 U_{TL}为

$$U_{TL}=\frac{R_1}{R_1+R_2}U_{REF}-\frac{R_2}{R_1+R_2}U_Z \tag{6.5.2}$$

反之，当 u_I从大变小时，比较器先输出低电平 U_{OL}，集成运放同相端电压为 U_{TL}，只有当 u_I减小到小于 U_{TL} 时，比较器的输出电压由低电平 U_{OL} 跳变到高电平 U_{OH}，此时运放同相端电压又变为 U_{TH}，u_I继续减小，比较器维持输出高电平 U_{OH}。根据以上分析，画出反相输入迟滞比较器的传输特性如图 6.18(b)所示。上、下门

限电压的差称为门限宽度或回差电压，其表示为

$$\Delta U = U_{TH} - U_{TL} = \frac{R_2}{R_1 + R_2}(U_{OH} - U_{OL})$$
$$= \frac{2R_2}{R_1 + R_2}U_Z \tag{6.5.3}$$

调节 R_1 和 R_2，可改变 ΔU，ΔU 越大，比较器的抗干扰能力越强，但分辨度越差。

6.5.2 方波产生电路

方波产生电路是一种能产生方波或矩形波的非正弦信号产生电路，也叫矩形波振荡器。其波形信号中含有丰富的谐波成分，因此又称为多谐振荡器。由迟滞比较器构成的方波产生电路如图 6.19(a)所示，图中，R、C 为定时元件，构成积分电路。输出电压经积分电路反馈到运放的反相输入端，因此，积分电路具有延迟和负反馈作用。

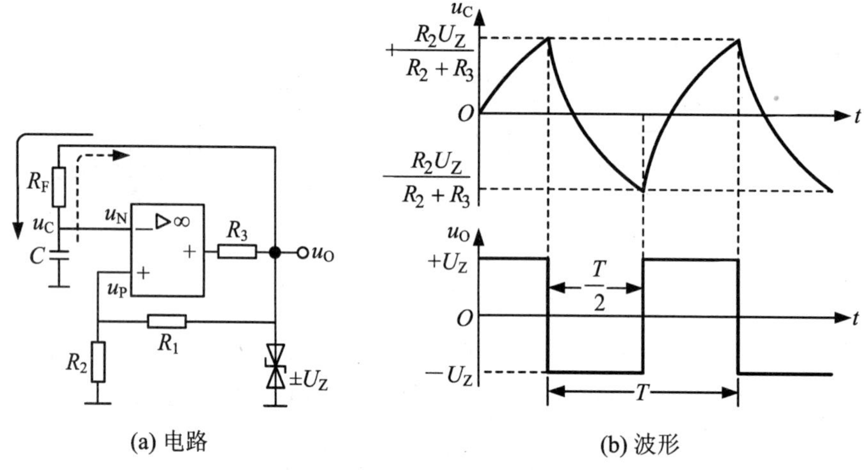

图 6.19 方波产生电路及其波形

1. 工作原理

电源刚接通时，设电容两端电压 $u_C=0$，输出电压 $u_O=+U_Z$，则加到运放同相端的电压为 $u_P=\frac{R_2}{R_1+R_2}U_Z$。此时输出电压 U_Z 通过 R_F 向电容 C 充电，u_C 升高，充电电流如图 6.19(a)中实线所示。当充电电压 u_C 升至 $\frac{R_2}{R_1+R_2}U_Z$ 时，由于运放输入

端 $u_N > u_P$，于是电路翻转，输出电压 u_O 由 $+U_Z$ 翻至 $-U_Z$，同相端电压为 $u_P = -\frac{R_2}{R_1+R_2}U_Z$。此时电容 C 又开始放电，放电电流如图 6.19(a)中虚线所示，u_C 下降。当 u_C 降至 $-\frac{R_2}{R_1+R_2}U_Z$ 时，由于 $u_N < u_P$，输出电压 u_O 又翻转到 $+U_Z$。如此周而复始，因此产生振荡，输出方波，其波形如图 6.19(b)所示。

2. 振荡频率

由于高、低电平所占的时间相等，输出波形为方波，则其振荡周期为

$$T = 2R_F C\ln(1+\frac{2R_2}{R_1}) \tag{6.5.4}$$

如适当选取 R_1、R_2 的值，使 $F = R_2/(R_1+R_2) = 0.462$，则其振荡周期可简化为 $T = 2R_F C$，即其振荡频率为

$$f = \frac{1}{T} = \frac{1}{2R_F C} \tag{6.5.5}$$

显然，为了改变输出方波的占空比，应改变电容器 C 的充电和放电时间常数。占空比可调的矩形波产生电路如图 6.20 所示。它是利用二极管的单向导电性改变电容 C 充放电的时间。电容 C 充电时，充电电流经电位器的上半部、二极管 D_1 和 R_1；C 放电时，放电电流经 R_1、二极管 D_2 和电位器的下半部。其工作原理与方波产生电路相似，此处不再赘述。

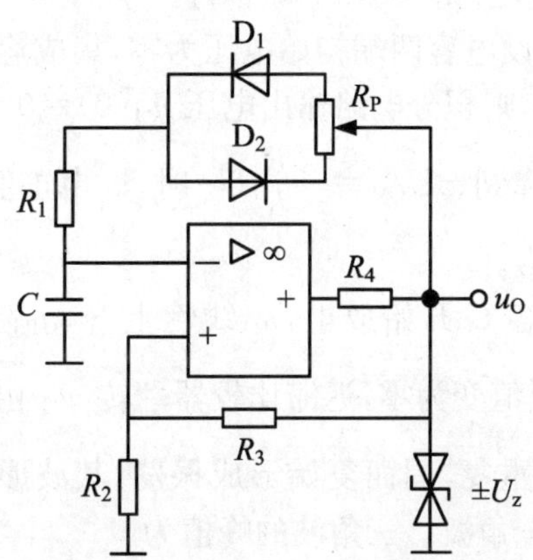

图 6.20　占空比可调的矩形波产生电路

6.5.3　三角波产生电路

三角波发生器的电路如图 6.21(a)所示，它是由集成运放 A_1 构成的迟滞比较

器和 A_2 构成的积分电路闭环组合而成的。图 6.21 中迟滞比较器的输出电压 $u_{O1}=\pm U_Z$，它的输入电压是积分电路的输出电压 u_O，根据叠加定理求得集成运放 A_1 同相输入端的电位 u_P 为

$$u_P=\frac{R_2}{R_1+R_2}u_O+\frac{R_1}{R_1+R_2}u_{O1}$$

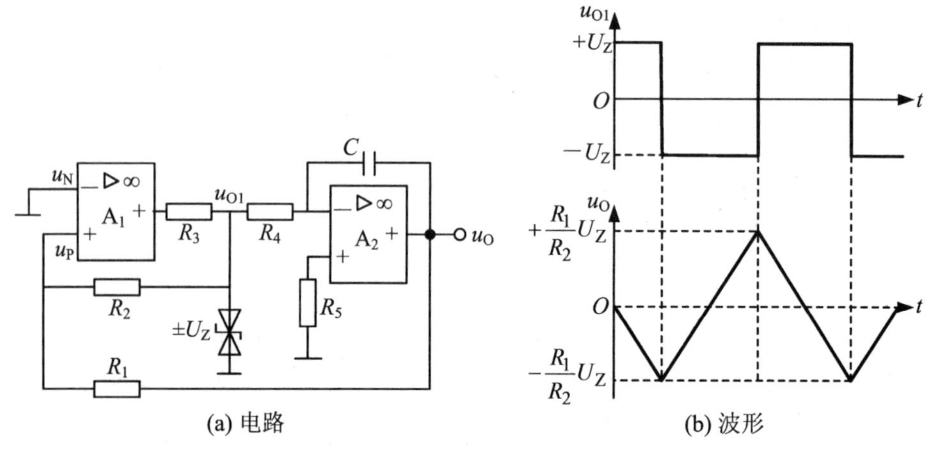

图 6.21 三角波发生电路及其波形

当 $u_P>0$，$u_{O1}=+U_Z$；当 $u_P<0$，$u_{O1}=-U_Z$。

在电源刚接通时，假设电容两端初始电压为零，集成运放 A_1 输出为高电平，即 $u_C(0)=0$，$u_{O1}(0)=+U_Z$，则积分电路输出电压 $u_O(0)=0$。此时电容开始充电，u_O 和 u_P 开始下降，当 u_O 下降到 $-U_{OM}=-\frac{R_1}{R_2}U_Z$ 时，u_P 由正值变为零，迟滞比较器翻转，u_{O1} 由 $+U_Z$ 跳变为 $-U_Z$。

当 $u_{O1}=-U_Z$ 时，电容 C 开始放电，u_O 线性上升，u_P 随之上升。当 u_O 上升到 $U_{OM}=+\frac{R_1}{R_2}U_Z$ 时，u_P 由负值变为零，迟滞比较器翻转，u_{O1} 由 $-U_Z$ 跳回到 $+U_Z$。

此后，上述过程不断重复，周而复始形成振荡，其波形如图 6.21(b)所示。其中 u_{O1} 输出为方波，u_O 为三角波。三角波的峰值为

$$U_{OM}=\frac{R_1}{R_2}U_Z \tag{6.5.6}$$

振荡频率为

$$f=\frac{R_2}{4R_1R_4C} \tag{6.5.7}$$

调节 R_1 和 R_2 的阻值可以改变三角波的幅值；调节电路中的 R_1、R_2、R_4 的阻值和电容 C 的容量，可以改变振荡频率。

6.5.4 锯齿波产生电路

锯齿波产生器能提供一个与时间成线性关系的电压或电流波形，这种信号广泛应用在示波器和电视机的扫描电路以及很多数字仪表电路中。在图6.21(a)所示三角波发生器的电路中，如果使积分电容C的正、反向积分的时间常数不同，则输出波形将变为锯齿波。锯齿波电压产生电路如图6.22(a)所示。

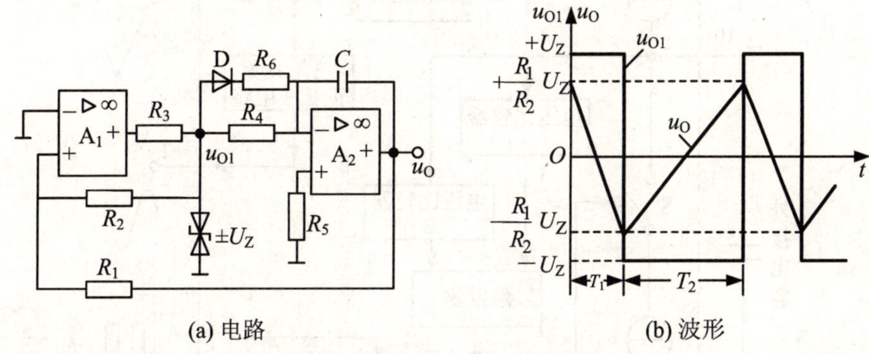

(a) 电路　　(b) 波形

图6.22　锯齿波产生电路及其波形

锯齿波产生电路的工作原理与三角波产生电路的工作原理基本相同，与图6.21(a)相比，只是在积分电路的反相输入电阻上并联了一个由电阻R_6和二极管D组成的支路。当u_{O1}输出为高电平$+U_Z$时，二极管D导通，电容反向积分的时间常数为$(R_4//R_6)C$；当u_{O1}输出为低电平$-U_Z$时，二极管D反向截止，电容正向积分的时间常数为R_4C。由于电容正、反向积分的时间常数不相等，输出波形u_O为锯齿波，如图6.22(b)所示。如忽略二极管的正向电阻，可以证明电路的振荡频率为

$$f=\frac{R_2(R_4+R_6)}{2R_1R_4C(R_4+2R_6)} \tag{6.5.8}$$

显然，图6.22(a)中R_6、D支路断开，电容C的正、反向积分时间常数相等时，锯齿波就变成三角波。

6.5.5 ICL8038集成函数发生器

随着集成电路技术的发展，函数发生器已被制成专用集成电路。目前常用的集成函数发生器是ICL8038。ICL8038波形发生器只需连接少量外部元件就能产生高精度的方波(矩形波)、正弦波和三角波(锯齿波)，其振荡频率可通过外加的直流电压进行调节。

1. 工作原理

ICL8038 是单片集成函数信号发生器,其内部原理电路框图如图 6.23 所示。它由电流源 I_1 和 I_2、电压比较器 A 和 B、双稳态触发器、输出缓冲器和正弦波变换电路等组成。

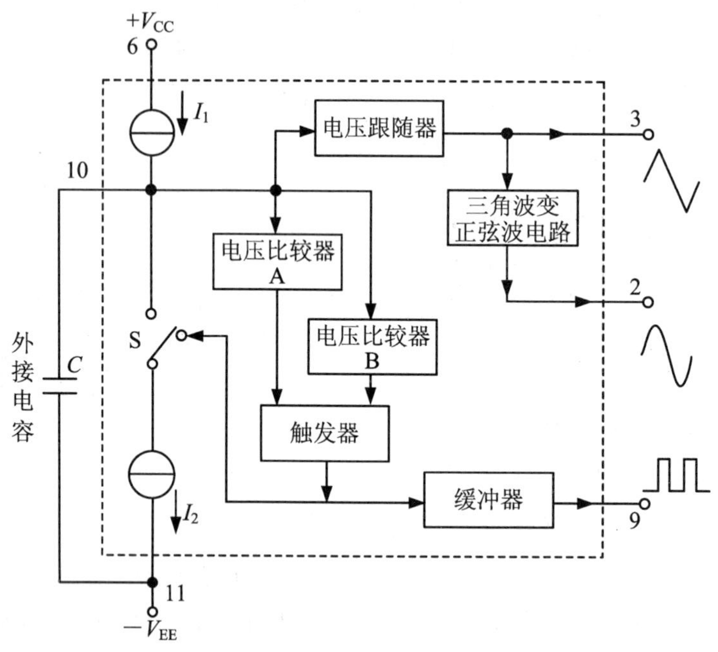

图 6.23　ICL8038 原理电路框图

图 6.23 中电流源 I_1 与电路连通,电流源 I_2 受双稳态触发器的控制,外接电容 C 由两个电流源充电和放电,电流源 I_1 和 I_2 的大小可通过外接电阻调节,但必须 $I_2>I_1$。电压比较器 A 和 B 的阈值分别为电源电压($V_{CC}+V_{EE}$)的 2/3 和 1/3。当双稳态触发器输出为低电平时,电流源 I_2 断开,此时由电流源 I_1 给 10 引脚的外接电容 C 充电,C 两端的电压 u_C 随时间逐渐线性上升。当 u_C 上升到电源电压的 2/3 时,电压比较器 A 的输出电压发生跳变,并触发双稳态触发器,使输出变为高电平,同时驱动开关 S 换向,电流源 I_2 接通,由于 $I_2>I_1$,因此电容 C 开始放电,其两端的电压 u_C 又逐渐线性下降,当它下降到电源电压的 1/3 时,比较器 B 的输出电压发生跳变,并触发双稳态触发器的输出跳变为原来的低电平,并切断电流源 I_2,此后电路重新进入充电过程。如此周而复始,便可以产生振荡。

若调整电路,使 $I_2=2I_1$,触发器输出信号经反相缓冲器由管脚 9 输出方波信号。而电容充放电的电压 u_C 上升与下降的时间相等,经电压跟随器从管脚 3 输出三角波信号。同时该三角波经过一个非线性的变换网络(正弦波变换器),在这个非线性网络中，当三角波电位向两端顶点摆动时，网络提供的交流通路阻抗会减小，这就使三角波的两端变为平滑的正弦波，所以从管脚2输出正弦波。当$I_1<I_2<2I_1$时，u_C上升与下降的时间不相等，管脚3输出锯齿波。因此ICL8038可输出方波、三角波、正弦波和锯齿波等不同的波形。

2. 常用接法

ICL8038芯片采用双列直插式封装，共有14个管脚，如图6.24所示。其中，管脚8为调频电压输入端，电路的振荡频率与调频电压成正比。管脚7为调频偏置电压输出端，其值(指管脚6与7之间的电压)是$(V_{CC}+V_{EE})/5$，可作为管脚8的输入电压。

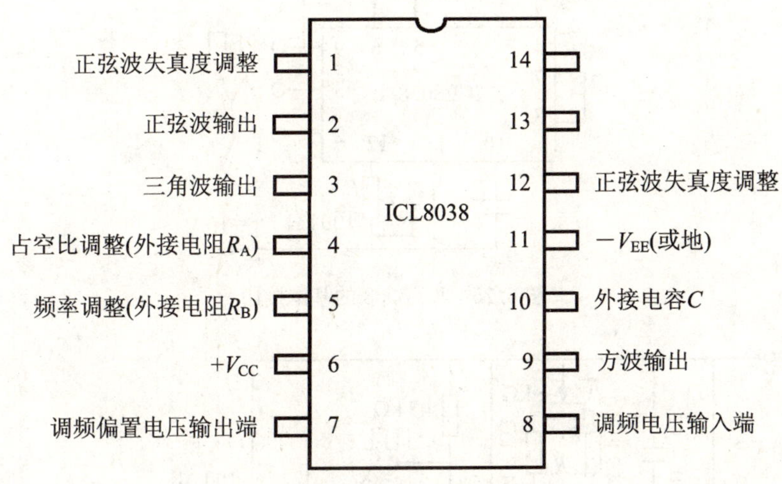

图6.24 ICL8038管脚图

图6.25所示为ICL8038应用电路的基本接法。由于ICL8038的矩形波输出端为集电极开路形式，因此一般需在管脚9与电源正极之间接一个电阻R，其阻值在10 kΩ左右。当电位器R_{P1}动端在中间位置，并且图中管脚8与7短接，管脚9、3和2输出分别为方波、三角波和正弦波。电路的振荡频率f为

$$f\approx\frac{0.3}{\left(R_1+\frac{R_{P1}}{2}\right)C} \tag{6.5.9}$$

通过调节可使正弦波的失真度达到较理想的程度。

3. 实用电路举例

若要进一步减小正弦波的失真度，可采用图6.26所示电路。该电路的振荡频率由电位器R_{P1}动端的位置、外接电容C的容量及R_A、R_B的阻值决定。调节电位器的动端位置，就改变电源$+V_{CC}$与管脚8之间的控制电压(调频电压)，即可改变输出信号的频率。C_1为高频旁路电容，用于消除8管脚的寄生交流电压。R_{P2}为方

波占空比和正弦波失真度调节电位器，当 R_{P2} 动端位于中间时，管脚 4 和 5 的外接电阻相等，输出分别为占空比为 50% 的方波、对称的三角波和正弦波。R_{P3}、R_{P4} 是双联电位器，其作用是进一步调节正弦波的失真度，可使输出信号失真度减小到 0.5%。因此，该电路是一个频率可调、失真小的函数发生器，频率可调范围为1 kHz～300 kHz。

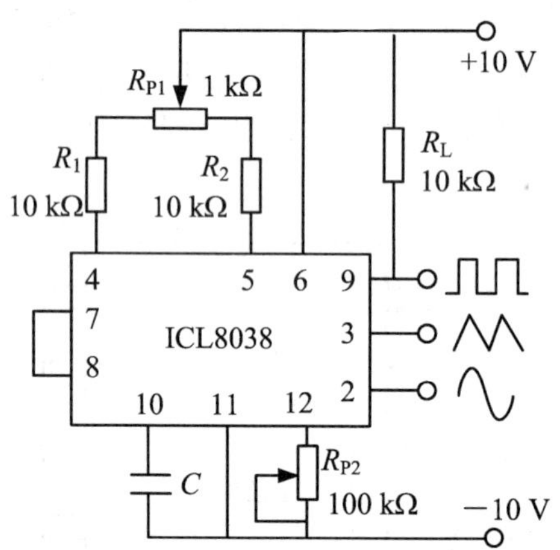

图 6.25 ICL8038 的基本接法

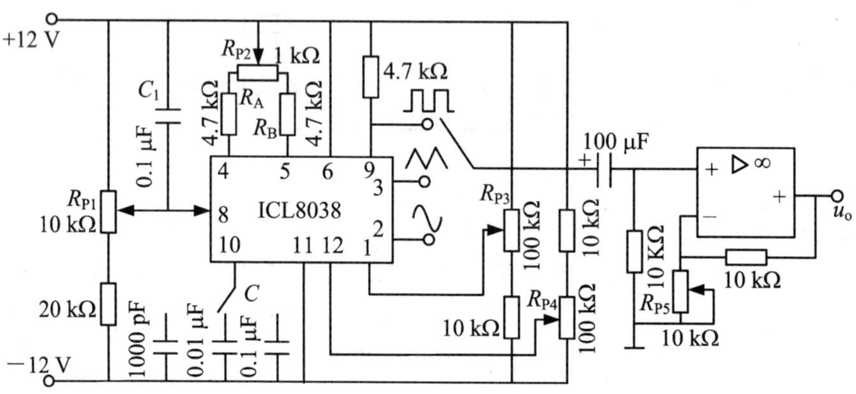

图 6.26 ICL8038 函数发生器

为使输出幅值满足要求，在 ICL8038 的输出端连接一个同相比例放大器，通过调节 R_{P5} 可以调节输出幅值。

思考题

1. 集成运算放大器构成电压比较器和构成运算电路使用时，它们的工作状态有什么不同?

2. 电压比较器中的集成运放通常工作在什么状态?一般它的输出电压是否只有高电平和低电平两种稳定状态?

3. 迟滞比较器的传输特性为什么具有迟滞特性?

4. 非正弦波产生电路的组成及工作原理与正弦波振荡电路有何区别?

本章小结

1. 信号产生电路称为振荡电路,用于产生一定频率和幅度的正弦波和非正弦波信号,因此,它有正弦波振荡电路和非正弦波振荡电路两类。正弦波振荡电路又有 RC、LC、石英晶体振荡电路等,非正弦波振荡电路又有方波、三角波、锯齿波产生电路等。

2. 反馈式正弦波振荡电路主要由放大电路、反馈网络、选频网络和稳幅电路组成,它是利用选频网络,通过正反馈产生自激振荡的。振荡的相位平衡条件为 $\varphi_a+\varphi_f=2n\pi(n=0,1,2,\cdots)$,振幅平衡条件为 $|\dot{A}\dot{F}|=1$。利用相位平衡条件可确定振荡频率,利用振幅平衡条件可确定振荡振幅。振荡电路的相位起振条件与相位平衡条件相同,振幅起振条件为 $|\dot{A}\dot{F}|>1$。

3. RC 正弦波振荡电路适用于低频振荡,一般在 1 MHz 以下,常采用 RC 桥式振荡电路,其振荡频率为 $f_0=1/(2\pi RC)$。为了满足振荡条件,同相放大时,要求 $|\dot{A}_u|>3$,且放大电路需采用非线性元件构成反馈电路来改善输出波形,稳定输出幅度。

4. LC 振荡电路的选频网络由 LC 回路构成,可以产生较高频率的正弦波振荡信号。它有变压器反馈式、电感三点式、电容三点式等电路,其振荡频率近似等于 LC 谐振回路的谐振频率。

5. 石英晶体振荡电路是采用石英晶体谐振器代替 LC 谐振回路构成的,其振荡频率的准确性和稳定性很高,频率稳定度一般可达到 $10^{-6}\sim10^{-9}$ 数量级,最高可达 10^{-11} 数量级。石英晶体振荡器有串联型晶体振荡电路和并联型晶体振荡电路。

6. 电压比较器处于大信号运用状态,受限于非线性特性,输出只有高电平和低电平两种状态,可用来对两个输入电压进行比较,广泛应用于信号产生电路中。

单限电压比较器中运放通常工作在开环状态,只有一个门限电压;加有正反馈的比较器称为迟滞比较器,又称为施密特触发器,有上、下两个门限电压,两者之差称为回差电压。

7. 非正弦波产生电路中没有选频网络，它由比较器、积分电路和反馈电路等组成，其状态的翻转依靠电路中电容能量的变化，改变定时电容的充电、放电电流的大小来调节振荡周期。

习　题　6

6.1　填空题

(1) 产生正弦波振荡的幅值平衡条件是______，相位平衡条件是______。

(2) 文氏电桥正弦波振荡器用__________网络选频，当这种电路产生正弦波振荡时，该选频网络的反馈系数(即传输系数)$F=$________。

(3) LC 并联网络在谐振时呈______性，在信号频率大于谐振频率时呈________性，在信号频率小于谐振频率时呈______性。

(4) 在串联型石英晶体振荡电路中，晶体等效为__________；在并联型石英晶体振荡电路中，晶体等效为__________。

(5) 根据石英晶体的电抗频率特性，当 $f=f_S$ 时，石英晶体呈______性；当 $f_S<f<f_P$ 的很窄的频率范围内石英晶体呈______性；当 $f<f_S$ 或 $f>f_P$ 时，石英晶体呈______性。

6.2　根据振荡的相位平衡条件判断图题 6.2 所示各电路能否产生正弦振荡。

6.3　已知 RC 振荡电路如图题 6.3 所示。

(1) 求电路的振荡频率 f_0；

(2) 求热敏电阻 R_t 的冷态电阻，说明 R_t 应具有怎样的温度特性。

6.4　某音频信号产生电路如图题 6.4 所示，已知 $R=22\ \text{k}\Omega$，$C=6600\ \text{pF}$。试分析电路的工作原理；若 R_P 从 1 kΩ 调到 10 kΩ，计算电路振荡频率的调节范围。

6.5　试标出图题 6.5 所示各电路中变压器二次侧线圈的同名端，使之满足正弦振荡的相位平衡条件。

6.6　根据振荡的相位平衡条件判断图题 6.6 所示电路能否产生振荡？若能振荡，说明振荡电路的类型。

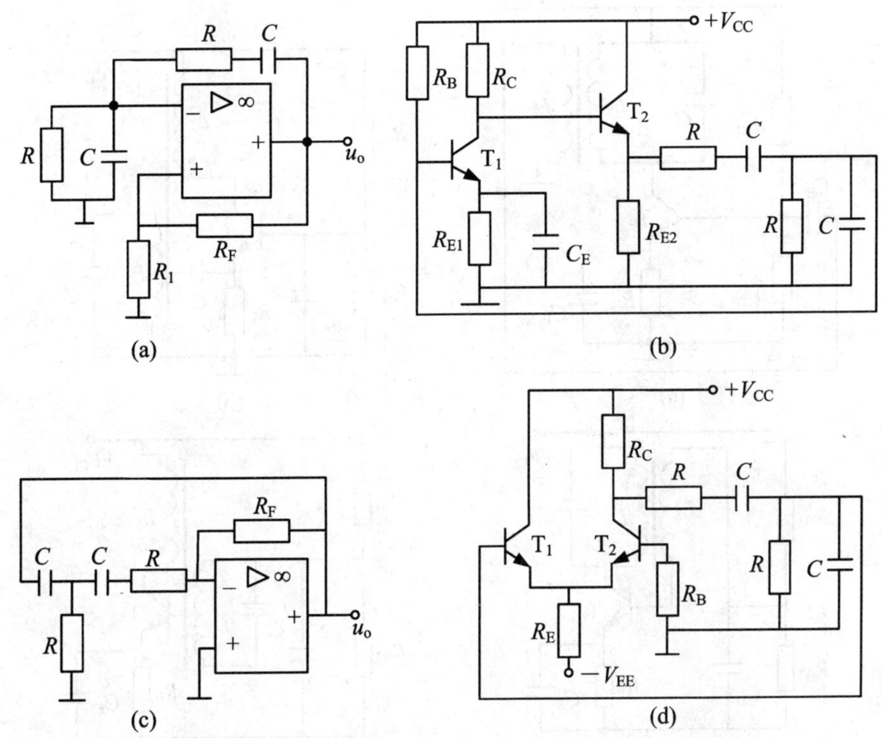

图题 6.2

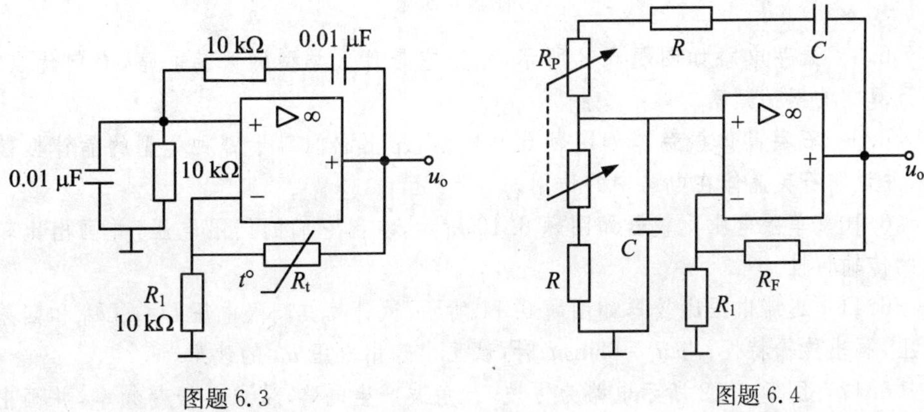

图题 6.3　　　　图题 6.4

6.7　电路如图题 6.7 所示。

(1) 分析电路是否满足正弦振荡的相位平衡条件？如果满足，则它属于哪种类型的振荡电路？如不满足，应如何改动使之有可能振荡？

(2) 满足振荡条件的情况下，电路的振荡频率为多少？

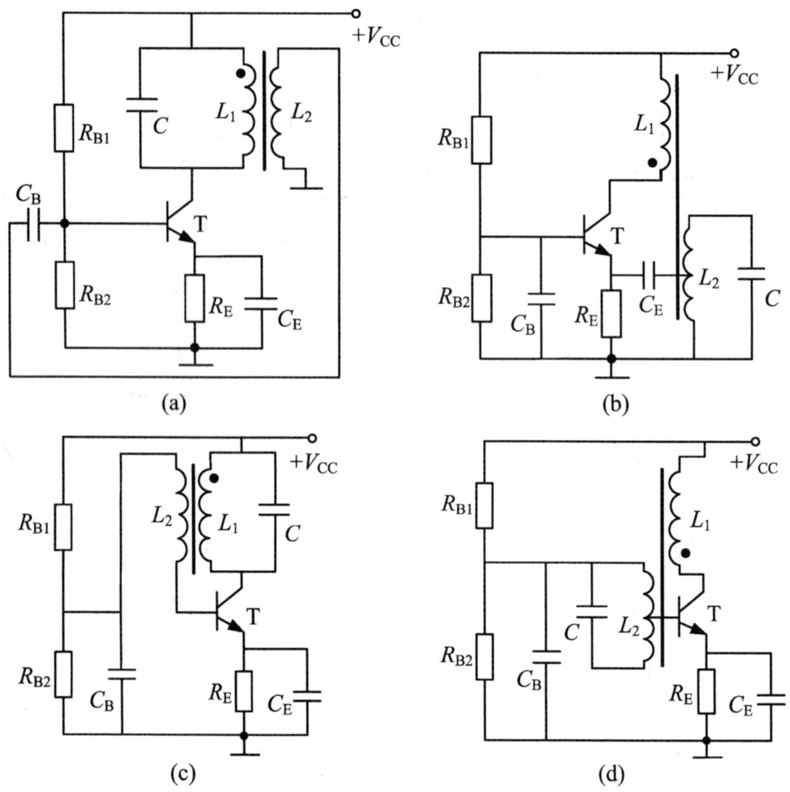

图题 6.5

6.8　振荡电路如图题 6.8 所示，指出它是什么类型的振荡电路，有何优点？并计算它的振荡频率。

6.9　石英晶体振荡器如图题 6.9 所示，指出它们属于哪种类型的晶体振荡器，并说明石英晶体在电路中的作用。

6.10　单限电压比较器如图题 6.10 所示，求出它们的门限电压，并画出比较器的传输特性。

6.11　迟滞电压比较器如图题 6.11 所示，试计算其门限电压 U_{TH}、U_{TL} 和回差电压，画出传输特性；当 $u_I = 6\sin\omega t$ 时，试画出输出电压 u_O 的波形。

6.12　图题 6.12 所示电路为方波-三角波产生电路，试求其振荡频率，并画出 u_{O1} 和 u_O 的波形。

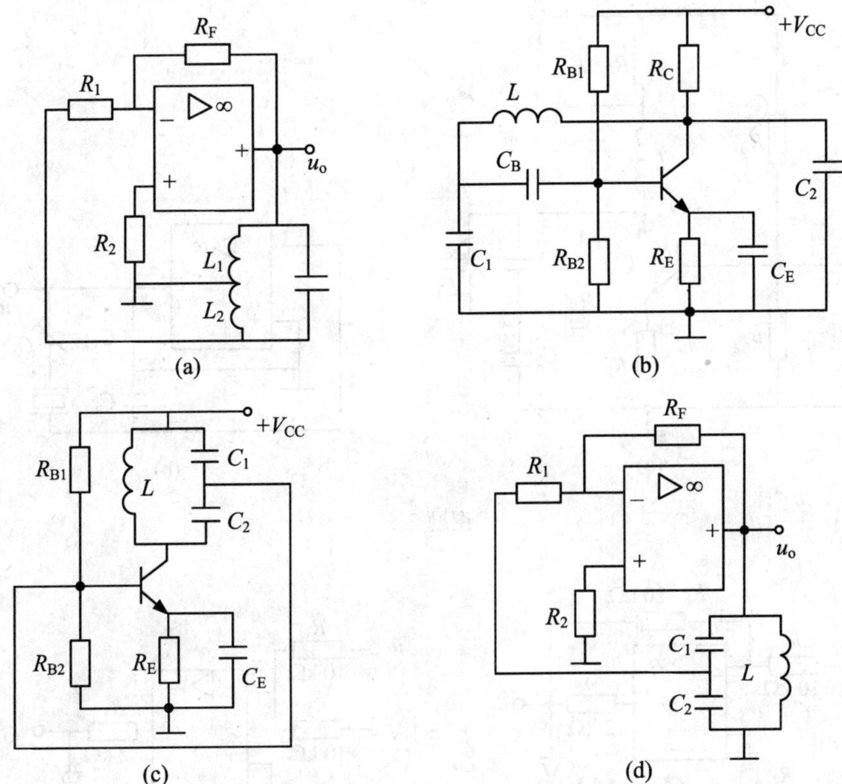

图题 6.6

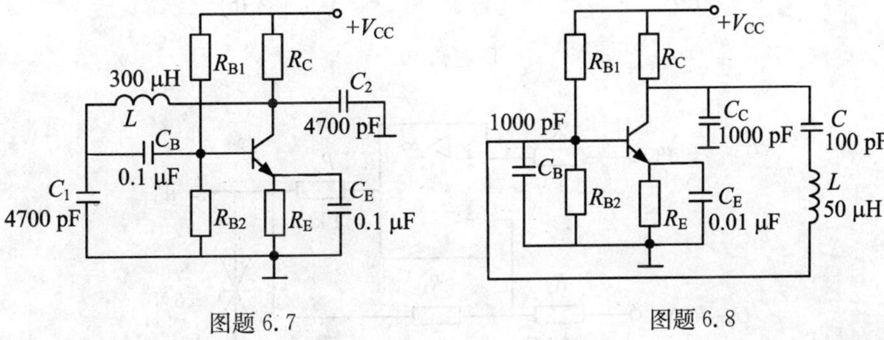

图题 6.7　　　　图题 6.8

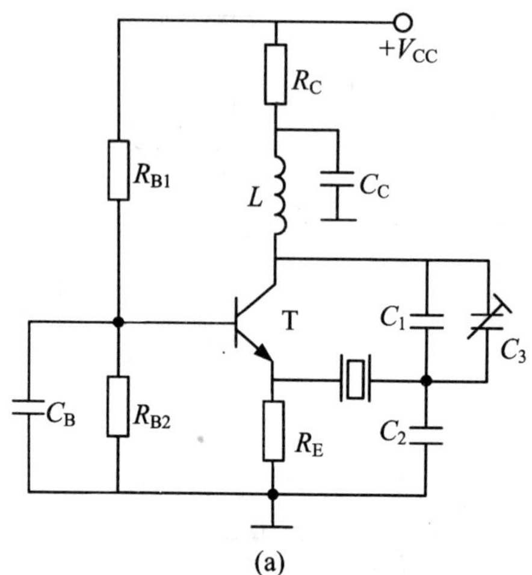

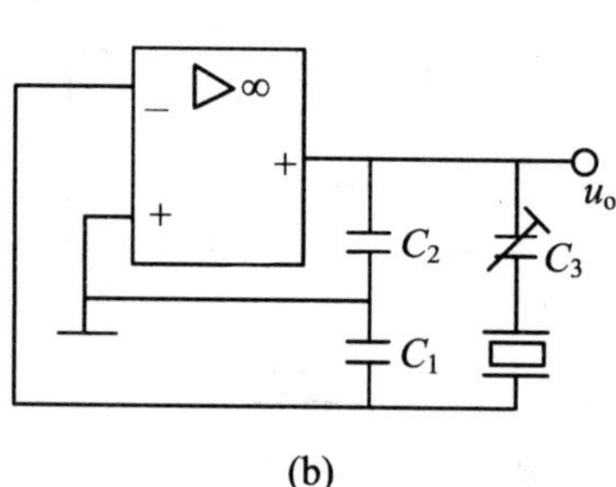

图题 6.9

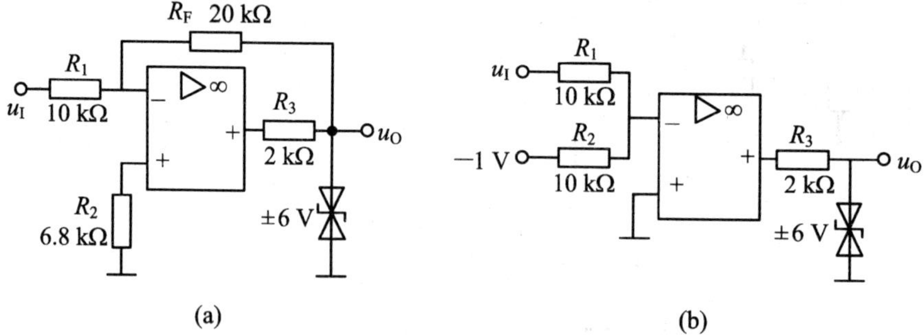

图题 6.10

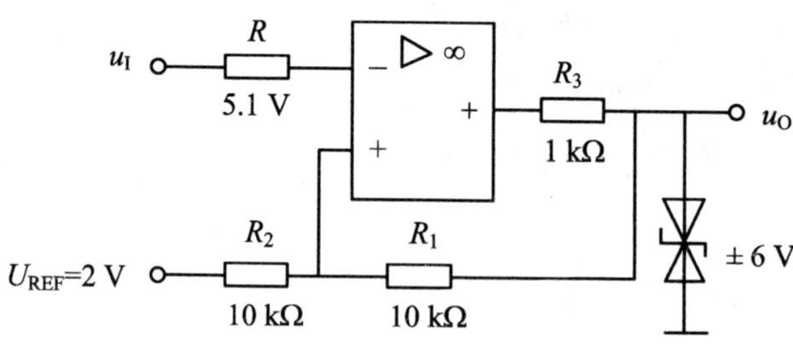

图题 6.11

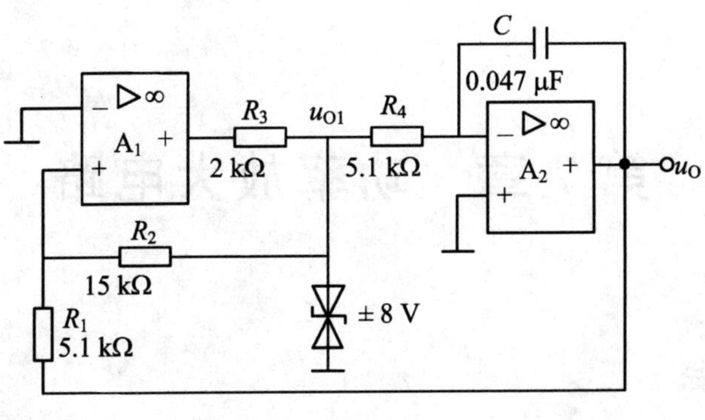

图题 6.12

第7章　功率放大电路

学习目标

- 了解功率放大电路的特点；
- 熟练掌握乙类互补对称功率放大电路的组成、工作原理、参数计算和功率管的选择；
- 掌握甲乙类互补功率放大电路的工作原理及计算；
- 了解集成功率放大电路的工作原理及应用电路。

7.1　功率放大电路概述

在实际电路中，往往要求放大电路的输出级具有较高的输出功率，以驱动负载。能够向负载提供功率的放大电路称为功率放大电路，简称功放。

功率放大电路与电压放大电路都是利用放大器件的控制作用，把直流电源的能量转化为按输入信号规律变化的交变能量输出给负载。但电压放大电路是对小信号进行放大，其主要性能指标是电压放大倍数，而功率放大电路通常在大信号状态下工作，要求在高效率的前提下，获得足够大的输出功率，其主要性能指标是输出功率和效率。因此，功率放大电路在电路组成、工作状态、分析方法、技术指标等方面与电压放大电路有很大区别。

7.1.1　功率放大电路的特点

功率放大电路是以输出功率和效率作为其主要技术指标，因此功率放大电路应具有以下特点：

1. 输出功率要足够大

为了获得尽可能大的功率输出，要求功率管的电压和电流都有足够大的输出幅度，所谓最大输出功率是指在输入正弦信号下，输出波形不超过规定非线性失真指标时，功率放大电路最大输出电压和最大输出电流有效值的乘积。由于 $P=UI$，因此要求功率管的输出电流和输出电压都有较大的幅度，功率管往往在接近极限运用状态下工作。

2. 效率要高

功率放大电路是将直流电源提供的能量转换为交流电能输出给负载，在能量转换和传输的过程中，如果效率不高，必然造成能量的浪费。功率放大电路的效率是指负载得到的有用信号功率和电源供给的直流功率的比值。它代表了电路将电源直流能量转换为输出交流能量的能力。

3. 非线性失真要小

功率放大电路是在大信号下工作，电压、电流的幅度变化较大，容易超出功率管的线性工作区，所以不可避免地会产生非线性失真，这就使输出功率和非线性失真成为一对主要矛盾。在实际应用中，应采取措施减小失真以满足负载的功率要求。

在不同场合下，对非线性失真的要求不同，例如，在测量系统和电声设备中对非线性失真的要求很严格，而在工业控制系统等场合中，则以输出功率为主要目的，对非线性失真的要求就降低了。

4. 功率管的散热和保护措施

在功率放大电路中，有相当大的功率消耗在管子的集电结上，管耗使结温和管壳温度升高。为了充分利用允许的管耗而使管子输出足够大的功率，功率管一般都装有散热装置，以改善功率管的散热条件。

此外，为输出较大的信号功率，功率放大电路往往处于大电流、大电压的工作状态下，功率管损坏的可能性也比较大，因此要采取过压保护、过流保护等措施。

5. 分析方法上通常采用图解法

功率放大电路的输出电压和输出电流的幅值都很大，功率管处于大信号下工作，非线性特性不可忽略，微变等效电路分析法已不再适用，通常采用图解法。

7.1.2 功率放大电路的分类

功率放大电路类型很多，根据不同的标准有不同的分类方法。

1. 按工作频率分类

按照输入信号的频率不同，可以分为低频功率放大电路和高频功率放大电路。低频功率放大电路主要用于放大频率范围为几十赫兹到几十千赫兹的音频信号，高频功率放大电路常用于放大频率范围为几百千赫兹到几十兆赫兹的射频信号。

2. 按耦合方式分类

按照功率放大电路与负载的耦合方式不同，可分为 OTL(Output Transformerless，无输出变压器)功率放大电路、OCL(Output Capacitorless，无输出电容)功率放大电路、BTL(Balanced Transformerless，平衡式无输出变压器)功率放大电路三种。

3. 按构成电路的部件分类

按照构成功放电路的部件分类，可分为分立元件功放和集成功放。

由分立元件构成的功率放大电路元件多、电路设计严格、对称性强。采用集成功率放大芯片(如 LM386、LA4112、TDA2030 等)设计的功放具有电路简洁、性能稳定等优点，但输出功率偏小。

4. 按晶体管导通角分类

功率放大电路按晶体管导通角的不同，一般分为甲类、乙类、甲乙类和丙类等四种。

(1) 甲类功率放大电路

晶体管在整个输入信号周期内都导通的，称为甲类功放，此时功率管的导电角 $\theta=2\pi$。甲类功放的优点是非线性失真小，但由于静态工作点电流大，故管耗大，效率低，它主要用于小功率放大电路中，即通常所说的电压放大电路。

(2) 乙类功率放大电路

晶体管仅在输入信号的半个周期内导通的功率放大电路，称为乙类功放，此时功率管的导电角 $\theta=\pi$。乙类功放的优点是管耗小，能量转换效率高。缺点是只能对半个周期的输入信号进行放大，非线性失真大。

(3) 甲乙类功率放大电路

在输入信号的一个周期内，有半个周期以上晶体管是导通的，称为甲乙类功放。甲乙类功放电路的工作状态介于甲类功放与乙类功放之间，此时功率管的导电角 θ 满足 $\pi<\theta<2\pi$。和乙类功放一样，甲乙类功放管耗小，效率高，非线性失真严重。所以在实际电路中均采用两管轮流导通的推挽电路来减小失真。

(4) 丙类功率放大电路

一个周期内晶体管的导通时间小于半个周期的，则称为丙类功放，其导电角 $\theta<\pi$。丙类功放适用于高频功放，常用于通信电路中对高频信号的功率放大，本章不做介绍。

四种类型的功率放大电路的工作状态如图 7.1 所示。

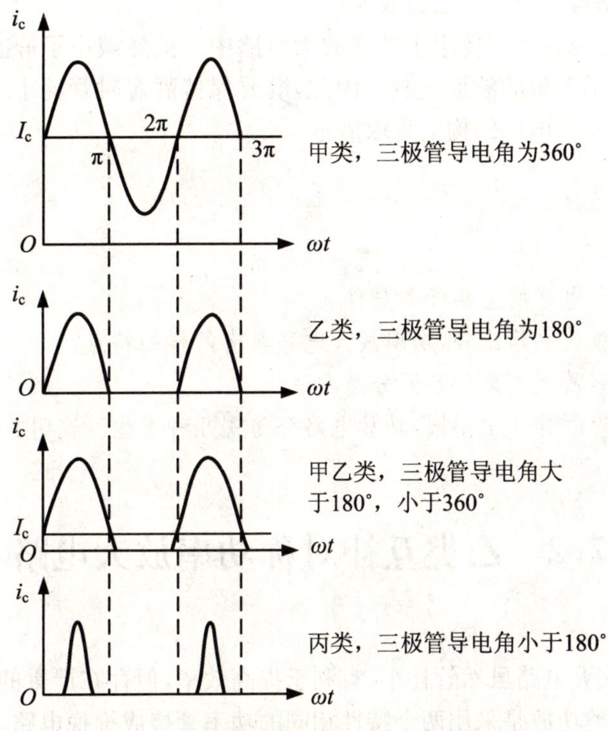

图 7.1　四种类型功率放大电路的工作状态

7.1.3　提高功率管放大电路效率的主要途径

效率是负载得到的有用信号功率(即输出功率)和电源供给的直流功率的比值。要提高效率,就应降低消耗在晶体管上的功率,将电源供给的功率大部分转化为有用信号输出。

在甲类放大电路中,为使信号不失真,需设置合适的静态工作点,保证在输入正弦信号的一个周期内,都有电流流过三极管。当有信号输入时,电源供给的功率一部分转化为有用的输出功率,另一部分则消耗在管子(和电阻)上,并转化为热量的形式耗散出去,称为管耗。甲类放大电路的效率是较低的,可以证明,即使在理想情况下,甲类放大电路的效率最高也只能达到 50%。

提高效率的主要途径是减小静态电流,从而减少管耗。静态电流是造成管耗的主要因素,因此如果把静态工作点 Q 向下移动,使信号等于零时电源输出的功率也等于零(或很小),信号增大时电源供给的功率也随之增大,这样,电源供给功率及管耗都随着输出功率的大小而变，也就改变了甲类放大时效率低的状况。实现上述设想的电路有乙类和甲乙类放大。

乙类和甲乙类放大主要用于功率放大电路中。虽然减小了静态功耗，提高了效率，但都出现了严重的波形失真。因此，既要保持静态时管耗小，又要使失真不太严重，这就需要在电路结构上采取措施。

思考题

1. 功率放大电路的主要任务是什么？
2. 与电压放大电路比较，功率放大电路具有怎样的特点？
3. 列举功率放大电路的不同分类方法。
4. 按晶体管的导通角不同，功放电路分为哪几种类型？说明其优缺点。

7.2 乙类互补对称功率放大电路

乙类功率放大电路虽然管耗小，有利于提高效率，但存在严重的失真。在实际应用电路中，乙类功放是采用两个特性相同的功率管接成推挽电路，使一管在正半周导通，另一管在负半周导通，同时使这两个波形都加到负载上，得到完整的波形，从而解决效率与失真的矛盾。由于两个功率管互补不足，工作性能对称，故这种电路称为互补对称电路。

7.2.1 乙类 OCL 互补对称功率放大电路

1. 电路组成

由正、负电源构成的乙类互补功率放大电路如图 7.2(a)所示。T_1为 NPN 型三极管，T_2为 PNP 型三极管，两管的基极和发射极分别相连，为保证电路的对称性，要求两管的特性相同，且 $V_{CC}=V_{EE}$。

2. 工作原理

静态时 $u_i=0$，T_1、T_2均处于零偏置状态，两管的 I_{BQ}、I_{CQ}均为零，此时输出电压 $u_o=0$，电路不消耗功率。

当输入信号 u_i处于正半周时，且幅度远大于三极管的开启电压，此时 NPN 型三极管 T_1因发射结正偏导通，PNP 型三极管 T_2反偏截止，有电流 i_{C1}由上到下通过

负载 R_L，产生输出电压 u_o 的正半周，如图 7.2(b)所示。当输入信号 u_i 处于负半周且幅度远大于三极管的开启电压时，此时 T_1 因发射结反偏截止，T_2 正偏导通，$-V_{EE}$ 通过 T_2 向负载 R_L 提供电流 i_{C2}，产生输出电压 u_o 的负半周，如图 7.2(c)所示。于是两个三极管一个正半周、一个负半周轮流导电，在负载上将正半周和负半周合成在一起，得到一个完整的不失真波形，如图 7.3 所示。又因为静态时公共发射极的电位为零，不必采用电容耦合，故此电路又称为 OCL 电路。

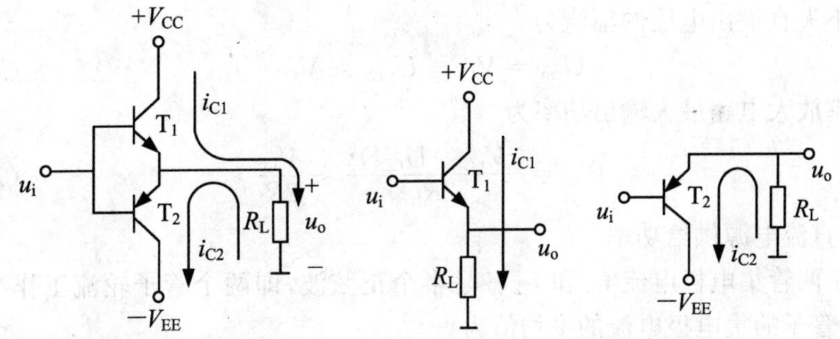

图 7.2 乙类 OCL 互补功率放大电路

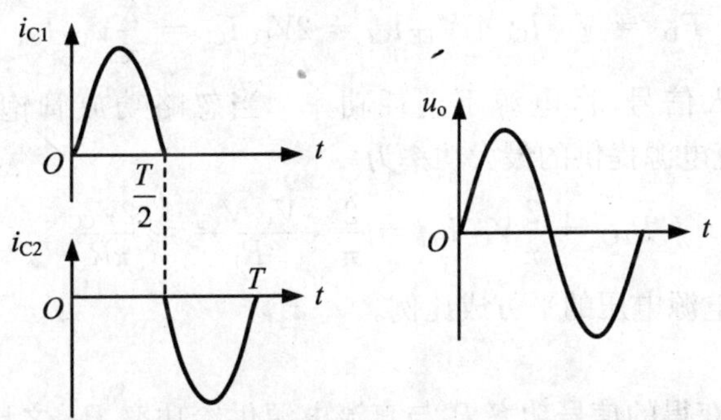

图 7.3 乙类互补功率放大电路的电压、电流波形的合成

乙类 OCL 互补对称功率放大电路的优点是无需输出电容，频率特性好，又因为构成的射极输出器输出电阻很小，具有较强的负载能力。主要缺点是：因为两个三极管的发射极直接与负载相连，如静态工作点失调或电路元件损坏，将会有一个较大的电流流过负载，可能造成电路损坏。

3. 参数计算

(1) 输出功率

功率放大电路的输出功率就是输出电流 i_o 和输出电压 u_o 有效值的乘积，即

$$P_o = U_o I_o = \frac{I_{cm}}{\sqrt{2}} \cdot \frac{U_{om}}{\sqrt{2}} = \frac{1}{2} I_{cm} U_{om} \tag{7.2.1}$$

由于 $I_{cm}=\dfrac{U_{om}}{R_L}$,所以由式(7.2.1)可得

$$P_o = \frac{U_{om}^2}{2R_L} = \frac{1}{2} I_{cm}^2 R_L \tag{7.2.2}$$

当输入信号足够大时,三极管的饱和压降 U_{CES} 通常很小,可以忽略,则功放电路最大不失真输出电压的幅值为

$$U_{om} = V_{CC} - U_{CES} \approx V_{CC} \tag{7.2.3}$$

所以功率放大电路最大输出功率为

$$P_{om} = \frac{(V_{CC} - U_{CES})^2}{2R_L} \approx \frac{V_{CC}}{2R_L} \tag{7.2.4}$$

(2)直流电源供给功率

由于两管集电极电流 i_{C1} 和 i_{C2} 各是半个正弦波,即两个管子轮流工作半个周期,每个管子的集电极电流的平均值为

$$I_{C1} = I_{C2} = \frac{1}{2\pi}\int_0^{\pi} I_{cm}\sin\omega t\,d(\omega t) = \frac{I_{cm}}{\pi} \tag{7.2.5}$$

因为每个电源只提供半周期的电流,所以两个电源供给的总功率为

$$P_{DC} = V_{CC} I_{C1} + V_{EE} I_{C2} = 2V_{CC} I_{C1} = \frac{2}{\pi} V_{CC} I_{cm} \tag{7.2.6}$$

可见,当没有输入信号时,电源不消耗功率。当忽略功放管饱和压降时,由式(7.2.6)可得直流电源提供的最大功率为

$$P_{DC} = \frac{2}{\pi} V_{CC} I_{cm} = \frac{2}{\pi} \cdot \frac{V_{CC} V_{om}}{R_L} \approx \frac{2V_{CC}^2}{\pi R_L} \tag{7.2.7}$$

显然 P_{DC} 近似与电源电压的平方成比例。

(3) 效率

效率是负载获得的信号功率 P_o 与直流电源供给功率 P_{DC} 之比,一般情况下的效率可由式(7.2.1)与式(7.2.6)之比求出

$$\eta = \frac{P_o}{P_{DC}} = \frac{\pi}{4} \cdot \frac{U_{om}}{V_{CC}} \tag{7.2.8}$$

由上式可见,η 与 U_{om} 有关。当 $U_{om}=0$ 时,$\eta=0$;当 $U_{om}=U_{om}$ 时,即 $P_o=P_{om}$ 时,效率最大,为

$$\eta = \frac{P_o}{P_{DC}} = \frac{\pi}{4} \cdot \frac{U_{om}}{V_{CC}} = \frac{\pi}{4} \cdot \frac{V_{CC} - U_{CES}}{V_{CC}} \approx \frac{\pi}{4} = 78.5\% \tag{7.2.9}$$

在实际应用中,放大电路很难达到最大效率,由于饱和压降及元件损耗等因素,乙类推挽功率放大电路的效率仅能达到 60%左右。

(4) 管耗 P_C

电源输入的直流功率，有一部分通过三极管转换为输出功率，剩余的部分则消耗在三极管上，形成三极管的管耗。显然，由式(7.2.2)和式(7.2.7)可得每只三极管的管耗为

$$P_{C1}=P_{C2}=\frac{1}{2}(P_{DC}-P_o)=\frac{V_{CC}U_{om}}{\pi R_L}-\frac{U_{om}^2}{4R_L} \tag{7.2.10}$$

4. 功率管的选择

在乙类互补对称电路中，当输入电压为零时，三极管 T_1、T_2 均不导电，所以管子的静态功耗接近于零。当输入电压足够大，使放大电路输出最大功率 P_{om} 时，此时虽然三极管的集电极电流达到最大值，但因集电极电压很小，等于饱和管压降 U_{CES}，所以三极管的功耗并不大。可见，当集电极电流等于零至 I_{CM} 之间的某一个值时，三极管的功耗可能达到最大值。

由式(7.2.10)可知，管耗 P_{C1} 是输出电压幅值 U_{om} 的函数，因此，令 $\frac{dP_{C1}}{dU_{om}}=0$，则得

$$\frac{dP_{C1}}{dU_{om}}=\frac{V_{CC}}{\pi R_L}-\frac{U_{om}}{2R_L}=0 \tag{7.2.11}$$

上式表明，当 $U_{om}=\frac{2}{\pi}V_{CC}\approx 0.64V_{CC}$ 时，P_{C1} 达到最大值，将 U_{om} 代入式(7.2.10)可得每只管的最大功耗为

$$P_{C1m}=P_{C2m}=\frac{V_{CC}^2}{\pi^2 R_L} \tag{7.2.12}$$

当 $U_{CES}=0$ 时，由式(7.2.4)可得

$$P_{C1m}=P_{C2m}=\frac{2}{\pi^2}P_{om}\approx 0.2P_{om} \tag{7.2.13}$$

可见，三极管集电极最大功耗仅为最大输出功率的 1/5。由于以上计算都是在理想情况下进行的，实际在选用管子时还需留有充足的余量。根据以上分析可知，要使功率管在输出最大功率的情况下安全工作，每只功率管的参数必须满足以下条件：

(1) 集电极最大功耗 $P_{CM}>P_{om}$；

(2) 考虑到一只功率管导通时，另一只功率管的 u_{CE} 具有最大值，且接近于 $2V_{CC}$，因此，应选用 $|V_{(BR)CEO}|>2V_{CC}$ 的管子；

(3) 通过功率管的最大集电极电流为 V_{CC}/R_L，所以要选用 $I_{CM}>V_{CC}/R_L$ 的功率管。

7.2.2 乙类 OTL 互补对称功率放大电路

OCL 功放电路有很多优点，但采用双电源供电很不方便。为了把双电源供电改为单电源供电，使电路结构简化，可以在电路输出端与负载之间串入一个大容量的耦合电容，这种电路称为 OTL 电路。

OTL 电路采用输出电容与负载连接的互补对称功率放大电路，该电路轻便可靠，便于集成化，只要输出电容的容量足够大，电路的频率特性也能保证。下面分析 OTL 乙类互补对称电路的组成、工作原理。

乙类 OTL 互补对称电路的电路组成如图 7.4 所示。输入电压 u_i是加在两个三极管 T_1、T_2的基极上的，两管的发射极连在一起，然后通过大电容 C 接至负载电阻R_L。三极管 T_1和 T_2的类型不同，分别为 NPN 型和 PNP 型。电阻 R_1和 R_2的作用是确定放大电路的静态电位。

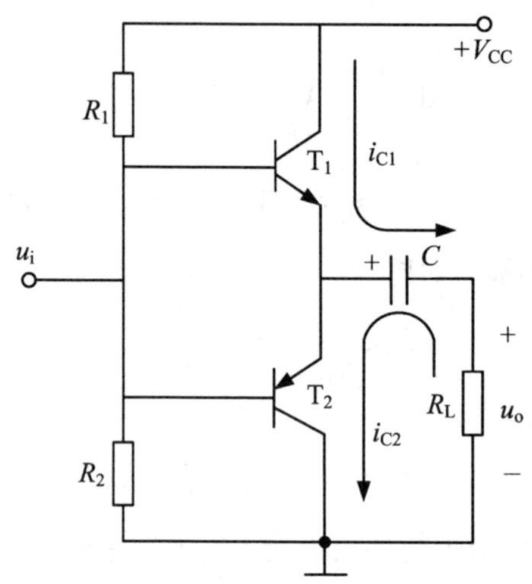

图 7.4 乙类 OTL 互补对称电路

调整 R_1和 R_2的值，使静态时两管的发射极电位为 $V_{CC}/2$，则电容 C 两端的电压 u_C也等于 $V_{CC}/2$。加上正弦波输入电压 u_i，若电容 C 足够大，可认为当输入电压按正弦规律变化时，电容两端电压保持 $V_{CC}/2$ 的数值基本不变。在 u_i正半周，NPN 三极管 T_1导通，PNP 三极管 T_2截止。V_{CC}经 T_1管给电容 C 充电，形成电流 i_{C1}，流过负载至公共端。在 u_i的负半周，T_2导通，T_1截止，电容 C 通过 T_2放电，形成电流 i_{C2}。由图 7.4 可见，无论 T_1或 T_2导电，电路均工作在射极输出器状态。

乙类 OTL 互补对称电路的输出功率、效率、管耗等性能参数的计算与 OCL 电路类似，但 OTL 电路中每个三极管的工作电压仅为 $V_{CC}/2$，因此，在应用 OCL 电路的计算公式时，只需把 V_{CC} 换成 $V_{CC}/2$ 即可，这里不再赘述。

例 7.1 乙类 OCL 互补功率放大电路如图 7.2(a)所示，已知 $V_{CC}=12\ \text{V}$，$R_L=8\ \Omega$，u_i 为正弦电压。试求：

(1) 当 $U_{CES}\approx 0$ 时电路的最大输出功率 P_{om}、效率 η、管耗 P_C。

(2) 每个功率管的最大允许功耗 P_{CM} 至少应为多少？

解：(1) 求 P_{om}、η、P_C

当 $U_{CES}\approx 0$ 时，输出电压幅值 $U_{om}\approx V_{CC}$，所以最大输出功率为

$$P_{om}\approx\frac{V_{CC}}{2R_L}=\frac{12^2}{2\times 8}=9(\text{W})$$

电源供给的功率为

$$P_{DC}\approx\frac{2V_{CC}^2}{\pi R_L}=\frac{2\times 12^2}{8\pi}\approx 11.46(\text{W})$$

此时的效率为

$$\eta=\frac{P_o}{P_{DC}}=\frac{9}{11.46}\approx 78.5\%$$

每管的管耗为

$$P_{C1}=P_{C2}=\frac{1}{2}(P_{DC}-P_o)=\frac{1}{2}\times(11.46-9)=1.23(\text{W})$$

(2) 每管的管耗

由式(7.2.12)可得

$$P_{C1m}=P_{C2m}=\frac{V_{CC}^2}{\pi^2 R_L}=\frac{12^2}{\pi^2\times 8}\approx 1.8(\text{W})$$

因此，所选功率管的 P_{CM} 必须大于 1.8 W。

思考题

1. 与甲类功率放大电路相比，乙类功率放大电路的主要优点是什么？

2. 乙类互补对称功率放大电路的效率在理想情况下可达到多少？

3. 乙类 OCL 电路与 OTL 电路有哪些主要区别？使用中应注意哪些问题？

4. 功率放大电路中的三极管常处于接近极限工作状态，因此，在选择功率管时应特别注意哪些参数？

7.3 甲乙类互补对称功率放大电路

7.3.1 乙类互补对称电路的交越失真

在理想情况下，乙类互补对称电路的输出没有失真。实际上，在乙类互补对称电路中，由于没有直流偏置，只有当输入信号 u_i 大于三极管的导通电压(或门槛电压，NPN 硅管约为 0.6 V，PNP 锗管约为 0.2 V)时，管子才能导通。当输入信号低于这个数值时，T_1 和 T_2 都截止，i_{C1} 和 i_{C2} 基本为零，负载 R_L 上无电流通过，出现一段死区，如图 7.5 所示。这种现象称为交越失真。

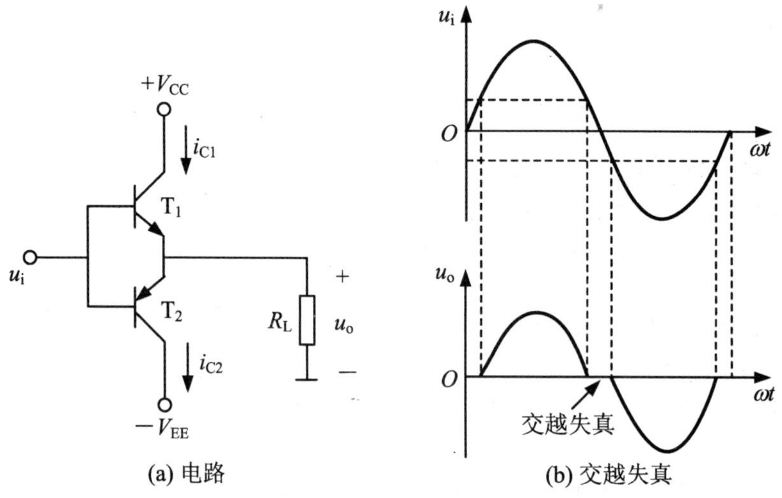

图 7.5 乙类互补对称功率放大电路的交越失真

7.3.2 甲乙类 OCL 互补对称电路

为了克服乙类互补对称电路的交越失真，改善输出波形，需要给电路设置偏置，使之工作在甲乙类状态，如图 7.6(a)所示。图中 T_3 组成前置放大级，给功放级提供足够的偏置电流。T_1 和 T_2 组成互补对称输出级。静态时，在 D_1、D_2 上产生的压降为 T_1、T_2 提供了一个适当的偏压，使之处于微导通状态，两管的集电极回路也各有一个较小的集电极电流 i_{C1} 和 i_{C2}。由于电路对称，静态时，$i_L = i_{C1} - i_{C2} = 0$。当加上正弦输入电压 u_i 时，T_1、T_2 两管轮流导通，交替过程比较平滑，最后得到的 u_o 的波形更接近于理想的正弦波，从而减小交越失真。因此，即使 u_i 很小(D_1 和 D_2 的交流电阻也小)，基本上也可线性地进行放大。

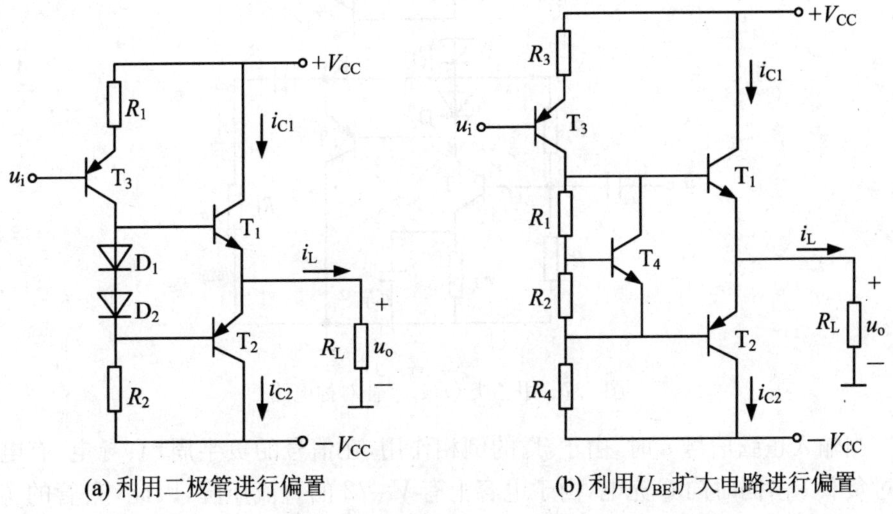

图 7.6 甲乙类 OCL 互补对称电路

因为 T_1、T_2 两管的导电角都略大于 180°，而小于 360°，所以这种电路称为甲乙类 OCL 互补对称功率放大电路。

图 7.6(a)所示电路偏置方法的缺点是偏置电压不易调整，而在图 7.6(b)中，流入 T_4 管的基极电流远小于流过 R_1、R_2 的电流，则由图可求出

$$U_{CE4} \approx \frac{U_{BE4}}{R_2}(R_1 + R_2) \tag{7.3.1}$$

其中 U_{CE4} 就是 T_1、T_2 两管的偏置电压，由于 U_{BE4} 基本为一固定值(硅管为 0.6～0.7 V)，只要适当调节 R_1、R_2 的比值，就可改变 T_1、T_2 两管的偏压值。这种方法常常应用在集成电路中。

7.3.3 甲乙类 OTL 互补对称电路

1. 基本电路

甲乙类单电源供电的 OTL 互补对称电路如图 7.7 所示。图中，T_3 组成前置放大级，工作于甲类，R_1、R_2、R_E 是它的偏置电阻；T_2 和 T_1 组成互补对称电路输出级。在输入信号 $u_i = 0$ 时，调节 R_1、R_2，就可使 I_{C3}、U_{B2} 和 U_{B1} 达到所需大小，给 T_2 和 T_1

提供一个合适的偏置，从而使 K 点电位 $U_K = V_{CC}/2$。这样，静态时电容 C 上也充有 $V_{CC}/2$ 的直流电压。

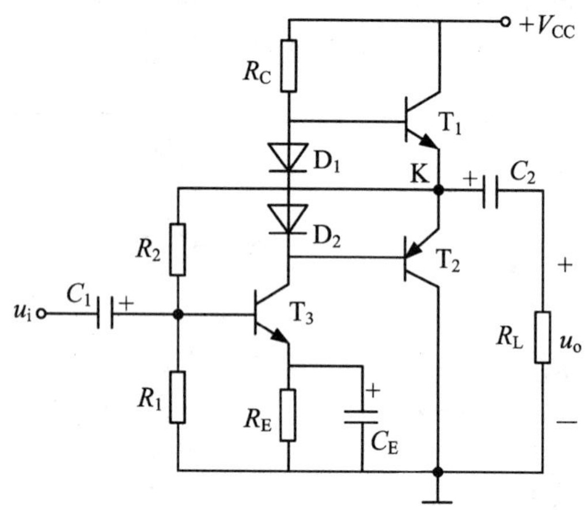

图 7.7　甲乙类 OTL 互补对称电路

当输入正弦信号 u_i 时，由于 T_3 的倒相作用，在信号的负半周，T_1 导电，有电流通过负载 R_L，同时向 C 充电，由于电容上有 $V_{CC}/2$ 的直流压降，因此，T_1 管的实际工作电压为 $V_{CC}/2$；在信号的正半周，T_2 导电，则已充电的电容 C 起着负电源 $(-V_{CC}/2)$ 的作用，通过负载 R_L 放电。只要选择的时间常数 R_LC 足够大(比信号的最长周期还大得多，一般应满足 $C>(5\sim10)\dfrac{1}{2\pi f_L R_L}$，$f_L$ 为信号下限频率)，就可以认为用电容 C 和一个电源 V_{CC} 可代替原来的 $+V_{CC}$ 和 $-V_{CC}$ 两个电源的作用。

静态时，K 点电位 $U_K = V_{CC}/2$，为了提高电路静态工作点的稳定性和改善放大器的动态性能，在电路中引入由 R_1 和 R_2 组成的电压并联交直流负反馈。

2. 带自举的 OTL 电路

图 7.7 所示甲乙类 OTL 互补对称电路，在理想情况下，当 u_i 为负半周最大值时，i_{C3} 最小，u_{B1} 接近于 $+V_{CC}$，此时，T_1 在接近饱和状态工作，即 $u_{CE1}=U_{CES}$，故 K 点电位 $u_K=+V_{CC}-U_{CES}\approx V_{CC}$。当 u_i 为正半周最大值时，T_1 截止，T_2 接近饱和导电，$u_K=U_{CES}\approx 0$。因此，负载 R_L 两端得到的交流输出电压幅值 $U_{om}=V_{CC}/2$。而实际上，当 u_i 为负半周时，T_1 导电，因而 i_{B1} 增加，由于 R_C 上的压降和 u_{BE1} 的存在，当 K 点电位向 $+V_{CC}$ 接近时，T_1 的基流将受限制而不能增加很多，因而也就限制了 T_1 输向负载的电流，使 R_L 两端得不到足够的电压变化量，致使 U_{om} 明显小于 $V_{CC}/2$。

因此，甲乙类 OTL 互补对称电路解决了工作点的偏置和稳定问题，但输出电压幅值达不到 $V_{CC}/2$。为提高输出电压幅度使其接近 $V_{CC}/2$，可采用如图 7.8 所示的带自举的互补对称电路。该电路是在图 7.7 所示电路的基础上引入 R_3、C_3 等元件组成的所谓自举电路。

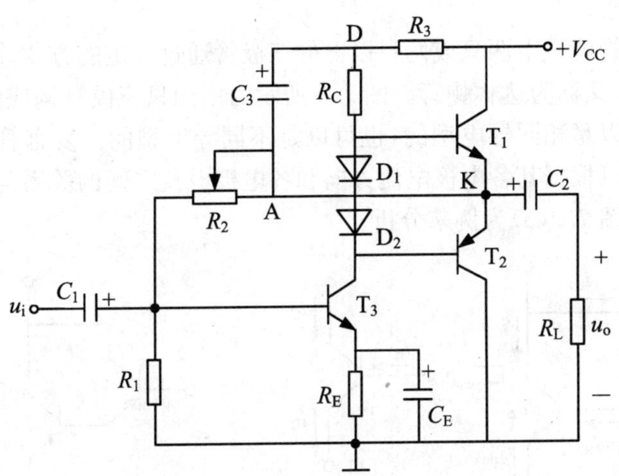

图 7.8 带自举的单电源互补对称电路

在图 7.8 中，当 $u_i=0$ 时，$u_D=U_D=V_{CC}-I_{C3}R_3$，而 $u_K=U_K=V_{CC}/2$，因此，电容 C_3 两端电压被充电到 $U_{C3}=V_{CC}/2-I_{C3}R_3$。

当时间常数 R_3C_3 足够大时，电容 C_3 两端电压将基本为常数（$u_{C3}\approx U_{C3}$），不随 u_i 而改变。这样，当 u_i 为负时，T_1 导电，u_K 将由 $V_{CC}/2$ 向正方向变化，考虑到 $u_D=u_{C3}+u_K=U_{C3}+u_K$，显然，随着 K 点电位升高，D 点电位 u_D 也自动升高。因而，即使输出电压幅度升得很高，也有足够的电流 i_{B1}，使 T_1 充分导电。由于上述提高 T_1 基极电流的供电电压是通过电容 C_3 取自放大器自身的输出电压，故这种电路称为自举电路，电容 C_3 称为自举电容。

自举电路的接入可提高功放电路输出级的最大不失真输出电压幅度，但由于电容 C_3 引入的是正反馈，为防止高频自激，在实际应用中，通常在电阻 R_3 两端并接一个小电容，以旁路高频信号，消除高频自激。

在甲乙类互补对称电路中，为避免降低效率，通常使静态时集电极电流的值很小，即电路静态工作点 Q 的位置很低，靠近横坐标，与乙类互补电路的工作情况相近。因此，甲乙类互补对称电路的最大输出功率、效率和管耗也可以近似地用乙类互补对称电路中的估算方法进行估算。

7.3.4 复合管互补对称功率放大电路

1. 复合管

互补对称功率放大电路要求输出管为一对特性对称的功放管，由于工艺原因，导电类型不同的大功率管难以做到特性对称,因此在实际电路中,常采用复合管来代替互补对称管。

所谓复合管就是由两只或两只以上的三极管通过一定的方式连接形成的一只特殊的三极管,又称为达林顿管。图 7.9 所示为由两只三极管构成的复合管,其中两只三极管可以是相同导电型的,也可以是不同导电型的。复合管的管型及其等效电极性质可以根据其各电极电流方向和各电极电流之间的关系与普通单管类比得到。下面以图 7.9(a)为例来分析。

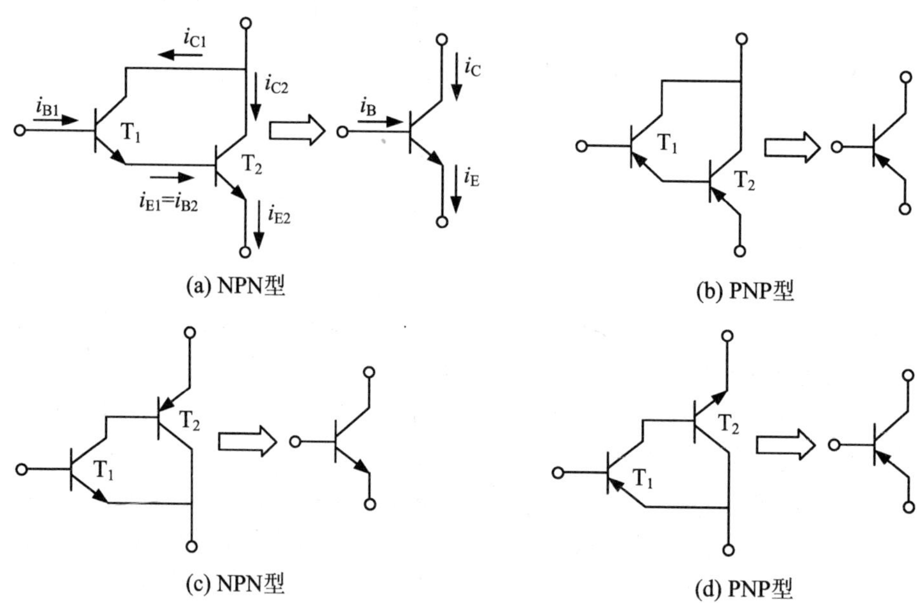

图 7.9 复合管的几种接法

设图 7.9(a)中,T_1、T_2管的电流放大系数分别为 β_1、β_2,则从图中可知

$$\begin{aligned} i_C &= i_{C1} + i_{C2} = \beta_1 i_{B1} + \beta_2 i_{B2} = \beta_1 i_B + \beta_2 i_{E1} \\ &= \beta_1 i_B + \beta_2(1+\beta_1) i_B = [\beta_1 + \beta_2(1+\beta_1)] i_B \end{aligned} \tag{7.3.2}$$

由上式可得复合管的等效电流放大系数为

$$\beta = \beta_1 + (1+\beta_1)\beta_2 \tag{7.3.3}$$

当 $\beta_1 \gg 1$,$\beta_2 \gg 1$ 时,有

$$\beta = \beta_1 \beta_2 \tag{7.3.4}$$

用类似的方法可以求得其他三个复合管的等效电流放大系数。综上所述,可总结出复合管的如下特点:

(1) 复合管的类型与组成该复合管的第一只三极管相同;

(2) 复合管的电极与第一只三极管相应的电极名称一致;

(3) 复合管的电流放大倍数等于两只三极管的电流放大倍数之积；

(4) 复合管的功率取决于第二只三极管(实际使用时，一般小功率管在前，大功率管在后)。

复合管虽有电流放大倍数高的优点，但它的穿透电流较大，且高频特性变差。原因是复合管中第一只晶体管的穿透电流会进入下一级晶体管放大，导致总的穿透电流比单管穿透电流大得多。为减小穿透电流的影响，常在两只晶体管之间并接一个泄放电阻 R，如图 7.10 所示，R 可将 T_1 管的穿透电流分流，R 越小分流作用越大，总的穿透电流越小，当然引入 R 会使复合管的电流放大倍数下降。

2. 复合管互补对称放大电路

采用复合管构成的甲乙类 OCL 互补对称电路如图 7.11 所示。图中 T_1、T_3 同型复合等效为 NPN 型管，T_2、T_4 异型复合等效为 PNP 型管。由于 T_1、T_2 是同一类的 NPN 管，特性相同，所以将这种复合管互补对称电路称为准互补对称放大电路。图中 D_1、D_2、D_3 和 R_P 组成输出级偏置电路，用以克服交越失真。T_1 和 T_2 管的发射极电阻 R_{E1}、R_{E2}，用来构成直流负反馈以提高放大电路工作的稳定性，同时具有过流保护作用。T_4 管的发射极电阻 R_4 是 T_3、T_4 管的平衡电阻，以保证 T_3、T_4 管的输入电阻对称。R_3、R_5 为穿透电流泄放电阻，以减小复合管的穿透电流，提高复合管的温度稳定性。T_5、R_{B1}、R_{B2} 和 R_1 等构成前置电压放大级，R_{B1} 接至输出端 E 点，构成负反馈，可提高电路工作点的稳定性。

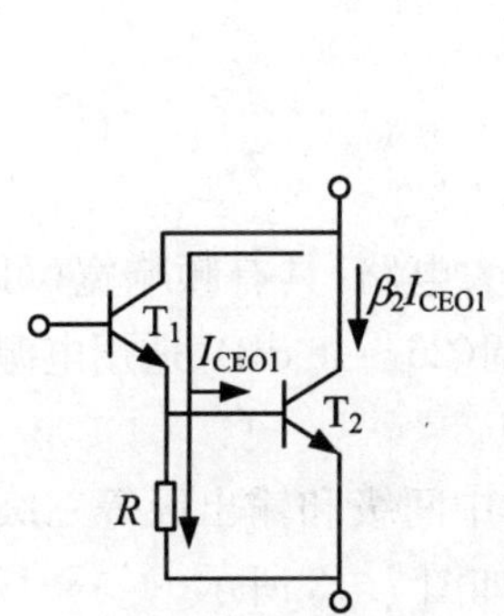

图 7.10 接有泄放电阻的复合管

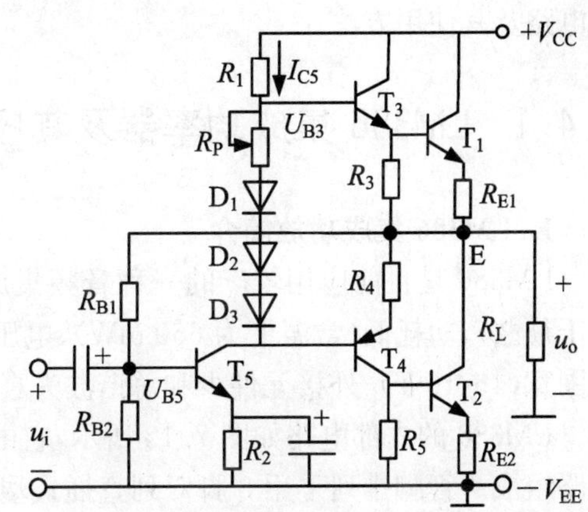

图 7.11 复合管互补对称放大电路

思考题

1. 什么是交越失真，怎样消除交越失真?

2. 功率放大电路采用甲乙类工作状态的目的是什么？

3. 说明为什么要在甲乙类 OTL 互补对称电路中引入自举电路？如何引入自举电路？

4. 如何判断复合管的管型和电极？

7.4 集成功率放大电路

集成功率放大电路由集成功放块和一些外部阻容元件构成。它具有线路简单、性能优越、工作可靠、调试方便等优点，已经成为在音频领域中应用十分广泛的功率放大器。

电路中最主要的组件为集成功放块，它的内部电路与一般分立元件功率放大器不同，通常包括前置级、中间级、输出级和偏置电路等几部分。还有些具有特殊功能（消除噪声、短路保护等）的电路，其电压增益较高（不加负反馈时，电压增益达 70～80 dB，加典型负反馈时电压增益在 40 dB 以上）。

另外，为保证器件在大功率状态下安全可靠工作，集成功放中还常设有过流、过压及过热保护电路等。集成功放的种类很多，下面介绍几种常用的集成功率放大电路及其使用方法。

7.4.1 LM386 集成功率器及其应用

1. LM386 集成功放简介

LM386 是目前应用较广的一种音频集成功率放大电路，具有频响宽（可达数百千赫兹）、功耗低（常温下为 660 mW）、电压增益可调（26～46 dB）、适用电源电压范围宽（4～16 V）、外接元件少和总谐波失真小等优点。

LM386 的内部电路如图 7.12 所示，它由输入级、中间级和输出级等三级放大电路组成。管脚排列采用 8 脚双列直插式塑料封装，如图 7.13 所示。

输入级为差分放大电路的放大管，T_1 和 T_3、T_2 和 T_4 分别构成复合管，作为差分放大电路的放大管；T_5 和 T_6 组成镜像电流源作为 T_1 和 T_2 的有源负载；信号从 T_3 和 T_4 管的基极输入，从 T_2 管的集电极输出，为双端输入单端输出差分电路。R_6 是差分放大电路的发射极负反馈电阻，引脚 1、8 开路时，负反馈最强，整个电路的电压放大倍数为 20，若在引脚 1、8 间外接旁路电容，以短接 R_6 两端的交流压降，可使电压放大倍数提高到 200。在实际应用时往往在引脚 1、8 之间外接阻容串联电路，调节电阻大小即可调节电压增益。但此时需注意，引脚 1 和引脚 8 接电阻时只能改变交流通路，因此必须在外接电阻回路中串接一个大容量电容，通常为 10 μF。

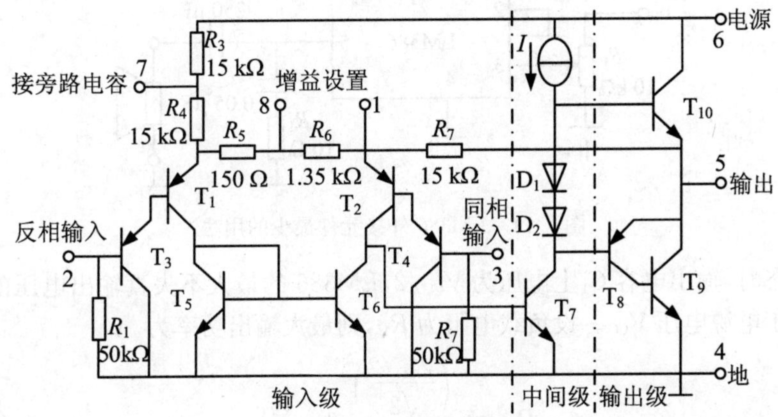

图 7.12 LM386 的内部电路

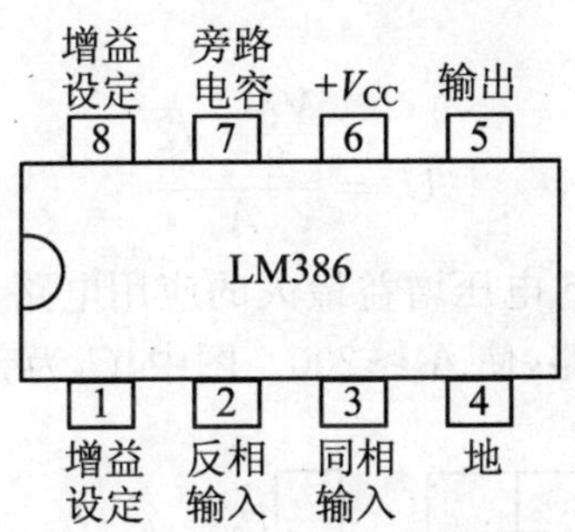

图 7.13 LM386 的外形和引脚排列图

中间级是集成功放的主要增益级，T_7 为放大管，恒流源(I)作共射放大电路的有源负载，以增大放大倍数，作为驱动级。

输出级的 T_8 和 T_9 管复合等效为 PNP 型管，与 NPN 型管 T_{10} 构成准互补对称功放输出级。二极管 D_1 和 D_2 为输出级提供合适的偏置电压，可以消除交越失真。电阻 R_7 从输出端连接到 T_2 的发射极，形成反馈通路，并与 R_5 和 R_6 构成反馈网络，从而引入深度电压串联负反馈，使整个电路具有稳定的电压增益。输出端管脚 5 也应外接输出电容后再接负载，以构成 OTL 电路。

2. LM386 集成功放应用电路

LM386 外接元件最少的一种应用电路如图 7.14 所示。由于引脚 1、8 开路，集成功放的电压放大倍数为 20，即电压增益为 26 dB。R_1、C_2 串联构成校正网络，用来进行相位补偿。改变 R_P 可调节扬声器的音量。

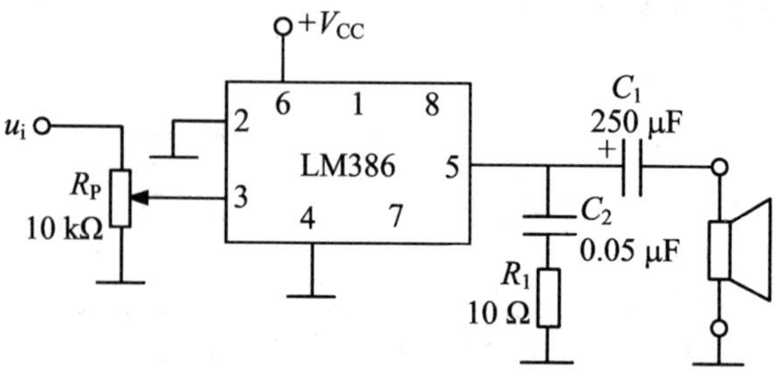

图 7.14　LM386 外接元件最少的用法

静态时，输出电容 C_1 上电压为 $V_{CC}/2$，LM386 的最大不失真输出电压的峰-峰值约等于电源电压 V_{CC}。设负载电阻为 R_L，则最大输出功率为

$$P_{om} \approx \frac{\left(\frac{V_{CC}/2}{\sqrt{2}}\right)^2}{R_L} = \frac{V_{CC}^2}{8R_L} \tag{7.4.1}$$

此时，输入电压有效值为

$$U_i = \frac{\frac{V_{CC}}{2}/\sqrt{2}}{A_u} \tag{7.4.2}$$

图 7.15 所示是 LM386 电压增益最大的应用电路，引脚 1、8 之间连接 10 μF 的电解电容器 C_3 而交流短路，使 $A_u \approx 200$。图中，C_4 为旁路电容，C_5 为去耦电容。

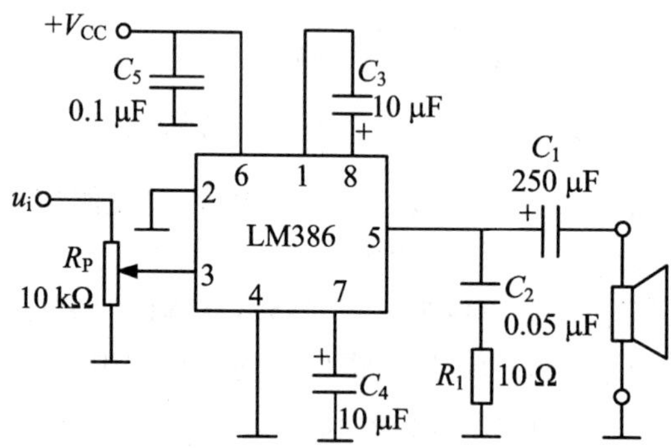

图 7.15　LM386 电压增益最大的用法

图 7.16 所示为 LM386 的典型应用电路。引脚 1、8 之间外接阻容串联电路，调节 R_{P2} 可改变电路的电压放大倍数。

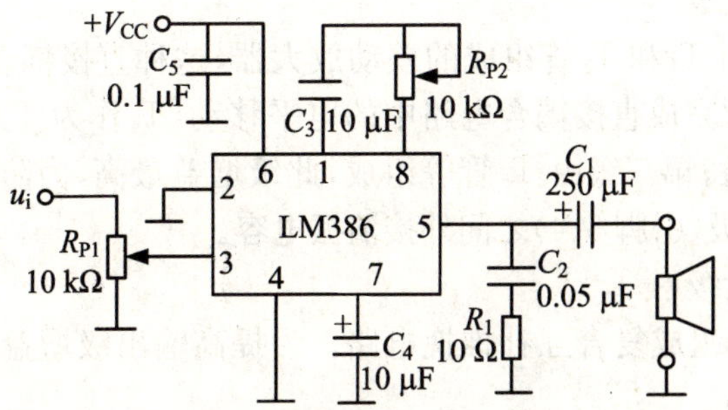

图 7.16　LM386 的一般用法

7.4.2　LA4112 集成功率器及其应用

1. LA4112 集成功放简介

LA4112 集成音频功率放大电路在音响集成电路中被广泛使用，电路内部具有静噪电路和纹波滤波器，当电源电压为 9 V 时，输出功率可达 2.7 W。其内部电路由三级电压放大、一级功率放大以及偏置、恒流、反馈、退耦电路组成，如图 7.17 所示。

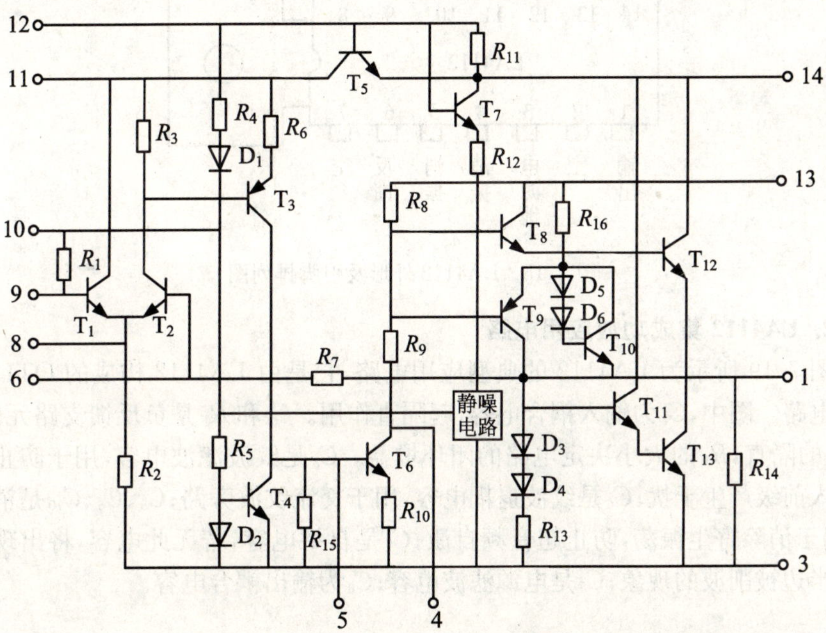

图 7.17　LA4112 内部电路图

(1) 电压放大级

第一级选用由 T_1 和 T_2 管组成的差动放大器，这种直接耦合的放大器零漂较小；第二级的 T_3 管完成直接耦合电路中的电平移动，T_4 作为 T_3 管的恒流源负载，以获得较大的增益；第三级由 T_6 管等组成，此级增益最高，为防止出现自激振荡，需在该管的 B、C 极（引脚 5、4）之间外接消振电容。

(2) 功率放大级

由 T_8～T_{13} 等组成复合互补推挽电路。为提高输出级增益和正向输出幅度，需外接"自举"电容。

(3) 偏置电路

偏置电路是为建立各级合适的静态工作点而设立的。

除上述主要部分外，为了使电路工作正常，还需要和外部元件一起构成反馈电路来稳定和控制增益。同时，还设有退耦电路来消除各级间的不良影响。

LA4112 集成功放块是一种塑料封装 14 脚的双列直插器件。它的外形及引脚如图 7.18 所示。

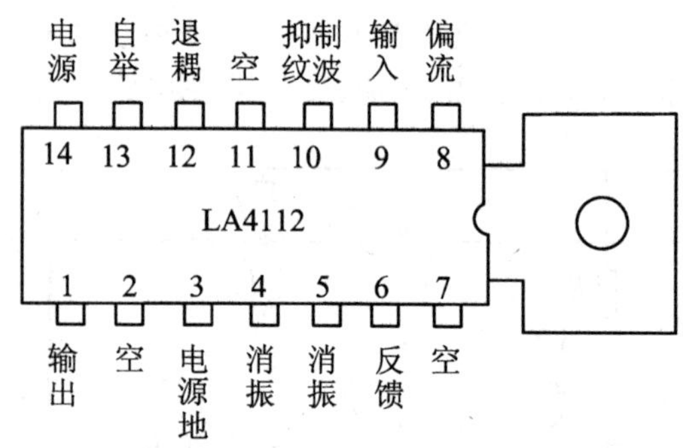

图 7.18 LA4112 外形及引脚排列图

2. LA4112 集成功放应用电路

图 7.19 所示为 LA4112 的典型应用电路，它是由 LA4112 构成的 OTL 功率放大电路。图中，C_1 为输入耦合电容，起隔直作用。C_2 和 R_F 是负反馈支路元件，C_2 是 R_F 的隔直，R_F 的大小决定电路的闭环增益。C_3 是纹波滤波电容，用于防止交流声串入前级产生干扰；C_4 是纹波退耦电容，用于交流纹波旁路；C_5、C_6、C_{10} 是消振电容，用于消除寄生振荡，防止超音频自激；C_7 是自举电容，若无此电容，将出现输出波形半边被削波的现象；C_8 是电源滤波电容；C_9 为输出耦合电容。

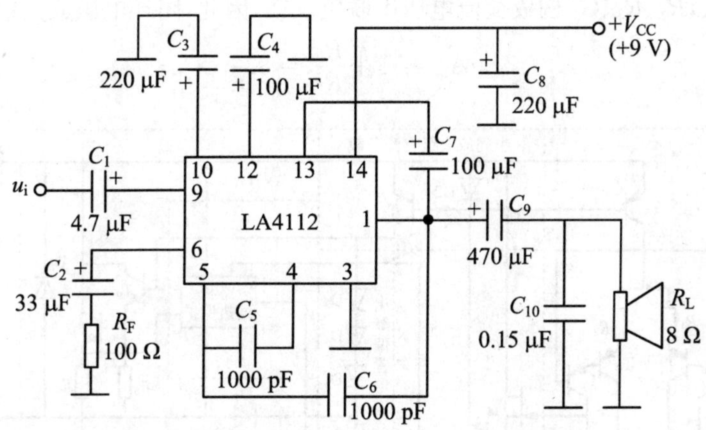

图 7.19　LA4112 构成的 OTL 功率放大电路

7.4.3　TDA2030 集成功率器及其应用

1. TDA2030 集成功放简介

TDA2030 是一种超小型 5 引脚单列直插塑封集成功放，其电路内部设有短路和过热保护电路。TDA2030 的外形及引脚如图 7.20 所示，内部电路如图 7.21 所示。TDA2030 由于具有低瞬态失真、较宽频响和完善的内部保护措施，因此，常用在高保真组合音响中。

图 7.20　TDA2030 的外形及引脚排列图

TDA2030 的主要应用参数是：电源电压范围为±6 V～±18 V，静态电流小于 60 μA，频响为 10 Hz～140 kHz，谐波失真小于 0.5%；在 $V_{CC}=\pm14$ V，$R_L=4\ \Omega$ 时，输出功率为 14 W。

2. TDA2030 集成功放应用电路

TDA2030 应用比较灵活，既可以采用双电源供电构成 OCL 电路，也可以采用单电源供电构成 OTL 电路。

(1) 双电源应用电路

TDA2030 采用双电源供电的 OCL 功放电路如图 7.22 所示。输入信号 u_i 由

同相端输入，R_2、R_3、C_3 构成交流电压串联负反馈，因此，闭环电压放大倍数为

$$A_{uf} = 1 + \frac{R_3}{R_2} = 33 \tag{7.4.3}$$

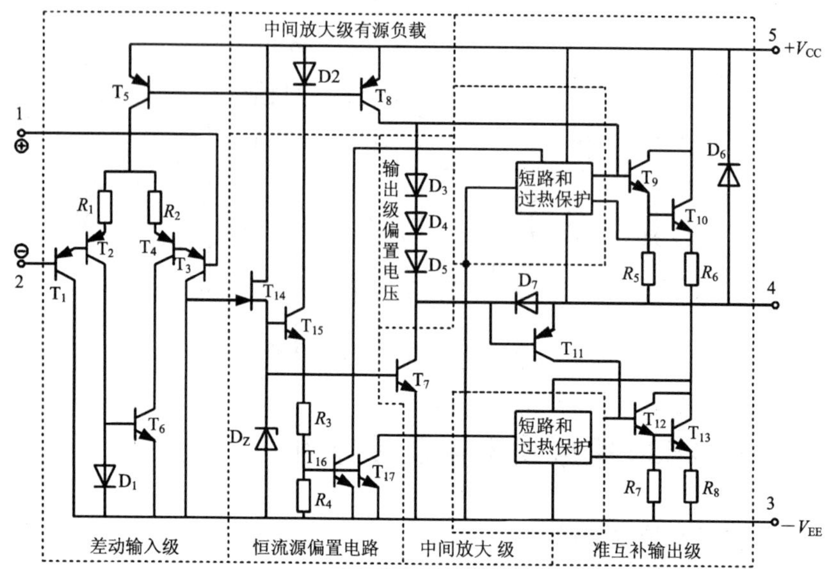

图 7.21　TDA2030 内部电路图

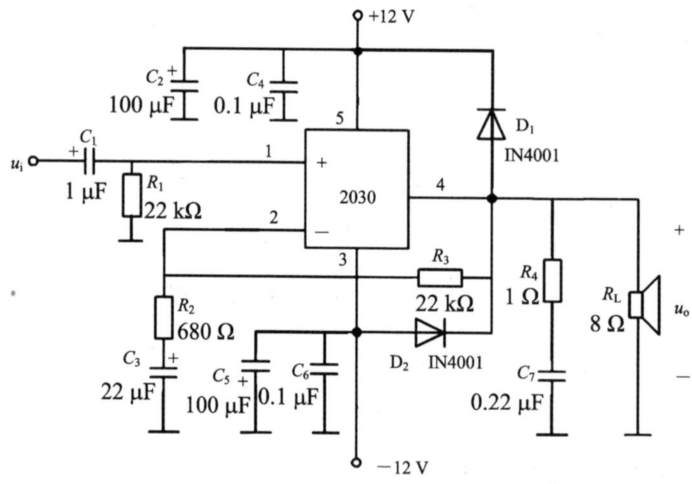

图 7.22　双电源供电的 OCL 功放电路

为了保持两输入端直流电阻平衡，使输入级偏置电流相等，选择 $R_3=R_1$。D_1、D_2 起保护作用，用来泄放 R_L 产生的感生电压，将输出端的最大电压钳位在

(V_{CC}+0.7 V)和(−V_{EE}−0.7 V)上,C_2、C_4、C_5、C_6 为电源滤波电容,用以防止电源引线太长时造成放大器低频自激。C_1 为耦合电容,信号从同相端(1 引脚)输入,输出端(4 引脚)向负载扬声器提供信号功率,使其发出声响。

(2) 单电源供电电路

TDA2030 采用单电源供电的 OTL 功放电路如图 7.23 所示。电源电压 V_{CC} 经 R_1 和 R_2 的分压,给集成功放电路 1 引脚加上 $V_{CC}/2$ 的直流电压,此时输出端 4 引脚的直流电压为 $V_{CC}/2$。R_4 和 R_5 构成交流负反馈。C_8 为输出电容。其他元件与双电源供电电路相同。

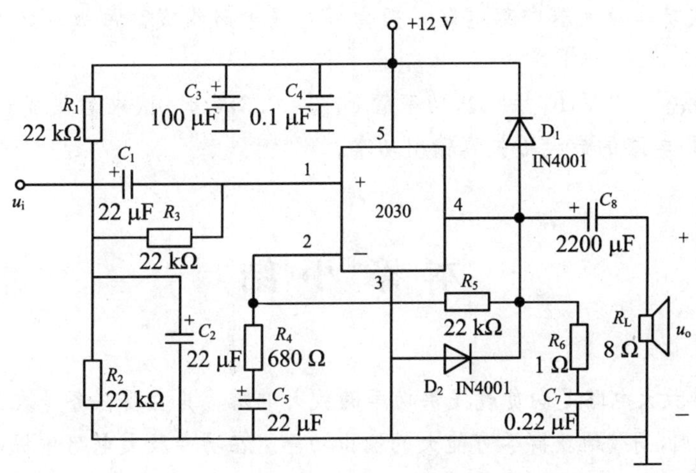

图 7.23　单电源供电的 OTL 功放电路

7.4.4 集成功放使用注意事项

集成功率放大器的种类型号繁多,性能参数及使用条件各不相同,为确保器件安全可靠地工作,在实际使用时应注意以下问题:

1. 合理选择器件型号

设计放大电路时,器件的型号选择主要依据电路对功放的要求,同时要注意电源电压和电网电压波动的影响。所以,选用的器件主要性能指标要均能满足电路要求,在任何情况下都不能超过器件的极限参数。

2. 合理布线和接地

功率放大电路处于大信号工作状态,一般输出电流较大,在接线中元件分布排线走向不合理,极易产生自激振荡或放大电路工作不稳定。因此,在设计电路板时要特别注意负载回路、输出补偿回路、输入和反馈回路的接地问题。需要接地的引出端尽可能做到一点接地。

3. 注意散热问题

由于集成功率放大电路输出功率较大，必须考虑集成功率的散热问题，防止由于热阻太高造成集成电路损坏。常用的散热措施是给功率器件加装散热器。散热器一般由铜、铝等导热性能良好的金属材料制成，有各种规格可供选用。

思考题

1. 集成功率放大器内部电路一般由哪几级电路组成？每级电路的主要作用是什么？

2. 当 $V_{CC}=12$ V，$R_L=8\ \Omega$，功率管 $U_{CES}=0.3$ V 时，试求由集成功放 LM386 构成的 OTL 电路的最大不失真输出功率。

本 章 小 结

1. 功率放大电路是向负载提供功率的放大电路。其主要任务是在非线性失真允许的范围内，高效地获得尽可能大的输出功率。在功率放大电路中提高效率是十分重要的，这不仅可以减小电源的能量消耗，同时对降低功率管管耗、提高功率放大电路工作的可靠性也十分有效。功率放大电路的主要性能指标为输出功率和效率。

2. 低频功率放大电路按工作状态划分主要有甲类、乙类和甲乙类。互补对称功率放大电路有双电源供电 OCL 电路和单电源供电 OTL 电路。与甲类功率放大电路相比，乙类互补对称功率放大电路的主要优点是效率高，在理想情况下，其最大效率约为 78.5%。

3. 由于 BJT 输入特性存在死区电压，工作在乙类的互补对称电路将出现交越失真，克服交越失真的方法是采用甲乙类（接近乙类）互补对称电路。通常可利用二极管或 U_{BE} 扩大电路进行偏置。

4. 在单电源互补对称电路中，计算输出功率、效率、管耗和电源供给的功率，可借用双电源互补对称电路的计算公式，但要用 $V_{CC}/2$ 代替原公式中的 V_{CC}。

5. 为保证功率管安全工作，双电源互补对称电路工作在乙类时，器件的极限参数必须满足：$P_{CM}>P_{T1}\approx 0.2P_{om}$，$|U_{(BR)CEO}|>2V_{CC}$，$I_{CM}>V_{CC}/R_L$。

6. 集成功放的种类很多，其内部电路都包括前置级、中间激励级，功率输出级和偏置电路等，集成功率放大电路具有体积小、重量轻、安装调试简单、使用方便等特点，内部还设置了各种保护电路，使集成运放具有较高的可靠性。

尽管各种型号的集成功率放大电路的性能指标和内部电路不尽相同，但它们的输出级均采用复合管的准互补对称电路形式，以解决大功率异型管配对问题。

习题7

7.1 填空题

(1) 功率放大器的主要任务是____________，它的主要性能指标是______、________和__________。

(2) 乙类互补对称功率放大器的输出信号会出现____________失真，克服它的有效措施是____________。

(3) OCL功率放大电路采用____电源供电，而OTL功率放大电路采用____电源供电。

(4) 对称OCL电路在正常工作时，其输出端中点电位应为________；互补对称OTL电路在正常工作时，其输出端中点电位应为________。

7.2 选择题

(1) 功率放大电路的最大输出功率是在输入电压为正弦波，输出基本不失真的情况下负载上可获得的最大__________。

A. 交流功率　　B. 直流功率　　C. 平均功率

(2) 互补对称功率放大电路从放大作用来看，__________。

A. 既有电压放大作用，又有电流放大作用

B. 只有电压放大作用，没有电流放大作用

C. 只有电流放大作用，没有电压放大作用

(3) 功率放大电路的效率是指__________。

A. 输出功率与晶体管消耗的功率之比

B. 最大输出功率与电源提供的平均功率之比

C. 晶体管消耗的功率与电源提供的平均功率之比

(4) 在功率放大电路中，________电路的导通角最大，________电路的效率最高。

A. 甲类　　B. 乙类　　C. 甲乙类

(5) 与甲类功率放大方式相比，乙类互补对称功放的主要优点是________。

A. 无输出变压器　　B. 效率高　　C. 无交越失真

7.3 判断题

(1) 在功率放大电路中，输出功率越大，功放管的管耗就越大。(　　)

(2) 功率放大电路的主要矛盾是如何获得较大的不失真功率和较高的效率。(　　)

(3) 在互补对称放大电路的输入端所加的偏置电压越大，交越失真越容易消除。(　)

(4) 当单电源互补对称功率放大电路所用电源电压值与双电源互补对称功率放大电路的电源电压值相同，负载也相同时，则它们的最大输出功率也相同。(　　)

7.4 已知电路如图题7.4所示，T_1和T_2管的饱和管压降$|U_{CES}|=3$ V，电源$V_{CC}=15$ V，负载$R_L=8\ \Omega$。选择正确答案填入空内。

(1) 电路中D_1和D_2管的作用是消除____。

A. 饱和失真　　B. 截止失真　　C. 交越失真

(2) 静态时，晶体管发射极电位U_{EQ}____。

A. 大于0 V　　B. 等于0 V　　C. 小于0 V

(3) 最大输出功率P_{om}为____。

A. 28 W　　B. 18 W　　C. 9 W

(4) 当输入为正弦波时，若R_1虚焊，即开路，则输出电压____。

A. 为正弦波　　B. 仅有正半波　　C. 仅有负半波

(5) 若D_1虚焊，则T_1管____。

A. 可能因功耗过大烧坏　B. 始终饱和　　C. 始终截止

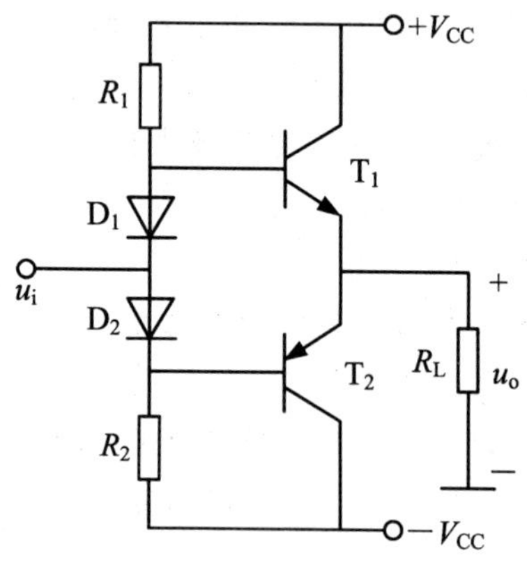

图题7.4

7.5 在图题7.4所示电路中，已知$V_{CC}=16$ V，$R_L=4\ \Omega$，T_1和T_2管的饱和管

压降$|U_{CES}|=2$ V，输入电压足够大。试问：

(1) 最大输出功率P_{om}和效率η各为多少？

(2) 晶体管的最大功耗P_{CM}为多少？

(3) 为了使输出功率达到P_{om}，输入电压的有效值约为多少？

7.6 图题7.6所示为OCL基本原理电路，若考虑每只管子的饱和压降为$U_{CES}=1$ V。试求负载R_L能获得的最大功率、电源供给功率、效率及每只管子的最大管耗。

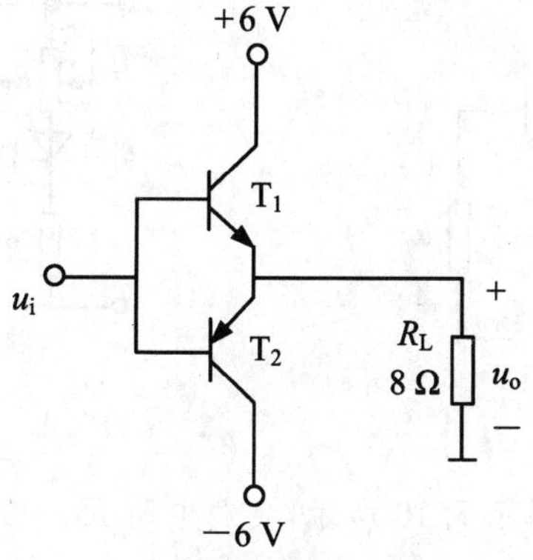

图题7.6

7.7 在图题7.7所示复合管中，判断哪些连接是正确的，哪些是不正确的，并指出正确连接的复合管各等效成什么类型的晶体管(NPN型或PNP型)。

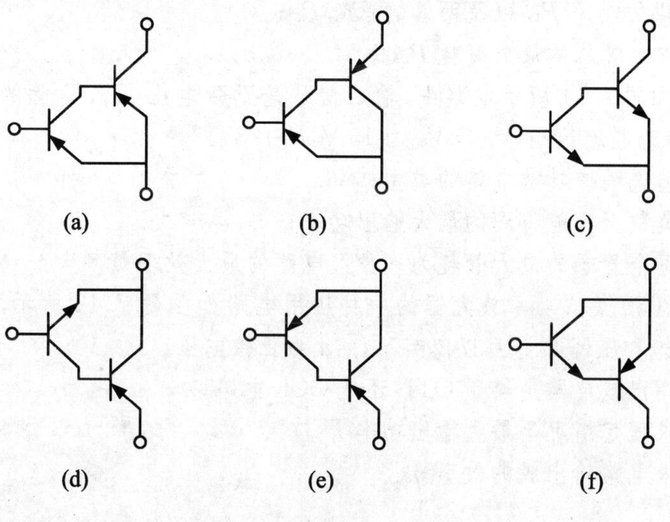

图题7.7

7.8 图题 7.8 所示的 OTL 功率放大电路，$R_L=8\ \Omega$，若在负载 R_L 上获得 8 W 最大不失真功率，两个管子的互补对称性很理想，饱和压降 $U_{CES}=1$ V，试求电源电压 V_{CC} 的值。

7.9 在图题 7.9 所示电路中，测量时发现三极管集电极静态电流偏大，应如何调节？如果 K 点电位大于 $V_{CC}/2$，又应如何调节？

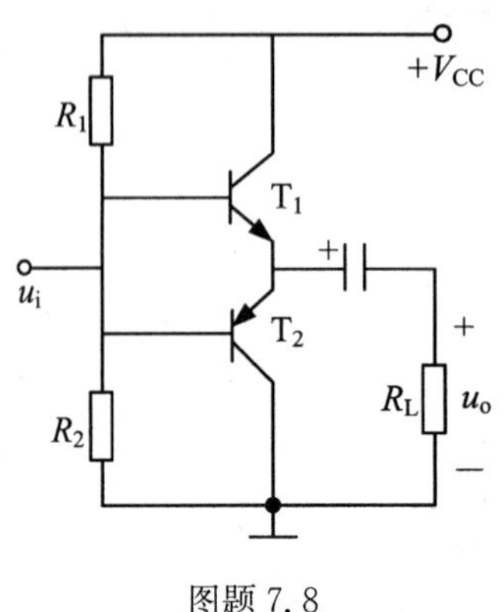

图题 7.8

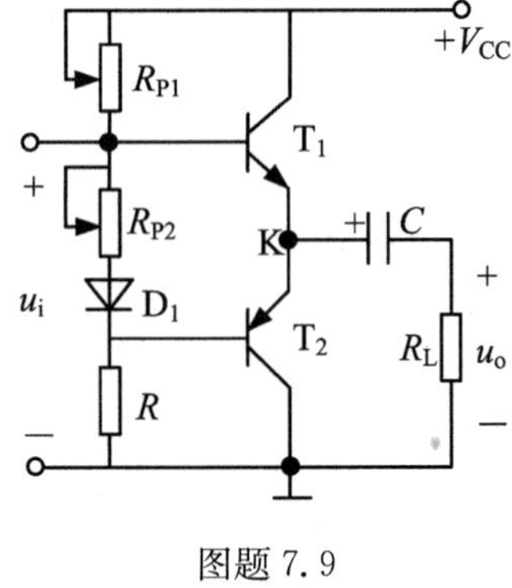

图题 7.9

7.10 OCL 电路如图题 7.10 所示，负载电阻 $R_L=50$ kW，设晶体管的饱和管压降可以忽略。

(1) 若输入电压有效值 $U_i=12$ V，求输出功率 P_o、电源提供功率 P_{DC} 以及两管的总管耗 P_C；

(2) 如果输入信号增加到能提供最大不失真的输出，求最大输出功率 P_{om}、电源此时提供的功率 P_{DC} 以及两管的总管 P_C；

(3) 求两管总的最大管耗 P_{CM}。

7.11 图题 7.11 所示电路中，输入信号是正弦电压，T_1，T_2 管的饱和压降可以忽略，且静态电流很小，$V_{CC}=V_{EE}=15$ V，$R_L=8\ \Omega$。

(1) 请说明该功放电路的类型；

(2) 负载上可能得到的最大输出功率；

(3) 每个管子的最大管耗为多少？电路的最大效率是多大？

7.12 2030 集成功率放大器的一种应用电路如图题 7.12 所示，假定其输出级功放管的饱和压降 U_{CES} 可以忽略不计，u_i 为正弦电压。

(1) 指出该电路是属于 OTL 还是 OCL 电路；

(2) 求理想情况下最大输出功率 P_{om}；

(3) 求电路输出级的效率 η。

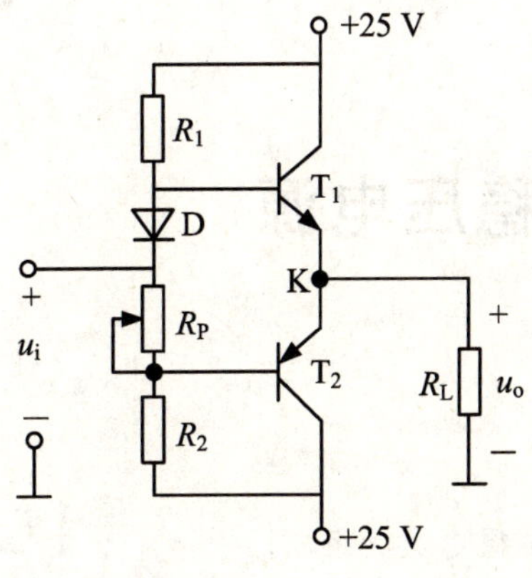

图题 7.10

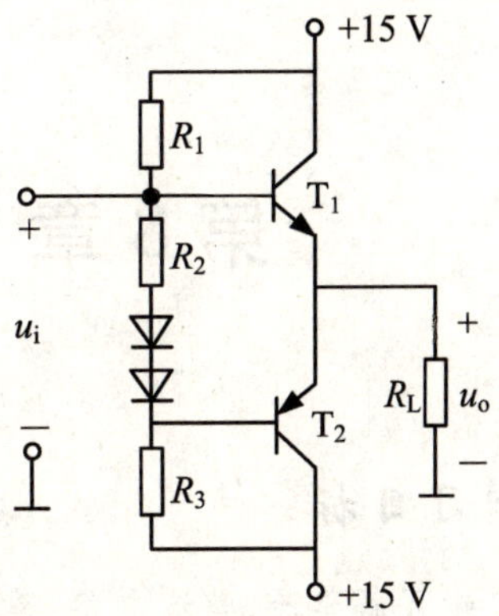

图题 7.11

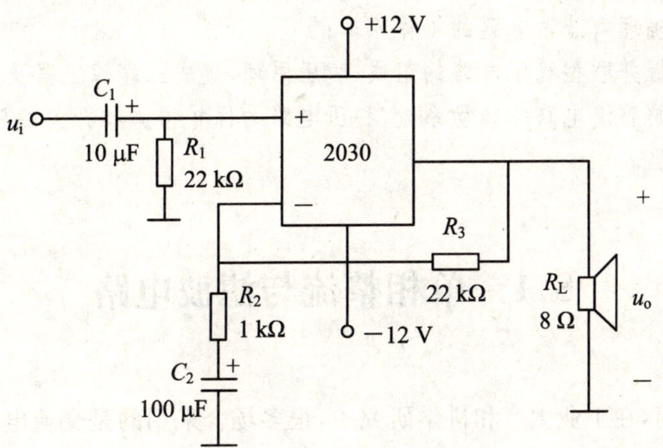

图题 7.12

第 8 章　直流稳压电源

学习目标

- 了解整流、整流电路、整流电源的基本概念及其组成；
- 熟练掌握单相半波整流、单相桥式整流电路的组成、工作原理、参数计算及波形分析；
- 正确理解滤波电路的工作原理；
- 掌握并联型稳压电路的组成、稳压原理，集成三端稳压器及应用；
- 了解整流电路的脉动系数、稳压电路的保护措施和开关稳压电路的工作原理。

8.1　单相整流与滤波电路

我们知道，在工业生产和科学研究中，很多场合采用的是交流电，但是在某些场合，像电解、电镀、直流电动机等，都需要直流电源来供电。另外，在自动控制装置和前面学习的各种电子电路中，也需要电压比较稳定的直流电源。如何得到这些需要的直流电呢？当然，我们可以采用直流发电机或干电池等作为直流电源，但这将受到种种条件的限制，利用的范围不是很广。我们的周围交流电较多，如果能把交流电变成直流电将是一种很好的方法，下面我们将介绍这种方法，即半导体直流稳压电源电路。

8.1.1　单相半波整流电路

把交流电变换成直流电的过程叫整流，产生这种作用的电路称为整流电路。事实上，整流电路是利用二极管的单向导电性，将正弦交流电变换成单方向的脉动直流电，因此，二极管是构成整流电路的核心组件。在小功率的直流电源电路中，整流电路的主要形式有单相半波、单向全波和单相桥式整流电路。

简单起见，分析整流电路时我们把二极管当作理想组件来处理，即二极管正向导通电阻和压降均为零，而反向电阻为无穷大。

1. 工作原理

单相半波整流电路如图 8.1(a)所示。它是最简单的整流电路，由整流变压器 Tr、整流二极管 D 及负载 R_L组成。图中 u_1、u_2分别表示变压器的一次侧和二次侧交流电压。

设 $u_2=\sqrt{2}U_2\sin\omega t$，其中 U_2为变压器二次侧的电压有效值。

在 u_2的正半周($0\leqslant\omega t\leqslant\pi$)时间内，变压器二次侧电压 a 端为正、b 端为负，二极管承受正向电压导通，电流从变压器的上端(a)流出，经二极管 D 流过负载 R_L回到变压器二次侧的下端(b)。此时，加在负载 R_L上的电压 u_O就等于变压器二次侧的电压 u_2，流过二极管的电流也与流过负载的电流相等，即 $i_D=i_O$。

在 u_2的负半周($\pi\leqslant\omega t\leqslant 2\pi$)时间内，变压器二次侧电压 b 端为正、a 端为负，二极管 D 承受反向电压而截止，负载 R_L上无电流流过，负载上的电压 u_O为零。此时，u_2电压全部加在二极管 D 上，其波形图如图 8.1(b)所示。

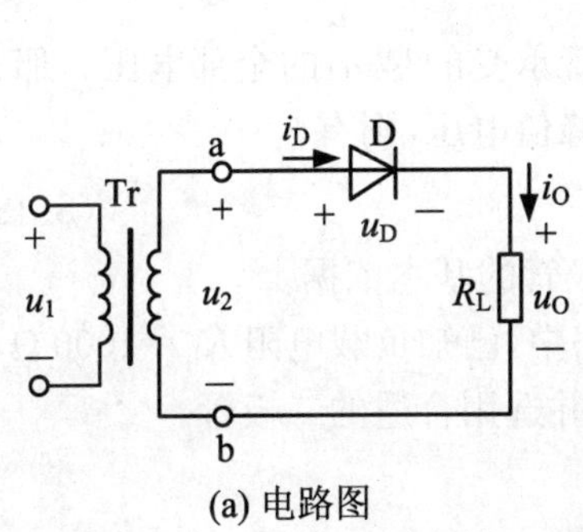

(a) 电路图

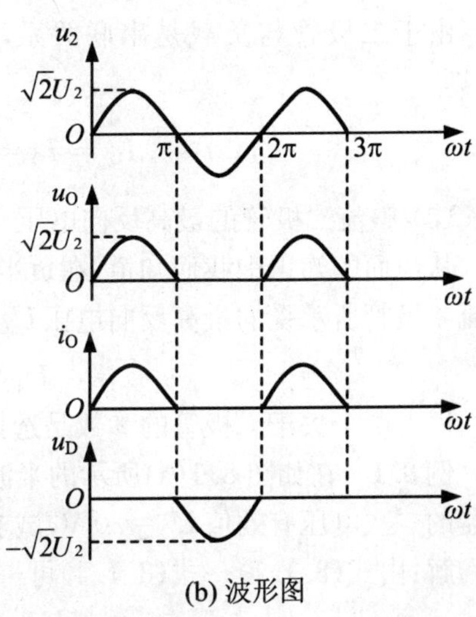

(b) 波形图

图 8.1 单相半波整流电路及波形图

从以上的分析可以知道：尽管 u_2是交变的，但是由于二极管的单向导通特性，使得流过负载的电流只有一个方向，输出电压也只有一个方向。而且，这种电路只有在电源电压 u_2的半个周期中才有电流流过，故称为半波整流电路。在半波整流电路中，负载所承受的电压是脉动直流电，且脉动性较大。

2. 参数计算

(1) 负载上电压平均值和电流平均值

单相半波整流是不断重复的过程,只要计算出一个周期的平均值,就可得出负载的平均值。

在图 8.1(b)所示的波形图中,其一个周期的整流输出电压为

$$u_O=\begin{cases}\sqrt{2}U_2\sin\omega t, & 0\leqslant\omega t\leqslant\pi\\ 0, & \pi\leqslant\omega t\leqslant 2\pi\end{cases}$$

则 u_O在整个周期电压的平均值为

$$U_O=\frac{1}{2\pi}\int_0^{2\pi}u_O\mathrm{d}(\omega t)=\frac{1}{2\pi}\int_0^{2\pi}\sqrt{2}U_2\sin\omega t\mathrm{d}(\omega t)$$

$$=\frac{\sqrt{2}}{\pi}U_2\approx 0.45U_2 \tag{8.1.1}$$

流过负载的电流平均值为

$$I_O=\frac{U_O}{R_L}\approx 0.45\frac{U_2}{R_L} \tag{8.1.2}$$

(2) 整流二极管上的电流

由于二极管与负载是串联关系,那么,流经二极管的电流和负载的电流一样,即

$$I_D=I_O=\frac{U_O}{R_L}\approx 0.45\frac{U_2}{R_L} \tag{8.1.3}$$

(3) 整流二极管的最高反向电压

从前面的知识中我们知道:在负半周,二极管承受的是 u_2的全部电压。那么,整流二极管所承受的最高反向电压 U_{DM}为 u_2的峰值电压,则有

$$U_{DM}=\sqrt{2}U_2 \tag{8.1.4}$$

以上两个关于二极管的参数是选择整流二极管的基本依据。

例 8.1 在如图 8.1(a)所示的半波整流电路中,已知负载电阻 $R_L=1000\ \Omega$,变压器的二次电压有效值 $U_2=20$ V,试求 U_O、I_O,并选用合适的二极管。

解:由式(8.1.1)～式(8.1.4)可得

$$U_O=0.45U_2=0.45\times 20=9(\mathrm{V})$$

$$I_O=\frac{U_O}{R_L}=\frac{9}{1000}=0.009=9(\mathrm{mA})$$

$$I_D=I_O=9(\mathrm{mA})$$

$$U_{DM}=\sqrt{2}U_2=\sqrt{2}\times 20=28.28(\mathrm{V})$$

查半导体手册,整流二极管可选择 2AP5,其最大整流电流为 16 mA,最高反向工作电压为 75 V。

注意:为了安全起见,二极管的反向工作电压一般要选为电路二极管 U_{DM} 的 2～3 倍。

单相半波整流电路的优点是电路简单,使用组件少;明显的缺点是直流输出电压低,脉动性大,整流效率低。此电路适用于小功率且对直流电源要求不高的场合。

8.1.2 单相桥式整流电路

为了克服单相半波整流电路的缺点,人们常采用全波整流电路,其中最常用的是单相桥式全波整流电路。如图 8.2(a)所示,它是由电源变压器、二极管和负载所组成的。

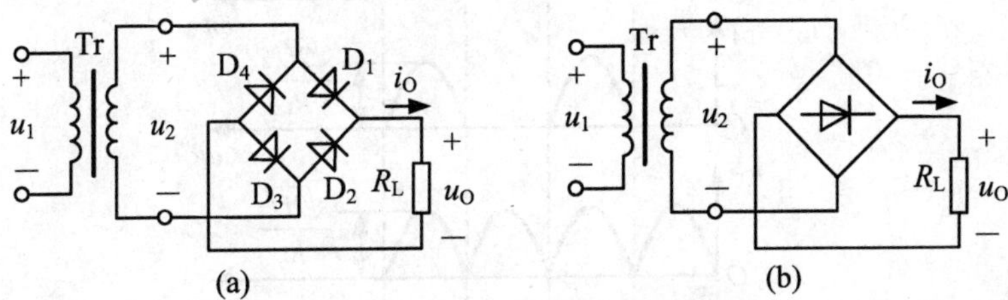

图 8.2 单相桥式整流电路

在图中,四个二极管组成一个电桥,所以此电路称为桥式整流电路。这个二极管组成的电桥也可以简化成如图 8.2(b)所示的形式。

1. 工作原理

设变压器二次侧的电压 $u_2=\sqrt{2}\sin U_2\omega t$ (V)。在图 8.2 所示电路中,当 u_2 为正半周时,变压器的极性为上正下负,那么,二极管 D_1、D_3 因承受正向电压而导通,二极管 D_2、D_4 因承受反向电压而截止。电流自上而下流过负载 R_L,电流的路径如图8.3(a)所示。此时,负载承受与 u_2 正半周相同的电压,即 $u_O=u_2$。电路的工作波形如图 8.4 所示。

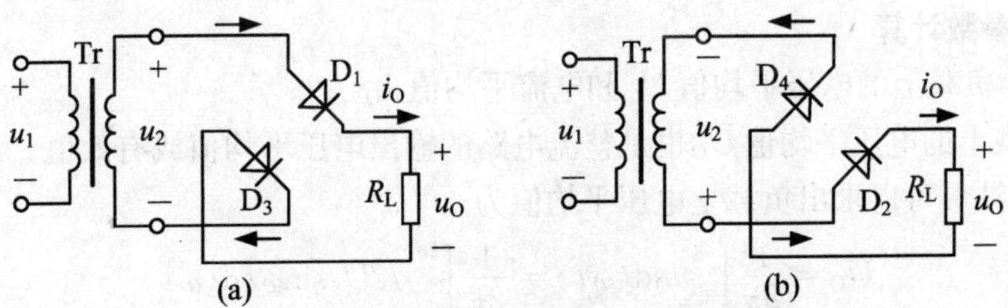

图 8.3 单相桥式整流电路电流路径图

当 u_2 为负半周时，变压器的极性为下正上负，那么，二极管 D_2、D_4 因承受正向电压而导通，二极管 D_1、D_3 截止。电流仍然自上而下流过负载 R_L，电流的路径如图 8.3(b)所示。此时，负载承受的电压与 u_2 负半周反相的电压相同，即 $u_O = |u_2|$。电路的工作波形如图 8.4 所示。

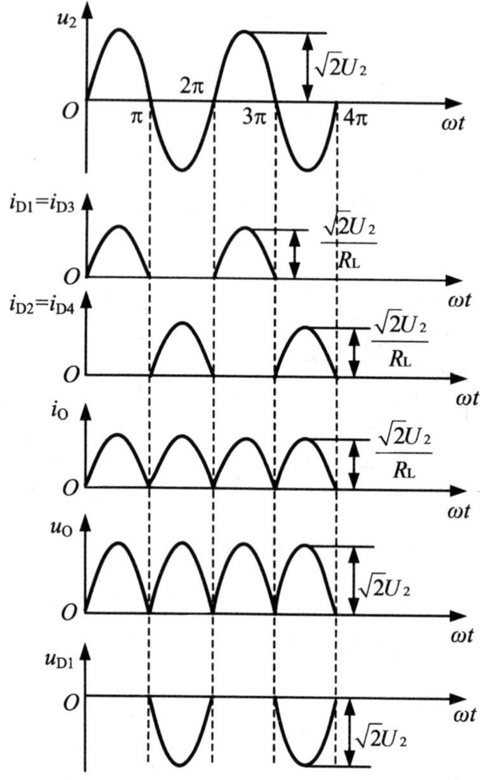

图 8.4　单相桥式整流电路波形图

由此可见，无论电压 u_2 是在正半周还是在负半周，负载电阻 R_L 上都有相同方向的电流流过。因此，在负载电阻 R_L 得到的是单向脉动电压和电流。

2. 参数计算

(1) 负载上的电压平均值 U_O 和电流平均值 I_O

负载上的电压平均值 U_O 也是整流电路的输出电压平均值或有效值。从图 8.4 中 U_O 的波形可以求出负载上电压平均值为

$$U_O = \frac{1}{2\pi}\int_0^{2\pi} u_O \mathrm{d}(\omega t) = \frac{1}{2\pi}\int_0^{2\pi} \sqrt{2}U_2 \sin\omega t \mathrm{d}(\omega t)$$

$$= \frac{2\sqrt{2}}{\pi}U_2 \approx 0.9U_2 \tag{8.1.5}$$

流过负载电阻的电流平均值为

$$I_O = \frac{U_O}{R_L} \approx 0.9\frac{U_2}{R_L} \tag{8.1.6}$$

(2) 整流二极管的电流平均值 I_D

从工作原理的分析可知：在桥式整流电路中一个周期内，每两个二极管仅串联导通半个周期，因此，流过每个二极管的电流平均值只有负载电流的一半，即

$$I_D = \frac{1}{2}I_O = \frac{1}{2}\frac{U_O}{R_L} \approx 0.45\frac{U_2}{R_L} \tag{8.1.7}$$

(3) 整流二极管承受的最高反向电压 U_{RM}

当 u_2 为正半周时，D_1、D_3 导通，可将它们视为短路，D_2、D_4 并联于 u_2 上，它们所承受的最大反向电压为 $\sqrt{2}U_2$。同理，在 u_2 的负半周，D_1、D_3 承受的最大反向电压也为 $\sqrt{2}U_2$。所以，每只整流二极管承受的最大反向电压 U_{RM} 为

$$U_{RM} = \sqrt{2}U_2 \tag{8.1.8}$$

例 8.2 在如图 8.2 所示的桥式整流电路中，已知负载电阻 R_L=1000 Ω，变压器的二次电压有效值 U_2=20 V，试求 U_O、I_O，并选用合适的二极管；若 D_1 因损坏而开路，求 U_O 和 I_O；若 D_2 因损坏而短路，又将出现什么情况。

解：(1) 由式(8.1.5)～式(8.1.8)可得

$$U_O = 0.9U_2 = 0.9 \times 20 = 18(\text{V})$$

$$I_O = \frac{U_O}{R_L} = \frac{18}{1000} = 0.018 = 18(\text{mA})$$

$$I_D = \frac{1}{2}I_O = \frac{1}{2} \times 18 = 9(\text{mA})$$

$$U_{DM} = \sqrt{2}U_2 = \sqrt{2} \times 20 = 28.28(\text{V})$$

由此通过查半导体手册，整流二极管可选择 2AP5，其最大整流电流为 16 mA，最高反向工作电压为 75 V。

(2) 当 D_1 开路时，在 u_2 的正半周因 D_1 开路而使 D_3 处于截止状态，在 u_2 的负半周时 D_2、D_4 导通，故电路只有半周是导通的，相当于半波整流电路，输出的电压和电流仅为原来的一半。所以有

$$U_O = 0.45U_2 = 0.45 \times 20 = 9(\text{V})$$

$$I_O = \frac{U_O}{R_L} = \frac{9}{1000} = 0.009 = 9(\text{mA})$$

当 D_2 因损坏而短路时，在 u_2 的正半周因 D_2 短路，使得电流改变了路径，由变压器的上端经过 D_1、D_2 直接回到变压器的下端，而不经过负载 R_L，一个二极管的导通压降只有 0.7 V 左右(硅管)，因此变压器二次侧的电流迅速增加，很容易烧毁变压器和二极管 D_1。

从例 8.1 和例 8.2 的分析可知:单相桥式整流电路与单相半波整流电路相比,只是二极管的个数增加了,二极管承受的最高反向电压和流过的电流没有变化,但负载上的电压和电流的平均值都提高了 1 倍。

另外,从波形图可知:桥式整流电路的输出电压的脉动较小,整流变压器在负半周也有电流供给负载,整流变压器得到了充分利用,效率较高。因此,桥式整流电路得到了广泛应用。目前市场上出售的整流块是把四只二极管通过一定的工艺用塑料封装起来,一般外形是长方体,外端只有四个管脚,并在上方标出输入、输出端及极性,给使用者带来了很大方便。

8.1.3 倍压整流电路

如图 8.5 所示为倍压整流电路,该电路是由一台变压器和若干个电容和二极管组成。利用此电路可以得到比输入交流电压高很多倍的直流电压。设电源变压器二次侧电压 $u_2=\sqrt{2}U_2\sin\omega t$,电容的初始电压为零。

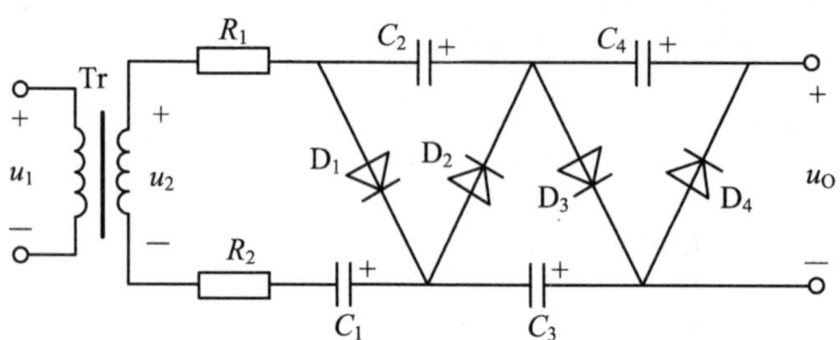

图 8.5 倍压整流电路

当 u_2 为首个正半周时,二极管 D_1 正向偏置而导通,通过 D_1、R_1 向电容 C_1 充电,在理想情况下,迅速充电至 $u_{C1}\approx\sqrt{2}U_2$,电容 C_1 的极性为右正左负。

接着,当 u_2 为首个负半周时,二极管 D_1 反偏截止,二极管 D_2 正向偏置而导通,此时,电源的负半周电压与电容 C_1 的电压叠加共同通过 D_2、R_2 向电容 C_2 充电,在满足一定条件的情况下,迅速充电至 $u_{C2}\approx2\sqrt{2}U_2$,电容 C_2 的极性也为右正左负。

再当 u_2 为正半周时,二极管 D_1、D_2 反偏截止,二极管 D_3 正向偏置而导通,此时,电源的正半周电压与电容 C_2 的电压叠加后,通过 D_3、R_1 向电容 C_3 充电,在满足一定条件的情况下,最高可充电至 $u_{C3}\approx2\sqrt{2}U_2$,电容 C_3 的极性仍为右正左负。依此类推,输出端的电位不断增高,若在上述倍压整流电路中多增加几级,就可以得到近似增大几倍的直流电压。此时,只要将负载接至有关电容组的两端,就可以得到不同的多倍压的输出直流电压。

在倍压整流电路中，每只二极管承受的最高反向电压均为 $2\sqrt{2}U_2$，电容 C_1 的耐压应大于$\sqrt{2}U_2$，其余电容的耐压应大于 $2\sqrt{2}U_2$。二极管的电流取决于负载和接线位置的电压的大小。

8.1.4 滤波电路

单相交流电经过整流后，输出电压在方向上没有变化，而输出波形仍然保持输入正弦波的波形，脉动性较大，在某些场合可以使用，如电镀、蓄电池充电等。但在许多电子设备中却不能使用，因为它们需要一种较平稳的直流电源。如何才能得到平滑的直流电源呢？这就必须在整流电路的后面加滤波电路来改善整流输出电压的波动性。常用的滤波电路有电容滤波、电感滤波和复式滤波等。

1. 电容滤波电路

最简单的电容滤波电路是在整流电路的直流输出侧并联一只容量较大的极性电容器，常为电解电容。利用电容器的充放电作用，使输出电压趋于平滑。具体电路如图 8.6(a)所示。

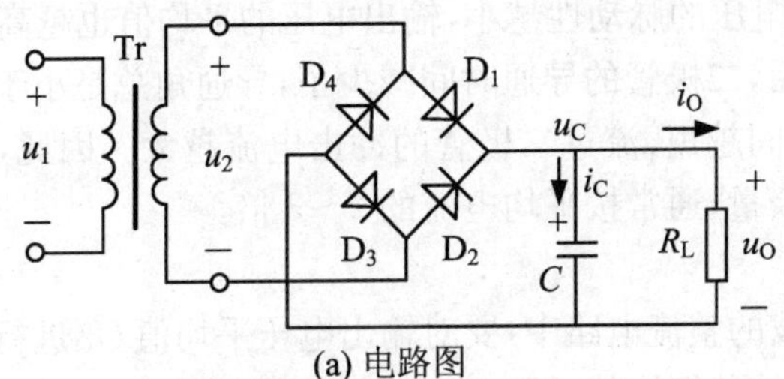

(a) 电路图

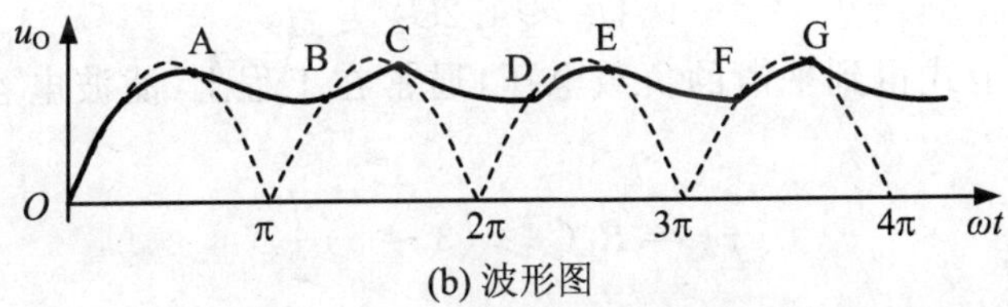

(b) 波形图

图 8.6 电容滤波电路及波形图

(1) 工作原理

假设合上交流电源的瞬间，正好 u_2 过零的时刻，而且电容 C 上的电压为零。在 u_2 的正半周，u_2 从零开始逐渐上升，此时 D_1、D_3 正偏导通，电源通过 D_1、D_3 向电容 C 充电，充电时间常数为

$$\tau_{充} = 2R_D C \tag{8.1.9}$$

式中，R_D为二极管的正向导通电阻，其值非常小，忽略 R_D的影响，电容 C 两端的电压 u_C将按 u_2的规律上升，当达到最大值，即

$$u_O = u_C = \sqrt{2}U_2 \tag{8.1.10}$$

此后，电源电压逐渐降低，电容电压大于电源电压，四个二极管全部处于截止状态，若电容无放电回路，u_C将保持在$\sqrt{2}U_2$ 的数值上；若接入负载，电容 C 通过负载电阻 R_L放电，放电时间常数为

$$\tau_{放} = R_L C \tag{8.1.11}$$

一般情况下，放电时间常数远大于充电时间常数，因此，电容两端的电压按指数规律缓慢下降，此时，$u_C > u_2$，四个二极管仍处于截止状态。当电容放电到图 8.6(b)中的 B 点时，$u_2 > u_C$，二极管 D_2、D_4 导通，电源又向电容 C 充电，当 u_C重新上升到 u_2的最大值后，再下降时，四个二极管重新截止，电容两端的电压再次经负载放电，如此周而复始，就形成一个周期性的电容充放电过程，在输出端得到一个近似为锯齿波的直流电压。

从图 8.6(b)中我们可看到：输出电压的脉动性比无滤波的整流电路平滑得多。输出电压的平均值也提高了。显然，滤波电容 C 值越大，放电时间常数越大，C 放电越慢，使输出电压的脉动性越小，输出电压的平均值也越高。

加了滤波电容后，二极管的导通时间减少了，导通角总是小于 180°。导通角越小，二极管的导通时间越短，流过二极管的冲击电流越大。因此，在选择二极管的整流电流时应留有余量，通常按平均电流的 2～3 倍。

(2) 参数计算

在具有电容滤波的整流电路中，要对输出电压平均值 U_O进行精确计算是很困难的，工程上一般是按估算取值，即

$$U_O \approx 1.2U_2 \tag{8.1.12}$$

要想满足上式得到平滑的负载电压，通常在工程上，滤波电容容量由下式确定：

$$\tau_{放} = R_L C \geqslant (3 \sim 5)\frac{T}{2} \tag{8.1.13}$$

式中 T 为交流电源的周期。

此时输出电流平均值为

$$I_O = \frac{U_O}{R_L} \approx 1.2\frac{U_2}{R_L} \tag{8.1.14}$$

流过二极管的平均电流为

$$I_D = \frac{1}{2}I_O \tag{8.1.15}$$

桥式整流电容滤波电路中，二极管承受的最大反向电压 U_{RM}

$$U_{RM} = \sqrt{2}U_2 \tag{8.1.16}$$

(3) 外特性

外特性是指输出电压与输出电流的关系特性。对于电容滤波整流电路，其输出电压和电流都随着负载的变化而变化。当负载 R_L 减少时，充电时间常数也减少，输出电压的脉动性增大，输出平均电压降低。当 $R_L = \infty$ 时，$I_O = 0$，$U_O = \sqrt{2}U_2$；当 R_L 很小时，放电很快，几乎没有滤波功能，则 $U_O \approx 0.9U_2$。

由此可见，电容滤波整流电路的外特性是一个指数关系特性，负载的大小直接影响其特性曲线的平滑程度。故电容滤波电路适用于负载电流较小的，而且负载变化不大的场所。

例 8.3 某单相桥式整流电容滤波电路如图 8.6(a)所示，其输出电压 $U_O = 30$ V，负载电流 $I_O = 0.2$ A，电源频率为 50 Hz。试估算电源变压器二次侧的电压有效值，并选择整流二极管和滤波电容 C。

解：(1) 估算电源变压器二次侧的电压有效值

根据式(8.1.12)得

$$U_2 \approx \frac{U_O}{1.2} = \frac{30}{1.2} = 25(\text{V})$$

考虑变压器绕组的压降和二极管导通压降等因素，实际选择时应将二次侧的电压提高 10%，故取

$$U_2 = 1.1 \times 25 = 27.5(\text{V})$$

(2) 选择整流二极管

由式(8.1.15)和式(8.1.16)得

$$I_D = \frac{1}{2}I_O = \frac{1}{2} \times 0.2 = 0.1(\text{A})$$

$$U_{RM} = \sqrt{2}U_2 = \sqrt{2} \times 27.5 \approx 38.89(\text{V})$$

查手册，可选择 2CP31B 型二极管，该管的最大整流电流为 0.25 A，最大反向工作电压为 100 V。

(3) 选择滤波电容

根据式(8.1.13)，取 $R_L C = 5 \times \frac{T}{2}$。又有

$$R_L = \frac{U_O}{I_O} = \frac{30}{0.2} = 150(\Omega)$$

所以

$$C = \frac{5T}{2R_L} = \frac{5 \times 0.02}{2 \times 150} \approx 0.00033(\text{pF}) = 330(\mu\text{F})$$

2. 电感滤波电路

从前面的知识可知：电容滤波电路仅适用于负载电流较小，负载变化不大的场

所。那么，对于负载电流较大，且负载变化较大的场所，怎么办呢？针对以上的问题，我们介绍另一种滤波方式——电感滤波。它是利用电感的电抗性，来达到滤波目的的。电感滤波电路如图 8.7 所示，它是在整流电路与负载 R_L 之间串联一个电感 L 组成的。

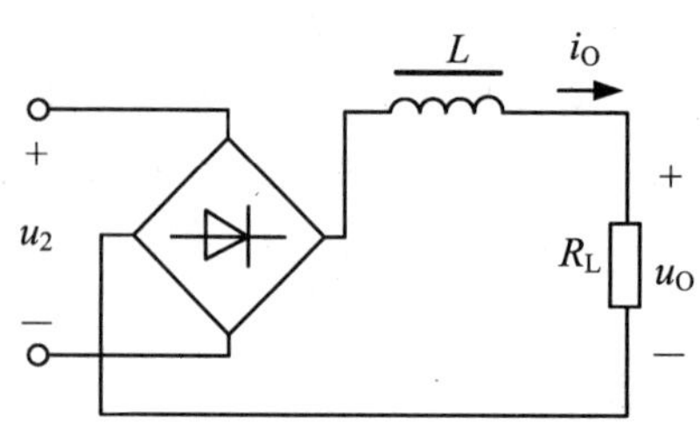

图 8.7 电感滤波电路

根据法拉第电磁感应定律和楞次定律可知，在电感线圈中通入交变的电流时会产生感生电动势，其大小为 $e=-L\dfrac{\mathrm{d}i}{\mathrm{d}t}$，它与整流电压叠加后加到负载上使输出电压比较平缓。因为，从符号上看，当流过电感线圈的电流增大时，电感线圈产生的自感电动势阻止电流的增大，当电流减少时，自感电动势则阻止电流的减少；从数值上可见，一方面，电感线圈的电感量越大，自感电动势越大，单向脉动电流流经电感线圈就越平滑；另一方面，电流的变化率大，自感电动势也大，也能限制输出电压的脉动性。

一般情况下，输出电压值为

$$U_O = 0.9U_2$$

二极管承受的最大反向电压为

$$U_{RM} = \sqrt{2}U_2$$

电感滤波电路输出电压较低，电压波动较小，而负载电流越大，其滤波效果越好，因而适用于负载电流较大的场合。由于电感量大时体积也大，故在小型电子电路中很少使用电感滤波方式。

3. 复式滤波

采用单一的电容或电感滤波方式，电路虽然简单，但是滤波的效果欠佳，大多数场合要求滤波更好，则把电容器、电感器和电阻器结合起来形成复式滤波，如 LC 型、RC-π 型、LC-π 型等。

(1) LC 滤波电路

如图 8.8 所示，它由电感滤波和电容滤波组成，整流后的脉动电压经过双重滤波，交流分量大部分被电感器阻止了，即使有小部分再通过电容器滤波，负载上的交流分量也很小，因而使得输出电压进一步稳定。输出电压 $U_O\approx0.9U_2$。

与电容滤波电路相比,LC 滤波电路的优点是:外特性较好,输出电压对负载影响小,电感组件限制了电流的脉动峰值,减少了对二极管的冲击。它主要适用于电流较大,要求电压脉动较小的场合。

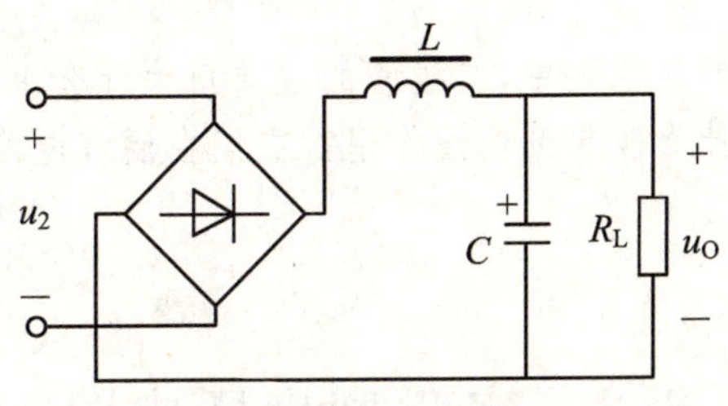

图 8.8　LC 滤波电路

(2) LC-π 型滤波电路

如图 8.9 所示,它可看成是电容滤波和 LC 滤波的组合,这种电路输出的电流更加平滑。由于整流后首先接入的是电容,在该电路通电的瞬时会产生较大的冲击电流,所以选择电容器时一般 $C_1 < C_2$。合理选择电路参数,输出电压与电容滤波相接近,即 $U_O \approx 1.2U_2$。

(3) RC-π 滤波电路

由于电感占用体积较大,成本较高,当负载电阻值较大,负载电流较小时可用电阻代替电感器,组成 RC-π 型滤波电路。如图 8.10 所示。

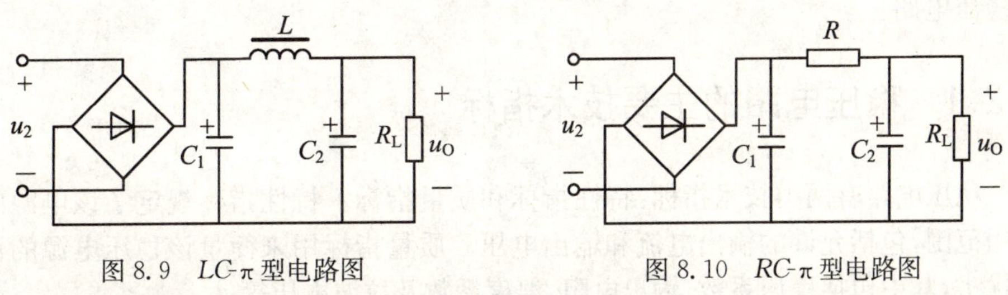

图 8.9　LC-π 型电路图　　图 8.10　RC-π 型电路图

一般要求 R 和 C_2 的取值满足 $\frac{1}{\omega C_2} \ll R$,这样 $\frac{1}{\omega C_2} // R_L$ 值恒小于 R,输出电压波形很平滑。这种滤波电路体积小,重量轻,所以得到广泛应用。

思考题

1. 什么是整流? 整流输出电压与恒稳直流电压、交流电压有什么不同?
2. 直流电源通常由哪几部分组成? 各部分的作用是什么?
3. 设半波整流电路和桥式整流电路的输出电压平均值和所带负载大小完全

相同，均不加滤波，试问两个整流电路中整流二极管的电流平均值和最高反向电压是否相同？

4. 单相桥式整流电路中，若某一整流管发生开路、短路或反接三种情况，电路中将会发生什么问题？

5. 在电容滤波的整流电路中，二极管的导通角为什么小于π？

6. 电容和电感为什么能起到滤波作用？它们在滤波电路中应如何与R_L连接？各适用于什么场合？

8.2 串联型稳压电路

从上一节的分析中我们知道：交流电经过整流、滤波后可以变成较平滑的直流电，但这种电压是不稳定的。当外加电压变化或负载变化时都会造成输出电压的波动，这是因为，当负载大小变化时，即使电压不变，负载的电流将随着变化，由于整流滤波电路不是一个理想的电压源，它们具有一定的内阻，负载电流的变化必然引起内阻的压降变化，因此，输出的电压也相应变化；当电网电压变化时，即使负载没变化，直流输出电压也会改变。若以上两者均发生变化时，输出电压稳定性就更差。要想得到稳定的直流输出电压，必须在滤波之后再加一级稳压电路。

8.2.1 稳压电路的主要技术指标

稳压电路有两类技术指标：特性指标和质量指标。特性指标规定了该电源的适用范围，包括允许的输出电流和输出电压。质量指标用来衡量该稳压电源的性能优劣，其中包括稳压系数、输出电阻、温度系数及纹波电压等。

1. 稳压系数 S

稳压系数S表示在负载和环境温度不变的情况下，直流输出电压的相对变化量与输入电压的相对变化量之比，即

$$S = \left.\frac{\Delta U_O / U_O}{\Delta U_I / U_I}\right|_{\substack{\Delta R_L = 0 \\ \Delta T = 0}} \tag{8.2.1}$$

稳压系数S反映稳压电路对电网电压起伏的抑制能力，S越小，抑制能力越强，稳压性能越好。

2. 输出电阻 R_O

输出电阻是在直流输入电压和环境温度不变的情况下，改变负载引起输出电

压的变化量与负载电流的变化量之比，即

$$R_O = \frac{\Delta U_O}{\Delta I_L}\bigg|_{\substack{\Delta U_I=0\\ \Delta T=0}} \tag{8.2.2}$$

R_O反映稳压电路对负载变化的适应能力。R_O越小，带负载能力越强，稳压性能越好。其值的大小与电路的形式和参数有关。

3. 温度系数 S_T

温度系数 S_T表示温度变化对输出电压的影响，在 U_I和 I_L不变的情况下，用温度变化 1℃时输出电压的变化量来表征，即

$$S_T = \frac{\Delta U_O}{\Delta T}\bigg|_{\substack{\Delta U_I=0\\ \Delta I_L=0}} \tag{8.2.3}$$

S_T越小越好，在实际应用中除了选用温度系数小的稳压管外，还可以采用恒温措施来保证温度系数。

4. 动态电阻 r_n

动态电阻 r_n表示电源在高频脉冲负载电流作用下，所引起的电压瞬时变化程度。用瞬态电压变化 U_{SC}与高频脉冲负载电流 I_{fZ}之比来描述，即

$$r_n = \frac{U_{SC}}{I_{fZ}} \tag{8.2.4}$$

5. 纹波抑制比 S_{rip}

纹波抑制比 S_{rip}表示在输入、输出条件不变的情况下，输入电压纹波峰-峰值 U_{IP-P}与输出电压峰-峰值 U_{OP-P}之比，用 dB 表示。即

$$S_{rip} = 20 \times \lg \frac{U_{IP-P}}{U_{OP-P}}(\text{dB}) \tag{8.2.5}$$

纹波抑制比越大，表明稳压电路对滤波输出中的纹波抑制能力越强。

8.2.2 硅稳压管稳压电路

图 8.11 是利用硅稳压管组成的最简单稳压电路。

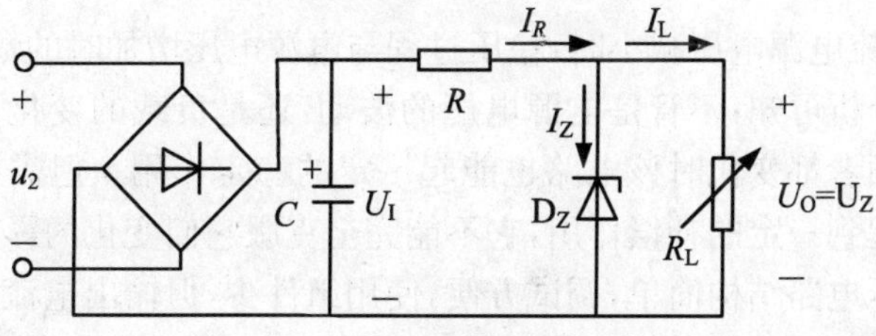

图 8.11 硅稳压管稳压电路

图 8.11 中，电阻 R 既是限流电阻，防止稳压管的电流超过允许值，又是负反馈作用电阻，使电压趋于稳定；稳压管 D_Z 反向并联在直流电源的两端，使其工作在反向击穿区，然后再与负载并联，故称此电路为并联稳压电路。

1. 稳压电路的工作原理

前面我们讨论过：引起电压不稳定的主要原因有电网电压的波动和负载大小的变化。下面让我们来分析这两种因素下稳压电路的作用。

(1) 电网电压不变，负载变化

当负载电阻 R_L 减小，这时负载上电流 I_L 要增加，根据基尔霍夫电流定律，电阻 R 上的电流 $I_R=I_Z+I_L$ 将也有增加的趋势，则电阻上的压降 $U_R=I_RR$ 也趋于增大，这将引起输出电压 $U_O=U_I-U_R$ 减少，由于 $U_O=U_Z$，从二极管的反向击穿特性我们知道，如果 U_Z 略有减少，稳压管电流 I_Z 将显著减少，I_Z 的减少量将补偿 I_L 所需要的增加量，使得 I_R 基本不变，那么，输出电压 U_O 也就基本稳定下来。整个过程可归纳为

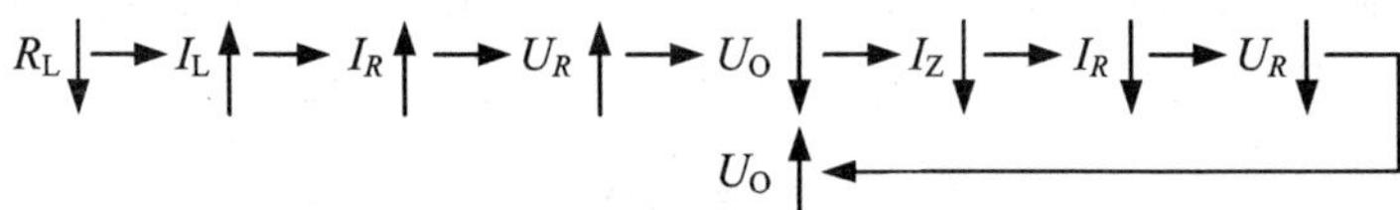

反之，当负载电阻增加时，稳压过程与负载电阻减小时的情况相反。

(2) 负载不变，电源发生波动

若负载不变，交流电源电压增加，造成整流滤波后的输出电压 U_I 升高，那么，负载上的电压 U_O 将有增加的趋势，也就是说稳压管两端的反向击穿电压增加，这样，稳压管的电流 I_Z 大大增加，使得流过限流电阻 R 的电流增加，电阻 R 两端的电压降也增加。以抵消 U_I 的增加，从而使负载电压保持基本不变。这一稳压过程可表示成

$$\text{电源电压}\uparrow \rightarrow u_2\uparrow \rightarrow U_I\uparrow \rightarrow U_O\uparrow \rightarrow I_Z\uparrow \rightarrow I_R\uparrow \rightarrow U_R\uparrow \rightarrow U_O\downarrow$$

反之，当交流电源电压减小时，稳压过程与电源电压增加时的情况相反。

从以上的分析可知：不管是电源电压的波动，还是负载的变化，该电路都能起稳定的作用。两者都变化时该电路也能起一定的稳定作用。但需指出的是，这种稳定作用只能起到一定的补偿作用，它不能完全克服它们变化的影响。

稳压管稳压电路结构简单，调试方便，使用组件少，但输出电流较小，输出电压不能调节，且稳压管的电流调整范围较小。它只能在稳压精度要求不高、负载电流不大的场所使用。

2. 稳压管的选择

从以上的讨论可知：① 稳压管的稳压值就是稳压电路的输出电压值；② 当电源电压增加，会使硅稳压管的 I_Z大幅增加，另一方面，当负载开路时，输出电流全部流过稳压管，所以稳压管的最大稳定电流的选择要留有一定的余地。因此选择硅稳压管时，一般取

$$U_Z = U_O$$
$$I_{Zmax} \geqslant (2 \sim 3) I_{Lmax}$$

根据原理，输入电压越高，稳定性能越好，这就要求限流电阻大，损耗也增大。所以，一般直流输入电压取值为

$$U_I = (2 \sim 3) U_O$$

8.2.3 串联型晶体管稳压电路

硅稳压管稳压电路虽然很简单，但受稳压管最大稳定电流的限制，负载电流不能太大；输出电压不可调且稳定性也不够理想。若要获得稳定性高且连续可调的输出直流电压，可采用三极管或集成运算放大器所组成的串联型直流稳压电路。

1. 串联型稳压电路的工作原理

电路如图 8.12 所示，图中三极管 T 代替了可变限流电阻 R。在基极电路中，接有 D_Z，与 R 组成参数稳压器。

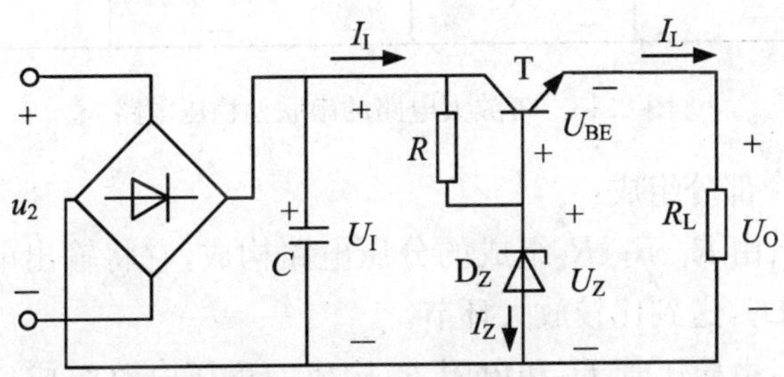

图 8.12　串联型稳压电路

该电路的稳压过程如下：

(1) 当负载不变，输入整流电压 U_I增加时，输出电压 U_O有增加的趋势，由于三极管 T 基极电位被稳压管 D_Z固定，故 U_O的增加将使 T 的发射结正向偏压降低，基极电流减少，从而使 T 的集射极间的电阻增大，U_{CE}增加，于是抵消了 U_I的增加，使 U_O基本保持不变。稳压过程如下：

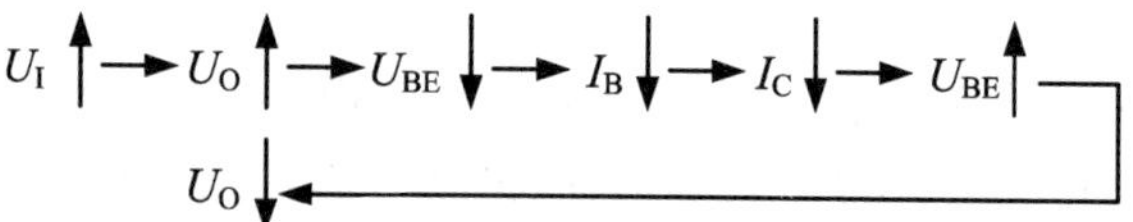

（2）当输入电压不变，而负载电流变化时，其稳压过程如下：

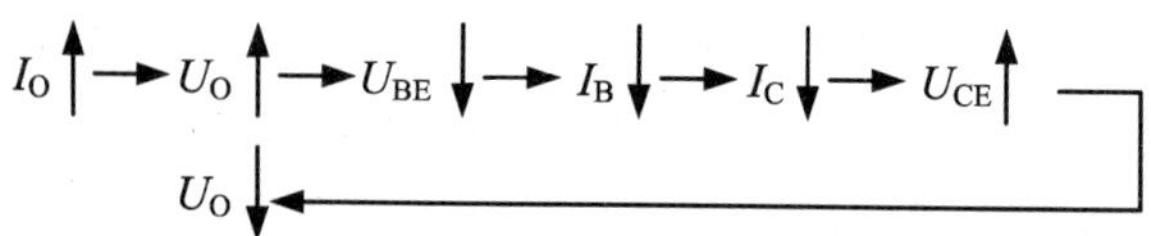

2. 带三极管放大电路的串联型稳压电路

在图 8.12 中，虽然对输出电压有稳压作用，但此电路控制灵敏度不高，稳压性能不是很理想。若在原电路上加一放大环节，可使输出电压更加稳定，如图 8.13 所示。

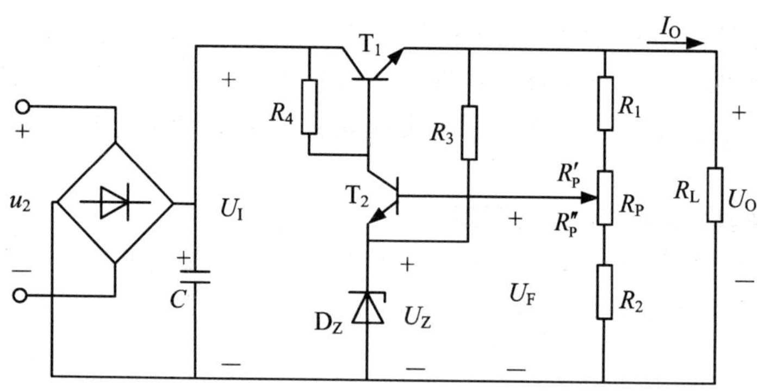

图 8.13　带放大电路的串联型稳压电路

该电路由四个部分组成：

① 取样环节：由 R_1、R_P、R_2 组成的分压电路构成，它将输出电压 U_O 分出一部分作为取样电压 U_F，送到比较放大环节。

② 基准电压：由稳压管 D_Z 和电阻 R_3 构成的稳压电路组成，稳定的基准电压 U_Z，作为调整、比较的标准。

③ 比较放大环节：由 T_2 和 R_4 构成的直流放大电路组成，其作用是将取样电压 U_F 与基准电压 U_Z 之差放大后去控制调整管 T_1。

④ 调整环节：由工作在线性放大区的功率管 T_1 组成，T_1 的基极电流 I_{B1} 受比较放大电路输出的控制，它的改变又可使集电极电流 I_{C1} 和集、射极电压 U_{CE1} 改变，从而达到自动调整稳定输出电压的目的。

因为调整管 T_1 与 R_L 串联，所以称之为串联型稳压电路。

(1) 串联型稳压电路的稳压过程

当U_I或I_O的变化引起U_O变化时，采样环节把输出电压的一部分送到比较放大环节T_2的基极，与基准电压U_Z相比较，其差值信号经T_2放大后，控制调整管T_1的基极电位，从而调整T_1的管压降U_{CE1}，补偿输出电压U_O的变化，使之保持稳定。其调整过程如下：

$$I_O\uparrow(\text{或}U_I\uparrow)\rightarrow U_O\uparrow\rightarrow U_F\uparrow\rightarrow U_{BE2}\uparrow\rightarrow U_{C2}\downarrow\rightarrow U_{BE2}\downarrow\rightarrow I_{B1}\downarrow\rightarrow I_{C1}\downarrow\rightarrow U_{CE1}\uparrow\rightarrow U_O\downarrow$$

同理，当U_I或I_O变化使U_O降低时，调整过程与上述的过程相反。读者可自行分析。

从上述调整过程的分析可看出，该电路实际上是一个闭环的反馈控制系统，它利用电压负反馈来实现输出电压稳定的目的。

(2) 输出电压的确定

由图 8.13 可知，若忽略T_2基极电流的影响，则有

$$U_F\approx\frac{R_2+R_P''}{R_1+R_P+R_2}U_O=FU_O=U_Z+U_{BE2} \tag{8.2.6}$$

式中，$F=\dfrac{R_2+R_P''}{R_1+R_P+R_2}$称为取样电路的分压比，又由于一般$U_{BE2}$的值与$U_Z$相比小得较多，故有

$$U_O\approx\frac{1}{F}U_Z \tag{8.2.7}$$

可见，输出电压U_O的大小是由取样电路的分压比和基准电压U_Z共同决定。由于稳压管的稳压值U_Z一般是固定的，故调节分压比F(即调节R_P)便可调节输出电压U_O。

3. 带集成运放电路的串联型稳压电路

以集成运放作为比较放大的串联型稳压电路一般有两种形式：射极输出型和集电极输出型。这里仅以射极输出型为例进行说明。

射极输出型串联稳压电路如图 8.14 所示。与图 8.13 比较仅是用集成运放代替了由T_2和R_4构成的直流放大电路。

(1) 稳压过程

当U_I或I_O的变化引起U_O增加时，采样电压U_-也增加，使反向比较放大器输出U_B减少，引起调整管输出电压减少，那么，U_O就降低，从而达到自动稳定输出电压的目的。

(2) 输出电压

由图 8.14 可得

$$U_{-}=\frac{R_2+R_P''}{R_1+R_P+R_2}U_O \tag{8.2.8}$$

利用运算放大器“虚短”的概念，可得

$$U_{+}\approx U_{-}=U_Z \tag{8.2.9}$$

所以

$$U_O=\frac{R_1+R_2+R_P}{R_2+R_P''}U_Z \tag{8.2.10}$$

同样，调节电位器 R_P 便可以调节输出电压值 U_O。

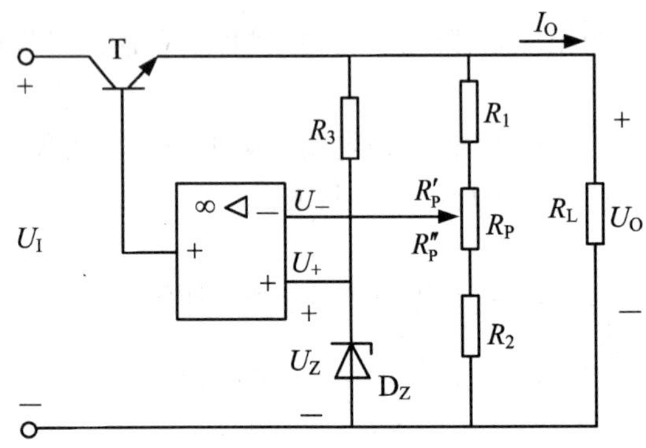

图 8.14　带集成运放的串联型稳压电路

8.2.4　提高稳压性能的措施及保护电路

1. 提高稳压性能

从前面所阐述的知识中我们知道：带集成运放比较放大器的稳压电路同带晶体管比较放大器的稳压电路相比稳定性能要好一些，为了进一步提高稳压电源的稳压性能，稳压电源的比较放大器也可采用其他相应的电路，如图 8.15 所示电路，即具有恒流源负载的稳压电路。图中，稳压管 D_{Z2} 和 R_5 确定 T_3 的静态工作点的偏置电路，因为 T_3 的基极电位稳定在 D_{Z2} 上，加上 R_4 的负反馈作用，T_3 的集电极电流 I_{C3} 恒定不变。另外，T_3 又是比较放大器 T_2 的负载，所以称为恒流源负载。由于调整管 T_1 和比较放大器 T_2 都是 NPN 管，为了使恒流源电流方向与 T_2 的负载电流方向一致，T_3 必须采用 PNP 管。因为恒流源具有很高的输出阻抗，使得比较放大器具有很高的电压放大倍数，从而大大削弱了 U_I 的变化对输出的影响，有利于输出电压的稳定。其他稳定措施还有很多，可参阅相关资料。

2. 保护电路

对于串联型晶体管稳压电路，由于负载和调整管是串联的，所以随着负载电流的增加,调整管的电流也增加,从而使管子的功耗增加。如果在使用中不慎使输出短路,则不但电流增加,且管压降也增加,很可能引起调整管损坏。调整管的损坏可以在非常短的时间内发生,用一般保险丝不能起到保护作用。因此,通常用速度高的过载保护电路来代替保险丝。过载保护电路的形式很多,这里只介绍两个例子。

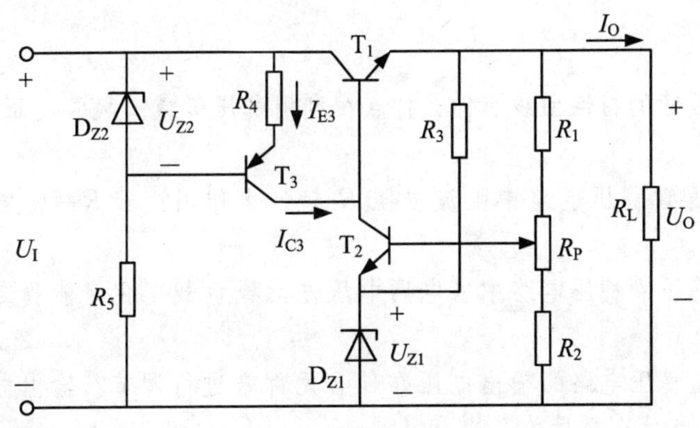

图 8.15　具有恒流源负载的稳压电路

图 8.16(a)中晶体管 T_3 和 R_5、R_6 组成过载保护电路。当稳压电路正常工作时,T_3发射极电位比基极电位高,发射结受反向电压作用,使 T_3 处于截止状态,对稳压电路的工作无影响;当负载短路时,T_3因发射极电位迅速降低而完全导通,相当于使 T_1的基、射极间被 T_3短路,从而只有少量电流流过调整管,达到了保护调整管的目的,而且可以避免整流组件因过电流而损坏。

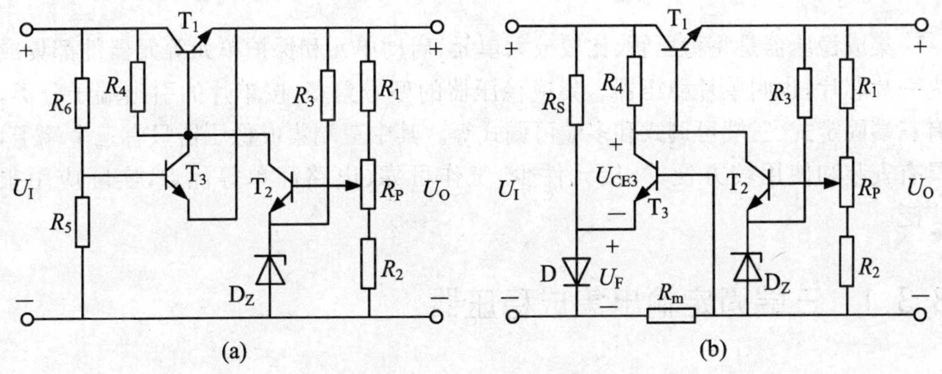

图 8.16　过载保护电路

图 8.16(b)是另一种过载保护电路,由晶体管 T_3、二极管 D 和电阻 R_S、R_m 所组成。当二极管 D 中流过电流时,二极管 D 的正向电压 U_F基本恒定。当正常负载

时，负载电流流过 R_m 产生的压降较小，T_3 的发射结处于反偏而截止，对稳压电路无影响；当 I_L 增大到某一值时，R_m 上的压降增大，T_3 发射结转变为正偏，T_3 导通，R_4 上压降增大，U_{CE3} 减小，即调整管的基极电位降低，调整管的 U_{CE1} 增加，输出电压 U_O 下降，I_L 被限制。

思考题

1. 硅稳压管的特性曲线有什么特点？利用稳压管或二极管的正向特性，是否也可以稳压？

2. 在稳压管稳压电路中限流电阻 R 起什么作用？若 $R=0$ 是否还有稳压作用？

3. 说明稳压管稳压电路中当电网电压波动或负载变化时能稳定输出电压的原理。

4. 串联型稳压电路的输出电压靠什么元件来进行调节？输出电压与取样元件和基准电压有什么数量关系？

5. 当电源电压波动或负载变化时，具有放大环节的串联型稳压电路是如何稳定输出电压的？若电路中稳压管开路，对输出电压有何影响？

8.3 线性集成稳压器

集成稳压器是将稳压管、比较放大单元、启动单元和保护单元等元器件都集成为一片芯片，也叫单片稳压器。集成稳压器的型号繁多，按单片的引出端子分类，有三端固定式、三端可调式和多端可调式等。其中三端集成稳压器只有三个端子，具有安装和使用较方便，外接元件少、工作可靠、电路简单等优点，实际应用很广泛。

8.3.1 三端固定输出集成稳压器

1. 正电压输出型稳压器

常用的三端固定正电压输出稳压器有 7800 系列，其外部引脚如图 8.17(a)所示。型号中的 00 两位数表示输出电压的稳定值，一般有 5 V、6 V、9 V、12 V、15 V、18 V、24 V 等几种。例如，7812 的输出电压为 12 V，7805 输出电压是 5 V。

正电压输出的稳压器按输出电流的大小不同，又可分为：CW7800 系列（最大输出电流为 1～1.5 A）、CW78M00 系列（最大输出电流为 0.5 A）、CW78L00 系列（最大输出电流为 100 mA）。

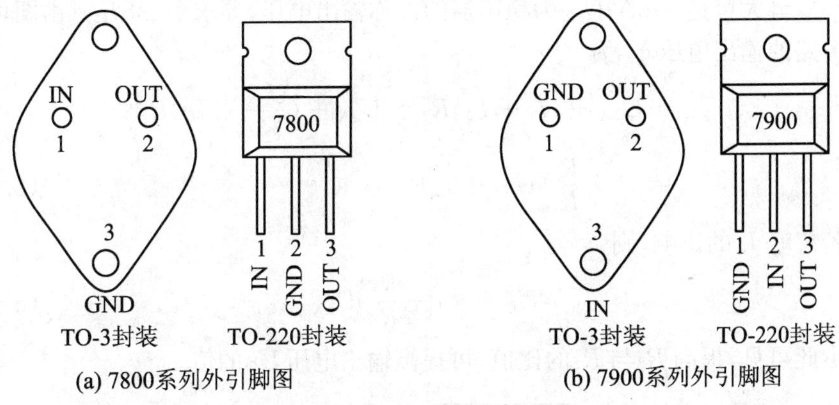

图 8.17　三端固定式集成稳压器

2. 负电压输出型稳压器

常用的三端固定负电压稳压器有 7900 系列，与 7800 系列相同，型号中的 00 两位数也表示输出电压的稳定值，一般有－5 V、－6 V、－9 V、－12 V、－15 V、－18 V、－24 V 等几种。

与 7800 系列一样，按输出电流的大小不同，又可分为：CW7900 系列（最大输出电流为 1～1.5 A）、CW79M00 系列（最大输出电流为 0.5 A）、CW79L00 系列（最大输出电流为 100 mA）。7900 系列的管脚如图 8.17(b)所示。

3. 应用电路

(1) 基本应用电路

图 8.18 所示是三端集成稳压器的基本应用电路。整流滤波后的直流输入电压 U_I 接在稳压器的输入端与公共端之间。电容 C_1（容量一般为 0.1～0.33 μF）用以抵消输入端引线过长或稳压器带高频负载时的电感效应，防止自激振荡。电容 C_2、C_3 用来改善负载的瞬态响应，减小高频噪声。

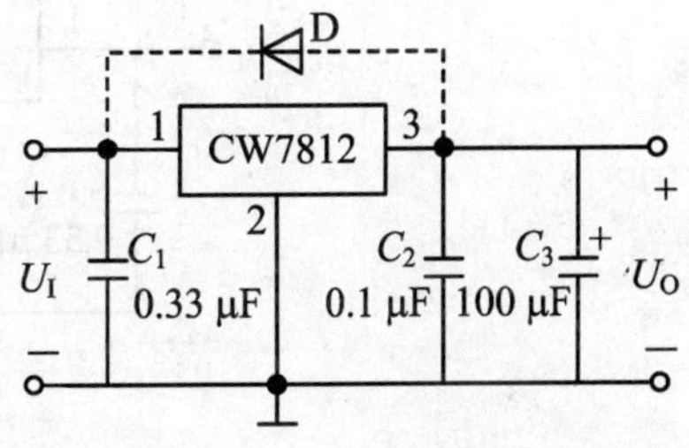

图 8.18　三端集成稳压器基本应用电路

当输出电压较高时，应在稳压器的输入端和输出端之间跨接保护二极管 D，如图中虚线所示，其作用是在稳压器输入端短路时，电容 C_3 能通过二极管 D 放电，以保护集成稳压器不受损坏。为保证三端稳压器正常工作，一般要求输入电压 U_I 比输出

电压 U_O 高 2～3 V。

(2) 提高输出电压电路

提高输出电压的电路如图 8.19 所示。图中 I_Q 为稳压器的静态工作电流，一般为 5 mA，最大可达 8 mA；U_{XX} 为稳压器的标称输出电压，要求 $I_1 \geqslant 5I_Q$。由图可知，稳压电路的输出电压 U_O 为

$$U_O = U_{XX} + (I_1 + I_Q)R_2 = U_{XX} + (\frac{U_{XX}}{R_1} + I_Q)R_2$$

$$= (1 + \frac{R_2}{R_1})U_{XX} + I_Q R_2 \tag{8.3.1}$$

若忽略 I_Q 的影响，则

$$U_O \approx (1 + \frac{R_2}{R_1})U_{XX} \tag{8.3.2}$$

由此可见，提高 R_2 与 R_1 的比值，可提高输出电压 U_O 的值。

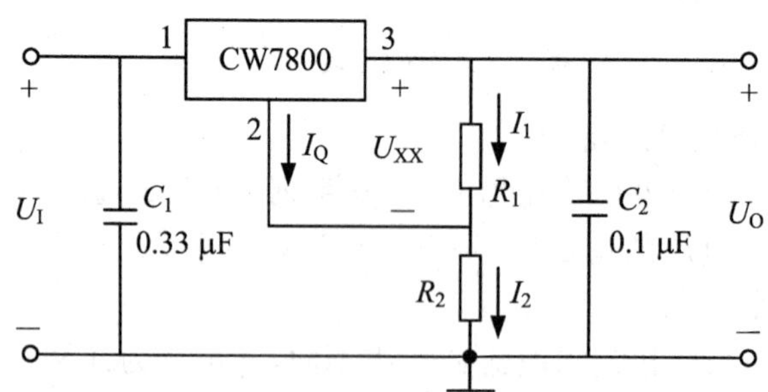

图 8.19 提高输出电压的电路

(3) 恒流源电路

用三端固定输出集成稳压器组成的恒流电路见图 8.20 所示。

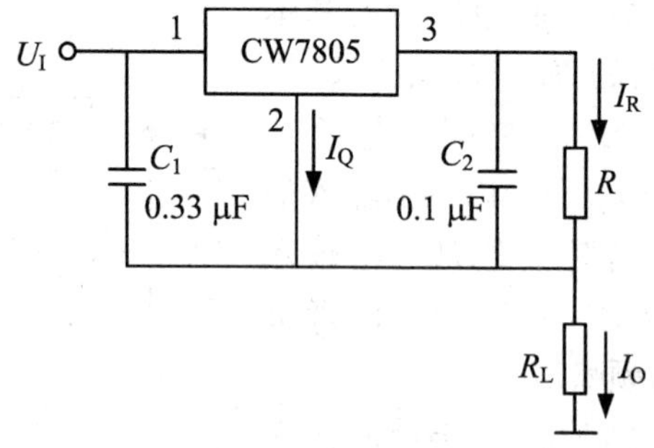

图 8.20 恒流源电路

此时，三端集成稳压器 CW7805 工作于悬浮状态，接在 CW7805 输出端和公共

端之间的电阻 R 决定了恒流源的输出电流 I_O。从图中知，流过电阻 R 的电流为

$$I_R = \frac{U_{32}}{R} = \frac{5}{R} \tag{8.3.3}$$

流过负载 R_L 的电流为

$$I_O = I_R + I_Q = \frac{5}{R} + I_Q \tag{8.3.4}$$

式中 I_Q 为集成稳压器的静态工作电流。在电阻 R 较小，I_R 较大的情况下，I_Q 的影响可忽略不计。可见，调节电阻 R 的大小，可以改变恒流电流的大小。

(4) 正负对称输出电压电路

由 CW7812 和 CW7912 组成的正负对称输出两组电源的稳压电路如图 8.21 所示。

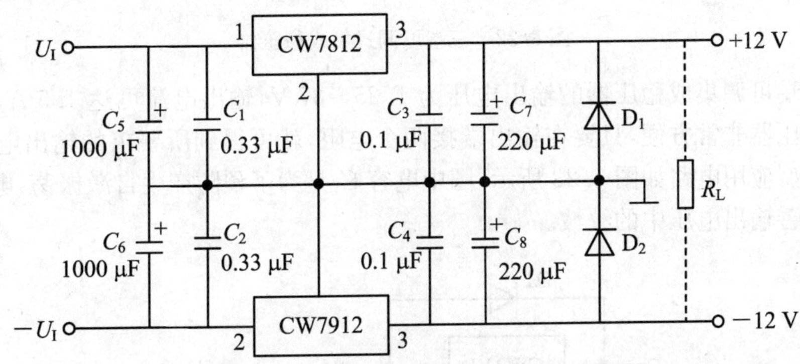

图 8.21 正负对称输出两组电源的稳压电路

图中二极管 D_1、D_2 起保护作用，正常工作时处于截止状态。在输出端接负载的情况下，若 CW7912 的输入端断开，CW7812 的输出电压将通过负载电阻接到 CW7912 的输出端，使 D_2 导通，从而将 CW7912 的输出端钳位在 0.7 V 左右，保护其免于损坏；同理，D_1 可在 CW7812 的输入端断开使之得以保护。

8.3.2 三端可调输出集成稳压器

三端固定式集成稳压器的输出电源是固定的，这在实际使用中带来不方便。实际应用中常常采用可调式三端稳压器，它也有输出正电压系列（如 CW117、CW217、CW317 等）和输出负电压系列（如 CW137、CW237 和 CW337 等）。它们的外形管脚如图 8.22 所示，图中(a)为正电压输出可调集成稳压器，(b)为负电压输出可调集成稳压器。同一系列的内部电路和工作原理基本相同，只是工作温度不同，根据输出电流的大小不同，每个系列又可分为 L、M 系列。如果不标出 L 或

M,则其输出电流小于等于 1.5 A。

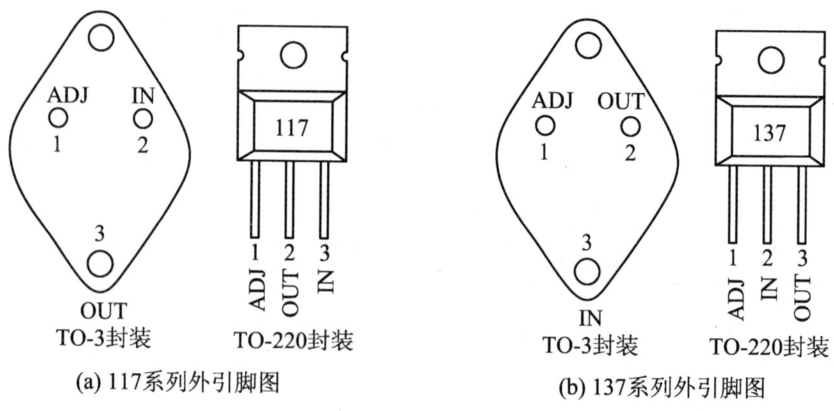

图 8.22　三端可调式集成稳压器

三端可调集成稳压器的输出电压为 1.25～37 V,输出电流可达 1.5 A。使用这种稳压器非常方便,只要在输出端接两个电阻,就可得到所要求的输出电压值,它的典型应用电路如图 8.23 所示,图中电容 C_1 是为了预防产生自激振荡,电容 C_2 用来改善输出电压中的纹波。

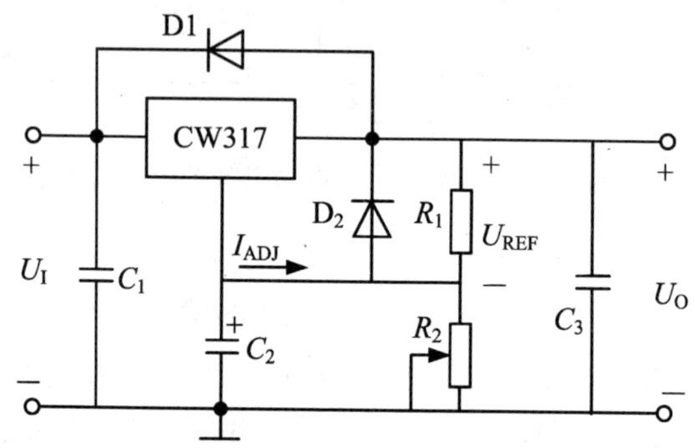

图 8.23　三端可调式稳压器典型应用电路

当输入电压 U_I 在 2～40 V 范围内变化时,电路都能正常工作。因 CW117/217/317 的基准电压为 1.25 V,即输出端和调整端之间的电压 U_{REF}=1.25 V,故输出电压只能从 1.25 V 上调。其输出电压为

$$U_O = \frac{U_{REF}}{R_1}(R_1 + R_2) + I_{ADJ}R_2 \tag{8.3.5}$$

基准电源的工作电流 I_{ADJ} 很小,约为 50 μA,所以直流稳压电源的输出电压可近似为

$$U_O \approx U_{REF}\left(1+\frac{R_2}{R_1}\right) \tag{8.3.6}$$

由此可见，调整 R_2 的大小就可实现输出电压的调节。若 $R_2=0$，则为最小输出电压，随着 R_2 的增大，U_O 随之增加，当 R_2 为最大值时，U_O 也为最大值。所以，R_2 应按最大输出电压来选择。

8.3.3 多端集成稳压器

1. 单片式多端稳压器的基本组成

集成电路稳压器基本上是将比较放大器、参考电压、调整管和保护电器集成在同一基片上。图 8.24 所示是 723 单片式多端稳压器的部分电路和功能块。这种单片稳压器有三种外壳形式：双列直插式、扁平式和圆型式。

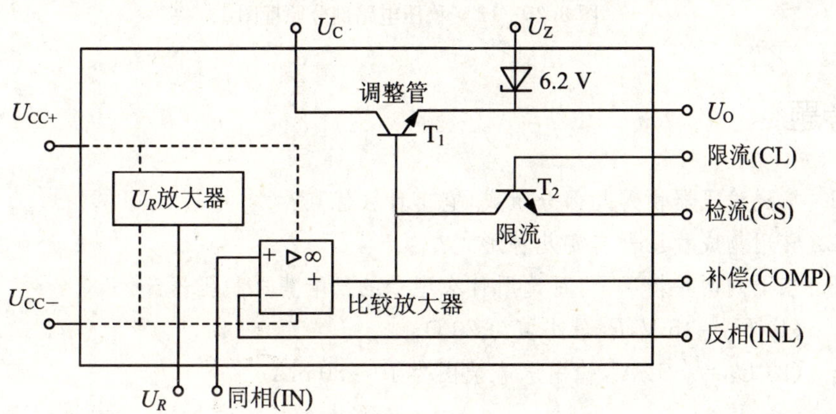

图 8.24　723 单片式多端稳压器的部分电路和功能块

图 8.24 中，T_1 为调整管，它的集电极和发射极连在标记为 U_C 和 U_O 的两只引出端，供外部连接用。构成稳压电路时 723 单片稳压器的输入电压至少要比输出电压大 3 V，负载电流限定不超过 150 mA；当输入电压在 9.5～40 V 之间时，可调输出为 2～37 V；当输入电压从 12 V 增加到 40 V 时，电压调整率为 0.02%。U_O 端可用来驱动外接功率管的基极，于是外接功率管就变成调整管，负载电流因而可提高到几安培。

2. 单片式多端集成稳压器的应用

如图 8.25 所示，它是 732 单片式多端稳压器构成的带有 100 mA 限流的 12 V 稳压电源。

参考电压从外部接到同相输入端，两引出端之间接平衡电阻 R_3，有时 R_3 也可以不接；R_4 是限流电阻；电容 C_2 是用来减少纹波和消除振荡的；R_1、R_2 阻值的改变可直接影响输出电压的大小,输出电压最低值可达 7 V,要想更低,那得调整 U_R 值。此电路在 5 V 至 40 V 之间的任何正输入电压均可使用。

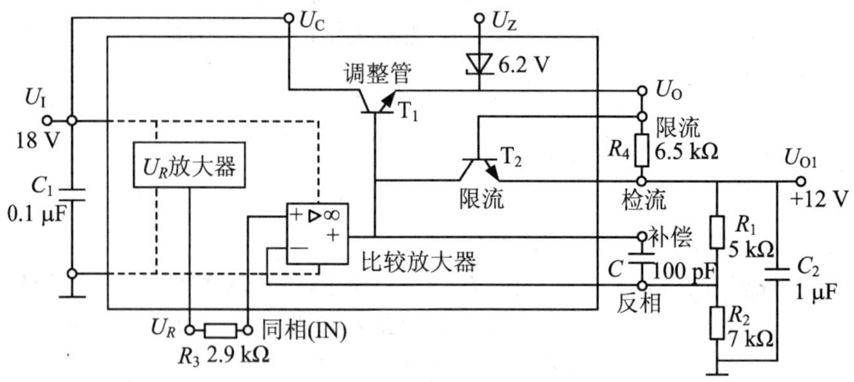

图 8.25　12 V 稳压电路部分原理图

思考题

1. 集成稳压器由哪几部分组成,它有什么优点?
2. 常用集成稳压器有哪几种形式?
3. 在下列两种情况下,可选用什么型号的三端集成稳压器?
   (1) $U_O=15$ V,R_L最小值为 20 Ω;
   (2) $U_O=-12$ V,输出电流范围为 10～80 mA。

8.4　开关集成稳压电路

从上一节的分析可知:线性集成稳压器的稳压性能较优良,应用广泛。但由于调整管工作于线性放大状态,管压降大,流过的电流为负载电流,负载电流越大,调整管的功耗越大,因此,电路效率不高(一般为 40%～60%),且会产生大量的热量,这必须有较好的散热措施,那么,电源的体积也将变大。基于以上原因,人们开发研制出开关稳压电源。

目前,空间技术、计算机、通信及家用电器中的电源多采用开关电源。开关电源的调整管工作在开关状态,损耗低,效率可达 75%～95%;整个稳压电源体积小、重量轻;调整管功耗小,相应散热器的体积也小。另外,开关频率工作在几十千赫,滤波电感及电容可用较小数值的元件,允许的环境温度也可以大大提高。但由于调整管的控制电路比较复杂,输出纹波电压较高,所以开关电源的应用也受到一定的限制。

8.4.1 开关式稳压电路的工作原理

1. 开关式稳压电路的基本工作原理

开关式稳压电路就是把串联型稳压电路的调整管由线性放大工作状态改为开关工作状态,其基本工作原理可由图 8.26(a)所示电路来说明。

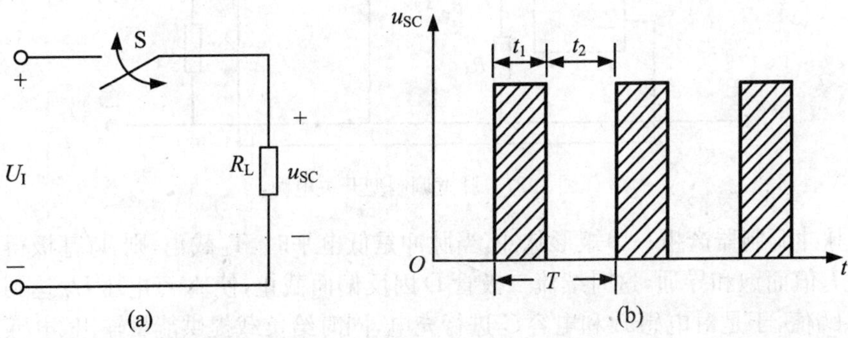

图 8.26 开关式稳压电路基本工作原理示意图

图中 S 是一个周期性打开和合上的调整开关,通过 S 的周期性打开和合上则在输出端可得到一个矩形脉冲电压,如图 8.26(b)所示。其输出电压平均值为

$$U_O = \frac{t_1}{T}U_I = qU_I \tag{8.4.1}$$

式中,T 为开关工作周期,t_1 为开关接通的持续时间,q 为开关工作的占空比。

从上式可知,要想改变输出电压,可利用改变脉冲的占空比来实现。用此类开关稳压电路制作的电源称为开关稳压电源。具体实现有两种方式:一种是固定开关的频率,改变脉冲宽度 t_1,使输出电压变化,称为脉冲宽度调制型开关电源,即 PWM;另一种是固定脉冲的宽度而改变周期,使输出电压变化,称为脉冲频率调制型开关电源,即 PFM。这里仅介绍 PWM 型开关稳压电源。

2. 开关式稳压电路实例

脉宽调制型开关电源电路如图 8.27 所示。

该电路也是用闭合的反馈回路来实现自动调节的。除了有监测、比较、放大部分外,还必须把差动放大器的输出电压量转换成脉冲宽度的脉宽调节器和一个产生固定频率的振荡源(三角波),以作为时间振荡器装置。由于输入电源向负载提供不像串联线性稳压电源那样连续，而是断续的能量，为使负载能得到连续的能量供给，开关型稳压电源必须要有一套储能装置，在开关接通时能将能量储存起来，在开关断开时向负载释放能量。这需要用由电感 L、电容 C 组成的滤波器。二极管 D 用以使负载电流继续流通，所以称为续流二极管。

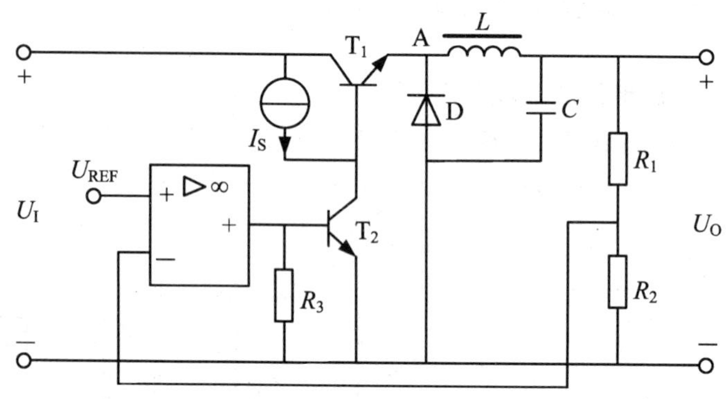

图 8.27 脉宽调制型开关电源

脉冲调制器产生一串矩形脉冲，当脉冲是低电平时，T_2 截止，则 T_1 基极得到全部的 I_S 值而饱和导通，这时续流二极管 D 因反偏而截止，使 A 点电压 U_A 达到输入电压 U_I 值，于是对电感 L 和电容 C 进行充电，同时给负载提供能量输出，电感 L 在 T_1 接通的时间内储存能量，电感中的电流 i_L 在该时间内线性增加。当脉冲使 T_2 饱和导通时，开关管 T_1 截止，电感中电流通过二极管 D 续流，电感电压极性倒转；电感中储存的能量释放时，电感中电流 i_L 线性减少。适当选择 L 和 C 值，在 T_1 关断时间内保证负载电流的连续性。

由此可见，只要改变开关接通时间和工作周期的比值，负载上的电压也随之改变，适当选择电路各组件参数，可使输出电压 U_O 基本保持不变。

8.4.2 开关集成稳压电路

从上述分析中我们知道，脉宽调制型开关电源电路中功率管和控制电路等是分开的，说明该类电路的集成化程度不高、外围电路复杂、稳定性较差，难以制成精密稳压电源。随着科技的发展，单片式开关电源也问世了。它把功率管与控制电路及反馈电路都集成在同一芯片上，解决电气隔离与热隔离等问题，并为新颖、高效、低成本开关电源（含精密开关电源）的推广与普及创造了良好条件。单片开关电源主要有三端式、多端式和开关电源模块。

1. 三端开关集成稳压电路

美国动力公司在世界上率先研制成功了三端隔离式脉宽调制单片开关电源集

成电路，以它的 TOPSwitch-Ⅱ系列最为著名。TOPSwitch-Ⅱ系列产品具有将控制系统的全部功能集成到三端芯片中；输入电流、电压和频率的范围极宽(输入电压适配 85～265 V 交流电，输入频率范围 47～440 Hz)；外围电路简单，成本低廉；电源效率高；适用工作温度范围 0～70 ℃；产生的电磁干扰小等特点。

在 TOPSwitch-Ⅱ系列产品的基础上，人们开发了许多开关集成稳压电源，其中，WS157/106 系列三端单片开关电源专用集成电路应用较广泛。

WS157 和 WS106 的内部电路相同，仅封装形式不同。这里仅介绍 WS157 的原理和应用。

(1) 性能特点

① 集成度高：它将脉冲调制器、高压功率开关场效应管和保护电路集成在一起。

② 外围电路简单：220 V 交流电经过整流滤波后可直接作为输入电压，输出端接高频变压器和输出电路，即可构成 20 W 以下的小功率开关电源。

③ 输入电压范围宽：当市电在 110～260 V 大范围变化时，仍能保证稳压输出。

④ 具有完善的保护功能：包括输入欠电压保护($U_I<80$ V)、过压保护、过流保护、过热保护($T_j \geqslant 145$ ℃)、锁定及自动恢复功能。

⑤ 采用 100 kHz 的开关频率，损耗低，抗噪声干扰能力强，能减少高频变压器的体积和重量。

⑥ 使用灵活：在构成单片开关电源时，配降压式、升压式输出电路均可。此外，WS157 还可以作为大功率开关电源的驱动器。

(2) 工作原理

WS157 的内部框图如图 8.28 所示。图中 D 点为漏极，C 点为控制极，S 点为源极，D_1 点为内部续流二极管，可保护 MOSFET 不被反向尖峰电压击穿。

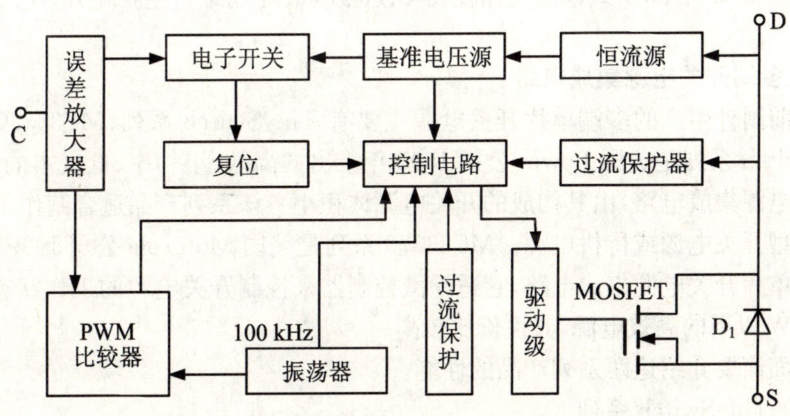

图 8.28 WS157 内部框图

(3) 应用电路

由 WS157/106 组成的+12 V、0.5 A 单片开关电源的电路如图 8.29 所示，其输出功率可达 6 W。当输入交流电压在 110～260 V 范围内变化时，电压调整率$S_U \leqslant 1\%$。

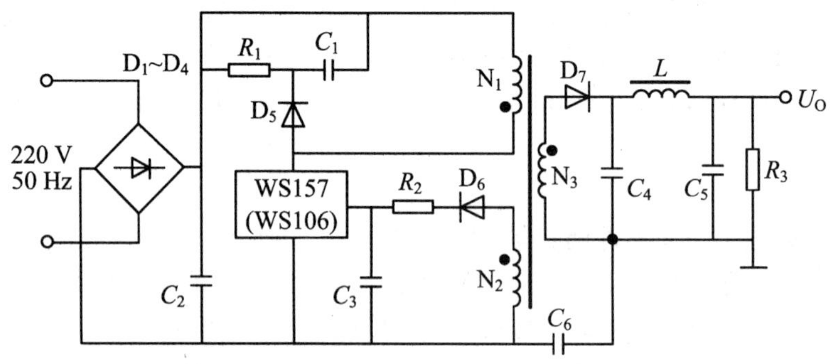

图 8.29　WS157(WS106)的应用电路

接通电源后，220 V 交流电首先经过桥式整流和C_1滤波，得到约+300 V 的直流电压，再通过高频变压器的初级线圈 N_1，给 WS157 提供所需工作电压。从次级线圈 N_3上输出的脉冲调制功率信号，经过 D_7、C_4、L 和 C_5进行高频整流滤波，获得+12 V、0.5 A 的稳压输出。反馈线圈 N_2上的电压则通过 D_6、R_2、C_3整流滤波后，将控制电流加至控制极上。由 D_5、R_1和 C_2构成吸收电路，能有效抑制漏极上的反向峰值电压。

稳压原理：当由于某种原因使 U_O下降时，反馈线圈电压及控制端电流也随之降低，而芯片内部产生的误差电压 U_r上升，PWM 比较器输出的脉冲占空比增加，经过 MOSFEF 和降压式输出电路使得 U_O上升，最终能维持生产电压不变。反之亦然。

2. 多端开关电源集成电路

目前国外生产的多端单片开关电源主要有 TinySwitch 系列、MC33370 系列。TinySwitch 系列是美国 Power 公司 1998 年推出的高效、小功率、低成本的四端单片开关电源集成电路，由其构成的开关电源体积小。该系列产品适合制作 10 W 以下的微型开关电源或待机电源。MC33370 系列是美国 Motorola 公司 1999 年推出的五端单片开关电源集成电路，它适配微控制器来控制开关电源的工作状态，能构成 150 W 以下的高效电源，其性价比较高。

下面简要介绍这两系列产品的性能。

(1) TinySwitch 系列

芯片内部包含振荡器、稳压器、开/关控制器、功率 MOSFET。具有欠压、过流、过热保护功能。在输入直流高压电路中，不需要使用瞬变电压抑制二极管构成的钳位电路，仅用简单的吸收电路即可衰减视频噪声，可省掉交流输入端的电磁干扰滤波器。该产品适用于制作 10 W 以下的手机电池恒流充电器、IC 卡预付费电度表中的小型化开关电源模块，以及微机、彩电、录像机、摄录像机等高档家用电器的待机电源。

TinySwitch 系列单片开关电源采用 8 脚双列直插式(DIP-8)或表面安装式(SMD-8)封装形式，管脚排列如图 8.30 所示，尽管 TinySwitch 系列采用 8 脚封装，但管脚实际只有 4 个：源极 S、漏极 D、旁路端 BP 和使能端 EN，5 个源极在内部是连通的。旁路端与地(D 极)之间需接一个 0.1 μF 的旁路电容。BP 端与三端式的控制端 C 相似，但外接电容却从 47 μF 减少到 0.1 μF。使能端 EN 可由光电耦合驱动，在简单应用时允许将此悬空。功率 MOSFET 是处于不工作状态还是开关状态，取决于从 EN 端流出电流的大小。

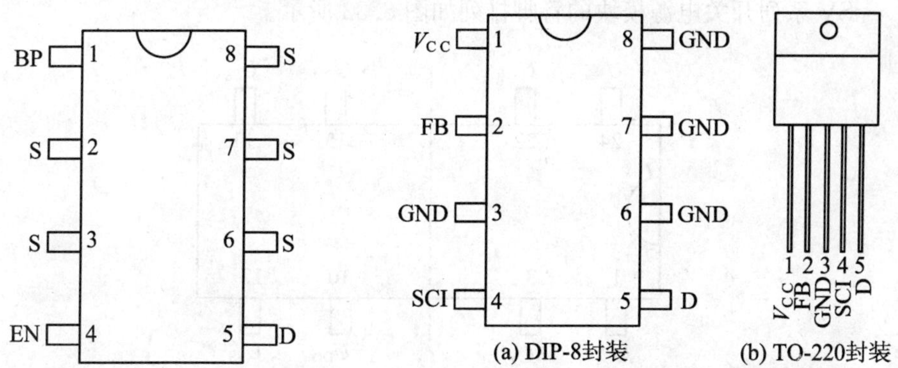

图 8.30 TinySwitch 系列引脚排列图

(a) DIP-8封装 (b) TO-220封装

8.31 MC33370 系列管脚排列

(2) MC33370 系列

MC33370 系列五端单片开关电源集成电路也称高压功率开关调节器，这种芯片可广泛用于办公自动化设备、仪器仪表、无线通信设备及消费类电子产品中，构成高压隔离式 AC/DC 电源变换器。与三端单片开关电源相比，它增加了两个引出端：电源端、状态控制端。其内部新增的可编程状态控制器通过其输入端，能配手动按键、微控制器、数字电路等，对电源模式进行选择。因此，MC33370 系列的控制功能完善，使用更加灵活，是设计单片开关电源三个优选集成电路之一。

MC33370 系列采用 8 脚双列直插式封装或 TO-220 封装。采用 DIP 封装的产品增设了 3 个 GND 端，其内部是相连的，故仍可等效于五端器件。其管脚排列如图 8.31 所示。

3. 开关电源模块

开关电源模块是采用微电子技术和先进的制造工艺，把开关电源专用集成电路与微电子元器件组装成一体，能完成 AC/DC 电源变换功能的商业化部件。

(1) 开关电源模块的特点

开关电源模块把大量的电容器、电位器、磁芯电感器、高频变压器、整流器等元器件集成到同一芯片中。目前国内外许多厂家已开发出开关电源模块的系列产品。不仅有普通模块、精密开关电源模块,还有智能模块、各种专用模块等。它们的功能越来越完善,尤其是智能模块,它不仅具有过压断电、过流保护、短路保护、过热保护等功能,还增加了故障自检与各种显示等先进功能。目前国内外生产的开关电源模块种类较多,型号各异。这里仅简要介绍 SV 系列开关电源模块的性能。

(2) SV 系列开关电源模块

SV 系列是超小型隔离式开关电源模块,它体积小、重量轻、价格低、故障率低(平均无故障时间可达 30 年)。该模块具有过流及短路保护功能,且过压能力强。

SV 系列开关电源模块的管脚排列如图 8.32 所示。

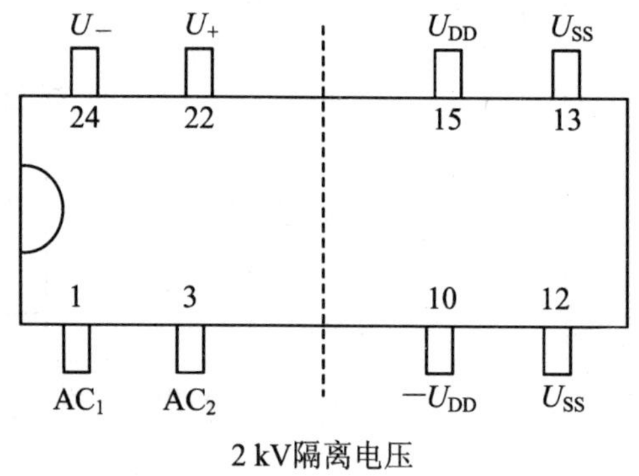

图 8.32　SV 系列开关电源模块管脚图

图 8.32 中 AC_1、AC_2 为交流输入端;U_{DD}、$-U_{DD}$ 分别为隔离的直流正、负电压输出端;U_{SS} 为隔离地;U_+、U_- 分别为隔离的直流正、负电压输出端。

SV 系列开关电源模块在小功率电源电路中应用较广。例如:机电式预付费电度表电源电路就利用了 SV06DOOB 型开关电源模块,应用电路如图 8.33 所示。

图中,C_1 为输入降压电容,R_2 为放电电阻,当输入端断开时把 C_1 上的电荷泄放掉,防止人体受到电击,C_2 是滤波电容。为了使第 15 脚(U_{DD})得到 +12 V 输出,必须将第 10 脚($-U_{DD}$)接地。当用户欠电费或电度表超负荷时,单片机就发出控制信号将继电器关断,停止供电。

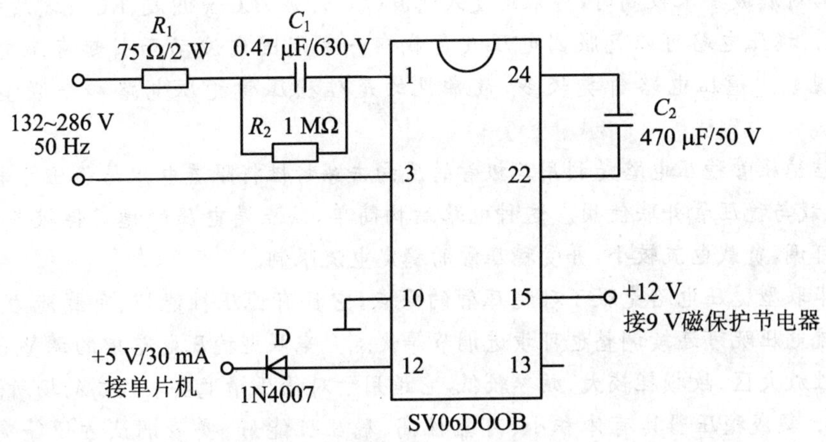

图 8.33　SV06DOOB 开关电源模块的应用

思考题

1. 何为 PWM？简述其工作原理。何为 PFM？
2. 开关集成稳压器主要有哪几种类型？各有何特点？
3. 简述三端开关集成电源模块的特点。

本 章 小 结

1. 直流稳压电源由电源变压器、整流电路、滤波电路和稳压电路四部分组成。

2. 整流电路是利用二极管的单向导电特性将交流电转化成单向脉动直流电。整流电路有多种，有半波整流、桥式整流和倍压整流等。其中桥式整流电路应用最广泛，它具有输出平均直流电压高、电源脉动性小、变压器利用效率高等优点。

3. 滤波电路利用电容或电感的储能作用把脉动直流电转化成比较平滑的直流电。常用的滤波电路有电容滤波、电感滤波和由电容、电感、电阻等组成的复式滤波。

电容滤波适用于负载电流较小、滤波要求不高的场所，它与负载并联使用。该电路结构较简单。

电感滤波适用于负载电流较大的场所，它与负载串联使用。该电路的特点是负载电流越大，滤波效果越好，但与电容滤波相比，体积较大。

若对滤波要求较高时,可采用复式滤波(LC 滤波、LC-π 滤波、RC-π 滤波等)。

4. 稳压电路可以克服因电压或负载在一定范围内波动而引起直流电压不稳的现象。稳压电路种类较多,最常见的是硅稳压管稳压电路和串联型稳压电路。

硅稳压管稳压电路是利用二极管的反向击穿特性将限流电阻与稳压管串联而成,负载与稳压管并联使用。这种电路结构简单,缺点是电压的稳定性较差,稳定值不可调,负载电流较小,并受稳压管的稳定电流限制。

串联型稳压电路克服了硅稳压管的缺点,它具有稳压性能好、负载能力强、输出直流电压既可连续调整也可步进调节等优点。串联型稳压电路中的调整管工作在线性放大区,故损耗较大、效率较低,它适用于对稳压精度要求较高的场所。

5. 集成稳压器具有体积小、可靠性高、稳压性能好、安装调试方便等突出优点。广泛用于单一电子装置的电源电路。

6. 开关式稳压电源是通过控制调整管的导通和关断来调整电源大小的。开关电源的效率、体积、重量等指标均优于线性稳压电源,但控制电路较复杂,输出纹波电压较高。开关电源的控制方式有脉冲宽度调制式(PWM)和脉冲频率调制式(PFM)。

开关集成稳压器把功率管与控制电路及反馈电路都集成在同一芯片上,这种稳压器输入电流、电压和频率的范围极宽;外围电路简单,成本低廉;电源效率也高;应用范围较广。开关集成稳压器的种类较多,主要有三端式、多端式和开关模块等。

习 题 8

8.1 填空题

(1) 直流稳压电源一般由________、________、________和________组成。

(2) 单相桥式整流电路中,若输入电压 $U_2=30$ V,则输出电压 $U_O=$____V;若负载电阻 $R_L=100$ W,整流二极管 $I_D=$________A。

(3) 稳压电源的主要技术指标包括____________和____________两类。

(4) 在串联型稳压电路中,引入了________负反馈;为了正常稳压,调整管必须工作在________区域。

(5) 三端集成稳压器 CW7912 的输出电压为______V,而 CW7809 的输出电压则为________V。

(6) 开关电源按稳压的控制方式不同可分为__________和__________。

8.2 在桥式整流电路中，变压器二次绕组电压 $U_2=24$ V，负载 $R_L=2$ kΩ，请问：如何选择合适的二极管？

8.3 在图题 8.3 所示的桥式整流电容滤波电路中，$U_2=24$ V，$R_L=2$ kΩ，$C=1000$ μF。试问：

(1) 正常时 U_O 为多少？

(2) 如果电路中有一个二极管开路，U_O 又为多少？

(3) 如果测得 U_O 为 18 V，分析可能出现什么故障原因？

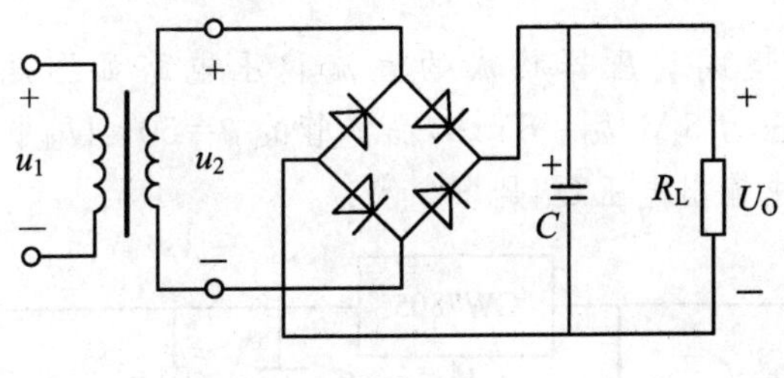

图题 8.3

8.4 有一桥式整流电容滤波电路，已知交流电压源电压为 220 V，$R_L=50$ kΩ，要求输出直流电压为 12 V。

(1) 求每只二极管的电流和最大反向电压；

(2) 选择滤波电容的容量和耐压值。

8.5 在图题 8.5 所示稳压管稳压电路中，稳压管的稳压值 $U_Z=7$ V，最大工作电流为 25 mA，最小工作电流为 5 mA，负载电阻在 300～450 Ω 之间波动；变压器二次电压为 15 V，允许有 10% 的变化范围，试确定限流电阻的范围。

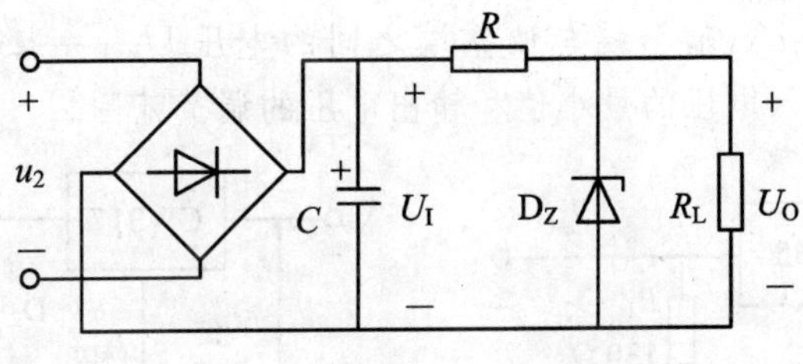

图题 8.5

8.6 电路如图题 8.6 所示，已知稳压管 D_Z 的稳压值 $U_Z=6$ V，$I_{Zmin}=5$ mA，$I_{Zmax}=40$ mA，变压器二次电压有效值 $U_2=20$ V，电阻 $R=240$ Ω，电容 $C=200$ μF。试求：

(1) 整流滤波后的直流电压 U_I 约为多少伏？

(2) 当电网电压在 ±10% 的范围内波动时，负载电阻允许的变化范围有多大?

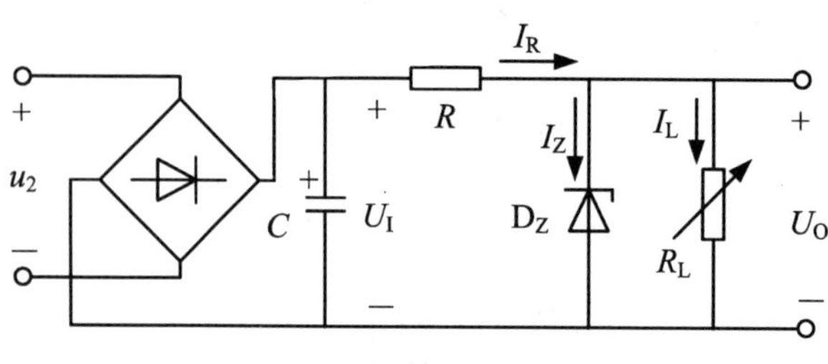

图题 8.6

8.7 由三端集成稳压器构成的直流稳压电路如图题 8.7 所示。已知 CW7805 的输出电压为 5 V,$I_Q=8$ mA,晶体管的 $\beta=50$,$|U_{BE}|=0.7$ V,电路的输入电压 $U_I=16$ V,求输出电压 U_O是多少伏?

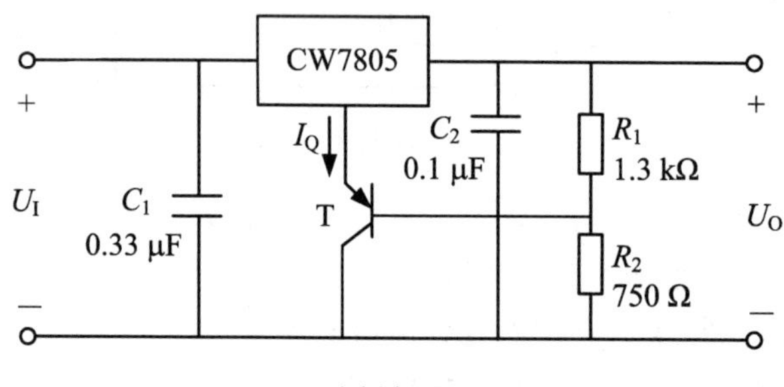

图题 8.7

8.8 图题 8.8 所示为由三端集成稳压器 CW7805 构成的直流稳压电路。已知 $I_Q=9$ mA,电路的输入电压为 16 V,求电路的输出电压 U_O的值。

8.9 三端可调集成稳压器 CW317 组成的稳压电路如图题 8.9 所示。已知调整端电流 $I_{ADJ}=50\ \mu$A,输出端与调整端之间的电压 $U_{REF}=1.25$ V,$R_1=200\ \Omega$,$R_2=3$ kΩ。试求输入电压的最小值和输出电压的调节范围。

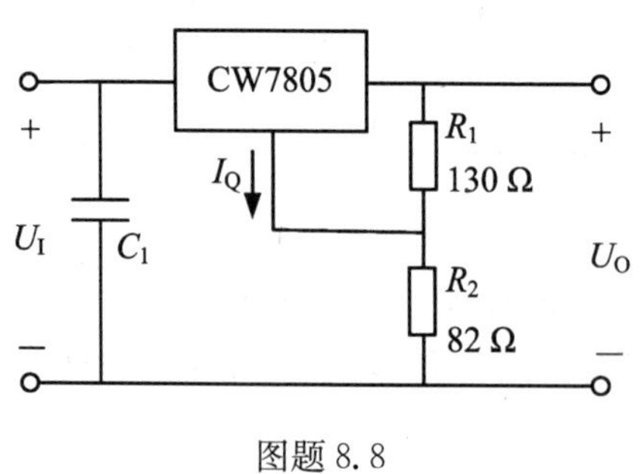

图题 8.8

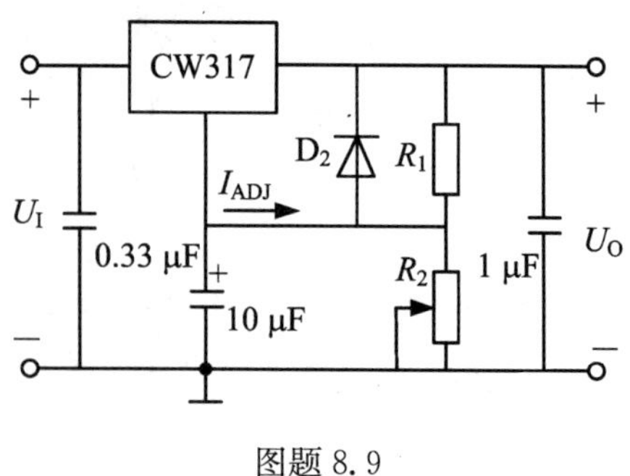

图题 8.9

8.10 图题 8.10 所示为三端集成稳压器 CW7806 组成的 0.5～12 V 输出可调式稳压电路。试证明：

$$U_O = 6 \times \frac{R_3}{R_3 + R_4}\left(1 + \frac{R_2}{R_1}\right)$$

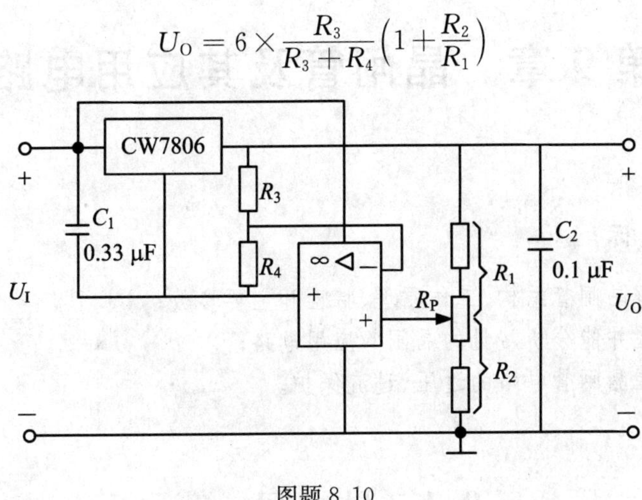

图题 8.10

第9章　晶闸管及其应用电路

学习目标

- 了解晶闸管结构、工作原理、特性和主要参数；
- 掌握并能分析常见的晶闸管应用电路；
- 掌握晶闸管电路的过压、过流保护。

9.1　晶　闸　管

晶体闸流管简称晶闸管，是一种能够用控制信号控制其导通，但不能控制其关断的半控型器件，具有体积小、重量轻、效率高、动作迅速、维护简单、操作方便和寿命长等特点，在可控整流、可控开关、逆变、调光、调压、温控等方面获得了广泛的应用。晶闸管也有许多派生器件，如双向晶闸管（TRIAC）、快速晶闸管（FST）、逆导晶闸管（RCT）和光控晶闸管（LCT）等。

9.1.1　晶闸管的结构

晶闸管是一种大功率半导体器件，主要有螺栓式、平板式和塑封式等封装结构，如图9.1所示。

晶闸管的内部有PNPN四层半导体结构，分别命名为P_1、N_1、P_2、N_2四个区，形成了J_1、J_2、J_3三个PN结，如图9.2(a)所示。由最外层的P_1层和N_2层引出的两个电极，分别为阳极A和阴极K，由中间层P_2层引出门极G，也称控制极。从晶闸管的结构图可知，晶闸管的内部可以看成是由三个二极管连接而成的。晶闸管的电气符号如图9.2(b)所示。

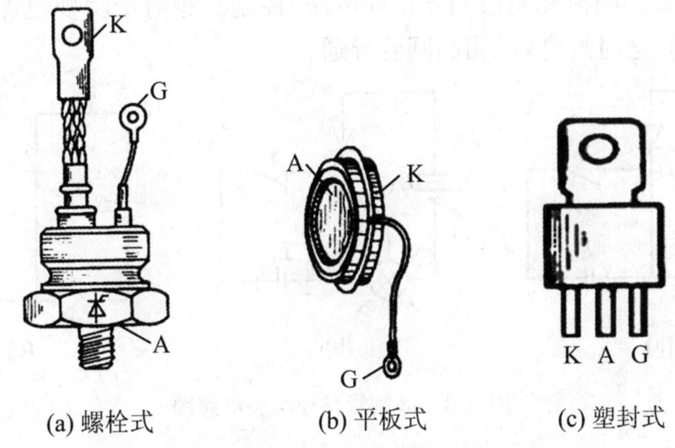

(a) 螺栓式　　(b) 平板式　　(c) 塑封式

图 9.1　普通晶闸管的外形

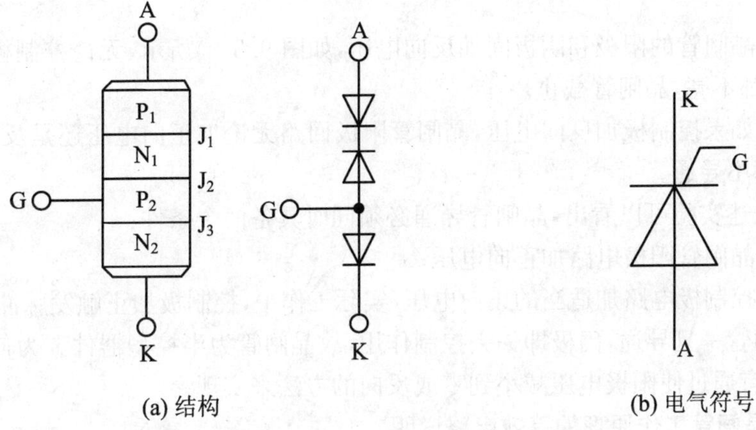

(a) 结构　　(b) 电气符号

图 9.2　晶闸管的结构和电气符号

9.1.2　晶闸管的工作原理

1. 晶闸管工作原理的实验说明

为了说明晶闸管的导电原理，可按图 9.3 所示的电路做一个简单的实验。由电源、晶闸管的阳极和阴极、白炽灯组成晶闸管主电路；由电源、开关 S、晶闸管的门极和阴极组成控制电路(触发电路)。

(1) 晶闸管阳极接直流电源的正端，阴极接灯泡接电源的负端，此时晶闸管承受正向电压。控制极电路中开关 S 断开(不加电压)，如图 9.3(a)所示，这时灯不亮，说明晶闸管不导通。

(2) 晶闸管的阳极和阴极间加正向电压，控制极相对于阴极也加正向电压，如图 9.3(b)所示，这时灯亮，说明晶闸管导通。

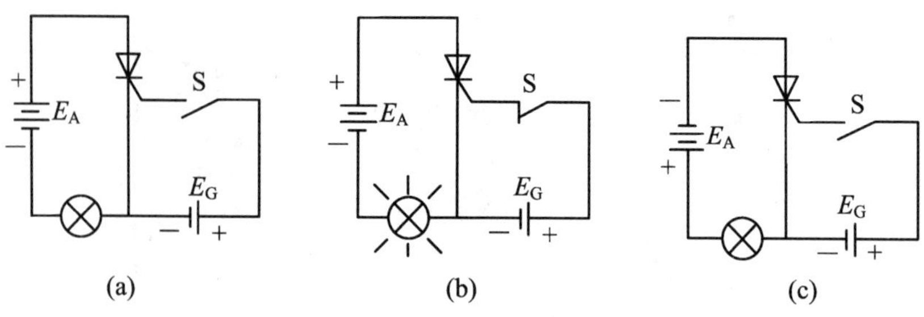

图 9.3　晶闸管导通实验电路图

(3) 晶闸管导通后，如果去掉控制极上的电压，即将图 9.3(b)中的开关 S 断开，灯仍然亮，这表明晶闸管继续导通，即晶闸管一旦导通后，控制极就失去了控制作用。

(4) 晶闸管的阳极和阴极间加反向电压，如图 9.3(c)所示，无论控制极加不加电压，灯都不亮，晶闸管截止。

(5) 如果控制极加反向电压，晶闸管阳极回路无论加正向电压还是反向电压，晶闸管都不导通。

从上述实验可以看出，晶闸管导通必须同时具备两个条件：

(1) 晶闸管阳极电路加正向电压；

(2) 控制极电路加适当的正向电压(实际工作中，控制极加正触发脉冲信号)。

晶闸管一旦导通，门极即失去控制作用，故晶闸管为半控型器件。为使晶闸管关断，只有通过使阳极电压减小到零或反向的方法来实现。

2. 晶闸管工作原理的等效电路说明

将内部是四层 PNPN 结构的晶闸管看成是由一个 PNP 型和一个 NPN 型晶体管连接而成的互补复合型三极管等效电路，如图 9.4 所示。晶体管的阳极 A 相当于 PNP 型晶体管 T_1的发射极、阴极 K 相当于 NPN 型晶体管 T_2的发射极。

当控制极不加电压时，无论阳极与阴极之间加上何种极性的电压，晶闸管内部的三个 PN 结中，至少有一个 PN 结处于反偏状态，阳极没有电流，晶闸管处于不导通状态。

当晶闸管阳极 A 和阴极 K 之间接入正向电压，控制极与阴极之间也接入正向电压时如图 9.4(b)所示，晶体管 T_2处于正向偏置，E_G产生的控制极电流 I_G就是 T_2的基极电流 I_{B2}，T_2的集电极电流 $I_{C2}=\beta_2 I_G$。而 I_{C2}又是晶体管 T_1的基极电流 I_{B1}，T_1的集电极电流 $I_{C1}=\beta_1 I_{C2}=\beta_1\beta_2 I_G$($\beta_1$和 β_2分别是 T_1和 T_2的电流放大倍数)。电流 I_{C1}又流入 T_2的基极，再一次进行上述的放大过程，形成强烈的正反馈，使两个晶体管很快达到饱和导通,这个过程称为晶闸管的触发导通过程。导通后,晶闸管的导通状态完全依靠内部的正反馈来维持,正反馈的过程为:$I_G\uparrow\rightarrow I_{B2}\uparrow\rightarrow I_{C2}(I_{B1})\uparrow\rightarrow I_{C1}\uparrow\rightarrow I_{B2}\uparrow$。此时 $I_{B2}=I_{C1}+I_G$,而 $I_{C1}\gg I_G$,即使控制极电流消失($I_G=0$),I_{B2}仍足够大,晶闸管仍处于导通状态,控制极就失去了控制作用。晶闸管导通后,阳极和阴极之间的正向压降约为0.6~1.2 V,电源电压几乎全部加在负载 R 上。

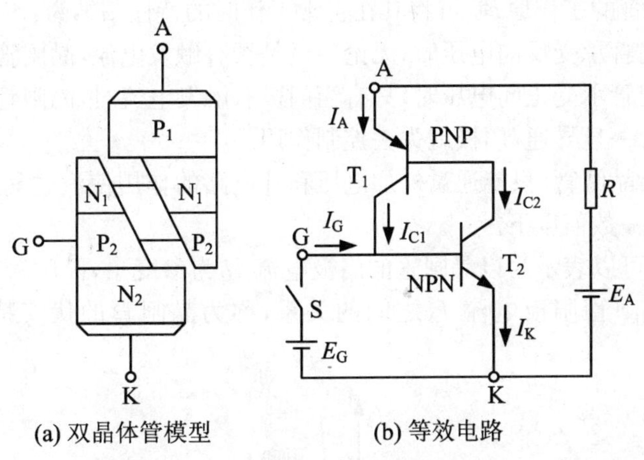

(a) 双晶体管模型 (b) 等效电路

图 9.4 晶闸管工作原理的等效电路

要想关断晶闸管,就必须将阳极电流减小到使之不能维持正反馈的程度。可将阳极电源断开或改变晶闸管的阳极电压的方向,即在阳极和阴极间加反向电压。正是由于通过门极只能控制其开通,不能控制其关断,晶闸管才被称为半控型器件。

由晶闸管的工作原理可得

$$I_{C1}=\alpha_1 I_A+I_{CBO1} \tag{9.1.1}$$

$$I_{C2}=\alpha_2 I_K+I_{CBO2} \tag{9.1.2}$$

$$I_K=I_A+I_G \tag{9.1.3}$$

$$I_A=I_{C1}+I_{C2} \tag{9.1.4}$$

式中 α_1、α_2分别是晶体管 T_1和 T_2的共基极电流增益,I_{CBO1}和 I_{CBO2}分别是 T_1和 T_2的共基极漏电流。由式(9.1.1)~式(9.1.4)可得

$$I_A=\frac{\alpha_2 I_G+I_{CBO1}+I_{CBO2}}{1-(\alpha_1+\alpha_2)} \tag{9.1.5}$$

晶闸管在以下几种情况下也可能被触发导通:阳极电压升高至相当高的数值形成雪崩效应;阳极电压上升率 $\mathrm{d}u/\mathrm{d}t$ 过高;结温较高;光触发。这些情况中除光触发由于可以保证控制电路与主电路之间的良好绝缘而应用于高压电力设备中之

外，其他都因不易控制而难以应用于实践。只有门极触发是最精确、迅速、可靠的控制手段。

9.1.3 晶闸管的特性

1. 晶闸管的伏安特性

根据晶闸管的工作原理，可将其在正常工作时的特性归纳为：

① 当晶闸管承受反向电压时，无论门极是否有触发电流，晶闸管都不会导通。

② 当晶闸管承受正向电压时，只有当门极有触发电流时，晶闸管才能导通。

③ 晶闸管一旦导通，门极就失去控制作用。

④ 要关断晶闸管，只能通过外加电压和外电路的作用使流过晶闸管的电流降到接近零的某一数值以下。

上述特性可以表示为以晶闸管的门极电流 I_G 为参变量，晶闸管阳极与阴极间电压 U_{AK} 和晶闸管阳极电流 I_A 之间的关系，称为晶闸管的伏安特性，如图 9.5 所示。

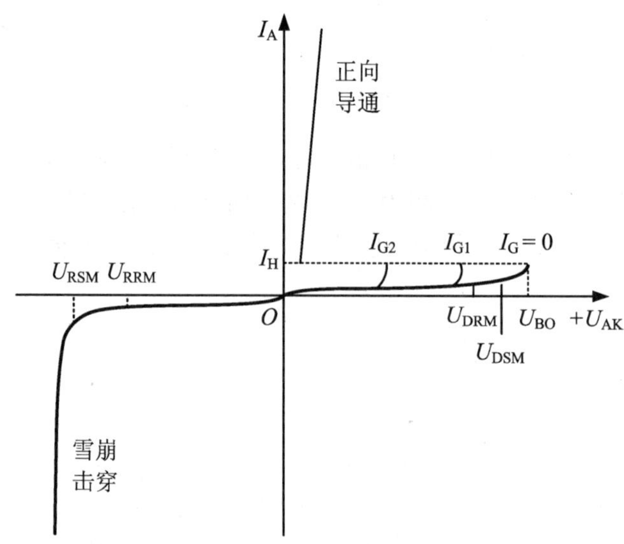

图 9.5 晶闸管的伏安特性

（$I_{G2}>I_{G1}>I_G$）

（1）正向特性

$U_{AK}>0$ 时的伏安特性称为正向特性。从图 9.5 所示的伏安特性曲线可知，在门极电流 $I_G=0$ 情况下，U_{AK} 逐渐增大，在一定限度内，J_2 处于反向偏置，晶闸管处于断态，只有很小的正向漏电流；随着正向阳极电压的增加，达到正向转折电压

U_{BO}时(使晶闸管从阻断到导通的阳极与阴极间电压 U_{AK} 称为转折电压 U_{BO}),漏电流突然剧增,特性从正向阻断状态突变为正向导通状态。正常工作时,不允许把正向电压加到转折值 U_{BO},而是从门极输入触发电流 I_G,使晶闸管导通。门极电流愈大阳极电压转折点愈低。晶闸管正向导通后,要使晶闸管恢复阻断,只有逐步减少阳极电流。当 I_A小到等于维持电流 I_H时,晶闸管由导通变为阻断。

(2) 反向特性

$U_{AK}<0$ 时的伏安特性称为反向特性。从图 9.5 所示的伏安特性曲线可知,晶闸管的反向特性与一般二极管的反向特性相似。当晶闸管阳极和阴极之间加反向电压时,由于 J_1、J_3都处于反向偏置,晶闸管总是处于阻断状态。当反向电压增加到一定数值时,反向漏电流剧增,若再继续增大反向电压,会导致晶闸管反向击穿,造成晶闸管的损坏。

2. 晶闸管的开关特性

晶闸管开通和关断的动态过程的物理机理非常复杂,如图 9.6 所示曲线,称为晶闸管的开关特性。

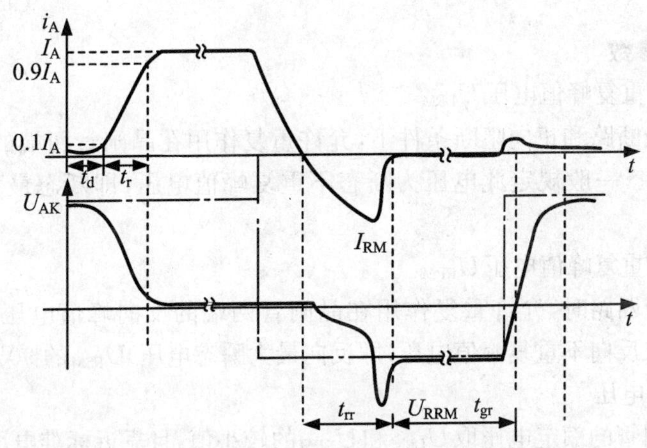

图 9.6 晶闸管的开关特性

(1) 开通过程

由于晶闸管内部的正反馈过程需要时间,开通时,阳极和阴极两端的电压有一个下降过程,其阳极电流的增长也有一个过程,这个过程可以分为三个阶段。第一阶段为延迟时间 t_d,即阳极电流上升到 I_A的 10%所需的时间,此时 J_2结仍为反偏,晶闸管的电流不大。第二阶段为上升时间 t_r,即阳极电流由 $0.1I_A$上升到 $0.9I_A$所需的时间,这时靠近门极的局部区域已经导通,相应的 J_2结已由反偏转为正偏,电流迅速增加。晶闸管的开通时间 t_{on}定义为延迟时间 t_d与上升时间 t_r之和。即

$$t_{on} = t_d + t_r \tag{9.1.6}$$

晶闸管的延迟时间随门极电流的增大而减少。上升时间除反映晶闸管本身特性外,还受到外电路电感的严重影响,延迟时间和上升时间还与阳极电压的大小有关。

(2) 关断过程

当处于导通状态的晶闸管的外加电源电压反向后,由于外电路电感的存在,其阳极电流在衰减时必然也是过渡过程。从正向电流降为零起到能重新施加正向电压为止定义为器件的电路换向关断时间 t_{off}。反向阻断恢复时间 t_{rr} 与正向阻断恢复时间 t_{gr} 之和,即

$$t_{off} = t_{rr} + t_{gr} \tag{9.1.7}$$

在实际应用中,要对晶闸管施加足够长时间的反向电压,使晶闸管充分恢复对正向电压的阻断能力,电路才能可靠工作。普通晶闸管的关断时间约为几百微秒。

9.1.4 晶闸管的主要参数

1. 电压参数

(1) 断态重复峰值电压 U_{DRM}

在控制极断路和正向阻断条件下,允许重复作用在晶闸管两端的正向峰值电压(见图 9.5)。一般规定此电压为断态不重复峰值电压(即断态最大瞬时电压) U_{DSM} 的 90%。

(2) 反向重复峰值电压 U_{RRM}

在控制极断路时,允许重复作用在晶闸管两端的反向峰值电压(见图 9.5)。一般此电压取反向不重复峰值电压(即反向最大瞬态电压) U_{RSM} 的 90%。

(3) 额定电压

通常晶闸管的额定电压取 U_{DRM} 和 U_{RRM} 的较小值,且靠近标准电压等级所对应的电压值。一般选择管子的额定电压应为晶闸管在电路中可能承受的最大峰值电压的 2~3 倍。

(4) 正向平均电压 U_F

指在规定温度环境和标准散热条件下,允许通过工频正弦半波额定电流时,晶闸管阳极、阴极间的电压降在一个周期内的平均值,又称通态平均电压,简称管压降。其范围一般在 0.6~1.2 V 之间。

2. 电流参数

(1) 额定正向平均电流 I_F

在环境温度小于 40 ℃和规定的散热及全导通的条件下,晶闸管在电阻性负载

时的单相、工频(50 Hz)、正弦半波(导通角不小于170°)的电路中,结温稳定在额定值125 ℃时所允许的通态平均电流。通常所说多少安的晶闸管,就是指这个电流。若正弦半波电流最大值为I_m,则额定正向平均电流I_F表示为

$$I_F = \frac{1}{2\pi}\int_0^{\pi} I_m \sin\omega t\,d(\omega t) = \frac{I_m}{\pi} \tag{9.1.8}$$

有效值I_T表示为

$$I_T = \sqrt{\frac{1}{2\pi}\int_0^{\pi} (I_m \sin\omega t)^2 d(\omega t)} = \frac{I_m}{2} \tag{9.1.9}$$

有效值与平均值的比值K_T为

$$K_T = \frac{I_T}{I_F} = \frac{\pi}{2} \approx 1.57 \tag{9.1.10}$$

晶闸管允许通过的最大工作电流还受冷却条件、环境温度、元件导通角、元件每个周期的导电次数等因素的影响。通常选用晶闸管时,额定正向平均电流应取式(9.1.8)所计算结果的1.5~2倍。

(2) 维持电流I_H

维持电流是指在规定的环境温度和控制极开路时,维持晶闸管继续导通的最小电流。当晶闸管的正向电流小于这个电流时,晶闸管将自动阻断。

(3) 擎住电流I_L

晶闸管从断态转换到通态且移去触发信号之后,能维持导通所需要的最小阳极电流称为擎住电流。对于同一个晶闸管来说,通常擎住电流I_L为维持电流I_H的2~4倍。

(4) 浪涌电流I_{FSM}

浪涌电流是指由于电路异常引起的结温超过额定结温的不重复最大正向过载电流。

3. 门极参数

(1) 门极触发电流I_{GT}

门极触发电流是指在室温且阳极电压为6 V直流电压时,使晶闸管从阻断到完全导通所必需的最小门极直流电流。

(2) 门极触发电压U_{GT}

对应于门极触发电流时的门极触发电压。触发电路给门极的电压和电流应适当地大于所规定的U_{GT}和I_{GT}上限,但不应超过其峰值I_{GFM}和U_{GFM}。

在实际应用中,为保证晶闸管的可靠性,触发电路输出的电流和电压应适当大于器件上标定的门极触发电流和门极触发电压。

4. 动态参数

(1) 断态电压临界上升率du/dt

在额定结温和门极开路条件下，不导致晶闸管从断态转入通态的最大电压上升率称为断态电压临界上升率。如果电压上升率过大，使充电电流足够大，就会使晶闸管误导通。

(2) 通态电流临界上升率 di/dt

在规定条件下，由门极触发晶闸管使其导通时，晶闸管能够承受而不导致损坏的通态电流的最大上升率称为通态电流临界上升率。在晶闸管开通时，如果电流上升过快，会使门极电流密度过大，从而造成局部过热而使晶闸管损坏。

9.1.5 晶闸管的型号

按国家 JB1144-75 规定，国产普通型晶闸管型号中各部分的含义如图 9.7 所示。

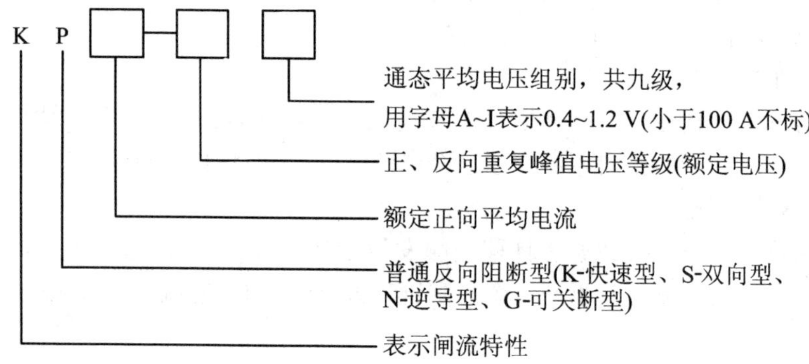

图 9.7 普通晶闸管的型号中各部分的含义

例如：KP100-12 G 表示额定电流为 100 A，额定电压为 1200 V，管压降为 1 V 的普通型晶闸管。

9.1.6 双向晶闸管

双向晶闸管具有正、反两个方向都能控制导通的特性，同时具有触发电路简单、工作稳定可靠的优点。

1. 双向晶闸管的结构

双向晶闸管也叫双向可控硅，是理想的交流开关器件。其封装形式主要有螺栓式、平板式和塑封式三种。双向晶闸管由 NPNPN 五层半导体结构组成，引出三个电极：两个主电极 T_1、T_2，一个门极 G，如图 9.8(a)所示。从结构和特性上看，双向晶闸管都可以看成是一对反向并联的普通晶闸管集成在同一硅片上，只用一个门极控制其触发的组合器件。双向晶闸管的电气符号如图 9.8(b)所示。

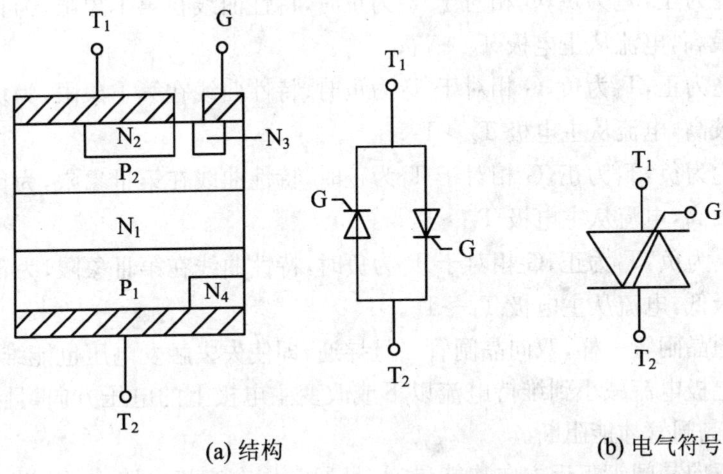

图 9.8 双向晶闸管的结构和电气符号

2. 双向晶闸管的伏安特性和触发方式

双向晶闸管可以双向导通，在主电极 T_1、T_2之间无论施加正向电压还是反向电压，均可由门极触发导通，因此双向晶闸管是一种半控交流开关器件。双向晶闸管的伏安特性如图 9.9 所示，双向晶闸管在第Ⅰ象限和第Ⅲ象限具有对称的伏安特性。

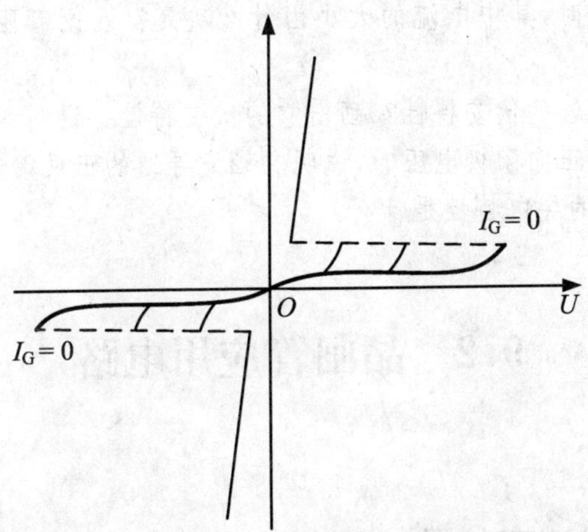

图 9.9 双向晶闸管的伏安特性

由于双向晶闸管门极的特殊结构，门极触发电压极性可以是正，也可以是负。根据主电极间电压极性以及门极信号极性的不同组合，双向晶闸管有四种触发方式。

(1) T_2为正,T_1为负,G 相对于 T_1为正时,特性曲线在第Ⅰ象限,为正触发,触发灵敏度最高,电流从主电极 $T_2 \rightarrow T_1$;

(2) T_2为正,T_1为负,G 相对于 T_1为负时,特性曲线在第Ⅰ象限,为负触发,触发灵敏度较高,电流从主电极 $T_2 \rightarrow T_1$;

(3) T_2为负,T_1为正,G 相对于 T_1为正时,特性曲线在第Ⅲ象限,为负触发,触发灵敏度较高,电流从主电极 $T_1 \rightarrow T_2$;

(4) T_2为负,T_1为正,G 相对于 T_1为负时,特性曲线在第Ⅲ象限,为正触发,触发灵敏度最低,电流从主电极 $T_1 \rightarrow T_2$。

与普通晶闸管一样,双向晶闸管一旦导通,即使失去触发电压也能维持导通状态。当主电极电流减小到维持电流以下或改变主电极上的电压方向,且无触发电压时,双向晶闸管才能阻断。

由于双向晶闸管正反方向均能导通,且通常用在交流电路中,因此,不用平均值而用有效值来表示它的额定电流,其他的参数与普通晶闸管相同。

思考题

1. 晶闸管导通的条件是什么?晶闸管关断的条件是什么?维持晶闸管导通的条件是什么?

2. 晶闸管导通时,其中电流的大小由什么决定?晶闸管阻断时,承受电压的大小由什么决定?

3. 什么是晶闸管的伏安特性?画出它的伏安特性并说明各段曲线的含义。

4. 当晶闸管加正向阳极电压时,说明它触发导通的正反馈过程。

5. 双向晶闸管的导电特性是什么?

9.2 晶闸管应用电路

9.2.1 单相半波可控整流电路

把不可控的单相半波整流电路中的二极管用晶闸管代替,就成为晶闸管单相半波可控整流电路。根据负载的不同,由晶闸管组成的单相半波可控整流电路可分为电阻性负载和阻感性负载两种工作情况。

1. 电阻性负载

如图 9.10 所示为电阻性负载电路。变压器 Tr 起变换电压和隔离的作用,其一次和二次电压瞬时值分别用 u_1 和 u_2 表示,二次电压 $u_2=\sqrt{2}U_2\sin\omega t$ 为正弦波,有效值为 U_2。V_T为晶闸管,R 为负载电阻。

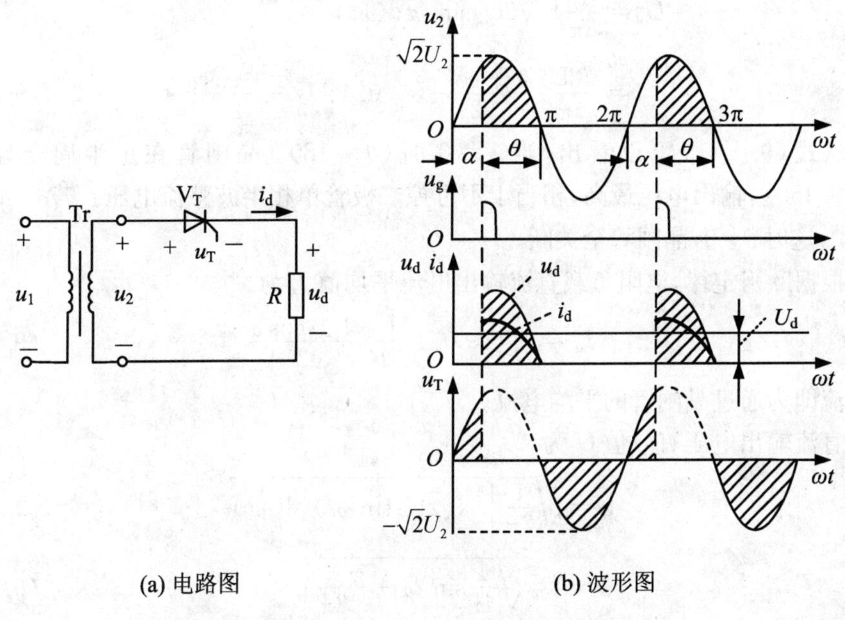

(a) 电路图　　(b) 波形图

图 9.10　电阻性负载单相半波可控整流电路及波形

在电源电压正半波(0～π 区间),晶闸管承受正向电压,脉冲 u_g 在 $\omega t=\alpha$ 处触发晶闸管,晶闸管开始导通,形成负载电流 i_d,负载上的电压等于变压器输出电压 u_2。在 $\omega t=\pi$ 时刻,电源电压过零,晶闸管的电流减小且降到维持电流以下而关断,负载电流为零。在电源电压负半波(π～2π 区间),晶闸管承受反向电压而处于关断状态,负载电流为零,负载上没有输出电压,直到电源电压 u_2 的下一周期的正半波,脉冲 u_g 在 $\omega t=2\pi+\alpha$ 处又触发晶闸管,晶闸管再次被导通,如此循环下去。图 9.10(b)给出了直流输出电压 u_d、电流 i_d 和晶闸管两端电压 u_T 的波形。直流输出电压 u_d 和负载电流 i_d 的波形相位相同。

晶闸管从承受正向电压开始到导通时止之间的电角度称为触发角 α(也称触发延迟角或控制角);晶闸管在一个周期内处于通态的电角度称为导通角 θ。在单相半波可控整流电路电阻性负载情况下触发角 α 与导通角 θ 之间的关系为:$\alpha+\theta=180°$。

通过改变触发角 α 的大小,直流输出电压 u_d 的波形发生变化,负载上输出电压平均值发生变化，显然 $\alpha=180^\circ$ 时，$U_d=0$。由于晶闸管只在电源电压正半波内导通，输出电压 u_d 为极性不变但瞬时值变化的脉动直流，故称为单相半波可控整流电路。

显然，导通角 θ 愈大，输出电压愈高。直流输出电压的平均值 U_d 可以用触发角表示，即

$$U_d=\frac{1}{2\pi}\int_\alpha^\pi \sqrt{2}U_2\sin\omega t\,\mathrm{d}(\omega t)$$

$$=\frac{\sqrt{2}U_2}{\pi}\frac{1+\cos\alpha}{2}\approx 0.45U_2\frac{1+\cos\alpha}{2} \tag{9.2.1}$$

从式(9.2.1)可以看出，当 $\alpha=0$ 时($\theta=180^\circ$)晶闸管在正半周全导通，$U_d=0.45U_2$，输出电压最高，相当于不可控二极管单相半波整流电压。若 $\alpha=180^\circ$，$U_d=0$，这时 $\theta=0$，晶闸管全关断。

根据欧姆定律，电阻负载直流输出电流平均值 I_d 为

$$I_d=\frac{U_d}{R}\approx 0.45\frac{U_2}{R}\frac{1+\cos\alpha}{2} \tag{9.2.2}$$

此电流即为通过晶闸管的平均电流。

直流输出电压有效值 U 为

$$U=\sqrt{\frac{1}{2\pi}\int_\alpha^\pi (\sqrt{2}U_2\sin\omega t)^2\mathrm{d}(\omega t)}$$

$$=U_2\sqrt{\frac{1}{4\pi}\sin 2\alpha+\frac{\pi-\alpha}{2\pi}} \tag{9.2.3}$$

直流输出电流的有效值 I 为

$$I=\frac{U}{R}=\frac{U_2}{R}\sqrt{\frac{1}{4\pi}\sin 2\alpha+\frac{\pi-\alpha}{2\pi}} \tag{9.2.4}$$

单相半波可控整流器中，负载、晶闸管和变压器二次侧流过相同的电流，故晶闸管电流有效值 I_T 和变压器二次侧电流有效值 I_2 与流过负载的直流输出电流的有效值 I 相等。

单相半波可控整流电路的功率因数是变压器二次侧有功功率与视在功率的比值，即

$$\cos\varphi=\frac{P}{S}=\frac{UI}{U_2I}=\sqrt{\frac{1}{4\pi}\sin 2\alpha+\frac{\pi-\alpha}{2\pi}} \tag{9.2.5}$$

从式(9.2.5)可以看出，触发角 α 越大，功率因数就越小，即设备的利用率越低。

例 9.1 如图 9.10(a)所示的单相半波可控整流电路，负载为电阻性，要求直流输出的平均电压为 50 V，直流输出的平均电流为 20 A，已知电源电压 U_2 为 220 V，试求：

(1) 晶闸管的触发角；

(2) 整流电路的功率因数；

(3) 晶闸管的额定电压和额定电流。

解：由式(9.2.1)可得

$$\cos\alpha = \frac{2U_d}{0.45U_2} - 1 = \frac{2\times 50}{0.45\times 220} - 1 \approx 0$$

求得

$$\alpha = 90°$$

当 $\alpha = 90°$时，由式(9.2.5)可得功率因数

$$\cos\varphi = \sqrt{\frac{1}{4\pi}\sin 2\alpha + \frac{\pi-\alpha}{2\pi}} \approx 0.505$$

晶闸管电流有效值 I_T和直流输出电流的有效值 I 相等，由式(9.2.4)得

$$I_T = I = \frac{U}{R} = \frac{U_2}{R}\sqrt{\frac{1}{4\pi}\sin 2\alpha + \frac{\pi-\alpha}{2\pi}} \approx 44.4(\text{A})$$

则晶闸管的额定电流为

$$I_F = \frac{I_T}{1.57} \approx 28.3(\text{A})$$

晶闸管的额定电压为

$$U_{Tn} = U_{TM} = \sqrt{2}\times 220 \approx 311(\text{V})$$

2. 阻感性负载

工业上除上述的电阻性负载外，实际上遇到较多的是阻感性负载，像各种电机的励磁绕圈、各种电感线圈等，它们既含有电感，又含有电阻。有时负载虽然是纯电阻的，但串了电感线圈或经过电感滤波后等，也变为阻感性负载。为方便分析，阻感性负载可用电感元件 L 和电阻元件 R 串联表示，如图 9.11 所示。

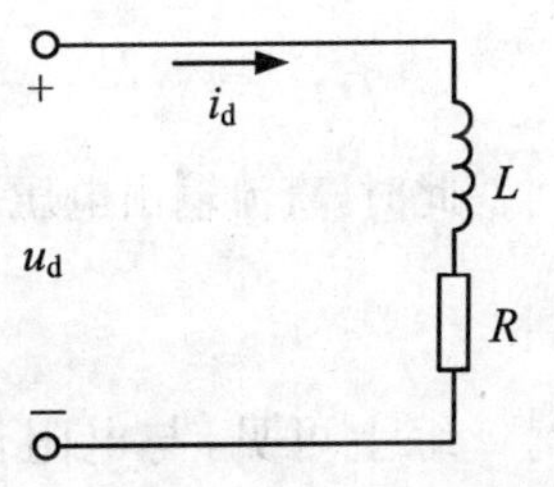

图 9.11 阻感性负载

电感是一种储能元件，其电流不能发生跃变，这也是单相半波可控整流电路接阻感性负载和接电阻性负载大不相同的原因所在。图 9.12(a)所示为阻感性负载单相半波可控整流电路。

在 $\omega t = 0 \sim \alpha$ 阶段，晶闸管阳-阴极间的电压 u_{AK} 大于零，处于正向关断状态，此时没有触发信号，输出电压、电流都等于零，电源电压全部施加在晶闸管上。当 $\omega t = \alpha$ 时，晶闸管门极受触发信号触发而导通，若忽略晶闸管的管压降，则电源电压 u_2 全部施加到负载上，输出电压 $u_d = u_2$。由于电感的存在，负载电流 i_d不能跃变，只能从零按指数规律逐渐上升，电感在此过程中储存能量。在 $\omega t = \omega t_1 \sim \omega t_2$阶段，输出电流 i_d从零增至最大值，在 i_d的增长过程中，电

感产生的感应电动势阻止电流增大，电源提供的能量一部分供给负载电阻，一部分成为电感的储能。在 $\omega t=\omega t_2\sim\omega t_3$ 阶段，负载电流从最大值开始下降，电感电压改变方向，电感释放能量，企图维持电流不变。当 $\omega t=\pi$ 时，交流电压 u_2 过零，由于感应电动势的存在，使晶闸管承受正向电压继续导通，此时电感储存的磁能一部分释放变成电阻的热能，另一部分磁能变成电能送回电网，电感的储能全部释放完后，晶闸管在 u_2 反压作用下而截止。直到 $\omega t=2\pi+\alpha$，即下一个周期的正半周时，晶闸管再次被触发导通，如此循环下去。图 9.12(b)所示为输出电压、电流和元件电压的波形图。

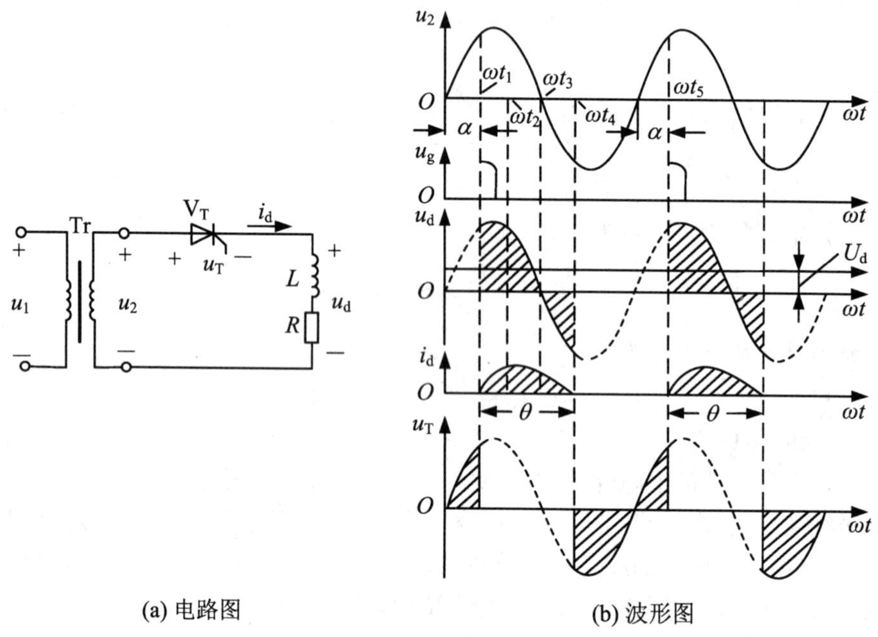

(a) 电路图　　(b) 波形图

图 9.12　阻感性负载单相半波可控整流电路及波形

此时，直流输出电压平均值 U_d 为

$$U_d=\frac{1}{2\pi}\int_{\alpha}^{\alpha+\theta}\sqrt{2}U_2\sin\omega t\,d(\omega t) \tag{9.2.6}$$

综上可见，与电阻性负载相比，负载电感的存在使晶闸管的导通角增大($\theta>180°-\alpha$)，在电源电压由正到负的过零点也不会关断，输出电压出现负值，输出电压和电流的平均值减小。负载电感愈大，导通角 θ 愈大，在一个周期中负载上负电压所占的比重就愈大，整流输出电压和电流的平均值就愈小。为使晶闸管在电源电压 u_2 降到零值时能及时关断，输出负载电压不出现负值，在实际应用电路中一般在阻感性负载两端并联一个续流二极管，以提供续流旁路。

3. 阻感性负载加续流二极管

为解决阻感性负载存在的问题，在图 9.12(a)所示电路中并联一个续流二极管，把输出电压的负向波形去掉。如图 9.13(a)所示为电感性负载加续流二极管电路。

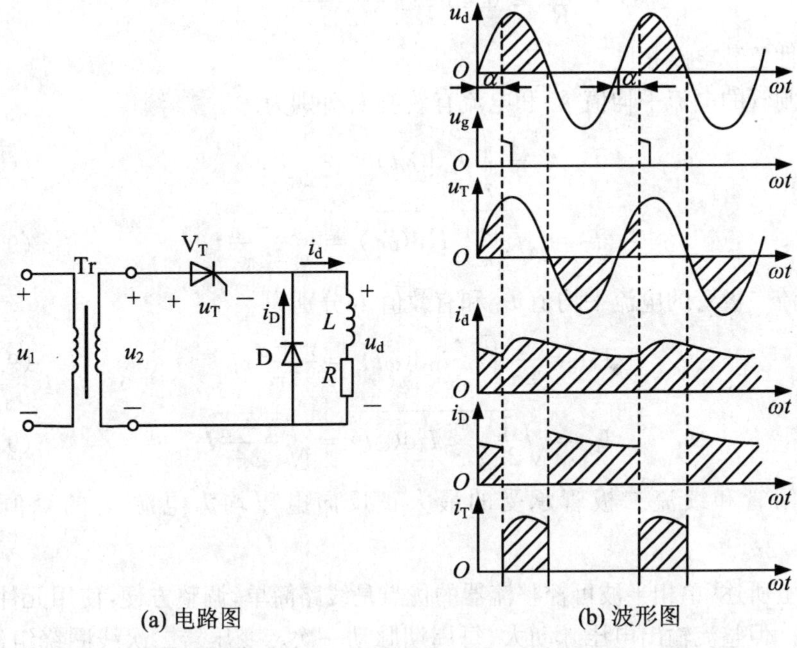

(a) 电路图 (b) 波形图

图 9.13 阻感性负载单相半波可控整流电路及波形(加续流二极管)

在电源电压正半波(0～π 区间)，晶闸管承受正向电压，脉冲 u_g 在 $\omega t=\alpha$ 处触发晶闸管使其导通，形成负载电流 i_d，负载上的输出电压等于变压器输出电压 u_2，续流二极管 D 承受反向电压而截止。在电源电压负半波(π～2π 区间)，电感感应电动势使续流二极管 D 承受正向电压而导通续流，此时电压 $u_2<0$，u_2 通过续流二极管 D 使晶闸管承受反向电压而关断，负载两端的输出电压为续流二极管的管压降，随着电感的增大，续流二极管会一直导通到下一周期，晶闸管导通，且输出电流 i_d 连续，波形近似为一条直线。

从以上分析可以看出，阻感性负载加续流二极管后，输出电压波形与电阻性负载波形相同，续流二极管可起到提高输出电压的作用。在大电感负载时，负载电流波形连续且近似一条直线，流过晶闸管的电流波形和流过续流二极管的电流波形近似为矩形波。对于电阻性负载加续流二极管的单相半波可控整流器移相范围与单相半波可控整流器电阻性负载相同，为 0～180°，且有 $\alpha+\theta=180°$。

输出电压平均值 U_d 和输出电流平均值 I_d 分别为

$$U_d = \frac{1}{2\pi}\int_{\alpha}^{\pi}\sqrt{2}u_2\sin\omega t\,d(\omega t)$$

$$= \frac{\sqrt{2}u_2}{\pi}\frac{1+\cos\alpha}{2} \approx 0.45U_2\frac{1+\cos\alpha}{2} \tag{9.2.7}$$

$$I_d = \frac{U_d}{R} \approx 0.45\frac{u_2}{R}\frac{1+\cos\alpha}{2} \tag{9.2.8}$$

与电阻性负载电路相同。

晶闸管的电流平均值 I_{dT} 和电流有效值 I_T 分别为

$$I_{dT} = \frac{1}{2\pi}\int_{\alpha}^{\pi} I_d\,d(\omega t) = \frac{\pi-\alpha}{2\pi}I_d \tag{9.2.9}$$

$$I_T = \sqrt{\frac{1}{2\pi}\int_{\alpha}^{\pi} I_d^2\,d(\omega t)} = \sqrt{\frac{\pi-\alpha}{2\pi}}I_d \tag{9.2.10}$$

续流二极管的电流平均值 I_{dD} 和有效值 I_D 分别为

$$I_{dD} = \frac{1}{2\pi}\int_{\pi}^{2\pi+\alpha} i_D\,d(\omega t) = \frac{\pi+\alpha}{2\pi}I_d \tag{9.2.11}$$

$$I_D = \sqrt{\frac{1}{2\pi}\int_{0}^{\pi+\alpha} I_d^2\,d(\omega t)} = \sqrt{\frac{\pi+\alpha}{2\pi}}I_d \tag{9.2.12}$$

晶闸管和续流二极管承受的最大正反向电压均为电源 u_2 的峰值电压，即 $U_m=\sqrt{2}u_2$。

综上所述，单相半波可控整流器的优点是线路简单，调整方便，使用元件少，容易实现。但整流输出电压脉动大，每周期脉动一次。变压器二次线圈绕组流过含有直流分量的电流时会造成铁芯直流磁化，使变压器利用率很低。为使变压器不饱和，必须增大铁芯截面，这样就导致设备增大，因此在实际电路中应用较少。

9.2.2 单相半控桥式整流电路

在实际电路常用到的是单相半控桥式整流电路，简称半控桥。与单相不可控桥式整流电路相似，单相半控桥式整流电路两个桥臂中的二极管被晶闸管所取代。根据其负载不同，也可分为电阻性负载和阻感性负载两种电路类型。

1. 电阻性负载

电阻性负载单相半控桥式整流电路如图 9.14(a)所示，晶闸管 V_{T1} 和二极管 D_4 组成一对桥臂，晶闸管 V_{T3} 和二极管 D_2 组成另一对桥臂。在电源电压正半波(0～π 区间)，晶闸管 V_{T1} 和二极管 D_4 承受正向电压，如晶闸管门极受触发脉冲触发而导通，则 V_{T1} 和 D_4 都导通，电流通路为：a→V_{T1}→R→D_4→b。在 $\omega t=\pi$ 时刻，电源电压 u_2 过零，晶闸管的电流减小且降到维持电流以下而关断，负载电流为零。在电源电压负半波（π～2π区间），晶闸管 V_{T3} 和二极管 D_2 承受正向电压，如晶闸管门极受触发脉冲触发而导通，则 V_{T3} 和 D_2 都导通，电流通路为：$b \rightarrow V_{T3} \rightarrow R \rightarrow D_2 \rightarrow a$。在 $\omega t = 2\pi + \alpha$ 处又触发晶闸管，晶闸管 V_{T1} 再次被导通，如此循环下去。直流输出电压 u_d、电流 i_d 和晶闸管承受的两端电压 u_T 的波形如图 9.14(b)所示。

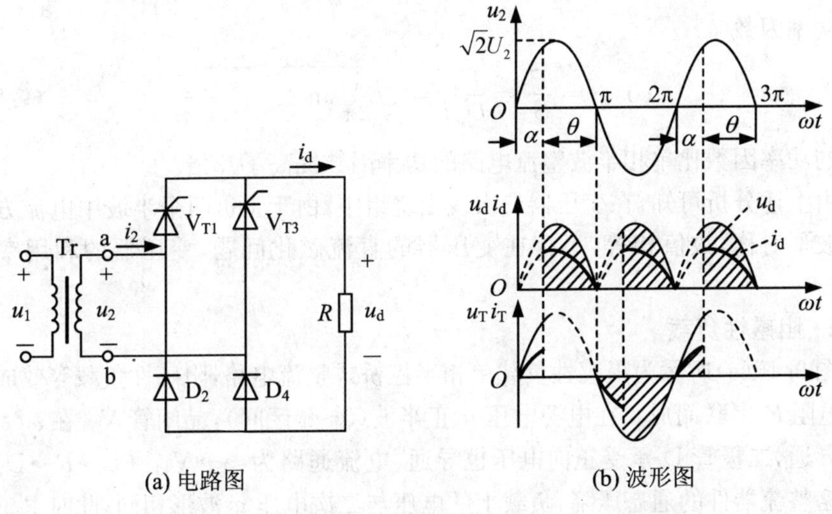

(a) 电路图　　(b) 波形图

图 9.14　电阻性负载单相半控桥式整流电路及波形

流经负载的电流在一个周期的两个半波内均有电流流过，且方向一致，属全波整流，与半波整流电路中流过负载的电流相比，其脉动程度小。显然，与单相半波整流相比，桥式整流电路的输出电压平均值 U_d 要大一倍，即

$$U_d = 2 \times 0.45 U_2 \frac{1+\cos\alpha}{2} = 0.9 U_2 \frac{1+\cos\alpha}{2} \tag{9.2.13}$$

输出电流平均值 I_d 为

$$I_d = \frac{U_d}{R} = 0.9 \frac{U_2}{R} \frac{1+\cos\alpha}{2} \tag{9.2.14}$$

直流输出电压有效值 U 为

$$U = \sqrt{2} U_2 \sqrt{\frac{1}{4\pi}\sin 2\alpha + \frac{\pi-\alpha}{2\pi}} = U_2 \sqrt{\frac{1}{2\pi}\sin 2\alpha + \frac{\pi-\alpha}{\pi}} \tag{9.2.15}$$

直流输出电流有效值 I 为

$$I = \frac{U}{R} = \frac{U_2}{R} \sqrt{\frac{1}{2\pi}\sin 2\alpha + \frac{\pi-\alpha}{\pi}} \tag{9.2.16}$$

在单相半控桥式整流电路中，由晶闸管和二极管组成的桥臂轮流导通，所以流过晶闸管的电流平均值 I_{dT} 只有输出电流平均值 I_d 的一半，即

$$I_{dT}=\frac{I_d}{2}=0.45\frac{U_2}{R}\frac{1+\cos\alpha}{2} \tag{9.2.17}$$

晶闸管的电流有效值 I_T 为

$$I_T=\frac{I}{\sqrt{2}}=\frac{U_2}{R}\sqrt{\frac{1}{4\pi}\sin 2\alpha+\frac{\pi-\alpha}{2\pi}} \tag{9.2.18}$$

功率因数

$$\cos\varphi=\frac{P}{S}=\frac{UI}{U_2 I}=\sqrt{\frac{1}{2\pi}\sin 2\alpha+\frac{\pi-\alpha}{\pi}} \tag{9.2.19}$$

此时的功率因数比单相半波整流电路的功率因数提高了$\sqrt{2}$倍。

由上述分析可知，在变压器二次线圈绕组中，由于正负两个半波中电流方向相反且波形对称，数值相等，不存在变压器的直流磁化问题，变压器的利用率也有提高。

2. 阻感性负载

图 9.15(a)所示为阻感性负载单相半控桥式整流电路，阻感性负载等效成电感 L 和电阻 R 串联而成。在电源电压 u_2 正半波(0～π 区间)，晶闸管 V_{T1} 在 $\omega t=\alpha$ 时触发导通，二极管 D_4 承受正向电压也导通，电流通路为：a→V_{T1}→L→R→D_4→b。如忽略整流器件的通态压降，负载上的电压与二次电压 u_2 波形相同，此时电感储存能量。在 $\omega t=\pi$ 电源电压 u_2 过零变负时，因电感 L 的存在，产生的感应电动势使 V_{T1} 继续导通，因 a 点电位低于 b 点电位，使得电流从 D_4 转移至 D_2，D_4 关断，电流不再流经变压器二次线圈绕组，而是经 V_{T1} 和 D_2 续流。此阶段如忽略器件的通态压降，则 $u_d=0$，当感应电动势小于电源电压时，晶闸管 V_{T1} 因受反向电压而截止，续流结束。在电源电压 u_2 负半波 $\omega t=\pi+\alpha$ 时，晶闸管 V_{T3} 门极受触发脉冲触发而导通，二极管 D_2 承受正向电压也导通，此时电流通路为 b→V_{T3}→L→R→D_2→a。如忽略整流器件的通态压降，负载上的电压与二次电压 u_2 波形相同。当 u_2 过零变正时，D_4 导通，D_2 关断，V_{T3} 和 D_4 续流，u_d 又为零，如此循环下去。

根据以上分析可知：晶闸管在触发时刻换流，二极管在电源过零时刻换流。所以单相半控桥式整流电路由于二极管内部的续流作用，负载端与接续流二极管一样，U_d、I_d的计算公式与电阻性负载相同。

尽管整流电路具有续流能力，但在实际运行时，当突然把控制角 α 增大到 180°或突然切断触发电路时，会发生导通的晶闸管一直处于导通而两个二极管轮流导通的失控现象。例如 V_{T1} 正在导通时切断触发电路，当 u_2 过零变负时，由于电感的作用，使电流通过 V_{T1}、D_2 形成续流，L 中的能量如在整个负半周都没有释放完，就使 V_{T1} 在整个负半周都保持导通。当 u_2 过零变正时，V_{T1} 承受正电压继续导通，同时 D_2 关断、D_4 导通，因此即使不加触发脉冲，负载上仍保留正弦半波的输出电压，这在使用时是不允许的。失控时,不导通的晶闸管两端的电压波形 u_2 为交流波形。

鉴于上述原因,实际运用中还需加续流二极管,以避免失控现象的发生。

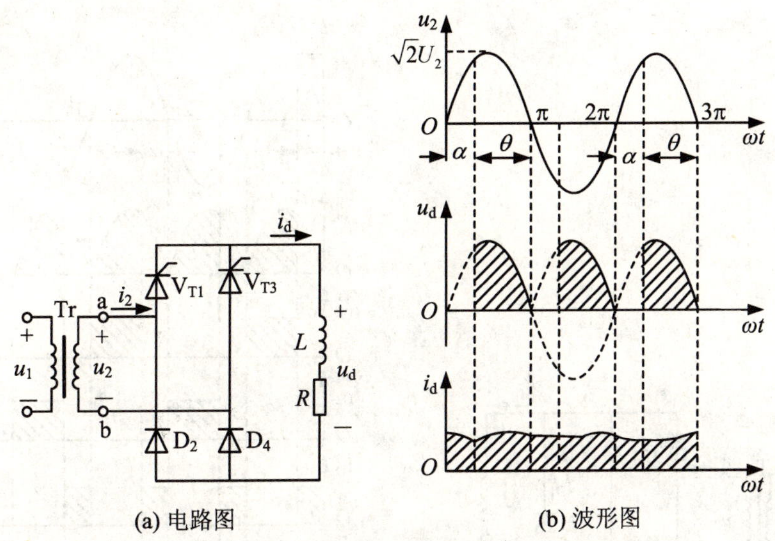

图 9.15 阻感性负载单相半控桥式整流电路及波形

3. 阻感性负载加续流二极管

加续流二极管的阻感性负载单相半控桥式整流电路及其波形如图 9.16 所示。接上续流二极管后,当电源电压降到零时,负载电流经续流二极管续流,使桥路直流输出端只有 1 V 左右的压降,迫使晶闸管与二极管串联电路中的电流减小到维持电流以下,使晶闸管关断,这样就不会出现失控现象。

若控制角为 α,则每个晶闸管的导通角 $\theta_T=180°-\alpha$,续流二极管的导通角$\theta_D=360°-2\theta_T=2\alpha$。

流经晶闸管的电流平均值、有效值分别为

$$I_{dT}=\frac{\theta_T}{2\pi}I_d=\frac{\pi-\alpha}{2\pi}I_d \tag{9.2.20}$$

$$I_T=\sqrt{\frac{\pi-\alpha}{2\pi}}I_d \tag{9.2.21}$$

续流二极管的电流平均值、有效值分别为

$$I_{dD}=\frac{\theta_D}{2\pi}I_d=\frac{2\alpha}{2\pi}I_d=\frac{\alpha}{\pi}I_d \tag{9.2.22}$$

$$I_D=\sqrt{\frac{\alpha}{\pi}}I_d \tag{9.2.23}$$

例 9.2 某大电感负载采用的单相半控桥式带续流二极管整流供电电路如图

9.16(a)所示，已知负载电阻为 5 Ω，输入电压为 220 V，晶闸管控制角 $\alpha=60°$，试求流过晶闸管、续流二极管的电流平均值及有效值。

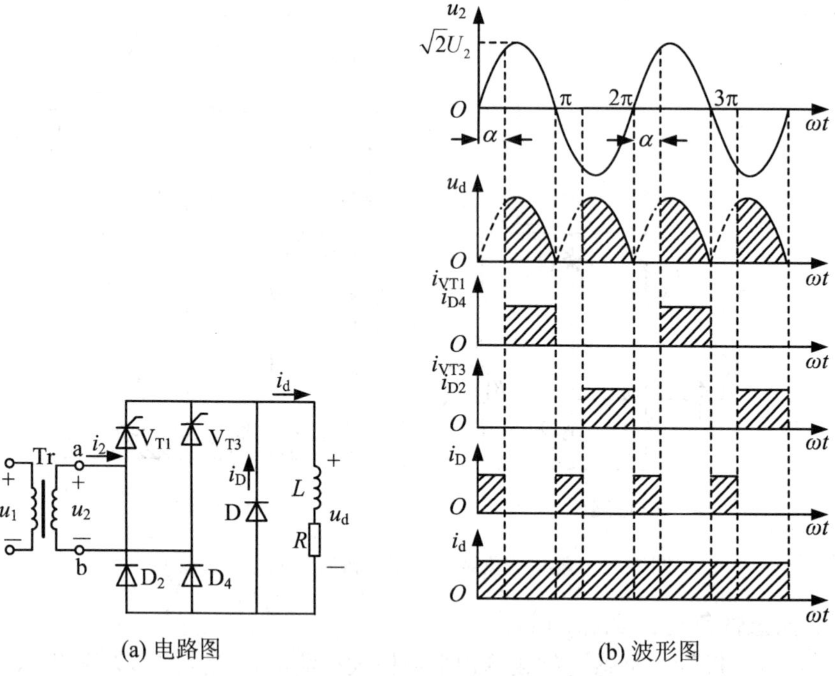

(a) 电路图 (b) 波形图

图 9.16 阻感性负载单相半控桥式整流电路及波形(加续流二极管)

解： 由式(9.2.14)可得负载电流平均值

$$I_d=\frac{U_d}{R}=0.9\frac{U_2}{R}\frac{1+\cos\alpha}{2}=0.9\times\frac{220}{5}\times\frac{1+\cos 60°}{2}\approx 30(\text{A})$$

根据式(9.2.20)、(9.2.21)可求得晶闸管的电流平均值、有效值分别为

$$I_{dT}=\frac{\pi-\alpha}{2\pi}I_d=\frac{180°-60°}{2\times 180°}\times 30=10(\text{A})$$

$$I_T=\sqrt{\frac{\pi-\alpha}{2\pi}}I_d=\sqrt{\frac{180°-60°}{2\times 180°}}\times 30\approx 17.3(\text{A})$$

根据式(9.2.22)、(9.2.23)求得续流二极管的电流平均值、有效值分别为

$$I_{dD}=\frac{\alpha}{\pi}I_d=\frac{60°}{180°}\times 30=10(\text{A})$$

$$I_D=\sqrt{\frac{\alpha}{\pi}}I_d=\sqrt{\frac{60°}{180°}}\times 30\approx 17.3(\text{A})$$

从上例可知，单相桥式半控整流电路接大电感负载时，流过晶闸管元件的平均电流与元件的导通角成正比。当导通角为 120°时，流过晶闸管和续流二极管的平

均电流相等。当小于120°时，流过晶闸管的平均电流比流过续流二极管的平均电流小，导通角越小，前者小得越多。因此，续流二极管的容量必须考虑在续流二极管中实际流过的电流大小，有时可以与晶闸管的额定电流相同，有时应选比晶闸管额定电流大一级的元件。

思考题

1. 单相桥式半控整流电路，电阻性负载，试画出整流电路中负载电压、承受电压及负载电流的波形图。

2. 在阻感性负载单相半波可控整流电路中，为什么要在负载两端并联一个续流二极管？如不接入续流二极管会产生什么后果？

3. 为什么接电阻性负载可控整流电路的负载上会出现负电压？为什么接续流二极管后负载上就不出现负电压了？

9.3 晶闸管的保护

晶闸管虽然具有很多优点，但它们承受过电压和过电流的能力很差，这是晶闸管的主要弱点，因此，在各种晶闸管电路中必须采取适当的保护措施。

晶闸管的保护电路大致可以分为两种情况：一种是在适当的地方安装保护器件，例如RC阻容吸收回路、限流电感、快速熔断器、压敏电阻或硒堆等；另一种是采用电子保护电路来检测设备的输出电压或输入电流。当输出电压或输入电流超过允许值时，借助整流触发控制系统使整流桥短时间内工作于有源逆变工作状态，从而抑制过电压或过电流的数值。

9.3.1 晶闸管的过电流保护

晶闸管产生过电流的原因主要有两类：一类是由于整流电路内部原因，如整流晶闸管损坏，触发电路或控制系统有故障等。其中数整流桥晶闸管损坏较为严重，一般是由于晶闸管因过电压而击穿，造成无正、反向阻断能力，它相当于整流桥臂发生永久性短路，使在另外两桥臂晶闸管导通时，无法正常换流，因而产生线间短路引起过电流；另一类是整流桥负载外电路发生短路而引起的过电流，这类情况时有发生，因为整流桥的负载实质是逆变桥，逆变电路换流失败，就相当于整流桥负载短路。另外,如整流变压器中心点接地,当逆变负载回路接触大地时,也会发生整流桥相对地短路。

表 9.1 晶闸管的过载时间和过载倍数的关系

过载时间	0.02 s	5 s	5 min
过载倍数	4	2	1.25

晶闸管承受过电流能力很差,热容量很小,一旦发生过电流,温度就会急剧上升而可能把 PN 结烧坏,造成元件内部短路或开路。例如一个 100 A 的晶闸管,它的过电流能力如表 9.1 所示。这就是说,当 100 A 的晶闸管过电流为 400 A 时,仅允许持续 0.02 s,否则将因过热而损坏。晶闸管过电流保护措施有以下几种:

1. 快速熔断器

普通熔断丝由于熔断时间长,用来保护晶闸管很可能在晶闸管烧坏之后熔断器还没有熔断,这样就起不了保护作用。因此必须采用用于保护晶闸管的快速熔断器。快速熔断器用的是银质熔丝,在同样的过电流倍数之下,它可以在晶闸管损坏之前熔断,这是晶闸管过电流保护的主要措施。

快速熔断器的接入方式有三种,如图 9.17 所示。第一种是快速熔断器接在输出(负载)端,这种接法对输出回路的过载或短路起保护作用,但对元件本身故障引起的过电流不起保护作用。第二种接法是快速熔断器与元件串联,可以对元件本身的故障进行保护。以上两种接法一般需要同时采用。第三种接法是快速熔断器接在输入端,这样可以同时对输出端短路和元件短路实现保护,但是熔断器熔断之后,不能立即判断是什么故障。

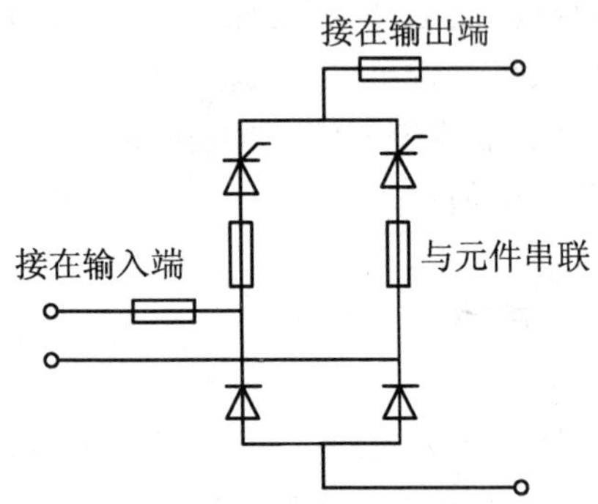

图 9.17 快速熔断器的接入方式

熔断器的电流定额应该尽量接近实际工作电流的有效值,而不是按所保护的元件的电流定额(平均值)选取。

2. 过电流继电器

在输出端(直流侧)装直流过电流继电器,或在输入端(交流侧)经电流互感器接入灵敏的过电流继电器,都可在发生过电流故障时动作,使输入端的开关跳闸。这种保护措施对过载是有效的,但是在发生短路故障时,由于过电流继电器的动作及自动开关的跳闸都需要一定时间,如果短路电流比较大,这种保护方法不是很有效。

3. 过流截止保护

利用过电流的信号将晶闸管的触发脉冲移后,使晶闸管的导通角减小或者停止触发。

9.3.2 晶闸管的过电压保护

晶闸管耐过电压的能力极差,当电路中电压超过其反向击穿电压时,即使时间极短,也容易损坏。如果正向电压超过其转折电压,则晶闸管误导通,这种误导通次数频繁时,导通后通过的电流较大,也可能使元件损坏或使晶闸管的特性下降。因此必须采取措施消除晶闸管上可能出现的过电压。

引起过电压的主要原因,是因为电路中一般都接有电感元件。在切断或接通电路时,从一个元件导通转换到另一个元件导通时,以及熔断器熔断时,电路中的电压往往都会超过正常值。有时雷击也会引起过电压。晶闸管过电压的保护措施有以下几种:

1. 阻容保护

我们知道,晶闸管有一个重要特性参数——断态电压临界上升率 du/dt。它表明晶闸管在额定结温和门极断路条件下,使晶闸管从断态转入通态的最低电压上升率。若电压上升率过大,超过了晶闸管的电压上升率的值,则会在无门极信号的情况下开通。即使此时加于晶闸管的正向电压低于其阳极峰值电压,也可能发生这种情况。为了限制电路电压上升率过大,确保晶闸管安全运行,常在晶闸管两端并联 RC 阻容吸收网络,利用电容两端电压不能突变的特性来限制电压上升率,其实质就是将造成过电压的能量变成电场能量储存到电容器中,然后释放到电阻中去消耗掉。这是过电压保护的基本方法。

阻容吸收元件可以并联在整流装置的交流侧(输入端)、直流侧(输出端)或元件侧,如图 9.18 所示。

因为电路总是存在电感(变压器漏感或负载电感),所以与电容 C 串联电阻 R 可起阻尼作用,它可以防止 R、L、C 电路在过渡过程中因振荡在电容器两端出现的过电压损坏晶闸管。同时,避免电容器通过晶闸管放电电流过大,造成过电流而损坏晶闸管。由于晶闸管过流过压能力都很差,所以 RC 阻容吸收网络就是常用的保护方法之一。

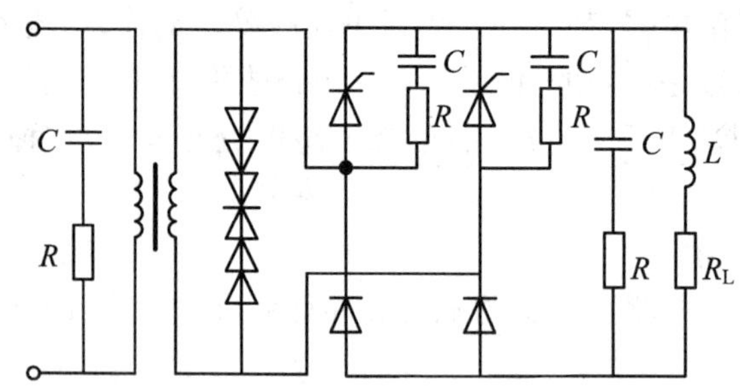

图 9.18 阻容吸收元件与硒堆保护

2. 硒堆保护

硒堆(硒整流片)是一种非线性电阻元件,具有较陡的反向特性。当硒堆上电压超过某一数值后,它的电阻迅速减小,而且可以通过较大的电流,把过电压能量消耗在非线性电阻上,而硒堆并不损坏。

如图 9.18 所示,硒堆可以单独使用,也可以和阻容元件并联使用。

思考题

1. 为什么要对晶闸管进行保护?晶闸管的保护电路大致可分为哪几种?
2. 晶闸管为什么会产生过电流?如何对晶闸管的过电流进行保护?
3. 晶闸管产生过电压的原因是什么?如何保护?

本章小结

1. 晶体闸流管简称晶闸管,是一种能够用控制信号控制其导通,但不能控制其关断的半控型器件,晶闸管的内部有 PNPN 四层半导体结构,为阳极 A 和阴极 K,由中间层 P_2 层引出门极 G,也称控制极。当晶闸管承受正向电压时,只有当门极有触发电流时,晶闸管才能导通。要关断晶闸管,只能通过外加电压和外电路的作用使流过晶闸管的电流降到接近零的某一数值以下。

2. 晶闸管的主要参数有正向重复峰值电压 U_{DRM}、反向重复峰值电压 U_{RRM}、额定电压、正向平均电压 U_F、额定正向平均电流 I_F、维持电流 I_H、擎住电流 I_L、浪涌电流 I_{FSM}、门极触发电流 I_{GT}、门极触发电压 U_{GT}、断态电压临界上升率 du/dt 和通

态电流临界上升率 di/dt 等。

3. 双向晶闸管具有正、反两个方向都能控制导通的特性,同时具有触发电路简单、工作稳定可靠的优点。双向晶闸管由NPNPN五层半导体结构组成,引出三个电极:两个主电极 T_1、T_2,一个门极G,双向晶闸管可以双向导通,在主电极 T_1、T_2 之间无论施加正向电压还是反向电压,均可由门极触发导通,因此双向晶闸管是一种半控交流开关器件。

4. 单相半波可控整流电路可分为电阻性负载和阻感性负载两种工作情况。单相半控桥式整流电路两个桥臂中的二极管被晶闸管所取代,根据其负载不同,也可分为电阻性负载和阻感性负载两种电路类型。

5. 晶闸管承受过电压和过电流的能力很差,因此,在各种晶闸管电路中必须采取适当的保护措施。晶闸管过电流保护措施有快速熔断器、过电流继电器、过流截止保护等。晶闸管过电压的保护措施有 RC 阻容保护、压敏电阻或硒堆保护等。

习 题 9

9.1 某一电阻性负载,电阻为 2 Ω,要求直流平均电压在 0~24 V 范围内可调,如用 220 V 交流电网直接供电,采用单相半波整流电路,试求晶闸管的定额、导通角和功率因数。

9.2 单相半波可控整流电路对电感负载供电,$L=20$ mH,$U_2=100$ V,求当 $\alpha=0°$ 和 60°时的负载电流 I_d,并画出 u_d 与 i_d 波形。

9.3 有一纯电阻负载,需要可调的直流电源:电压 $U_d=0\sim180$ V,电流 $I_d=0\sim6$ A。现采用9.14(a)所示单相半控桥式整流电路图,设晶闸管的控制角为0°。试求交流电压的有效值,并选择整流元件。

9.4 图题9.4所示为一可控整流电路,$u_2=\sqrt{2}U_2\sin(\omega t)$,晶闸管的控制角为60°,负载电阻为10 Ω。试分析电路工作原理,并画出晶闸管承受的电压波形、负载电压和负载电流波形,求出整流管、续流管在每个周期中的导通角及器件的定额。

9.5 晶闸管串联的单相桥式半控整流电路如图题9.5所示,$U_2=100$ V,$R=2\ \Omega$,L 很大,当 $\alpha=60°$ 时,求流过器件电流的有效值,并作出 u_d、i_d、i_T、i_D 的波形。

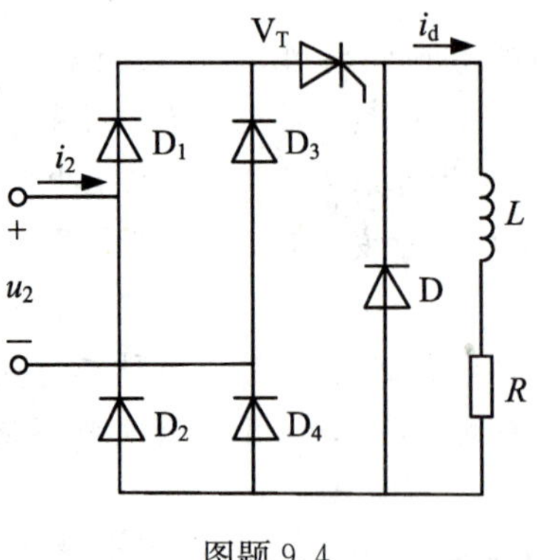

图题 9.4

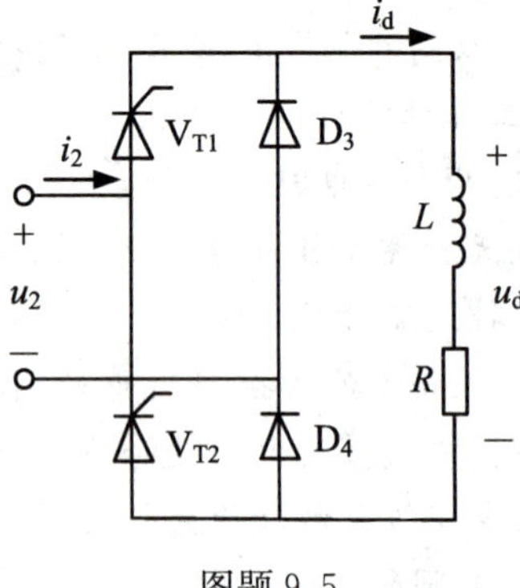

图题 9.5

第 10 章　模拟电路仿真技术

学习目标

- 熟练掌握 EDA 仿真软件 Multisim 2001 的基本功能和操作方法；
- 掌握虚拟仪器仪表的使用方法；
- 熟练运用 Multisim 2001 软件进行模拟电子电路的仿真分析。

10.1　电路仿真软件 Multisim 2001 概述

EDA(Electronics Design Automation)——电子设计自动化，即设计人员利用计算机完成电子线路的设计和仿真，从而提高设计效率，缩短开发周期。掌握 EDA 仿真技术不仅可以全面了解整个电路的性能、提高设计能力，而且可以为产品工艺设计提供必要之参考。

Multisim 是加拿大 Interactive Image Technologies Ltd(简称 IIT 公司)研制开发的 EDA 软件。Multisim 2001 是 EWB 5.0 的升级版，它继承了 EWB 软件的优点，同时在功能和操作方面做了较大规模的改动，扩充了器件库中器件的数量，增强了电路的仿真分析功能，特别是增加了与实际元件相对应的现实性仿真元件模型，使得电路仿真的结果更加精确可靠。其以界面形象直观、操作方便、易学易用、仿真分析功能强大等突出优点，深受广大电子设计工作者喜爱。熟练掌握 Multisim 2001 测试平台的应用，既可以节约时间又可以大幅度节约成本。

10.1.1　Multisim 2001 的基本功能

Multisim 为用户提供有数万种现实元器件和虚拟元器件，建立电路原理图既方便又快捷。绘制电路图时只需打开器件库，再用鼠标左键选中要用的元器件，并把它拖放到工作区，即完成放置元件操作。当光标移动到元器件的引脚时，软件会自动产生一个带十字的黑点，进入到连线状态，单击鼠标左键确认后，移动鼠标即可实现连线。同时，Multisim 可以打开由 PSpice 等其他电路仿真软件所建立的 Spice 网络表文件，并自动形成相应的电路原理图。也可将 Multisim 建立的电路原理图转换为网络表文件，提供给 Ultiboard 模块或其他 EDA 软件(如 Protel、Orcad等)进行印制电路板图的自动布局和自动布线。

Multisim 软件提供了电压表、电流表、数字万用表、函数信号发生器、功率表、示波器、扫频仪、字信号发生器、逻辑分析仪、逻辑转换仪、失真分析仪、频谱分析仪和网络分析仪等 13 种常用仪器仪表，用户需要时可不受数量限制地在电路图中接入这些仪器仪表，进行直流工作点、交流信号、瞬态分析、傅里叶分析、噪声分析、失真分析、直流扫描分析、温度扫描分析、参数扫描分析、灵敏度分析、传输函数分析、极-零点分析、最坏情况分析、蒙特卡罗分析、批处理分析、噪声图形分析、RF 分析等多种分析，就像在实验室使用真实仪器一样方便快捷地测试分析电路的性能参数，并且把结果以数值或波形的形式直观地显示出来，为用户设计分析电路提供了极大的方便。

10.1.2 Multisim 的主窗口界面

Multisim 主窗口界面如图 10.1 所示。从图中可以看出的最上部是标题栏(Title)，显示当前运行的软件名称。接着是菜单栏(Menus)、再向下一行是系统工具栏(System Toolbar)、屏幕工具栏(Zoom Toolbar)、设计工具栏(Design Tool-

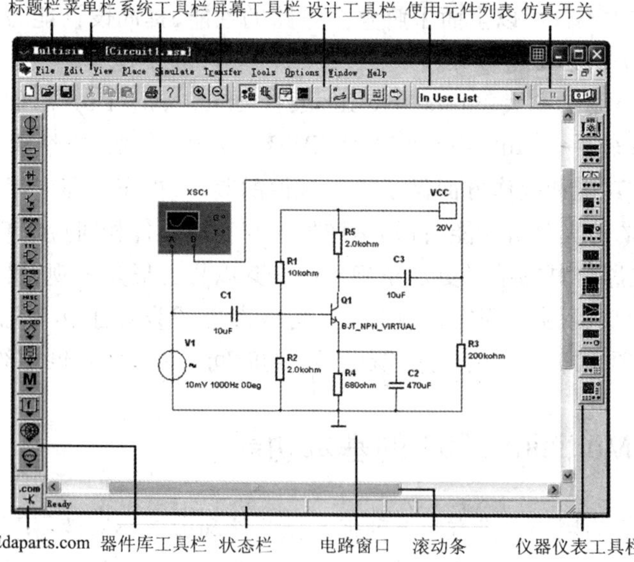

图 10.1 “Multisim”主窗口界面

bar)、使用元件列表(In Use List)和仿真开关(Simulate Switch),主窗口中部最大的区域是电路窗口(Circuit Window),用于建立电路和进行电路仿真分析。窗口的左侧是器件库工具栏(Component Toolbar),右侧为仪器仪表工具栏(Instruments Toolbar)。主窗口最下方是状态栏(Status Line),显示当前的状态信息。

10.1.3 Multisim的工具栏

1. 系统工具栏

Multisim的系统工具栏如图10.2所示。它包含了常用的基本功能按钮,与其他软件的系统工具栏功能相同,从左至右分别为:新建文件、打开文件、存盘、剪切、复制、粘贴、打印、帮助。

2. 屏幕工具栏

Multisim的屏幕工具栏如图10.3所示。屏幕工具栏的两个按钮分别为对电路窗口进行放大、缩小的操作。

图10.2 系统工具栏

图10.3 屏幕工具栏

3. 设计工具栏

Multisim的设计工具栏如图10.4所示。设计工具栏是Multisim的核心,使用它可进行电路的建立、仿真及分析,并最终输出设计数据等。虽然菜单中也可以执行这些设计功能,但使用设计工具栏进行电路设计将会更加方便快捷。这9个设计工具栏按钮从左至右分别为:

图10.4 设计工具栏

元件设计按钮(Component):用以确定存放元器件模型的元件工具栏是否放到电路界面上。

元件编辑器按钮(Component Editor):用来调整或增加元件。

仪表按钮(Instruments):用来给电路添加仪表或观察仿真结果。

仿真按钮(Simulate):用来确定开始、暂停或结束电路仿真。

分析按钮(Analysis):用来选择要进行的分析。

后处理器按钮(Postprocessor):用来对仿真结果进行进一步的操作。

VHDL/Verilog 按钮：用来使用 VHDL 模型进行设计（教育版不具备此功能）。

报告按钮（Reports）：用来打印有关电路的报告（材料清单、元件列表和元件细节）。

传输按钮（Transfer）：用来与其他程序如 Ultiboard 进行通信。也可以将仿真结果输出到像 MathCAD 和 Excel 这样的应用程序。

4. 器件库工具栏

Multisim 的器件库工具栏按元件模型分门别类地放到 14 个器件库中，每个器件库放置同一类型的元件。由这 14 个器件库按钮（以元件符号区分）组成的器件库工具栏通常放置在工作窗口的左边（见图 10.1），也可任意移动该工具栏的位置。在此为方便编写，将器件库工具栏横向放置，如图 10.5 所示。

图 10.5　器件库工具栏

图 10.5 所示的 14 个器件库按钮从左至右分别是：电源库（Sources）、基本元件库（Basic）、二极管库（Diodes Components）、晶体管库（Transistors Components）、模拟元件库（Analog Components）、TTL 器件库（TTL）、CMOS 器件库（CMOS）、各种数字元件库（Misc. Digital Components）、混合器件库（Mixed Components）、指示器件库（Indicators Components）、其他器件库（Misc. Components）、控制器件库（Controls Components）、射频器件库（RF Components）和机电类器件库（Electro-Mechanical Components）。

5. 仪器库工具栏

Multisim 的仪器库工具栏如图 10.6 所示。该工具栏有 11 种用来对电路进行测试的虚拟仪器，习惯上将该工具栏放置在窗口的右侧（见图 10.1）。这里为了方便，将其横向放置。

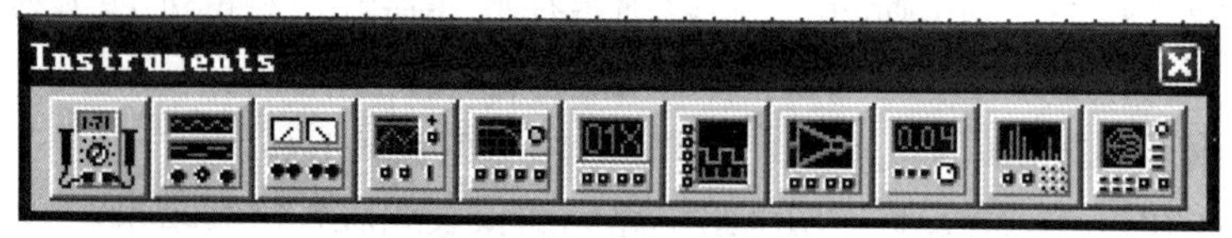

图 10.6　仪器库工具栏

这 11 个虚拟仪器仪表从左至右分别是：数字万用表（Multimeter）、函数信号发生器(Function Generator)、瓦特表(Wattmeter)、示波器(Oscilloscope)、扫频仪(Bode Plotter)、字信号发生器(Word Generator)、逻辑分析仪(Logic Analyzer)、逻辑转换器(Logic Converter)、失真分析仪(Distortion Analyzer)、频谱分析仪(Spectrum Analyzer)和网络分析仪(Network Analyzer)。

6. 使用元器件列表栏

Multisim 的使用元器件列表栏如图 10.7 所示。使用元器件列表栏列出了当前电路所使用的全部元件,以供检查和重复调用。

图 10.7 使用元器件列表栏

7. .com 按钮

Multisim 的.com 按钮是为方便用户通过因特网进入 EDAparts.com 网站,点击该按钮,用户可以自动登录 EDAparts.com 网站。该按钮如图 10.8 所示。

这是一个由 EWB 和 Par Miner 合作开发,提供 Multisim 用户的因特网入口,用户可以访问超过一千多万个元器件的 CAPSXpert 数据库,并可从 Par Miner 直接把有关元件的信息和资料下载到自己的数据库中(这些元器件的信息资料不是免费的)。也可从该网站免费下载到专为 Multisim 设计的升级 Multisim Master 元件库的文件。

8. 仿真开关

Multisim 的仿真开关如图 10.9 所示。它共有"启动/停止"和"暂停/恢复"两个按钮,用来控制仿真进程。

图 10.8 EDAparts.com 网站按钮

图 10.9 仿真开关

10.1.4 Multisim 的菜单命令

Multisim 2001 的命令栏共有十项主菜单命令,如图 10.10 所示。和其他的 Windows 应用程序类似,菜单中提供了本软件几乎所有的功能命令。自左向右分别为 File(文件菜单)、Edit(编辑菜单)、View(窗口显示菜单)、Place(放置菜单)、Simulate(仿真菜单)、Transfer(文件输出菜单)、Tools(工具菜单)、Options(选项菜单)、Window(窗口菜单)和 Help(帮助菜单)等。当单击主菜单命令时,会弹出下拉菜单命令,用户可以从中找到电路文件的保存与打印、文件的输入与输出、电路图及元件的创建与编辑、电路的仿真与分析、在线帮助等各项功能命令。

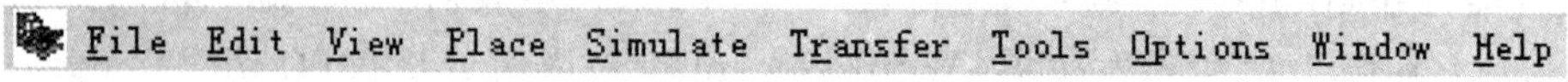

File Edit View Place Simulate Transfer Tools Options Window Help

图 10.10 Multisim 2001 的主菜单命令

1. File(文件)

该菜单命令主要用于管理所创建的电路文件，如打开、保存、打印和退出等。单击主菜单栏的 File 命令，弹出如图 10.11 所示下拉菜单。

File 菜单中的命令及功能如下：

New：创建一个无标题的空白窗口以建立一个新电路。

Open…：打开一个原已建立的电路。窗口将显示要打开文件的对话框，如果有必要可更改目录路径或文件名，找到你要打开的文件。但只能打开扩展名为 *.msm、*.ewb、*.ca、*.cir 或 *.utsch 等格式的文件。

Close：关闭当前工作区内的文件。

Save：保存当前电路文件。此时会出现一个保存文件的对话框，可以通过更改路径或文件夹来保存文件。保存时会自动将工作区的文件以 *.msm 的格式存盘。

Save As…：以新文件名保存当前电路文件，仍为 *.msm 格式，原电路文件不变。

New Project：新建一个项目文件。

Open Project：打开一个项目文件。

Save Project：将工作区中的项目文件存盘。

Close Project：关闭项目文件。

Version Control：备份项目文件夹内容。

Print Circuit：打印当前工作区的电路原理图，其中包括 Print(打印)、Print Preview(打印预览)和 Print Circuit Setup(打印电路设置)。

Print Reports：列表打印当前工作区内所编辑的电路图中的元器件(Bill of Materials)、器件库(Database Family List)或元器件的详细资料(Component Detail Report)。

Print Instruments：选择打印当前工作区的仪器仪表波形图。

Print Setup：打印机设置。

Recent Files：最近几次打开过的文件，可选择其中一个打开。

Recent Project：最近几次打开过的项目文件，可选择其中一个打开。

Exit：关闭当前电路并退出 Multisim 系统，如果你没有存盘，软件将提示你保存电路文件。

2. Edit(编辑)

主要用在电路绘制过程中,对电路、元器件和仪器仪表进行各种技术性处理操作。单击主菜单栏的 Edit 命令,弹出下拉菜单如图 10.12 所示。

New	Ctrl+N
Open...	Ctrl+O
Close	
Save	Ctrl+S
Save As...	
New Project...	
Open Project...	
Save Project	
Close Project	
Version Control...	
Print Circuit	▸
Print Reports	▸
Print Instruments	
Print Setup...	
Recent Files	▸
Recent Projects	▸
Exit	

图 10.11 File 命令的下拉菜单

Undo	Ctrl+Z
Cut	Ctrl+X
Copy	Ctrl+C
Paste	Ctrl+V
Delete	Del
Select All	Ctrl+A
Flip Horizontal	Alt+X
Flip Vertical	Alt+Y
90 Clockwise	Ctrl+R
90 CounterCW	Shift+Ctrl+R
Component Properties...	Ctrl+M

图 10.12 Edit 命令的下拉菜单

Edit 菜单中的命令及功能如下:

Undo:撤消前一次操作。

Cut:剪切,选中的电路、元器件或文本被清除,同时将选中的内容放入剪贴板,以便粘贴到其他位置。

Copy:复制,将选中的元器件、电路或文本进行复制,并放入剪贴板,以便粘贴到其他位置。

Paste:粘贴,将放置在剪贴板中的内容粘贴到电路窗口。

Delete:删除,永久地删除选中的元器件、仪器或文本。使用删除命令时要谨慎,因为删除的信息不能被恢复。

Select All:全选,选中当前窗口的所有项目。

Flip Horizontal:使选中的元器件水平方向翻转。

Flip Vertical:使选中的元器件竖直方向翻转。

90 Clockwise:使选中的元器件顺时针旋转 90°。

90 CounterCW:使选中的元器件逆时针旋转 90°。

Component Properties...:打开一个已被选中的元器件属性对话框,在其中可对该元器件的参数值、标识符等信息进行读取或修改。

3. View(窗口显示)

用于确定仿真界面上显示的内容以及电路图的缩放和元器件的查找。单击主菜单栏的 View 命令,弹出下拉菜单如图 10.13 所示。

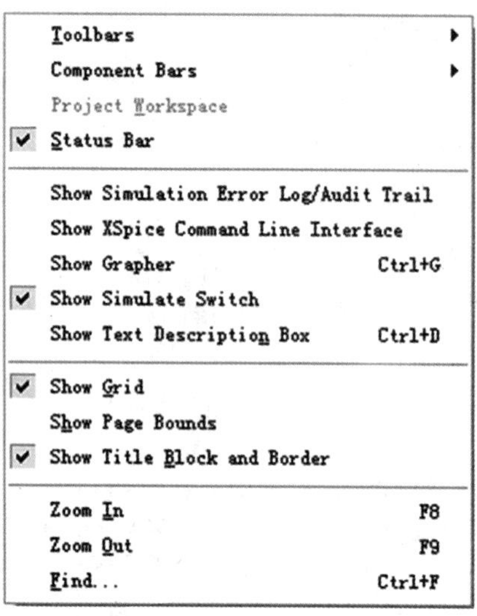

图 10.13　View 命令的下拉菜单

View 菜单中的命令及功能如下:

Toolbars:选择工具栏,可对 System(系统)、Instruments(仪器)、Zoom(屏幕)和 In Use List(使用元件列表)等工具栏显示与否进行设置。

Component Bars:选择元器件库,对 Multisim database(Multisim 器件库)、Corporate database(共用器件库)、User database(用户器件库)和 Edaparts Bar (Edaparts 网站栏)等显示与否进行设置。

Project Workspace:项目文件工作区显示与否设置。

Status Bar:状态栏显示与否设置。

Show Simulation Error Log/Audit Trail:设置是否显示仿真的错误记录/检查仿真踪迹。

Show XSpice Command Line Interface:设置是否显示 XSpice 命令行界面。

Show Grapher:设置是否显示图表。

Show Simulate Switch:设置是否显示仿真开关。

Show Text Description Box:设置是否显示文本描述框。

Show Grid:设置是否显示栅格。

Show Page Bounds:设置是否显示纸张边界。

Show Title Block and Border:设置是否显示标题栏和边界。

Zoom In:电原理图放大。

Zoom Out:电原理图缩小。

Find...:查找电原理图中的元器件。

4. Place(放置)

提供在电路窗口放置元器件、节点、总线和文字等命令。单击主菜单栏的 Place 命令,弹出下拉菜单如图 10.14 所示。

Place 菜单中的命令及功能如下:

Command	Shortcut
Place Component...	Ctrl+W
Place Junction	Ctrl+J
Place Bus	Ctrl+U
Place Input/Output	Ctrl+I
Place Hierarchical Block	Ctrl+H
Place Text	Ctrl+T
Place Text Description Box	Ctrl+D
Replace Component...	
Place as Subcircuit	Ctrl+B
Replace by Subcircuit	Ctrl+Shift+B

图 10.14 Place 命令的下拉菜单

Place Component...:放置一个元件。

Place Junction:放置一个节点。

Place Bus:放置一根总线。

Place Input/Output:放置一个输入/输出端。

Place Hierarchical Block:放置层次块。

Place Text:放置文字。

Place Text Description Box:放置一个文本描述框。

Replace Component...:替换元件。

Place as Subcircuit:放置一个子电路。

Replace by Subcircuit:用一个子电路替代。

5. Simulate(仿真)

提供电路仿真设置与操作命令,单击 Simulate 命令,弹出下拉菜单如图 10.15 所示。

Simulate 菜单中的命令及功能如下:

Run:运行仿真。

Pause:暂停仿真。

Default Instrument Settings...:打开预置仪表设置对话框。

Digital Simulation Settings…:选择数字电路仿真设置。

Instruments:选择仿真仪表。

Analyses:选择仿真分析项目。

Postprocess…:打开后处理器对话框。

VHDL Simulation:运行 VHDL 语言编程仿真。

Verilog HDL Simulation:运行 Verilog HDL 语言编程仿真。

Auto Fault Option…:自动设置电路故障。

Global Component Tolerances…:全局元件容差设置。

6. Transfer(文件输出)

提供将仿真结果传递给其他软件处理的命令。单击主菜单栏的 Transfer 命令,弹出如图 10.16 所示下拉菜单。

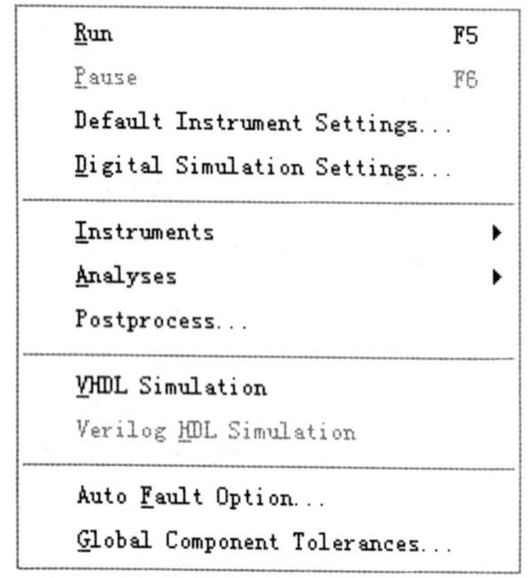

图 10.15 Simulate 命令的下拉菜单

Transfer to Ultiboard
Transfer to other PCB Layout
Backannotate from Ultiboard
Export Simulation Results to MathCAD
Export Simulation Results to Excel
Export Netlist

图 10.16 Transfer 命令的下拉菜单

Transfer 菜单中的命令及功能如下:

Transfer to Ultiboard:传送给 Ultiboard。

Transfer to other PCB Layout:传送给其他 PCB 设计软件。

Backannotate from Ultiboard:从 Ultiboard 返回的注释。

Export Simulation Results to MathCAD:仿真分析的结果输出到MathCAD。

Export Simulation Results to Excel:仿真分析的结果输出到 Excel。

Export Netlist:输出网络表。

7. Tools(工具)

主要用于编辑或管理元器件和元件库,单击主菜单栏的 Tools 命令,弹出如图 10.17 所示下拉菜单。

Tools 菜单中的命令及功能如下:

Create Component…:打开创建元件对话框。

Edit Component…:打开编辑元件对话框。

Copy Component…:打开拷贝元件对话框。

Delete Component…:打开删除元件对话框。

Database Management…:打开元件库管理对话框。

Update Components:升级元件。

Remote Control/Design Sharing:远程控制/设计共享。

EDAparts. com:连接 EDAparts. com 网站。

8. Options(选项)

用于定制电路的界面和设定电路的某些功能,单击主菜单栏的 Options 命令,弹出如图 10.18 所示下拉菜单。

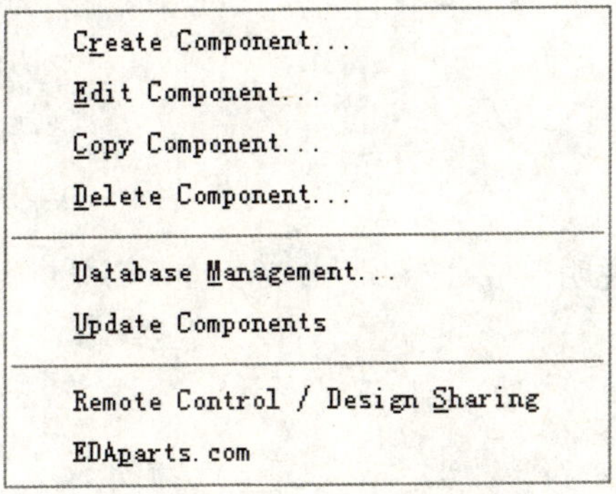

Create Component...
Edit Component...
Copy Component...
Delete Component...
Database Management...
Update Components
Remote Control / Design Sharing
EDAparts.com

图 10.17 Tools 命令的下拉菜单

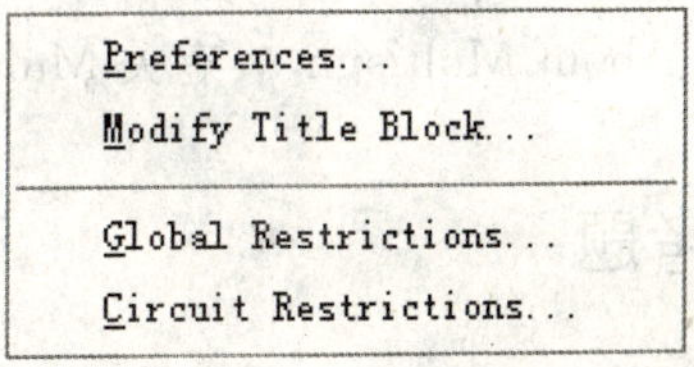

Preferences...
Modify Title Block...
Global Restrictions...
Circuit Restrictions...

图 10.18 Options 命令的下拉菜单

Options 菜单中的命令及功能如下:

Preferences…:打开参数选择对话框。

Modify Title Block…:修改标题栏内容。

Global Restriction…:全局限制设置。

Circuit Restrictions…:电路限制设置。

9. Window(窗口)

用于调节显示窗口,单击主菜单栏的 Window 命令,弹出如图 10.19 所示下拉菜单。

Window 菜单中的命令及功能如下:

Cascade:将已打开的及新建的多个电路窗口以层叠方式排列。

Tile:将已打开的及新建的多个电路窗口以平铺方式排列。

Arrange Icons:在窗口下方排列对齐已最小化窗口的图标。

1 Circuit1. msm：已打开及新建的文件名，此处打对勾，表明是当前正在编辑的文件名。

10. Help（帮助）

帮助菜单主要为用户提供在线技术帮助和使用指南，显示帮助有关信息。其下拉菜单如图 10.20 所示。

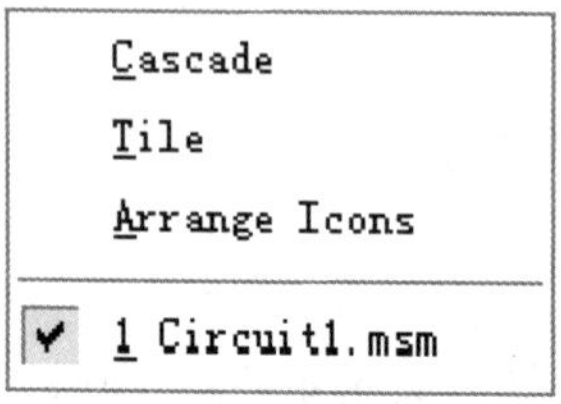

Cascade
Tile
Arrange Icons
1 Circuit1.msm

图 10.19 Window 命令的下拉菜单

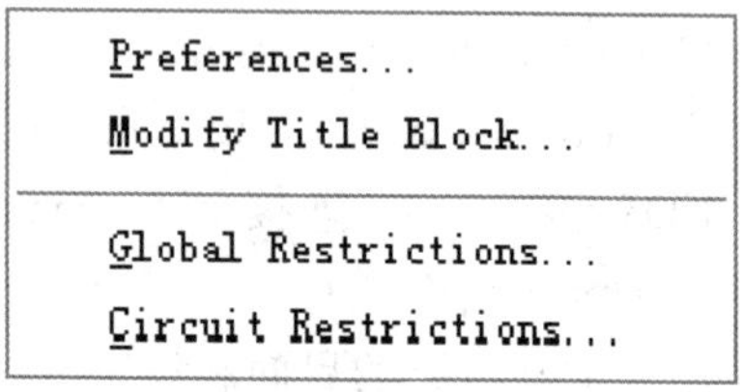

Preferences...
Modify Title Block...
Global Restrictions...
Circuit Restrictions...

图 10.20 Help 命令的下拉菜单

Help 菜单中的命令及功能如下：

Multisim Help：帮助主题目录。

Multisim Reference：帮助主题索引。

Release Notes：版本注释。

About Multisim…：有关 Multisim 的说明。

思考题

1. Multisim 2001 具有哪些基本功能？
2. Multisim 2001 提供了哪些与其他软件进行信息交换的接口？
3. Multisim 2001 设置了多少工具栏？简要说明各工具按钮的作用。
4. Multisim 2001 菜单栏有多少项主菜单命令？
5. Multisim 2001 的主窗口界面由哪几部分组成？

10.2 Multisim 的器件库和虚拟仪器仪表

10.2.1 Multisim 的器件库

Multisim 2001 含有 4 个种类的器件库，执行“View\Component Bars”命令即

可显示如图 10.21 所示的下拉菜单。

图中 Multisim Database 也称 Multisim Master，用来存放软件自带的元器件模型；Corporate Database仅专业版有效，为多人协同开发项目时建立的元器件模型；User Database 用来存放用户使用 Multisim 编辑器自行创建的元器件模型；EDAParts Bar 为用户提供通过因特网进入 EDAParts.com 网站下载的元器件信息和资料。

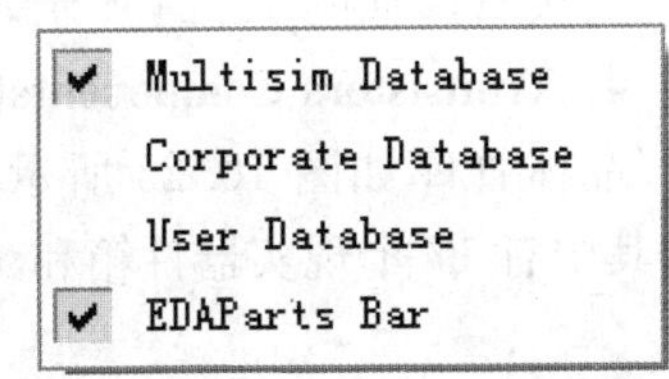

图 10.21　View\Component Bars 命令的下拉菜单

Multisim 2001 的 Multisim Database 中含有 14 种器件库(即 Component Toolbar)，每个器件库中含有数量不等的元件箱(Family)，共 6000 多个元器件供用户调用。

1. Sources(电源库)

电源库如图 10.22 所示，库中共有 30 个电源器件。有两个接地端，有为电路提供电能的电源，也有作为输入信号的信号源和实现电信号转变的控制电源。

2. Basic(基本元器件库)

基本元器件库如图 10.23 所示，它包含 18 个现实元器件箱和 7 个虚拟元器件箱(背景为墨绿色)。每个现实元器件箱中放有与现实元器件一致的仿真元器件供用户选用。在选择元器件时，尽量选取现实元器件，在选不到某些参数时，可选用虚拟元器件或编辑创建一个新元件。

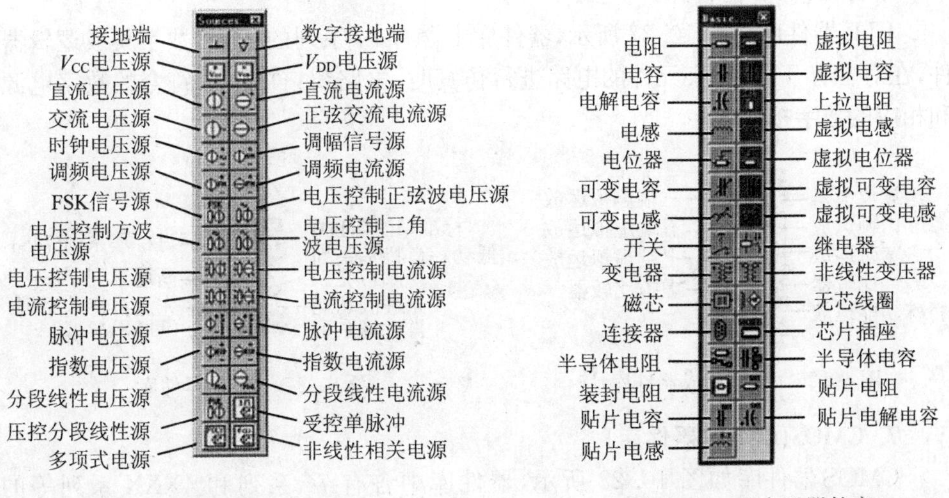

图 10.22　电源库　　　图 10.23　基本元器件库

3. Diode Components(二极管库)

二极管库如图 10.24 所示,它包含 11 个器件箱,其中有一个虚拟器件箱。

4. Transistors Components(晶体管库)

晶体管库如图 10.25 所示,它包含三极管、MOSFET、JFET 等共 33 个器件箱,其中有 17 个现实器件箱和 16 个虚拟器件箱。

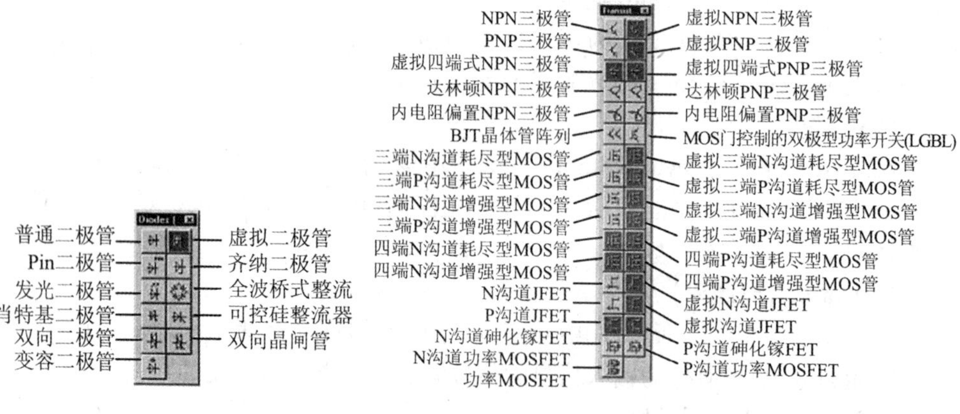

图 10.24 二极管库

图 10.25 晶体管库

5. Analog Components(模拟集成器件库)

模拟集成器件库如图 10.26 所示,器件库中共有 9 个器件箱,其中 4 个是虚拟器件箱。

6. TTL(TTL 器件库)

TTL 器件库如图 10.27 所示,器件库中含有 74 系列的 TTL 数字集成逻辑器件,在对含有 TTL 数字元件的电路进行仿真时,电路窗口中要有符合的数字电源和相应的数字接地端。

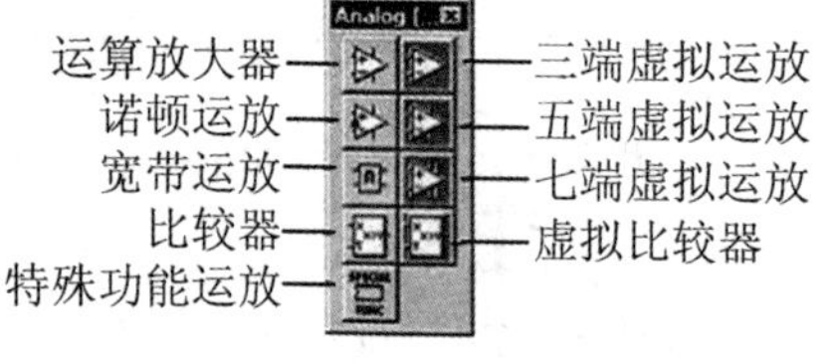

图 10.26 模拟集成器件库

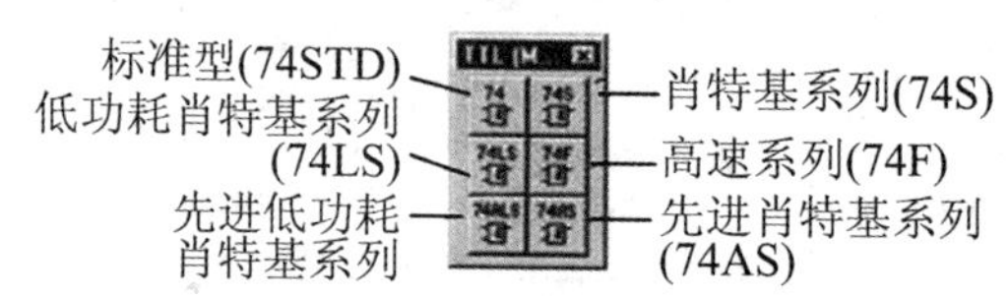

图 10.27 TTL 器件库

7. CMOS(CMOS 器件库)

CMOS 器件库如图 10.28 所示,器件库中含有 74 系列和 4XXX 系列等的 CMOS 数字集成逻辑器件箱。

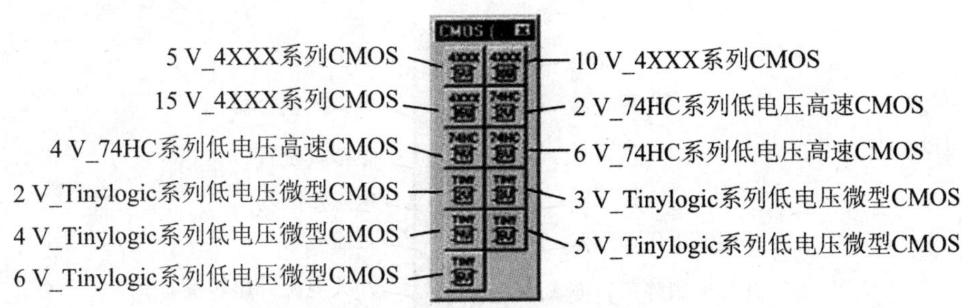

图 10.28　CMOS 器件库

8. Misc. Digital Components(各种数字器件库)

各种数字器件库如图 10.29 所示，TTL 器件库和 CMOS 器件库中的元器件都是按照型号存放的，会给初学者带来不便，如按功能存放，调用起来会方便很多。其他数字器件库中的 TTL 器件箱是把常用的数字器件按照其功能存放的。另外 6 个属于其他类型的器件箱。

9. Mixed Components(混合器件库)

混合器件库如图 10.30 所示，混合器件库中含有 6 个器件箱，其中 ADC_DAC 和 Analog Switch Virtual 器件箱属于虚拟元器件。

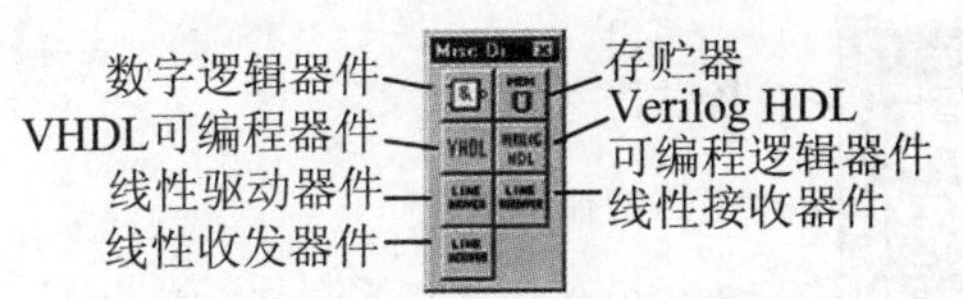

图 10.29　各种数字器件库

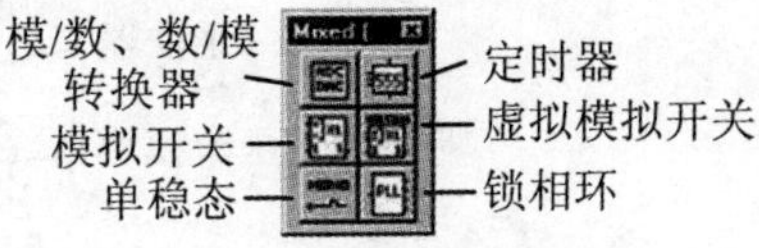

图 10.30　混合器件库

10. Indicators Components(指示器件库)

指示器件库中包含 7 种可用来显示电路仿真结果的显示器件，又称为交互式元件，如图 10.31 所示。对于交互式元件，Multisim 软件不允许用户从模型上进行修改，只能在其属性对话框中对某些参数进行设置。

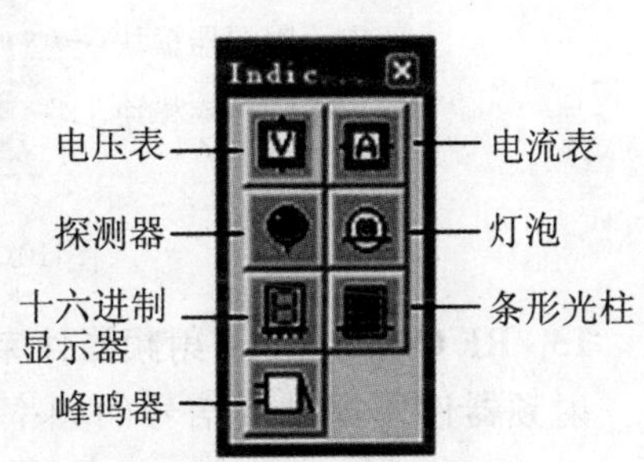

图 10.31　指示器件库

11. Misc. Components(其他器件库)

混杂器件库是把不便于划归为某一类型器件库中的器件箱放到一起单独成库，如图 10.32 所示。

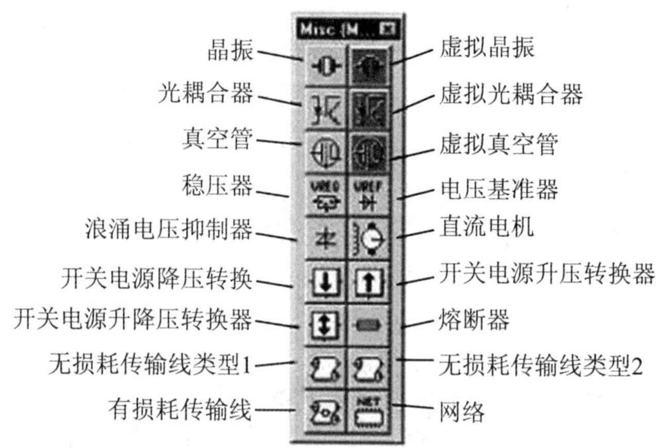

图 10.32　其他器件库

12. Controls Components(控制器件库)

控制器件库共有 12 个常用的控制模块器件箱，如图 10.33 所示。这些控制模块都没有绿色衬底，但都属于虚拟元件，即不能改动其模型，只能在其属性对话框中设置相关参数。

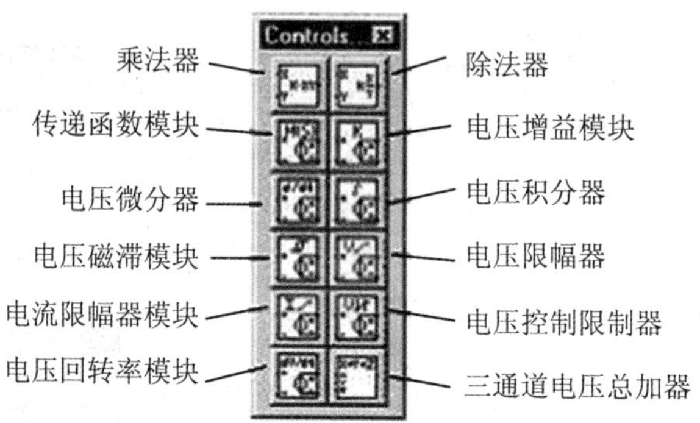

图 10.33　控制部件库

13. RF Components(射频器件库)

射频器件库提供当信号的频率足够高时电路中元器件的模型，如图 10.34 所示。

14. Electro-Mechanical Components(机电类器件库)

机电类元件库有 8 个器件箱，如图 10.35 所示。它包含一些电工类器件，除线性变压器外，其余都按虚拟元件处理。

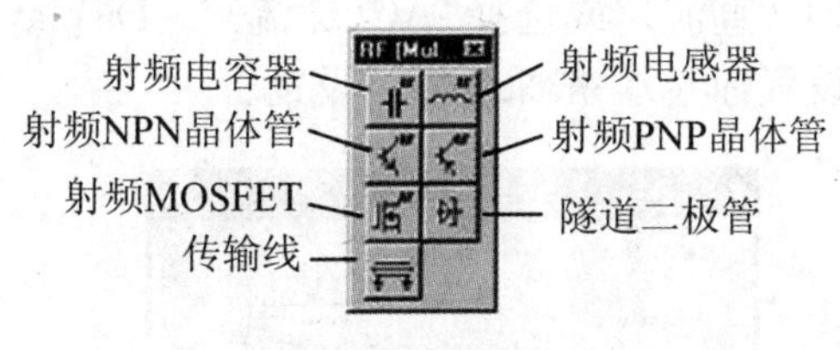

图 10.34 射频器件库

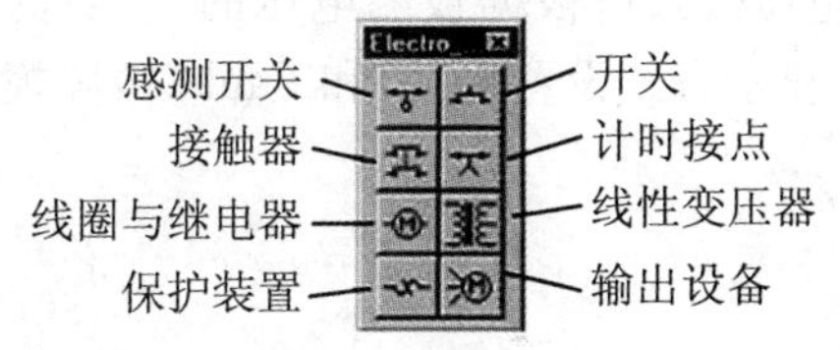

图 10.35 机电类元件库

10.2.2 Multisim 的虚拟仪器仪表

EWB 仿真软件的特色功能之一就是能将用于电路测试任务的各种仪器仪表与电路原理图放置在同一个操作界面上。Multisim 2001 提供了电压表、电流表和 11 个虚拟仪器，这 11 个虚拟仪器分别是：数字万用表（Multimeter）、函数信号发生器（Function Generator）、瓦特表（Wattmeter）、示波器（Oscilloscope）、扫频仪（Bode Plotter）、字信号发生器（Word Generator）、逻辑分析仪（Logic Analyzer）、逻辑转换器（Logic Converter）、失真分析仪（Distortion Analyzer）、频谱分析仪（Spectrum Analyzer）和网络分析仪（Network Analyzer）。

Multisim 的虚拟仪器仪表，大多具有和真实仪器仪表相同的面板，用户可根据需要选择，将其调到电路窗口，并与电路连接。Multisim 允许在一个仿真电路中同时调用多台相同的仪器仪表。在仿真运行时，完成对电路的电压、电流、电阻数值及波形等物理量的测量，用起来几乎和真的一样。由于仿真仪器的功能是软件化的，所以具有测量数值精确、价格低廉、使用灵活方便的优点。下面介绍几种在模拟电子技术仿真实验中常用的虚拟仪器仪表的使用方法。

1. 电压表

选用电压表可以从指示器件库中将电压表拖到电路工作区中，电压表图标如图 10.36 所示。电压表的两个接线端通过旋转可以改变为上下连接或左右连接。电压表用于测量电路两点间的交流或直流电压，当测量直流电压时，电压表两个接线端有正负之分，使用时按电路的正负极性对应相接，否则读数将为负值。它的两个接线端使用时与被测量的电路并联连接，当测量直流电压时显示数值为平均值，当测量交流电压时显示数值为有效值。

电压表在使用前，应对其属性进行设置，双击调入工作区的电压表图标，即出现电压表属性对话框，如图 10.37 所示。

在电压表的属性对话框中，单击 Label（标号标签）可以设置电压表在工作区的参考编号和标号。单击 Value（标称值标签）可以设置电压表的内阻和测量电压的模式，电压表的默认内阻是 1 MΩ，可调范围为 1.0 Ω～999.99 TΩ；电压表的测量电压模式可根据被测电压的类型选择“DC(直流)”或选择“AC(交流)”。Display(显示方式设置标签)和 Fault(故障模拟设置标签)一般采用默认设置。

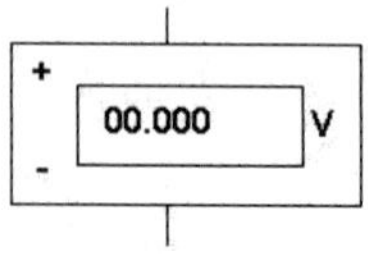

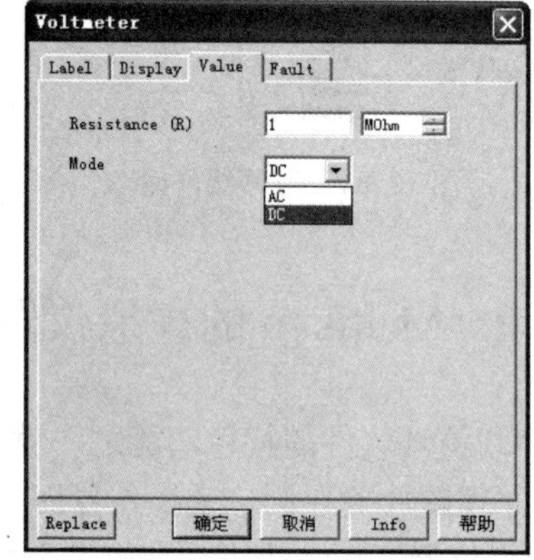

图 10.36　电压表的图标

图 10.37　电压表属性设置对话框

2. 电流表

电流表位于 Multisim 的指示器件库中，选中仪表按下鼠标左键可将其拖到电路工作区，其图标如图 10.38 所示。电流表的两个接线端通过旋转可以改变为上下连接或左右连接。电流表用于测量电路的交流或直流电流，它有两个接线端，当测量直流电流时，电流表两个接线端有正负之分，使用时按电路的正负极性对应相接，否则读数将为负值。使用时电流表应与被测量的电路串联连接，测量直流电流时显示数值为平均值。测量交流电流时显示数值为有效值。

电流表在使用前，应对其属性进行设置，双击调入工作区的电流表图标，即出现电流表属性对话框，如图 10.39 所示。电流表的属性设置方法与电压表相同。

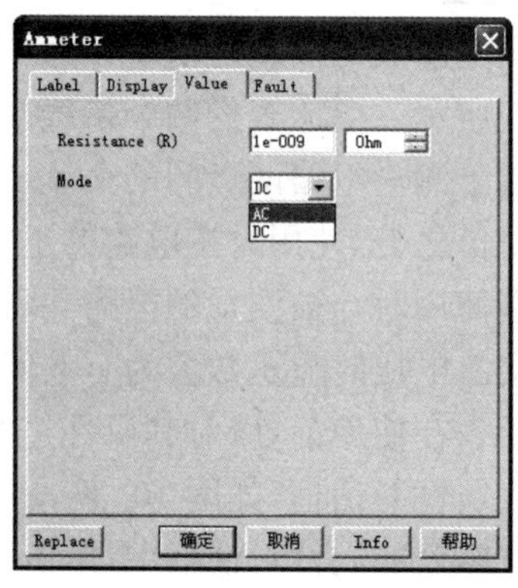

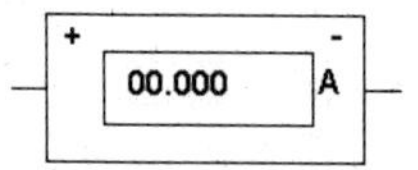

图 10.38　电流表的图标

图 10.39　电流表属性设置对话框

3. 数字万用表

数字万用表位于仪器库中，拖到工作区的数字万用表图标如图 10.40(a)所示，双击该图标即可出现数字万用表的面板，如图 10.40(b)所示。数字万用表使用时自动调整量程，可测量交直流电压、交直流电流和电阻、电平等。

(a) 数字万用表图标

(b) 数字万用表面板

图 10.40 数字万用表图标和面板

数字万用表面板上部有一个数字显示窗口，可显示 5 位数字。面板的中部有七个按钮，分别为电流(A)、电压(V)、电阻(Ω)、电平(dB)、交流(～)、直流(—)和设置(Settings)，根据万用表测量信号的需要可进行相应的转换。面板的下部是正表笔和负表笔的连接端。

按下 Settings 按钮，弹出数字万用表的参数设置对话框，如图 10.41 所示，可以设置数字万用表的内部参数：电流表内阻、电压表内阻、欧姆表电流。

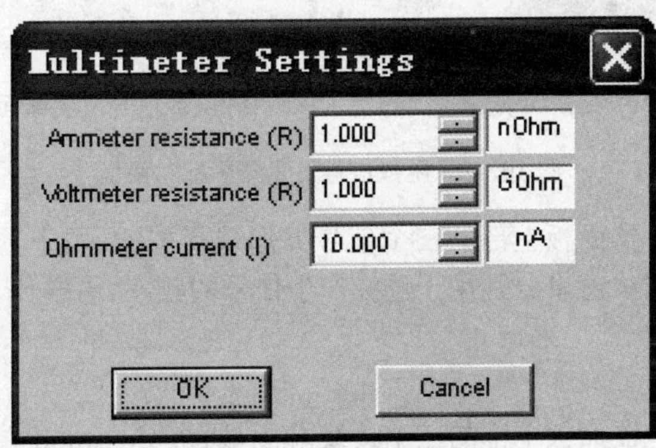

图 10.41 数字万用表 Settings

数字万用表测量电压时，两只表笔与被测电路并联，按下"V"按钮，根据被测电压的类型进行"交流"或"直流"按钮的选择。测量交流电压时显示的数值为有效值，测量直流电压时显示的数值为平均值。

数字万用表测量电流时，两只表笔与被测电路串联，按下“A”按钮，根据被测电流的类型进行“交流”或“直流”按钮的选择。测量交流电流时显示的数值为有效值，测量直流电流时显示的数值为平均值。

数字万用表测量电阻时，两只表笔与被测量的器件或电路网络两端相接，按下“Ω”按钮，测量类型只能为“直流”按钮。

数字万用表测量电平时，两只表笔分别与被测电路的两个节点连接，按下“dB”按钮，根据被测电平的类型进行“交流”或“直流”按钮的选择。

4. 函数信号发生器

函数信号发生器是一个产生正弦波、三角波和方波信号的仪器，从仪器库中拖到工作区的函数信号发生器的图标如图 10.42(a)所示，双击图标出现面板图，如图 10.42(b)所示。

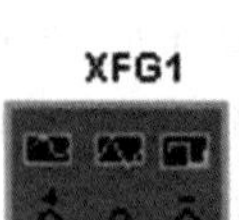

(a) 函数信号发生器图标

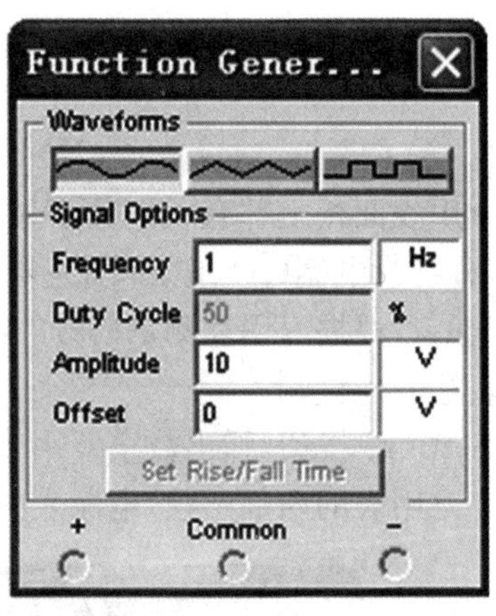

(b) 函数信号发生器面板

图 10.42　函数信号发生器图标和面板

函数信号发生器面板上部的三个信号波形选择按钮，用于选择仪器产生波形的类型。中间的选项窗口分别用于选择产生信号的频率、占空比、信号幅度和直流偏置电压。

(1) 连接

函数信号发生器面板下部的三个接线端子，通常 Common 端连接电路的参考地点，“+”为正波形端，“-”为负波形端。三个输出端子与外电路相连输出电压信号，其连接规则是：

① 连接+和 Common 端子，输出信号为正极性信号，幅值等于输出信号的峰值。

② 连接 Common 和-端子，输出信号为负极性信号，幅值等于输出信号的

峰值。

③ 连接+和−端子,输出信号的幅值等于信号发生器的峰值的两倍。

④ 同时连接+、Common 和−端子,把 Common 端子与公共地(Ground)符号相连,则输出两个幅值相等、极性相反的信号。

(2) 面板操作

改动面板上的相关设置,可改变输出电压信号的波形类型、大小、占空比或偏置电压等。

Waveforms 区:选择输出信号的波形类型,有正弦波、三角波和方波等 3 种周期性信号的选择。

Signal Options 区:对 Waveforms 区中选取的信号进行相关参数设置。

Frequency:设置所要产生信号的频率,范围在 1 Hz～999 MHz。

Duty Cycle:设置所要产生信号的占空比,该参数设置只对三角波和方波有效,对正弦波信号不起作用。可调范围为 1%～99%。

Amplitude:设置所要产生信号峰值,与信号直流偏置有关。设置范围:1 μV～999 kV。

Offset:设置偏置电压值,即把正弦波、三角波、方波叠加在设置的偏置电压上输出,其可选范围为:−999kV～999kV。

Set Rise/Fall Time 按钮:设置所要产生信号的上升时间与下降时间,该按钮只有在产生方波时有效。点击该按钮出现如图 10.43 所示的对话框。此时可在栏中以指数格式设定上升时间(或下降时间),再点击 Accept 按钮即可。如点击 Default按钮,则恢复为默认值 1.000000e−012,即 1.000000×10^{-12}。

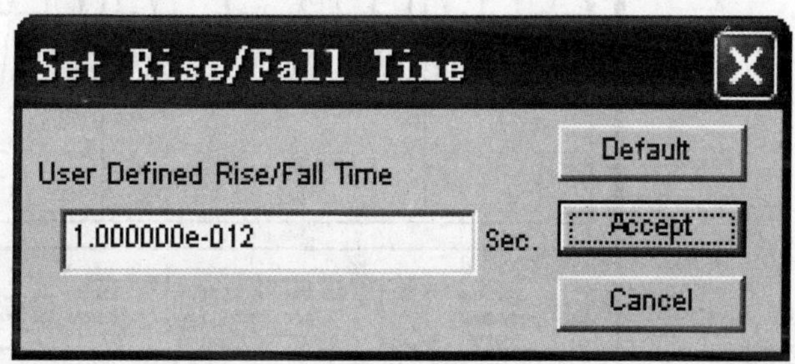

图 10.43 Set Rise/Fall Time 对话框

5. 瓦特表

瓦特表用来测量电路的交、直流功率,其图标和仪器面板如图 10.44 所示。

瓦特表左边两个端子为电压输入端子,与所要测量电路并联;右边两个端子为电流输入端子,与所要测量电路串联。电路连接好后,仿真运行所测得的功率将显示在上面的框中,该功率是平均功率,单位会自动调整。

Power Factor 框内显示所测电路的功率因数，数值在 0～1 之间。

(a) 瓦特表的图标

(b) 瓦特表的面板

图 10.44　瓦特表的图标和面板

6. 示波器

Multisim 提供的示波器为双踪示波器，它是模拟电子技术实验中使用最多的仪器之一。可用来观测两个通道的信号波形，并可测量所观测信号的幅度、频率及周期的参数。其图标和面板如图 10.45 所示。

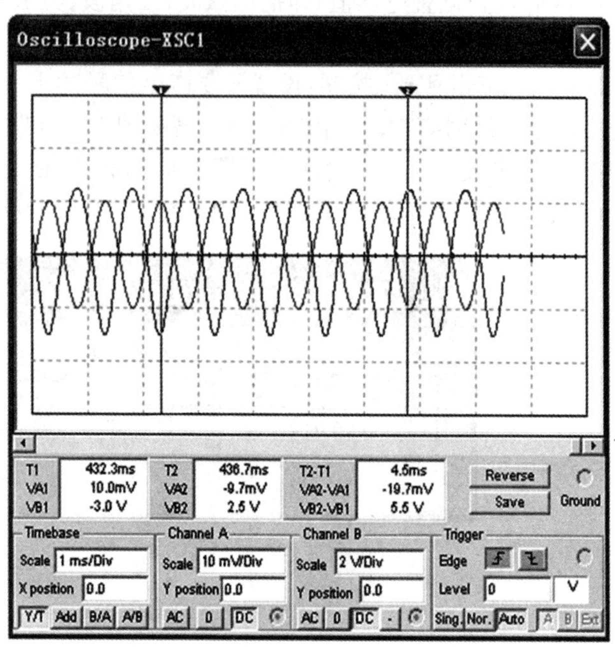

XSC1

(a) 示波器的图标　　　　(b) 示波器的面板

图 10.45　示波器的图标和面板

(1) 连接

Multisim 提供的示波器图标上有 4 个连接端:A 通道接线端、B 通道接线端、G 接地端和 T 外触发端。使用时,A 通道接线端和 B 通道接线端分别与电路的测试节点相连接,接地端 G 一般要与电路的地相接,但当电路中已有接地符号时,也可不接。

(2) 面板操作

示波器的面板布置按功能不同分为 6 个区:Timebase 区(时基区)、Trigger 区(触发方式设置区)、Channel A(A 通道设置区)、Channel B(B 通道设置区)、测试数据显示区和波形显示区。其操作如下:

① Timebase 区:用来设置 X 轴方向时间基线扫描时间。

Scale:选择 X 轴方向每一个刻度代表的时间。点击该栏后将出现刻度翻转列表,根据所测信号频率的高低,上下翻转选择适当的值。

X position:用于设置 X 轴方向时间基线的起始位置,修改其设置可使时间基线左右移动。

Y/T:表示 Y 轴方向显示 A、B 通道的输入信号,X 轴方向显示时间基线,并按设置时间进行扫描。当显示随时间变化的信号波形(如正弦波、三角波、方波等)时,常常采用此方式。

B/A:表示将 A 通道信号作为 X 轴扫描信号,将 B 通道信号施加在 Y 轴上。

A/B:与 B/A 相反。以上这两种方式可用于观察李莎育图形。

ADD:表示 X 轴按设置时间进行扫描,而 Y 轴方向显示 A、B 通道的输入信号之和。

② Channel A 区:用来设置 Y 轴方向 A 通道输入信号的标度。

Scale:设置 Y 轴方向对 A 通道输入信号而言每格所表示的电压数值。点击该栏后将出现刻度翻转列表,根据所测信号电压的大小,上下翻转选择适当的值。

Y position:设置时间基线在显示屏幕中的上下位置。当其值大于零时,时间基线在屏幕中线的上侧,反之在下侧。

AC:表示屏幕仅显示输入信号中的交变分量。

DC:表示屏幕将信号的交直流分量全部显示。

0:表示将输入信号对地短路。

③ Channel B 区:用来设置 Y 轴方向 B 通道输入信号的标度,其设置与 Channel A区相同。

④ Trigger 区:用来设置示波器触发方式。

Edge:表示将输入信号的上升沿或下跳沿作为触发信号。

Level:用于选择触发电平的大小。

Sing.:选择单脉冲触发。

Nor.:选择一般脉冲触发。

Auto:表示触发信号不依赖外部信号。一般情况下使用 Auto 方式。

A 或 B:用 A 通道或 B 通道的输入信号作为同步 X 轴时基扫描的触发信号。

Ext:用示波器图标上的外触发端子 T 连接的信号作为触发信号来同步 X 轴时基扫描。

⑤ 波形显示区:示波器面板上部的窗口用来显示被测试的波形。

信号波形的颜色可以通过设置 A、B 通道连接导线的颜色来改变。方法是快速双击连接导线,在弹出的对话框中设置导线颜色即可。

通过单击展开面板右下方的 Reverse 按钮,即可改变屏幕背景的颜色。如要将屏幕背景恢复为原色,再次单击 Reverse 按钮即可。

在动态显示时,单击仿真开关的暂停按钮或按 F6 键,均可通过改变 X position 设置,从而左右移动波形;利用指针拖动显示屏幕下沿的滚动条也可左右移动波形。

在屏幕上有两条(一条红色,一条蓝色)左右可以移动的读数指针,指针上方有三角形标志分别标有 1、2 字样。通过鼠标器左键可拖动读数指针左右移动,读数指针所测数据显示在屏幕下方的测量数据显示区。为了测量方便准确,可单击 Pause(或按 F6 键)使波形"冻结",然后再测量。

⑥ 测量数据的显示区:用来显示读数指针测量的数据。

在显示屏幕下方有 3 个测量数据的显示区,左侧数据区表示 1 号读数指针所测信号波形的数据。T1 表示 1 号读数指针离开屏幕最左端(时基线零点)所对应的时间,时间单位取决于 Timebase 所设置的时间单位;VAl、VBl 分别表示 1 号读数指针所测得的通道 A、通道 B 的信号幅度值,其值为电路中测量点的实际值,与 X、Y 轴的 Scale 设置值无关。

中间数据区表示 2 号读数指针所在位置测得的数值。T2 表示 2 号读数指针离开时基线零点的时间值。VA2、VB2 分别表示 2 号读数指针所测得的通道 A、通道 B 的信号幅度值。

右侧数据区中,T2-T1 表示 2 号读数指针所在位置与 1 号读数指针所在位置的时间差值,可用来测量信号的周期、脉冲信号的宽度、上升时间及下降时间等参数。VA2-VAl 表示两个读数指针测得的 A 通道信号的数值之差,VB2-VBl 表示两个读数指针测得的 B 通道信号的数值之差。

对于读数指针测量的数据,单击展开面板右下方 Save 按钮即可将其存储。数据以 ASCII 码格式存储。

7. 扫频仪

扫频仪是用来测量和显示一个电路、系统或放大器幅频特性 A(f)、相频特性

$\varphi(f)$的一种仪器。图 10.46 所示是扫频仪的图标和面板。

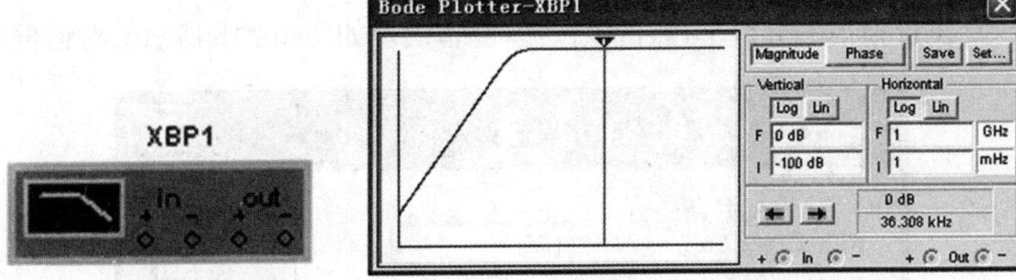

(a) 扫频仪的图标　　(b) 扫频仪的图标和面板

图 10.46　扫频仪的图标和面板

(1) 连接

扫频仪的图标包括 4 个接线端，左边 in 是输入端口，其＋、－分别与电路输入端的正负端子相接；右边 out 是输出端口，其＋、－分别与电路输出端的正负端子连接。由于扫频仪本身没有信号源，在使用扫频仪时，必须在电路的输入端示意性地接入一个交流信号源(或函数信号发生器)，且无需对其参数进行设置。例如，用扫频仪测量有源高通滤波电路的频率特性，其连接图如图 10.47 所示。

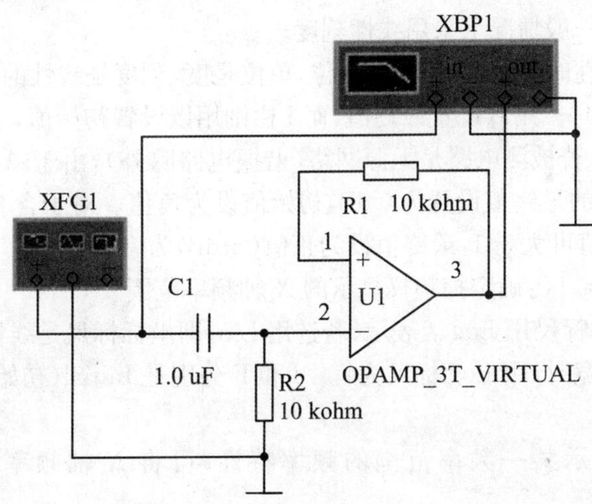

图 10.47　扫频仪与电路连接示例图

(2) 面板操作

扫频仪的面板及其操作如下：

① 右上排按钮功能：

Magnitude：选择左边显示屏里展示幅频特性曲线。

Phase:选择左边显示屏里展示相频特性曲线。

Save:以 BOD 格式保存测量结果。

Set:设置扫描的分辨率,点击该按钮,屏幕出现如图 10.48 所示的对话框。

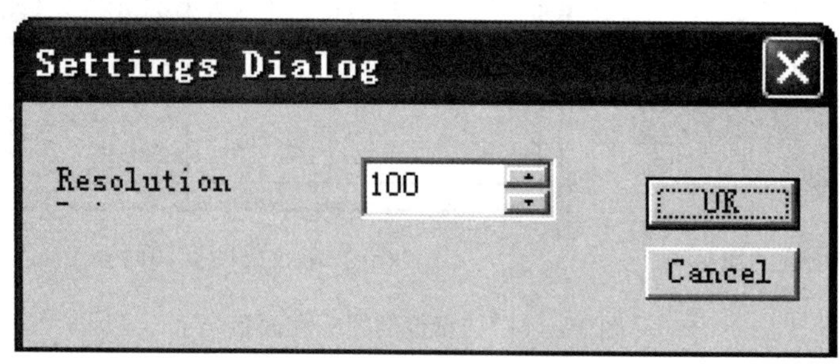

图 10.48 分辨率设置对话框

在 Resolution Points 栏中选定扫描的分辨率,数值越大读数精度越高,但将增加运行时间,默认值是 100。

② Vertical 区:设定 Y 轴的刻度类型。

测量幅频特性时,若点击 Log(对数)按钮后,Y 轴刻度的单位是 dB(分贝),标尺刻度为 $20\log A(f)$dB,其中 $A(f)=V_o(f)/V_i(f)$;当单击 Lin(线性)按钮后,Y 轴是线性刻度。一般情况下采用线性刻度。

测量相频特性时,Y 轴坐标表示相位,单位是度,刻度是线性的。

该区下面的 F 栏用以设置最终值,而 I 栏则用以设置初始值。

要注意的是,若被测电路是无源网络(谐振电路除外),由于 $A(f)$的最大值为 1,所以 Y 轴坐标的最终值设置为 0 dB,初始值设为负值。对于含有放大环节的网络(电路),$A(f)$值可大于 1,最终值设为正值(+dB)为宜。

③ Horizontal 区:确定扫频仪显示的 X 轴频率范围。

选择 Log,则标尺用 Log f 表示;若选用 Lin,即坐标标尺是线性的。当测量信号的频率范围较宽时,用 Log 标尺为宜。I 和 F 分别是 Initial(初始值)和 Final(最终值)的缩写。

为了清楚显示某一频率范围的频率特性,可将 X 轴频率范围设定得小一些。

④ 测量读数:利用鼠标拖动(或单击读数指针移动按钮)读数指针,可测量某个频率点处的幅值或相位,其读数在面板右下方显示。

图 10.49 所示为图 10.47 所示有源高通滤波电路测试的幅频特性,图 10.50 所示为测试的相频特性。

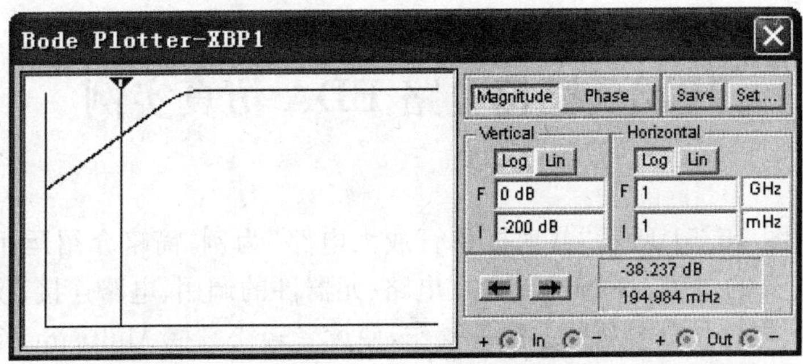

图 10.49　图 10.47 所示电路的幅频特性

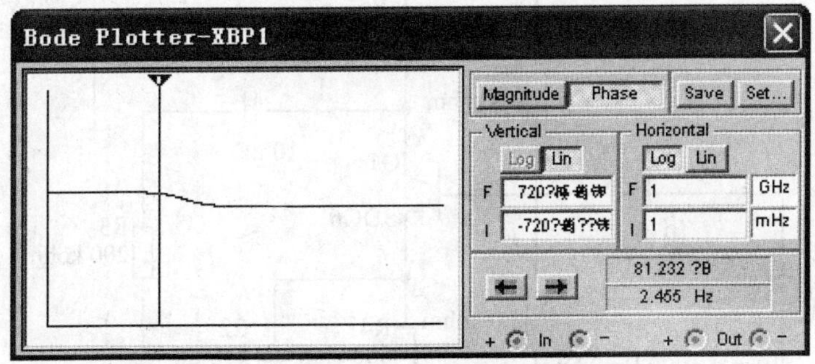

图 10.50　图 10.47 所示电路的相频特性

思考题

1. Multisim 2001 包含有几种类型器件库？它们有什么区别？
2. Multisim Database 中包含多少器件库？分别是什么器件库？
3. Multisim 2001 提供了哪些虚拟仪器仪表？
4. 在电路仿真过程中如何设置电压表和电流表？
5. 在电路仿真过程中如何连接功率表的电压、电流端子？
6. 虚拟示波器与现实示波器有哪些异同？
7. 函数信号发生器能产生几种信号？其性能参数如何设置？
8. 扫频仪如何与电路连接？具有什么功能？

10.3 模拟电路 EDA 仿真实例

本节以图 10.51 所示“共射极单管放大电路”为例，简略介绍运用 Multisim 2001 进行仿真的过程。系统介绍建立电路、元器件的调用、电路连接、仪器仪表的使用和连接、电路仿真分析的方法等操作，使读者轻松掌握 Multisim 2001 使用要领，从而为编辑设计复杂的电子线路原理图奠定良好的基础。

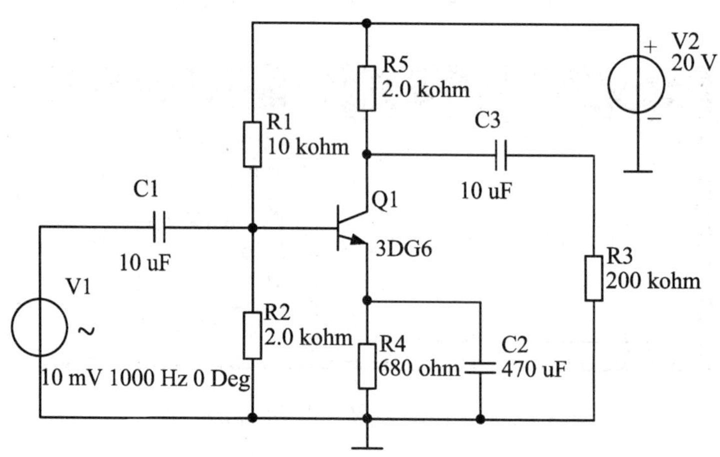

图 10.51　共射极单管放大电路

1. 建立电路文件

启动 Multisim 2001，软件就自动创建一个默认标题为“Circuit 1”空白的电路文件，如图 10.52 所示，该电路文件可以在保存时重新命名。在 Multisim 正常运行时也只需点击系统工具栏中的 New 按钮，同样出现一个空白的电路文件。

2. 规划电路界面

初次打开 Multisim 时，Multisim 仅提供一个基本界面，新文件的电路窗口是一片空白。在仿真实验之前，我们要根据具体电路的布局来规划电路界面，这可通过执行 Option\Preferences…命令，在弹出的对话框中对若干个选项进行设置来实现。就本例电路的具体操作为：

(1) 执行命令 Option\Preferences…，弹出 Preferences 对话框，打开 Component Bin 标签，如图 10.53 所示。

在 Symbol standard 区内选中 DIN 项。Multisim 提供了两种电气元器件符号标准，一种是 ANSI 为美国标准，另一种 DIN 是欧洲标准。DIN 与我国现行的标

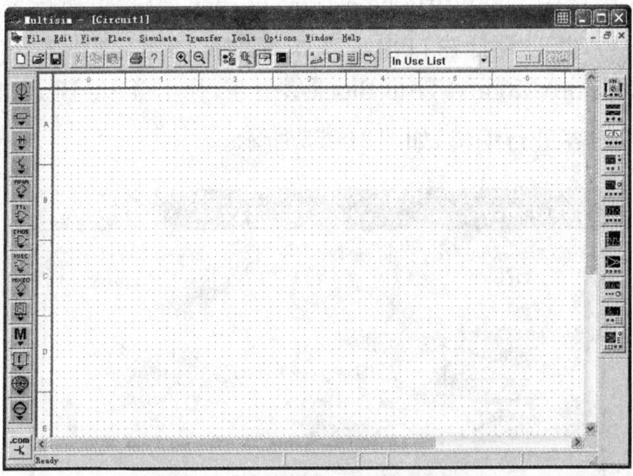

图 10.52 新建电路文件窗口

准非常接近，所以应该选择 DIN。

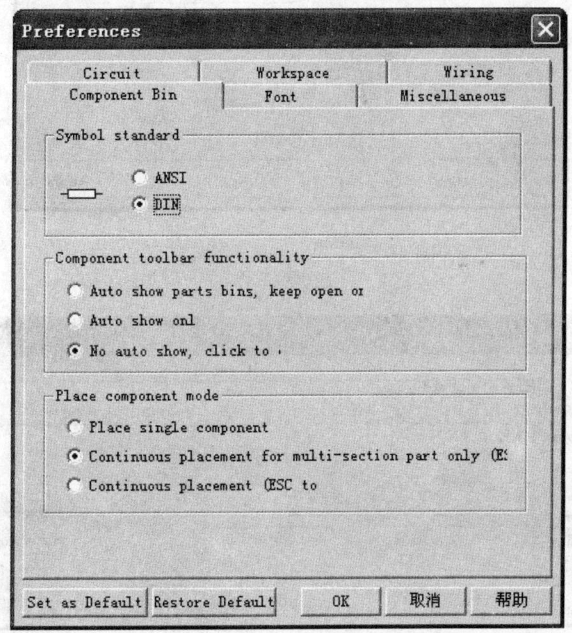

图 10.53 Preferences 对话框

(2) 打开 Workspace 标签，如图 10.54 所示。

在 Show 区内选中 Show grid 项(也可执行 View\Show grid 命令)，在电路窗口中出现栅格。显示栅格便于电路元器件间的连接。

在 Show 区内选中 Show title block and border 项(也可执行 View\Show title block and border),此时设计窗口出现一张标准的图纸,图纸右下角有一个标题栏。通过执行 Option\Modify Title Block...命令,弹出 Title Block 对话框,在对话框中可对标题栏内容进行编辑,如图 10.55 所示。

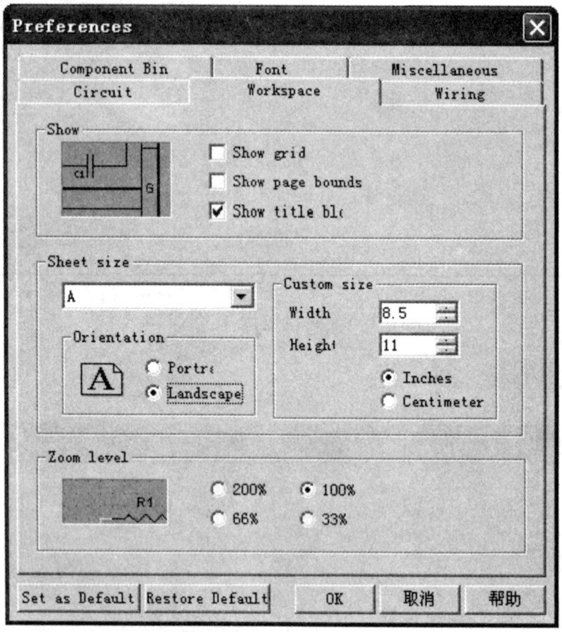

图 10.54　Workspace 标签页

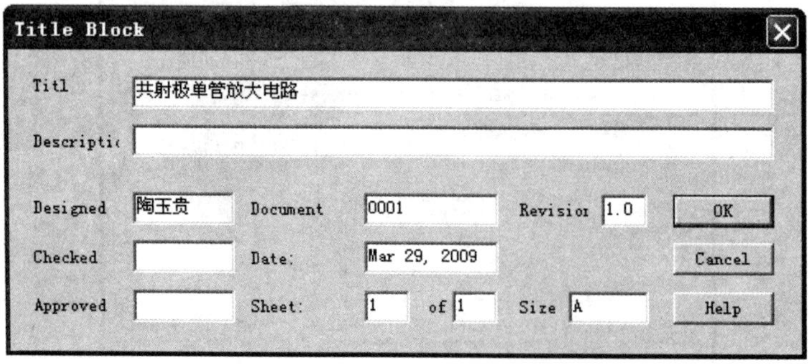

图 10.55　Title Block 对话框

(3) 在 Sheet size 区,选择图纸的规格。

在 Sheet size 区,可以根据设计的需要选择美国标准图纸 A、B、C、D、E,也可选择国际标准 A4、A3、A2、A1、A0,或自定义(Custom size)图纸大小。在 Orientation 栏中设置纸张摆放的方向:Portrait(纵向)或 Landscape(横向)。

在 Preferences 对话框中选择其他标签,还可以设置电路的颜色、大小及文字的放置等。

经过以上几步的设置后,电路界面如图 10.56 所示。

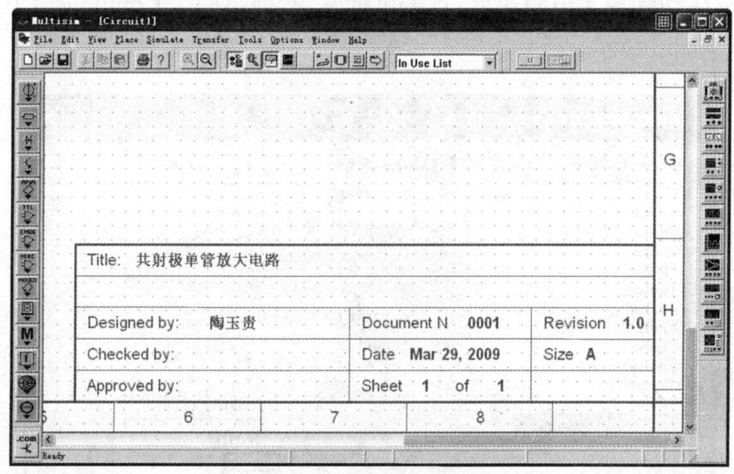

图 10.56 用户设置的界面

3. 放置元器件

Multisim 软件提供的众多的元器件模型分门别类地存放在工具栏的各个元器件库中。放置元器件就是将电路中所用的元器件从器件库中放置到工作区,这也是电路仿真的第一步。共射极单管放大电路包含有电阻、电容、NPN 三极管和直流电压源、交流电压源和接地等。下面介绍元器件放置的具体方法与步骤:

(1) 放置电阻

用鼠标点击 Basic 基本器件库按钮,即可打开该器件库,如图 10.57 所示。为了编辑方便,将其横向放置。从图中可以看出,器件库中有两个电阻箱,左边一个称为现实电阻箱,存放着现实存在的电阻元件,其阻值符合实际标准,如 1.0 kΩ、2.0 kΩ及 680 kΩ 等。这些元件通常在市面上可以买到。右边一个称为虚拟电阻

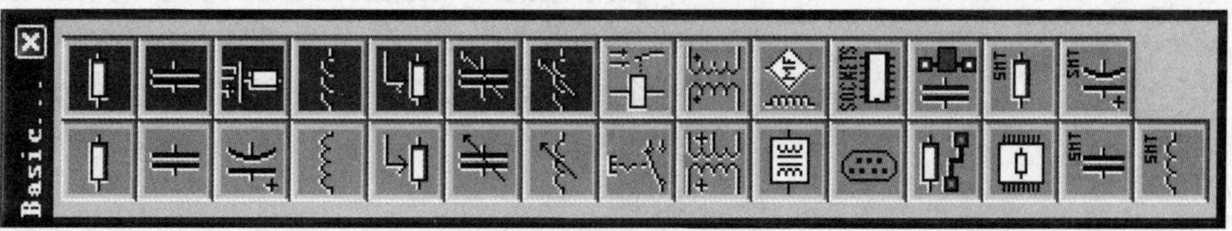

图 10.57 基本元器件库

箱，虚拟电阻箱用绿色衬底表示，虚拟电阻调出来默认值均为 1 kΩ，可以任意设置虚拟电阻的阻值，像 5 kΩ、250 kΩ 等非标准化电阻，在现实中不存在，可以由设置虚拟电阻的阻值来获得。为了与实际电路接近，应该尽量选用现实电阻箱中的电阻元件。

将光标移动到现实电阻箱上，点击鼠标左键，弹出一个 Component Browser 对话框，如图 10.58 所示。

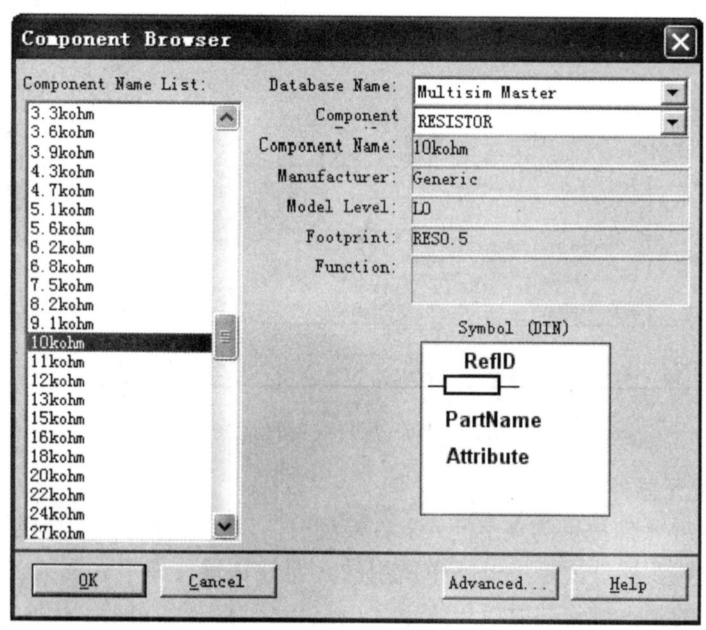

图 10.58 Component Browser 对话框

在对话框中拉动滚动条，找出 10 kΩ 的电阻，单击 OK 按钮，选中的 10 kΩ 的电阻紧随着鼠标指针在电路窗口内移动，移到合适位置后，单击即可将这个 10kΩ 的电阻放置在当前位置。同理可将 200 kΩ、680 Ω 和两个2.0 kΩ的电阻一一放到电路窗口的适当位置上。如要使电阻垂直放置，可让光标指向某元件，点击鼠标右键可弹出一个快捷菜单，如图 10.59 所示。在快捷菜单中选取 90 Clockwise 或 90 CounterCW 命令使其旋转 90°。

Cut	Ctrl+X
Copy	Ctrl+C
Flip Horizontal	Alt+X
Flip Vertical	Alt+Y
90 Clockwise	Ctrl+R
90 CounterCW	Shift+Ctrl+R
Color...	
Help	F1

图 10.59 元器件操作快捷菜单

(2) 放置电容

与前述放置电阻相似，在现实无极性电容器

件箱中选择两个 10 μF 电容（“uF”表示“μF”），并将其放置到电路窗口的合适位置。而无极性的现实电容箱中没有 470 μF 的电容，可以调用虚拟电容箱。点击 Basic 元件库中右边带绿色衬底的虚拟电容箱，点击鼠标左键随鼠标指针带出一个虚拟电容，移到合适位置，点击将其放好。虚拟电容的默认值是 1 μF，双击该电容符号，出现如图 10.60 所示的 Virtual Capacitor 属性对话框。打开 Value 标签，将 Capacitance 项的数值修改为 470，点击“确定”按钮，则选定了一个 470 μF 的电容。

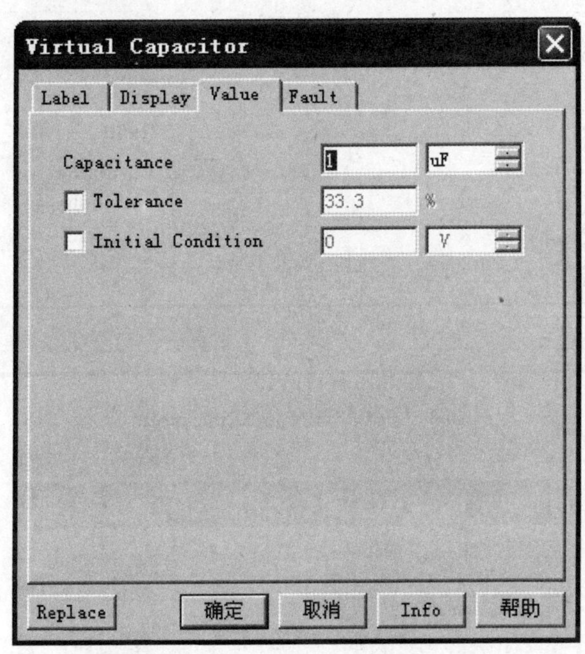

图 10.60　Virtual Capacitor 属性对话框

（3）放置 NPN 三极管

用鼠标点击晶体管库按钮，打开晶体管器件库，显示所有元器件箱，点击打开 NPN 晶体管选择框如图 10.61 所示。晶体管模型也分为现实模型和虚拟模型两种。因本例电路中所用的三极管为 3DG6（$\beta=60$）为我国产品型号，现实器件箱中没有，只能在虚拟模型中选取。点击 BJT_NPN 虚拟器件箱，立即出现一个 BJT_NPN_VIRTUAL三极管跟随鼠标移动，到合适位置单击鼠标左键将其放置，然后双击该元件，弹出 BJT_NPN_VIRTUAL 属性对话框，如图 10.62 所示。点击 Value 标签页中的 Edit Model 按钮，弹出 Edit Model 对话框，如图 10.63 所示。在对话框中将 BF(即 β)数值 100 修改为 60，然后单击 Change Part Model 按钮，回到 BJT_NPN_VIRTUAL 对话框，点击“确定”按钮，则完成对 BJT_NPN_VIRTUAL 的 β 值修改。

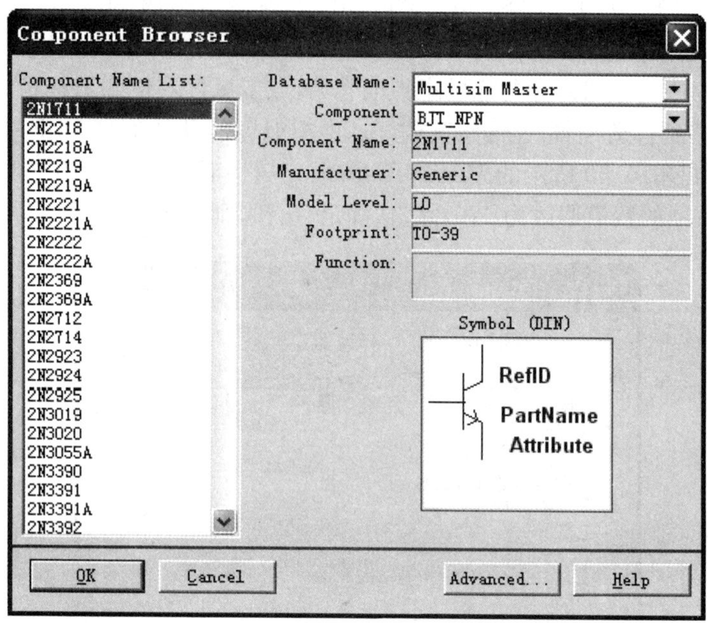

图 10.61　NPN 晶体管选择框

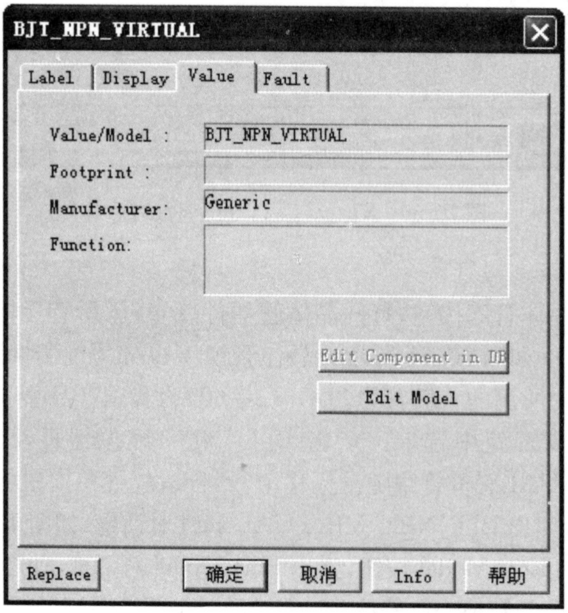

图 10.62　BJT_NPN_VIRTUAL 属性对话框

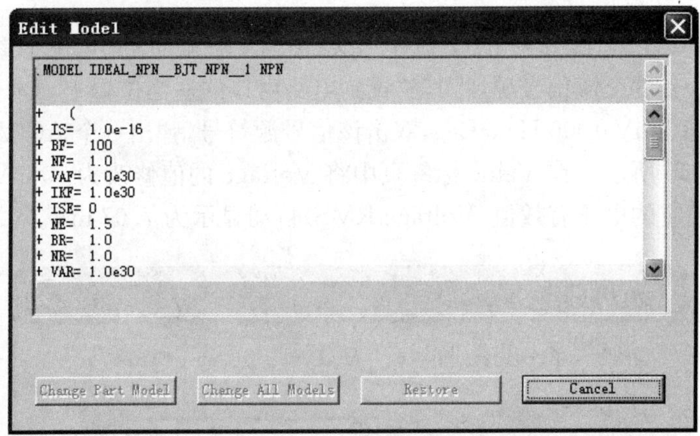

图 10.63　Edit Model 对话框

(4) 放置 20 V 直流电源

直流电源为放大电路提供电能,直流电压源可从 Source 电源库来选取。点击 Source 电源库,在弹出的电源箱中单击直流电压源图标,即可取出一个直流电压源跟随鼠标移动,到合适位置单击放置,直流电压源默认值为 12 V,双击该电源,出现图 10.64 所示 Battery 属性对话框,在对话框中将 Voltage 电压值改为 20 V,单击"确定"按钮即可得到一个 20 V 的直流电压源。

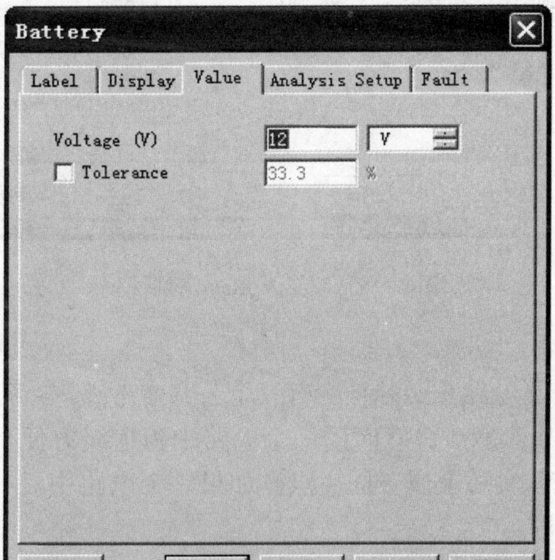

图 10.64　Battery 属性对话框

(5) 放置交流信号源

点击 Source 电源库中的交流电压源图标，随鼠标带出一个参数为 1 V 1000 Hz 0 Deg 的交流信号源，将其放置到电路窗口的适当位置上。本例电路中要求信号源是 10 mV 1000 Hz 0 Deg，双击该信号源符号，弹出一个 AC Voltage 对话框，如图 10.65 所示。在 Value 标签页中将 Voltage 的值修改为 10 mV，这是最大电压值，其相应的电压有效值(Voltage RMS)自动显示为 7.07 mV。

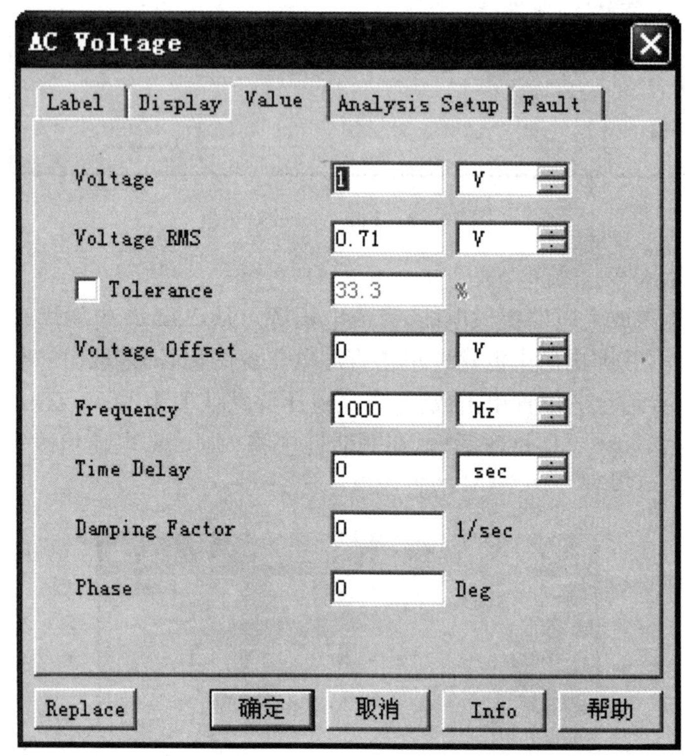

图 10.65　AC Voltage 对话框

(6) 放置接地端

在 Multisim 仿真电路中必须至少有一个公共参考点，参考点的电位为 0 V，接地端就是电路的公共参考点。有时同一个电路中为连线方便可以有多个接地端，它们的电位都是 0 V，实质上属于同一点。如果一个电路中没有接地端，通常不能有效地进行仿真分析。

放置接地端非常方便，只需点击 Source 器件库中的接地按钮，将其拖到电路窗口的合适位置即可。

放置完成元器件的电路窗口如图 10.66 所示。

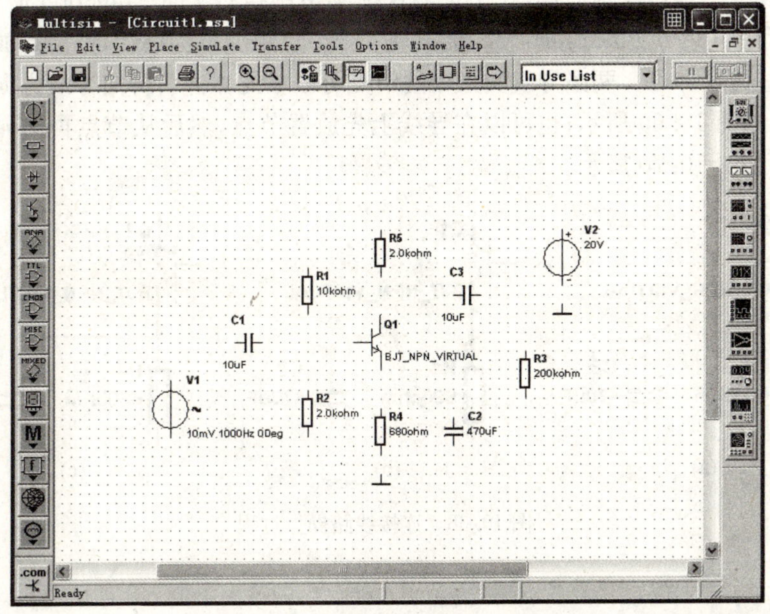

图 10.66 已放置在电路窗口的元器件

Multisim 界面上的 In Use List 栏内列出了电路所使用的全部元器件，如图 10.67 所示，使用它可以检查所调用的元器件是否正确。

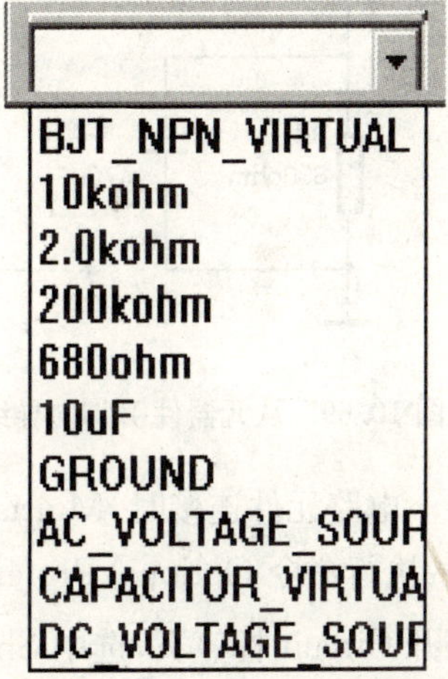

图 10.67 电路元件列表

删除元器件时可用鼠标单击该元器件将其选中，然后按下键盘上的 Del 键，或执行 Edit\Delete 命令。

4. 电路图的编辑与处理

(1) 连接线路

Multisim 仿真软件具有非常方便快捷的连线功能。将鼠标移动到所要连接的元器件的引脚上，鼠标指针就会自动形成一个带十字的圆形黑点，点击鼠标左键拖动鼠标会自动拉出一条虚线，如图 10.68(a)所示；到达连线的拐点处单击一下鼠标左键，然后继续移动鼠标，如图 10.68(b)所示；最后移动鼠标到要连接的元器件引脚处再点击一下鼠标左键，完成线路的连接，如图 10.68(c)所示。

(2) 放置节点

Multisim 仿真软件中一个节点可以连接 4 个方向的导线，且节点可以直接放置在连线中。点击鼠标右键,在出现的快捷菜单中执行 Place junction 命令,或执行菜单命令 Place\Place junction,会出现一个节点跟随鼠标移动,把节点放置到导线上合适位置即可。两条导线交叉处的节点可以从元器件引脚向导线方向连接自然形成,如图 10.69 所示;也可以在导线上先放置节点,然后从节点再向元器件引脚连线,如图 10.70 所示。

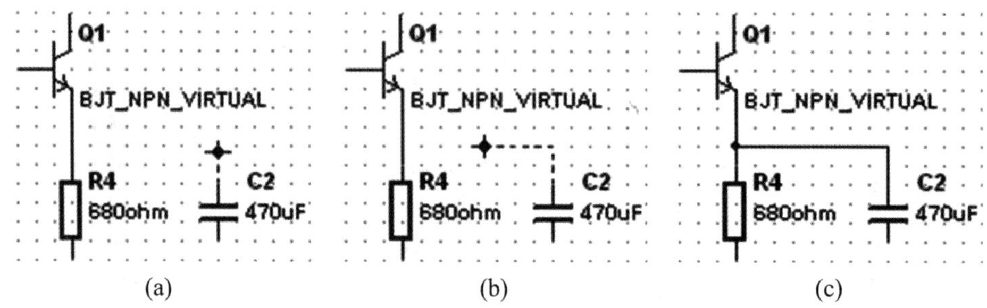

图 10.68　连接线路操作过程

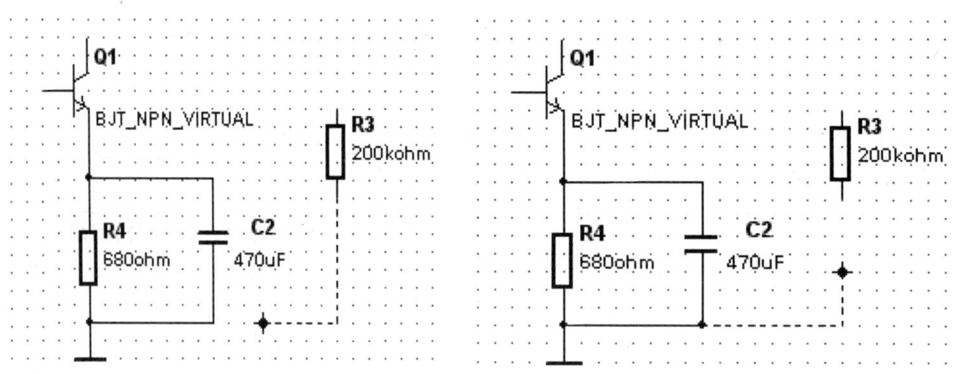

图 10.69　从元器件引脚向导线方向连线　　图 10.70　从节点向元器件引脚连线

电路元件连接时,Multisim 会自动给出每个节点的序号,显示节点序号的方法是:执行命令 Options\Preferences…,弹出 Preferences 对话框,如图 10.71 所示。打开 Circuit 标签页,选中 Show 区的 Show node names 项,点击对话框下部的 OK 按钮即可。

(3) 删除元器件或连线

删除元器件或连线的方法有两种:一是用鼠标箭头指向所要删除的元器件或连线,点击将其选中,然后按下 Del 键,或执行 Edit\Delete 命令;二是让鼠标箭头指向所要删除的元器件或连线,点击右键,弹出如图 10.72 所示快捷菜单,执行 Cut 或 Delete 命令。

如想撤销删除,可启动 Edit 菜单中 Undo 命令将其恢复。删除元器件时,与该元器件连接的连线会一并消失,而删除连线不影响到元器件。

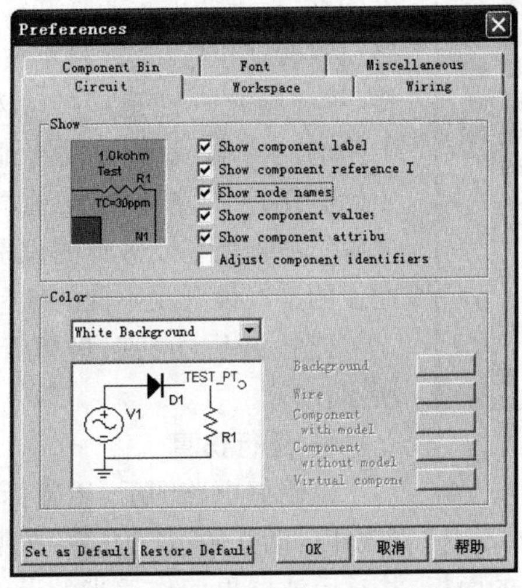

图 10.71 Preferences 对话框

Cut Ctrl+X
Copy Ctrl+C
Flip Horizontal Alt+X
Flip Vertical Alt+Y
90 Clockwise Ctrl+R
90 CounterCW Shift+Ctrl+R
Color...
Help F1

(a) 元器件快捷菜单

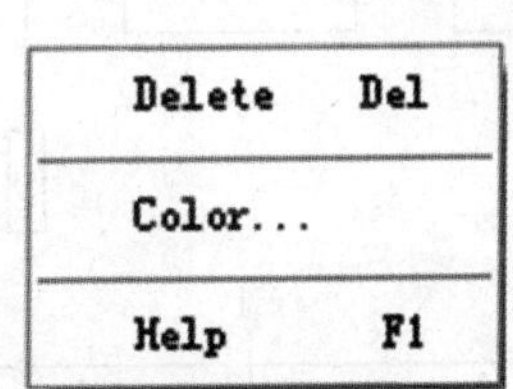

(b) 连线快捷菜单

图 10.72 元器件和连线快捷菜单

(4) 设置元件或连线颜色

要设置元件或连线的颜色,方法是用鼠标箭头指向该元器件或连线,点击右键,弹出如图 10.72 所示快捷菜单。执行 Color 命令即弹出“颜色”对话框,如图 10.73 所示。根据需要用鼠标单击所需色块,并按下“确定”按钮,即可设置元器件或连线的颜色。

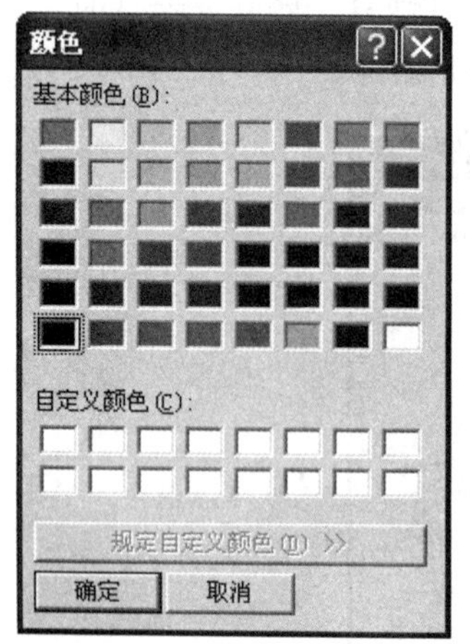

图 10.73 "颜色"对话框

5. 连接仪器仪表

在电路窗口右边的仪器仪表工具栏中找到示波器图标，点击调出示波器并移动鼠标将其放置在电路窗口合适位置，然后将示波器与单管放大电路连接，示波器的 A 通道端接输入信号源，B 通道端接电路的输出端，示波器的接地端直接接地（因电路中已有接地，示波器的接地端也可不接）。为了方便对示波器所显示波形的识别和读数，通常将 A、B 通道的连线设置为不同的颜色。

连接好后的共射极单管放大电路如图10.74所示。

6. 运行仿真

编辑好电路图后，用鼠标左键点击电路窗口右上角的仿真开关，Multisim 仿真软件自动开始运行仿真，要观察波形还需要双击示波器图标，展现示波器的面板，并对示波器界面作适当的设置，就可以显示测试的波形和数值，图 10.75 所示为本例共射极单管放大电路连接的示波器所显示的输入输出波形。

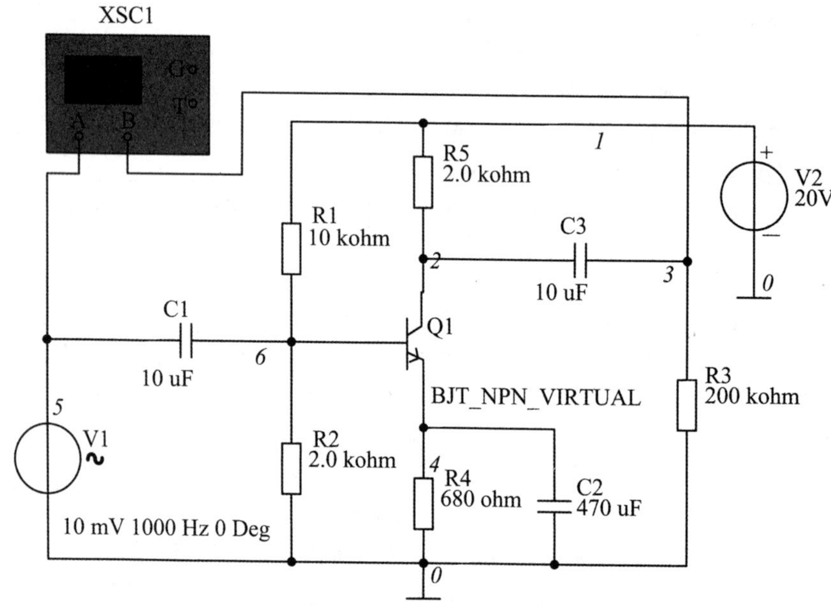

图 10.74 连接好后的共射极单管放大电路

如果要暂停仿真操作，可用鼠标左键点击电路窗口右上角的暂停开关，Multisim 仿真软件将停止运行仿真。也可以选择 Simulate\Pause 命令停止仿真。再次按下暂停开关，或选择执行 Simulate\Run 命令，重新进行仿真。

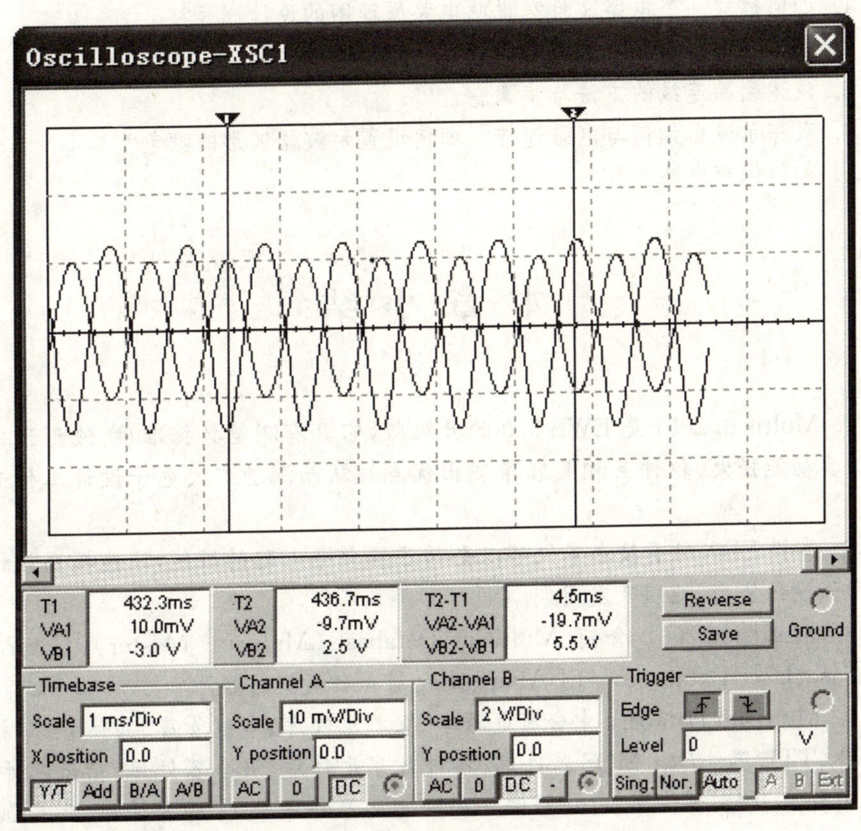

图 10.75　本例示波器显示的输入输出波形

7. 保存电路文件

仿真结束后，可执行 File\Save 命令保存文件。如果文件是第一次存盘，屏幕将弹出一个对话框，此时输入电路图的文件名"共射极单管放大电路"和保存路径，单击"确定"按钮即可。如不是第一次文件存盘，执行 File\Save 命令后，将弹出一个对话框："共射极单管放大电路. msm 文件已经存在，是否替换?"你可根据需要单击"是"或"否"按钮进行选择。

如想将文件改名存盘，可执行 File\Save As 命令保存，输入电路图新文件名和保存路径，单击"确定"按钮即可。

思考题

1. 如何建立一个电路文件？说明电路原理图的设计流程？
2. 如何在电路窗口放置电源、电阻、电容、三极管等元器件？
3. 叙述删除连线的方法与步骤。
4. 双踪示波器如何与电路连接？如何设置示波器波形的颜色？
5. 如何保存电路文件？

本章小结

1. Multisim 2001 是 EWB 5.0 的升级版，它具有测量数据准确、波形形象直观、仿真功能强大、软件互相兼容等突出优点。从而深受广大电子设计工作者的喜爱。

2. 掌握 EDA 仿真技术不仅可以全面了解整个电路的性能，还能提高设计效率，增强设计能力、缩短开发周期。

3. Multisim 2001 含有 Multisim Database (Multisim Master)、Corporate Database、User Database 和 EDAParts Bar 等 4 种类型的器件库。

4. Multisim Database 中含有电源库、基本元件库、二极管库、晶体管库、模拟元件库、TTL 器件库、CMOS 器件库、各种数字元件库、混合器件库、指示器件库、其他器件库、控制器件库、射频器件库和机电类器件库等 14 种器件库，共 6000 多个元器件。

5. Multisim 2001 含有电压表、电流表、数字万用表、函数信号发生器、瓦特表、示波器、扫频仪、字信号发生器、逻辑分析仪、逻辑转换器、失真分析仪、频谱分析仪和网络分析仪等 13 种虚拟仪器仪表

6. Multisim 2001 进行电路仿真的设计流程为创建电路文件→规划电路界面→放置元器件→电路原理图的编辑与处理→连接仪器仪表→运行仿真→保存电路文件。

习 题 10

10.1 用 Multisim 2001 创建如图题 2.7(a)所示电路(BJT 选用 2N3903),并进行仿真分析,求解静态工作点和最大不失真输出电压 U_{om}。

10.2 用 Multisim 2001 创建如图题 2.9 所示电路(BJT 选用 2N3903),并进行仿真分析,求解放大电路的 Q 点、A_u、R_i 和 R_o。

10.3 用 Multisim 2001 创建如图题 3.8 所示源极输出器电路(JFET 选用 2SK117),利用仿真分析确定电路的静态工作点。

10.4 用 Multisim 2001 创建如图题 5.4 所示差分放大电路(BJT 选用 2N3391),利用仿真分析求解差模电压增益 A_{ud} 和共模电压增益 A_{uc}。

10.5 用 Multisim 2001 创建如图题 5.11 所示电路,利用仿真分析求解各电路输出电压 U_O。

10.6 用 Multisim 2001 创建如图 6.5 所示 RC 桥式正弦波振荡电路,利用仿真分析计算输出正弦信号的周期 T、频率 f_0 和峰值电压 U_{op}。

10.7 用 Multisim 2001 创建如图题 8.8 所示三端集成稳压器 7805 构成的直流稳压电路,利用仿真分析 $U_I=16$ V 时的输出电压 U_O。

附录 1　常用电子元件使用知识

1. 电阻器

电阻器是电子电路中应用最广泛的电子元件之一，主要用于控制和调节电路中的电流和电压，或用作消耗电能的负载。电阻器的种类繁多，根据电阻器的工作特性及在电路中的作用来分，可分为固定电阻、可变电阻（电位器）和敏感电阻三大类；按材料来分，有碳膜电阻器、金属膜电阻器、合成膜电阻器、线绕电阻器、熔断电阻器、热敏电阻器、光敏电阻器、贴片电阻器等；从使用的场合不同来分，有精密电阻、大功率电阻、高频电阻、高压电阻、热敏电阻、光敏电阻、和熔断电阻等；按功率来分，有 1/16 W、1/8 W、1/4 W、1/2 W、1 W、2 W 等额定功率的电阻；按电阻值的精确度来分，有精确度为±5%、±10%、±20%等的普通电阻，还有精确度为±0.1%、±0.2%、±0.5%、±1%和±2%等的精密电阻。常见电阻器的电路符号如附图 1.1 所示。

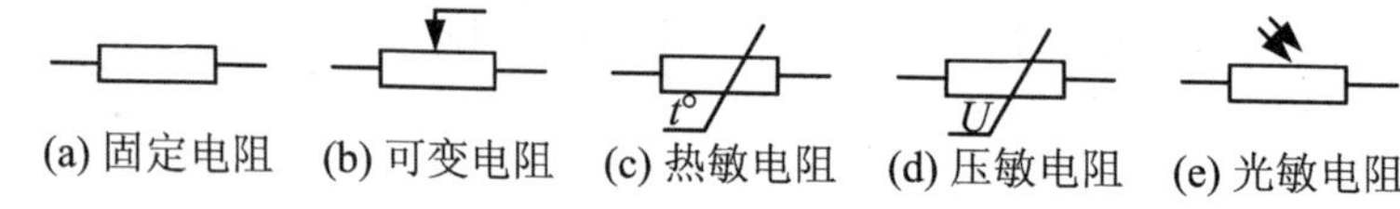

附图 1.1　常见电阻器的电路符号

（1）电阻器型号命名方法

根据国家标准 GB2471-81 电阻器的型号有四部分组成，各部分的符号及含义如附表 1.1 所示。

附表 1.1　电阻器型号中的符号及含义

<table>
<tr><td colspan="2">第一部分:主称</td><td colspan="2">第二部分:材料</td><td colspan="3">第三部分:分类</td><td rowspan="3">第四部分:序号</td></tr>
<tr><td rowspan="2">符号</td><td rowspan="2">含义</td><td rowspan="2">符号</td><td rowspan="2">含义</td><td rowspan="2">符号</td><td colspan="2">含义</td></tr>
<tr><td>电阻器</td><td>电位器</td></tr>
<tr><td rowspan="4">R
W</td><td rowspan="4">电阻器
电位器</td><td rowspan="4">T
H
S
N
J</td><td rowspan="4">碳膜
合成膜
有机实芯
无机实芯
金属膜</td><td>1</td><td>普通</td><td>普通</td><td rowspan="4">对主称、材料相同，性能指标、尺寸大小有区别，不影响互换使用的产品，给与相同序号；</td></tr>
<tr><td>2</td><td>普通</td><td>普通</td></tr>
<tr><td>3</td><td>超高频</td><td>—</td></tr>
<tr><td>4</td><td>高阻</td><td>—</td></tr>
</table>

续表

第一部分:主称		第二部分:材料		第三部分:分类			第四部分:序号
符号	含义	符号	含义	符号	含义		
					电阻器	电位器	
		Y	氧化膜	5	高温	—	对主称、材料相同,性能指标、尺寸大小有区别,影响互换使用的产品,在序号后面用大写字母作为区别代号
		C	沉积膜	6	—	—	
		I	玻璃釉膜	7	精密	精密	
		P	硼酸膜	8	高压	特殊函数	
		U	硅酸膜	9	特殊	特殊	
		X	线绕	G	高功率	—	
		M	压敏	L	测量用		
		G	光敏	T	可调	—	
		R	热敏	W	—	微调	
				D	—	多圈	
				B	温度补偿	—	
				C	温度测量	—	
				P	旁热式	—	
				W	稳压式	—	
				Z	正温度系数		

(2) 电阻器的主要性能指标

① 电阻器的标称值

标志在电阻器上的电阻值称为标称值。电阻值的单位是欧姆(Ω),另外还有千欧(kΩ)、兆欧(MΩ)等,它们之间的关系为:1 MΩ=10^3 kΩ=10^6 Ω。按我国国家标准规定,任何电阻器的标称值都应符合附表1.2所列数字乘以10^n Ω的关系,其中n为整数。

附表1.2 电阻器标称系列及误差表

系列	允许偏差	电阻器标称值系列											
E24	Ⅰ级(±5%)	1.0	1.1	1.2	1.3	1.5	1.6	1.8	2.0	2.2	2.4	2.7	3.0
		3.3	3.6	3.9	4.3	4.7	5.1	5.6	6.2	6.8	7.5	8.2	9.1
E12	Ⅱ级(±10%)	1.0	1.2	1.5	1.8	2.2	2.7	3.3	3.9	4.7	5.6	6.8	8.2
E6	Ⅲ级(±20%)	1.0	1.5	2.2	3.3	4.7	6.8						

电阻的阻值和允许偏差的标注方法有直标法、色标法两种。直标法是将电阻的阻值和误差直接用数字和字母印在电阻上(无误差标示为允许误差 20%)。另外有习惯标记法,即采用字母和数字混排的形式,数字为有效数字,夹在数字中间的字母的位置即小数点的位置和单位,另一字母表示误差。电阻器偏差标志符号如附表 1.3 所示。

附表 1.3 电阻器偏差标志符号表

允许误差( )	标志符号	允许误差( )	标志符号	允许误差( )	标志符号
±0.001%	E	±0.1%	B	±10%	K
±0.002%	Z	±0.2%	C	±20%	M
±0.005%	Y	±0.5%	D	±30%	N
±0.01%	H	±1%	F		
±0.02%	U	±2%	G		
±0.05%	W	±5%	J		

色标法是将不同颜色的色环印刷在电阻器上来表示电阻器的标称值及允许误差,颜色和数值的对应关系如附表 1.4 所示。

附表 1.4 电阻器色环的意义

颜色	有效数字	倍乘数	允许误差	颜色	有效数字	倍乘数	允许误差
棕	1	1	±1%	灰	8	8	—
红	2	2	±2%	白	9	9	—
橙	3	3	—	黑	0	0	—
黄	4	4	—	金	—	−1	±5%
绿	5	5	±0.5%	银	—	−2	±10%
蓝	6	6	±0.2%	无色	—	—	±20%
紫	7	7	±0.1%				

说明:表中倍乘数一栏的数字表示 10 的幂指数。

色标法分为四色环色标法和五色环色标法,其识别规则如附图 1.2 所示。普通电阻器大多用四色环色标法来标注,精密电阻器大多用五色环色标法来标注。

如附图 1.3 所示为一个四色环电阻,其含义是阻值为 47 kΩ,误差为 5%。

② 电阻器的额定功率

电阻器的额定功率指电阻器在直流或交流电路中,在产品规定的温度和湿度范围内，并假定周围空气不流通、长时间连续工作所允许消耗的最大功率。电路中电阻器消耗的实际功率必须小于其额定功率，否则，电阻器的阻值及其他性能将会发生变化，甚至发热烧毁。

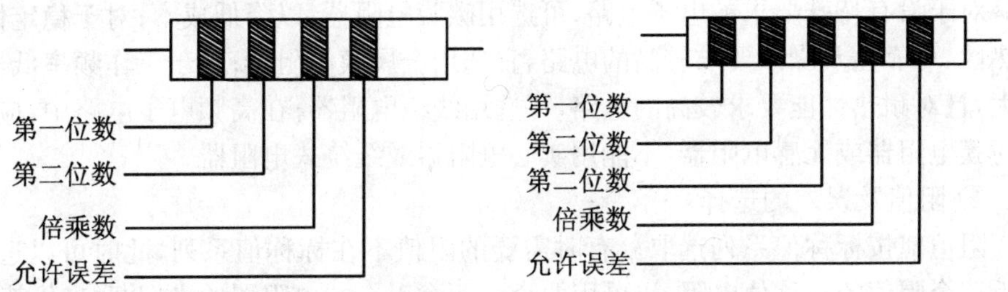

附图 1.2　固定电阻器色环标志读数识别规则

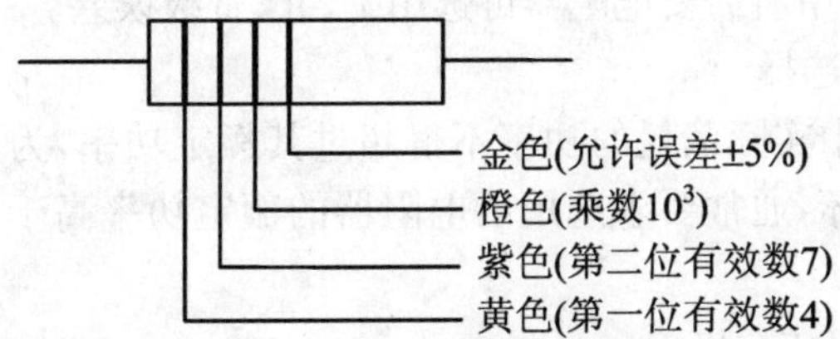

附图 1.3　四色环色标法电阻示例

电阻器额定功率系列有 0.125 W、0.25 W、0.5 W、1 W、2 W、5 W、10 W 等。2 W以上的电阻，直接用数字印在电阻体上；2 W 以下的电阻，以自身体积大小来表示功率，体积越大，额定功率就越大。在电路图上表示电阻功率时，采用附图 1.4 所示符号。

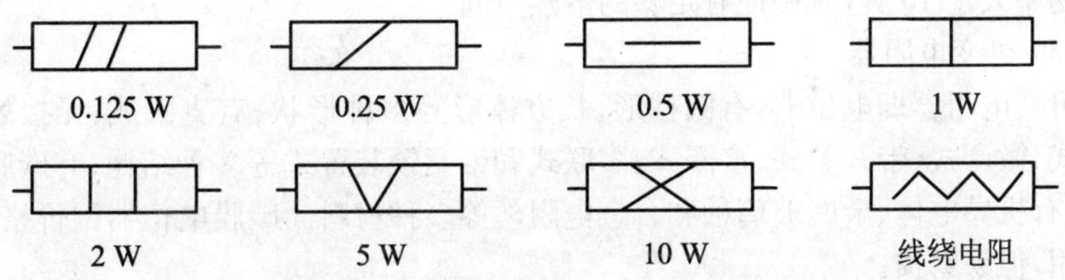

附图 1.4　电阻额定功率电路符号

③ 极限工作电压

实际电阻所能承受电压的能力是有限的，特别是阻值较大的电阻器。当电压过高时，虽然实际消耗的功率未超过额定值，但电阻器内会产生电弧火花，使电阻器损坏或变质。一般来说，额定功率大的电阻，它的耐压较高。例如，0.125 W 的碳膜电阻器极限工作电压为 150 V，而 0.25 W 的碳膜电阻器极限工作电压为

250 V。同功率的金属膜电阻器的极限工作电压要比碳膜的高一些。

(3) 电阻器的选用

① 类型选择

对于没有特殊要求的电子电路,可选用碳膜电阻器,以降低成本;对于稳定性、耐热性、可靠性及噪声要求较高的电路,宜选用金属膜电阻器;对于工作频率低,功率大,且对耐热性能要求较高的电路,可选用线绕电阻器;在高频电子电路中,应选用薄膜电阻器或无感电阻器,不能用实心电阻器或线绕式电阻器。

② 阻值及误差的选择

阻值应按标称值系列选取。有时需要的阻值不在标称值系列,此时可以选择最近这个阻值的标称值电阻,也可用两个或两个以上的电阻器的串、并联来代替。

误差选择应根据该电阻在电路中所起的作用,除一些对精度有特别要求的电路外,一般电子线路中所需要电阻器可选用Ⅰ、Ⅱ、Ⅲ级误差。

③ 额定功率的选择

电阻器在电路中实际消耗的功率不得超过其额定功率,为了保证电阻器长期使用不会变质或损坏,通常要求选用的电阻器的额定功率高于实际消耗功率的两倍以上。

(4) 电阻器使用注意事项

① 在高压电路中,应注意电阻器的极限工作电压,以防电阻器内产生电弧,致使电阻器击穿或烧毁。

② 电阻器在使用之前必须进行检测。

③ 电阻器的引线不要从根部弯曲,否则容易将引线折断。焊接时,对电阻器加热时间要适当。若时间过长,电阻器长期受热,易使其变质或损坏。若电阻器的额定功率大于 10 W,应保证有足够的散热空间。

(5) 可变电阻器

可变电阻器即电位器,有圆柱形、长方体形等多种形状;有直滑式、无接触式、旋转式、微调式、带开关式、多圈式、多联式和带紧锁装置式等多种结构;有碳膜、合成膜、有机导电体、金属玻璃釉和合金电阻丝等多种材料。碳膜电位器因价格较便宜常用,但易磨损。

电位器在旋转时,其阻值随旋转角度变化而变化,变化规律有 X 直线型、Z 指数型和 D 对数型等三种形式。

直线型:阻值随旋转角度均匀变化,主要用于分压、调整电流等方面。

指数型:阻值随旋转角度呈指数关系变化,主要用于音量调节。

对数型:阻值随旋转角度呈对数关系变化,主要用于仪器仪表等的特殊调节。

2. 电容器

电容器是电子电路中常用的基本元件之一,是一种储存电能的元件,利用电容器充电、放电和隔直流通交流的特性，用来隔直流、旁路交流、滤波、定时、耦合及组成振荡电路等。电容器的电路符号如附图 1.5 所示。电容器的种类很多，按其结构分可分为固定电容器、可变电容器和半可变电容器。

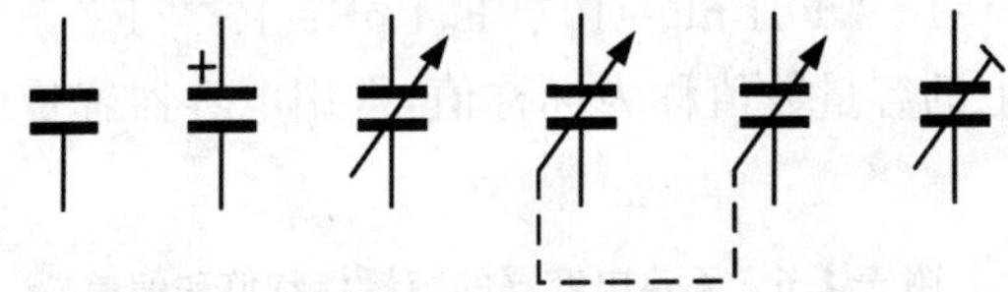

附图 1.5　电容器的电路符号

(1) 电容器型号命名方法

根据国家标准 GB2471-81 及 GB2691-81，电容器型号命名方法如附表 1.5 所示。

附表 1.5　电容器型号命名法

第一部分:主称		第二部分:材料		第三部分:特征、分类					第四部分:序号
符号	意义	符号	意义	符号	意义				
					瓷介	云母	玻璃	电解	
C	电容器	C	瓷介	1	圆片	非密封	—	箔式	对主称、材料相同，性能指标、尺寸大小有区别，不影响互换使用的产品，给与相同序号；对主称、材料相同，性能指标、尺寸大小有区别，影响互换使用的产品，在序号后面用大写字母作为区别代号
		Y	云母	2	管形	非密封	—	箔式	
		I	玻璃釉	3	叠片	密封	—	烧结粉固体	
		O	玻璃膜	4	独石	密封	—	烧结粉固体	
		Z	纸介质	5	穿心	—	—	—	
		J	金属化纸介	6	支柱	—	—	—	
		B	聚苯乙烯	7	—	—	—	无极性	
		L	涤纶	8	高压	高压	—	—	
		Q	漆膜	9	—		—	特殊	
		S	聚碳酸酯						
		H	复合介质						
		D	铝电解质						
		A	钽电解质						
		N	铌电解质						
		G	合金电解质						
		T	钛						
		E	其他电解质						

(2) 电容器的主要性能参数

① 标称容量及允许误差

电容器的单位是法拉(F)，这是一个非常大的单位，常用单位有毫法(mF)、微法(μF)、纳法(nF)和皮法(pF)等，它们与基本单位法拉(F)之间的换算关系是：1 mF=10^{-3} F，1 μF=10^{-6} F，1 nF=10^{-9} F，1 pF=10^{-12} F。

标志在电容器上的容量数值称为标称值，常用电容器容量的标称值和允许误差如附表 1.6 所示。

附表 1.6　固定电容器的容量标称值和偏差

类型	允许误差	容量标称值	
纸介质、金属化纸介质、低频无极性有机介质电容器	±5%	100 pF～1 μF	1.0 1.5 2.2 3.3 4.7 6.3
	±10%	1 μF～100 μF	1 2 4 6 8 10 15 20
	±20%	只取表中值	30 50 60 80 100
无极性高频有机薄膜介质、瓷介质、云母等无机介质电容器	±5%	1.0 1.1 1.2 1.3 1.5 1.6 1.8 2.0 2.2 2.4 2.7 3.0 3.3 3.6 3.9 4.3 4.7 5.1 5.6 6.2 6.8 7.5 8.2 9.1	
	±10%	1.0 1.2 1.5 1.8 2.2 2.7 3.3 3.9 4.7 5.6 6.8 8.2	
	±20%	1.0 1.5 2.2 3.3 4.7 6.8	
铝、钽电解电容	±10%～±20%	1.0 1.5 2.2 3.3 4.7 6.8	
	−20%～+50%		
	−10%～+100%		

电容器的标示方法有直标法、文字符号法和色标法几种。

直标法是指在电容器的表面直接用数字或字母标注标称容量、额定电压及允许偏差等主要技术参数的方法，如附图 1.6(a)(b)所示。

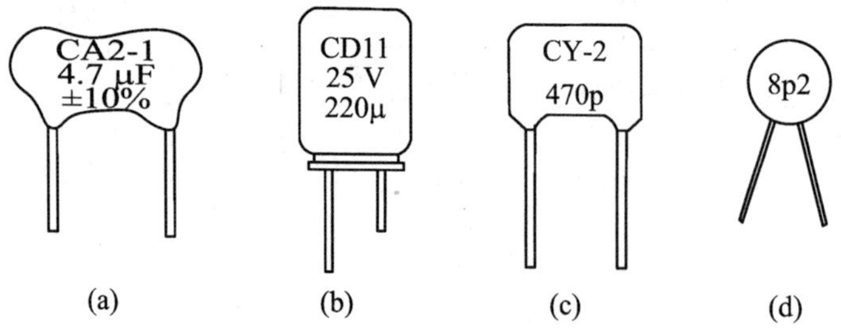

附图 1.6　直标法电容器

文字符号法是用特定符号和数字表示电容器的容量、耐压、误差的方法。一般数字表示有效数值，字母表示数值的量级。常用的字母有 m、μ、n、p 等，字母 m 表示毫法(mF)、μ 表示微法(μF)、n 表示纳法(nF)、p 表示皮法(pF)。例如 10 μ 表示标称容量为 10 μF,10 p 表示标称容量为 10 pF 等,如附图 1.6(c)所示。

字母有时也表示小数点。例如 p33 表示 0.33 pF,2p2 表示 2.2 pF,3μ3 表示 3.3 μF,2 m2 表示 2200 μF,如附图 1.6(d)所示。

有时用 3 位数字表示,前两位数字表示标称容量的有效数字,第三位表示有效数字后面零的个数,即倍乘数,但第三位倍乘数是 9 时,表示 $\times 10^{-1}$,单位为皮法(pF)。例如:

102 表示 $10\times 10^{2}=1000$ pF

224 表示 $22\times 10^{4}=0.22$ μF

339 表示 $33\times 10^{-1}=3.3$ pF

有时也在数字前面加字母 R 或 p 表示零点几微法或皮法。例如 p33 表示 0.33 pF,R22 表示 0.22 μF。

电容器色标法与电阻器色标法基本相同,标志的颜色符号与电阻器相同,见附表 1.4,其单位是皮法(pF)。电解电容器的工作电压有时也采用颜色标志:棕色代表 6.3 V,红色代表 10 V,灰色代表 16 V。色点应标在正极。

② 额定直流工作电压

额定直流工作电压指在线路上能够长期可靠地工作而不被击穿时所能承受的最大直流电压(又称耐压)。额定直流工作电压的大小与介质的种类和厚度有关。

钽、铌、钛、固体铝电解电容器的直流工作电压,是指+85℃条件下能长期正常工作的电压。如果电容器用在交流电路里,则应注意所加的交流电压的最大值(峰值)不能超过额定直流工作电压。

③ 绝缘电阻(漏阻)

绝缘电阻是指加到电容器上的直流电压与漏电流之比。理想电容器的绝缘电阻应为无穷大,但实际电容器的绝缘电阻往往达不到无穷大,而且不同种类、不同容量的电容器各不相同。绝缘电阻越大,电容器的漏电流就越小,性能就越好。常用电容器的绝缘电阻一般为 $10^{6}\sim 10^{12}\ \Omega$,电解电容器的绝缘电阻比较低,一般用漏电流的大小来衡量其质量,漏电流的单位是 μA 或 mA。

④ 损耗

理想电容器不应有能量损耗,而实际上,在电场的作用下,总有一部分电能转变成热能,从而形成损耗,小功率电容器主要由于介质极化和介质导电等原因而产生介质损耗。介质损耗的大小通常用损耗角的正切值来表示,即

$$\tan\delta = \frac{\text{损耗功率}}{\text{无功功率}}$$

在相同容量、相同工作条件下,损耗越大,电容器传递能量的效率就越低。损耗角正切值较大的电容器不适用于高频电路中。

(3) 电容器的分类和特点

电容器按容量特点可分为固定电容和可调电容。按介质分：有瓷介、纸介、云母、涤纶、独石、铝电解和钽电解等类型。

① 纸介电容器

用纸作介质，价格比较低，其温度系数大，稳定性差，损耗大，有较大的固有电感，只适合于要求不高的低频电路。

② 金属化纸介电容器

结构和性能与纸介电容器相近，但体积和损耗较后者小，内部纸介质击穿后能自愈。

③ 有机薄膜介质电容器

包括极性介质和非极性介质两类。极性介质电容器耐热和耐压性能好，常用的极性介质电容器有涤纶电容器(耐热性能好，但损耗较大，不宜用于高频)和聚碳酸酯电容器(性能优于涤纶电容器)；非极性介质电容器损耗小，绝缘电阻高，广泛用于高频电路和对容量要求精密、稳定的电路中，常用的非极性电容器有聚苯乙烯、聚丙烯、聚四氟乙烯等电容器。

④ 瓷介电容器

其介质材料为电容器陶瓷。其中高频瓷介电容器损耗小、稳定性好，可在高温下使用。低频瓷介电容器损耗大、稳定性差，但容量易做得大。独石电容器是一种多层结构的陶瓷电容器，具有体积小、容量大(低频独石电容器可达 0.47 μF)、耐高温和性能稳定等特点。

⑤ 云母电容器

以云母作为介质的云母电容器具有很高的绝缘性能，即使在高频时使用亦只有很小的介质损耗，因其固有电感很小，工作频率高，工作电压也高。

⑥ 电解电容器

电解电容器的介质为很薄的氧化膜，故容量可做得很大。由于氧化膜有单向导电性，电解电容器一般有正负极性，使用中要注意把正极接到电路中高电位的一端。电解电容器的损耗大，性能受温度影响较大，漏电流随温度升高急剧增大。电解电容器的主要品种有铝电解电容器、钽电解电容器和铌电解电容器。铝电解电容器价格便宜，最大容量可达几法拉，但性能较差，寿命短。钽电解电容器体积小，漏电小，工作稳定性高，且耐高温，寿命长，但价格较贵。

(4) 电容器的选用

① 类型选择

电容器类型一般根据它在电路中的作用及工作环境来决定。应用在高频电子电路中的电容器要求其高频特性好，云母电容器、高频瓷介质电容器是首选；应用在高压环境下的电容器要求具有较高的耐压性能，云母电容器、高压瓷介质电容器和高压穿心式电容器符合其要求;在电源滤波、去耦、低频级间耦合等电路中,要求容量大的电容器,应选用电解电容器或纸介质电容器。

② 容量及精度选择

电容器容量的数值必须按规定的标称值来选择。但需要注意的是,不同类型的电容器其标称值系列的分布规律是不相同的。

电容器的误差等级有多种,但除振荡、延时、选频等网络对电容精度要求较高外,大多数情况下,对电容精度要求不高。如低频耦合、去耦、电源滤波等电路中,其电容选±5%、±10%、±20%、±30%的误差等级都可以。

③ 耐压值选择

为保证电容器的正常工作,被选的电容器的耐压值不仅要大于其实际工作电压,而且还要留有足够的余地,一般选耐压值为实际工作电压的两倍以上。某些铁电陶瓷电容器的耐压值只是对低频时适用,高频时虽未超过其耐压值,电容也有可能击穿。

(5) 电容器的检测

测量电容器的电容量要用电容表,有的万用表也带有电容挡。在通常情况下,电容用作滤波或隔直,电路中对电容量的精确度要求不高,故无需测量实际电容量。但是,使用中应掌握电容的一般检测方法。

① 测试漏电阻(适用于 0.1 μF 以上容量的电容)

方法:用万用表的电阻挡($R\times100\ \Omega$ 或 $R\times1\ \mathrm{k\Omega}$),将表笔接触电容器的两引线。刚接触时,由于电容充电电流大,表头指针快速偏转较大的角度,随着充电电流减小,指针慢慢向 $R=\infty$ 方向返回。最后稳定处即漏电电阻值。一般电容器的漏电电阻为几百欧至几千兆欧,漏电电阻相对小的电容质量不好。若表头指针指到或接近欧姆零点,表明电容器内部短路;若指针不动,始终指在 $R=\infty$ 处,则意味着电容器内部断路或已失效。对于电容量在 0.1 μF 以下的小电容,由于漏电阻接近,难以分辨,故不能用此法测漏电阻或判定好坏。

② 电解电容器的极性检测

电解电容器的正、负极性不允许接错,当极性接反时,会因电解液的反向极化,引起电解电容器的爆裂。当极性标记无法辨认时,可根据正向连接时漏电电阻大、反向连接时漏电电阻相对小的特点判断极性。交换表笔前后两次测量漏电电阻,阻值大的一次,黑表笔接触的是正极,因为黑表笔与万用表内电池正极相接(采用数字万用表时,红表笔接电池正极)。但用这种办法有时并不能明显地区分正、反向电阻,所以使用电解电容时,要注意保护极性标记。

(6) 电容器使用注意事项

① 电容器在使用前必须进行检查。检查电容器引线是否折断,表面有无损

伤,型号、规格是否符号要求,是否击穿短路,漏电流是否过大。

② 电解电容器在使用时必须注意极性,正极接高电位端,负极接低电位端。电解电容器只能工作在直流或脉动直流电路中,安装时要注意远离发热元件。

③ 可变电容器在安装时,一般应将动片接地,这样可以避免人手转动电容器转轴时引入的干扰。

④ 电容器的引线不要从根部弯曲,焊接时间要适当,不要使电容器长期受热,以免引起电容器性能变化甚至损坏,

3. 电感器

(1) 电感器的分类

电感器一般由线圈构成。为了增加电感量 L,提高品质因素 Q 和减小体积,通常在线圈中加入软磁性材料的磁芯。

根据电感器的电感量是否可调,电感器分为固定、可变和微调电感器。可变电感器的电感量可利用磁芯在线圈内移动而在较大的范围内调节,它与固定电容器配合使用于谐振电路中起调谐作用。微调电感器可以满足整机调试的需要和补偿电感器生产中的分散性,一次调好后,一般不再变动。

按导磁体性质分类:空芯线圈、铁氧体线圈、铁芯线圈、铜芯线圈。

按工作性质分类:天线线圈、振荡线圈、扼流线圈、陷波线圈、偏转线圈。

按绕线结构分类:单层线圈、多层线圈、蜂房式线圈。

按工作频率分类:高频线圈、低频线圈。

按结构特点分类:磁芯线圈、可变电感线圈、色码电感线圈、无磁芯线圈等。

电感器的符号如附图 1.7 所示。

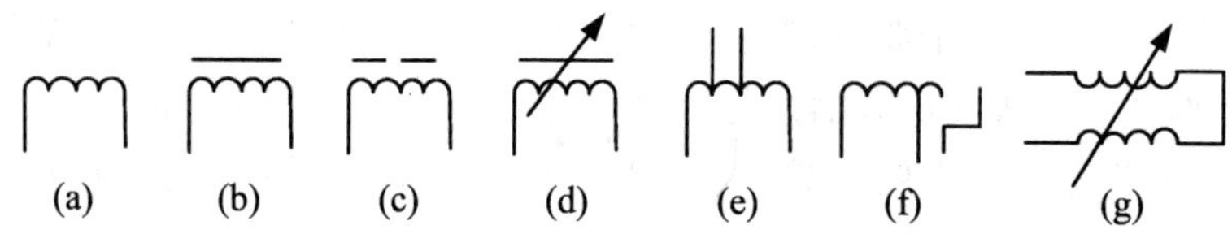

附图 1.7 电感器的符号

(a) 电感器线圈 (b) 带磁芯、铁芯的电感器 (c) 磁芯有间隙电感器 (d) 带磁芯连续可调电感器 (e) 有抽头电感器 (f) 步进移动触点的可变电感器 (g) 可变电感器

(2) 电感器的主要性能指标

① 电感量 L

电感量是指电感器通过变化电流时产生感应电动势的能力,表示线圈本身固有特性,与电流大小无关,与磁导率 μ、线圈单位长度中的匝数 n 以及体积 V 有关。电感量 L 除专门的电感线圈(色码电感)外,电感量一般不专门标注在线圈上,而以特定的名称标注。当线圈的长度远大于直径时,电感量 $L=\mu n^2 V$。电感量的常用

单位为H(亨利)、mH(毫亨)、μH(微亨)。

② 品质因数Q

品质因数Q是表示线圈质量的一个物理量,反映电感器传输能量的本领。Q等于感抗ωL与其等效的电阻R的比值,即$Q=\dfrac{\omega L}{R}$。线圈的Q值愈高,回路的损耗愈小。线圈的Q值与导线的直流电阻,骨架的介质损耗,屏蔽罩或铁芯引起的损耗,高频趋肤效应的影响等因素有关。线圈的Q值通常为几十到几百。采用磁芯线圈,多股粗线圈均可提高线圈的Q值。

③ 额定电流

额定电流指线圈允许通过的电流大小,主要对高频电感器和大功率调谐电感器而言。通过电感器的电流超过额定值时,电感器将发热,严重时会烧坏。通常用字母A、B、C、D、E分别表示,标称电流值为50 mA、150 mA、300 mA、700 mA、1600 mA。

④ 分布电容

线圈的匝与匝间、线圈与屏蔽罩间、线圈与底版间存在的电容被称为分布电容。分布电容的存在使线圈的Q值减小,稳定性变差,因而线圈的分布电容越小越好。采用分段绕法可减少分布电容。

⑤ 允许误差

电感量实际值与标称之差除以标称值所得的百分数。

(3) 电感的测量

电感测量的仪器主要有RLC测量仪(电阻、电感、电容三种都可以测量)和电感测量仪。电感测量分为空载测量(理论值)和在实际电路中的测量(实际值)。由于电感使用的实际电路过多,难以类举。所以简述在空载情况下电感量的测量步骤(RLC测量):

① 熟悉仪器的操作规则(使用说明)及注意事项;

② 开启电源,预备15~30分钟;

③ 选中L挡,选中测量电感量;

④ 把两个夹子互夹并复位清零;

⑤ 把两个夹子分别夹住电感的两端,读数值并记录电感量;

⑥ 重复步骤(4)和步骤(5),记录测量值。要有5~8个数据;

⑦ 比较几个测量值:若相差不大(0.2 μH)则取其平均值,记得电感的理论值;若相差过大(0.3 μH),则重复步骤(2)~(6),直到取到电感的理论值。

(4) 电感器使用注意事项

① 电感使用的场合。潮湿与干燥、环境温度的高低、高频或低频环境、要让电感表现的是感性,还是阻抗特性等,都要注意。

② 电感的频率特性。在低频时，电感一般呈现电感特性，即只蓄能，滤高频的特性。但在高频时，它的阻抗特性表现的很明显，有耗能发热、感性效应降低等现象。不同的电感的高频特性都不一样。

③ 电感设计要承受的最大电流，及相应的发热情况。

④ 使用磁环时，对照上面的磁环部分，找出对应的 L 值，对应材料的使用范围。

⑤ 注意导线(漆包线、纱包或裸导线)，常用漆包线。要找出最适合的线径。

附录 2　半导体分立器件型号命名法

1. 中国半导体分立器件型号命名法

按照中华人民共和国国家标准《半导体分立器件型号命名法》GB/T249-1989，晶体管的命名包含五个部分，各部分的符号及其含义如附表 2.1 所示。

附表 2.1　中国半导体分立器件型号命名法

第一部分		第二部分		第三部分				第四部分	第五部分
极数		材料和极性		类型				序号	规格
符号	意义	符号	意义	符号	意义	符号	意义		
2	二极管	A	N 锗材料	P	普通管	T	晶闸管	用阿拉伯数字表示器件序号	用汉语拼音字母表示规格的区别代号
		B	P 锗材料	V	微波管	Y	体效应器件		
		C	N 硅材料	W	稳压管	B	雪崩管		
		D	P 硅材料	C	参量管	J	阶跃恢复管		
3	三极管	A	PNP 锗材料	Z	整流管	CS	场效应器件		
		B	NPN 锗材料	L	整流堆	BT	半导体特殊器件		
		C	PNP 硅材料	S	隧道管	FH	复合管		
		D	NPN 硅材料	N	阻尼管	PIN	PIN 管		
		E	化合物	U	光电管	JG	激光器件		
				K	开关管	ZL	整流管阵列		
				X	低频小功率管	QL	硅桥式整流器		
					($f_a<3$ MHz,	SX	双向三极管		
					$P_C<1$W)	DH	电流调整管		
				G	高频小功率管	SY	瞬时抑制二极管		
					($f_a>3$ MHz,	GS	光电子显示器		
					$P_C<1$ W)	GF	发光二极管		
				D	低频大功率管	GR	红外发射二极管		
					($f_a<3$ MHz,	GD	光敏二极管		
					$P_C\geqslant1$ W)	GT	光敏晶体管		
				A	高频大功率管	GH	光耦合管		
					($f_a>3$ MHz,	GK	光开关管		
					$P_C\geqslant1$ W)				

2. 国际电子联合会半导体器件型号命名方法

国际电子联合会半导体器件型号中符号和含义如附表 2.2 所示。

附表 2.2　国际电子联合会半导体器件型号命名方法

第一部分		第二部分		第三部分		第四部分			
材料		类型		登记号		序号			
符号	意义	符号	意义	符号	意义	符号	意义	符号	意义
A	锗	A	开关、混频、检波二极管	M	封闭磁路中的霍尔元件	三位数字	通用半导体器件登记序号	A B C D	同一型号器件按某一参数分档
		B	变容二极管	P	光敏器件				
B	硅	C	低频小功率三极管	Q	发光器件				
		D	低频大功率三极管	R	小功率可控硅				
C	砷化镓	E	隧道二极管	S	小功率开关管				
		F	高频小功率三极管	T	大功率可控硅	一个字母加二位数字	专用半导体器件登记序号		
D	锑化铟	G	复合器件	U	大功率开关管				
		H	磁敏二极管	X	倍增二极管				
E	复合材料	K	开放磁路中的霍尔元件	Y	整流二极管				
		L	高频大功率三极管	Z	稳压二极管				

说明：登记号相邻的器件特性可能相差很大，器件的极性需查手册确定或测量确定。

3. 美国半导体器件型号命名方法

美国电子工业协会（EIA）制定的半导体分立器件型号中符号和含义如附表 2.3所示。

附表 2.3　美国电子工业协会(EIA)制定的半导体分立器件命名方法

第一部分		第二部分		第三部分		第四部分		第五部分	
符号	意义	符号	意义	符号	意义	符号	意义	符号	意义
JAN 或 J	军用品	1	二极管	N	该器件已在美国电子工业协会注册登记	多位数字	该器件在美国电子工业协会注册登记的顺序号	A B C D	同一型号的不同级别
		2	三极管						
无	非军用品	3	三个 PN 结器件						
		n	n 个 PN 结器件						

4. 日本半导体器件型号命名方法

日本半导体器件的型号命名（JIS-C-7012 工业标准）由五部分组成，各部分的含义如附表 2.4 所示。

附表 2.4　日本半导体器件型号命名及含义

第一部分		第二部分		第三部分		第四部分		第五部分	
符号	意义	符号	意义	符号	意义	符号	意义	符号	意义
0	光电二极管、三极管及其组合管	S	表示已在JEIA注册登记的半导体分立器件	A	PNP型高频管	多位数字	不同公司但性能相同的器件可以使用同一顺序号，数字越大，越是近期产品	A	表示这一器件是原型号产品的改进产品
				B	PNP型低频管			B	
				C	NPN型高频管			C	
1	二极管			D	NPN型低频管			D	
2	三极管或具有两个PN结的其他器件			E	P控制极可控硅				
				G	N控制极可控硅				
				H	N基单结晶体管				
3	具有四个有效电极或具有三个PN结的器件			J	P沟道场效应管				
				K	N沟道场效应管				
				M	双向可控硅				

附录3 模拟集成电路简介

集成电路IC(Integrated Circuit),是在一块硅片(单晶硅衬底)上将三极管、二极管、电阻、电容等元器件及应有的连线有机地组合在一起,构成具有特定功能的电路。集成电路具有体积小、重量轻、耗电少等优点,使用时调试工作量小,集成块内不存在元器件焊接不良问题,可靠性高。随着技术的进步,集成度越来越高,功能越来越强大,价格越来越便宜。应用越来越广泛。

1. 集成电路的分类

(1) 按功能分类

集成电路按功能分为两大类,即数字集成电路和模拟集成电路。其中模拟集成电路主要又分为以下几类:

① 音频/视频电路

音频放大器、音频/视频信号处理器、视频电路、特殊音频/视频电路电视的中频电路等。

② 线性电路

放大电路、模拟信号处理器、运算放大电路、电压比较器、模拟乘法器、电压调整器、基准电压电路、特殊线性电路等。

③ 光电电路

发光器件、光接受器件、光电耦合器、光电开关器件、特殊光电器件、光电通信/传送器件等。

④ 接口电路

A/D、D/A、电平转换器、缓冲器、驱动器、模拟开关等。

(2) 按结构和工艺分类

① 单质IC(Si)和化合物IC(GaAs等)。

② 单片IC和混合IC。单片IC是指在半导体基片上制作的IC;混合IC是在玻璃或陶瓷等绝缘基板上制作的电阻、电容等元件的厚膜集成电路,还有在厚膜集成电路基板上再组合半导体集成电路而形成的混合集成电路。

③ 双极型IC和单极型IC。双极型IC电路中的半导体元件是普通三极管,其参与导电的粒子有空穴和自由电子两种。单极型IC电路中的半导体元件是MOS

管，其参与导电的粒子只有空穴或自由电子一种。双极型 IC 制造工艺复杂，工作速度快，功耗大，集成度低。单极型 IC 制造工艺简单，工作速度慢，功耗小，集成度高。现在通过改进电路设计大大提高了单极型 IC 工作速度，使其可以和双极型 IC 相媲美，由于单极型 IC 有前面所讲的优点，所以应用越来越广泛。

(3) 按集成度来分

IC 基片也叫芯片，一块芯片上所制成的电路元器件的数目即是集成度。附表 3.1 是 IC 按集成度的分类。

附表 3.1　IC 按集成度分类

符号	意义	器件数目	符号	意义	器件数目
SSI	小规模	$<10^2$	VLSI	超大规模	$10^5 \sim 10^7$
MSI	中规模	$10^2 \sim 10^3$	ULSI	巨大规模	$>10^7$
LSI	大规模	$10^3 \sim 10^5$			

小规模集成电路主要是一些简单功能电路，中规模集成电路主要是具有一定功能的电路部件，大规模、超大规模、巨大规模集成电路是复杂电路，实现的功能也很复杂。

(4) 专用集成电路(ASIC)

专用集成电路是为实现特定功能和特殊用途而专门研制的集成电路，目前主要有各种存储器(如 ROM、RAM、EPROM 等)、标准单元集成电路(CBIC)和全定制集成电路。专用集成电路性能稳定、功能强、保密性好，但多数产品需求量小，成本较高。

2. 集成电路的命名法

集成电路的命名较为简单，不同生产厂家生产的同一种集成电路命名的方法基本相同，采用字母加数字的方式，其中字母代表不同厂家或其他含义，数字表示特定功能，例如：NE555、LM555 等，字母代表不同厂家；DAC0832、ADC0809 字母代表数模转换和模数转换。不同厂家生产的某一系列的芯片，它们的功能、性能、封装和引脚排列是相同的，可以互换。

半导体集成电路各组成部分的符号及意义如附表 3.2 所示。

半导体集成电路中也有厂家按自己的标准命名，例如：D7642 和 YS414 都是微型调幅单片收音机电路，所以在选择集成电路时要以相应产品手册为准。我国早年生产的集成电路型号命名按另一套标准，若需要可查阅有关新老型号对照手册，其功能、引脚排列、封装形式等需查其技术手册确定。

附表 3.2　半导体集成电路各组成部分的符号及意义

第一部分		第二部分		第三部分	第四部分		第五部分	
制造国家		类型		数字表示系列和品种代号	工作温度范围		封装形式	
符号	意义	符号	意义		符号	意义	符号	意义
C	中国制造	T	TTL		C	0～70 ℃	W	陶瓷扁平
		H	HTL		E	−40～85 ℃	B	塑料扁平
		E	ECL		R	−55～85 ℃	F	全密封扁平
		C	CMOS		M	−55～125 ℃	D	陶瓷双列直插
		F	线性放大器				P	塑料双列直插
		D	音响电视电路器件				H	黑瓷低溶玻璃扁平
		W	稳压管				J	黑陶瓷双列直插
		J	接口器件				K	金属菱形
		B	非线性器件				T	金属圆形
		M	存储器					
		μ	微型计算机器件					

参 考 文 献

[1] 康华光.电子技术基础(模拟部分)[M].4版.北京:高等教育出版社,2003.

[2] 童诗白.模拟电子技术基础[M].4版.北京:高等教育出版社,2003.

[3] 夏春华.模拟电子技术[M].北京:中国水利水电出版社,2003.

[4] 胡宴如.模拟电子技术[M].2版.北京:高等教育出版社,2004.

[5] 于晓平.模拟电子技术[M].北京:清华大学出版社,2005.

[6] 陶玉贵.模拟电子技术实验教程[M].合肥:中国科学技术大学出版社,2010.

[7] 陈大钦,彭容修.模拟电子技术基础学习与解题指南[M].2版.武汉:华中科技大学出版社,2003.

[8] 刘午平.用万用表检测电子元器件与电路:从入门到精通[M].北京:国防工业出版社,2003.

[9] 杨拴科.模拟电子技术基础[M].北京:高等教育出版社,2003.

[10] 那文鹏,王昊.通用集成电路的选择与使用[M].北京:人民邮电出版社,2004.